U0156346

算法竞赛

上册

罗勇军　郭卫斌 ◎ 著

清华大学出版社

北京

内 容 简 介

本书是一本全面、深入解析与算法竞赛有关的数据结构、算法、代码的计算机教材。

本书包括十个专题：基础数据结构、基本算法、搜索、高级数据结构、动态规划、数论和线性代数、组合数学、计算几何、字符串和图论。本书覆盖了绝大多数算法竞赛考点。

本书解析了算法竞赛考核的数据结构、算法；组织了每个知识点的理论解析和经典例题；给出了简洁、精要的模板代码；通过明快清晰的文字、透彻的图解，实现了较好的易读性。

本书的读者对象是参加算法竞赛的中学生和大学生、准备面试 IT 企业算法题的求职者、需要提高算法能力的开发人员，以及对计算机算法有兴趣的广大科技工作者。

图书在版编目（CIP）数据

算法竞赛/罗勇军,郭卫斌著.—北京：清华大学出版社，2022.10（2023.12重印）
（清华科技大讲堂）
ISBN 978-7-302-61521-7

Ⅰ．①算…　Ⅱ．①罗…②郭…　Ⅲ．①计算机算法－教材　Ⅳ．①TP301.6

中国版本图书馆 CIP 数据核字（2022）第 144417 号

策划编辑：魏江江
责任编辑：王冰飞　吴彤云
封面设计：刘　键
责任校对：时翠兰
责任印制：宋　林

出版发行：清华大学出版社
　　　　网　　　址：https://www.tup.com.cn，https://www.wqxuetang.com
　　　　地　　　址：北京清华大学学研大厦 A 座　　　邮　　编：100084
　　　　社 总 机：010-83470000　　　　　　　　邮　　购：010-62786544
　　　　投稿与读者服务：010-62776969，c-service@tup.tsinghua.edu.cn
　　　　质量反馈：010-62772015，zhiliang@tup.tsinghua.edu.cn
　　　　课件下载：https://www.tup.com.cn，010-83470236
印 装 者：三河市人民印务有限公司
经　　销：全国新华书店
开　　本：185mm×260mm　　印　　张：45.75　　插　页：1　　字　　数：1118 千字
版　　次：2022 年 10 月第 1 版　　　　　　　　　印　　次：2023 年 12 月第 7 次印刷
印　　数：27001～32000
定　　价：168.00 元（全两册）

产品编号：088080-01

前言

读者拿到这本书的第一感觉可能是：这本书真厚。接下来他有点忐忑和疑惑：这本书虽然厚，但是它有价值吗？它的内容和风格适合我吗？还有其他的一些问题。下面做一个详细的解答。

为什么学算法竞赛

算法竞赛是计算机相关竞赛中影响最大的分支。目前国内影响大的计算机算法类竞赛有全国青少年信息学奥林匹克竞赛(NOI)、国际大学生程序设计竞赛(ICPC)、中国大学生程序设计竞赛(CCPC)、蓝桥杯全国软件和信息技术专业人才大赛(软件类)、中国高校计算机大赛-团体程序设计天梯赛等。每个竞赛每年的参赛者，少则几万人，多则十几万人。

在大学里，与算法竞赛相关的课程有"计算机程序设计""数据结构与算法""算法分析与设计""程序阅读与编程实践""算法与程序设计实践""算法艺术与竞赛"等。

在算法竞赛中获奖有很多好处。在学校可以获得奖学金，保研时获得加分。毕业找工作时更有用，一张算法竞赛的获奖证书是用人单位判断求职者能力的重要依据。算法竞赛受到学校、学生、用人单位的重视和欢迎。

学习和参加算法竞赛，是通往杰出程序员的捷径。竞赛的获奖者基本上都成长为出色的软件工程师，并且有很多人是 IT 公司的创业者。例如当前热门的自动驾驶公司小马智行的联合创始人兼 CTO 楼天城，是 2009 年 ICPC 全球总决赛第二名；元戎启行公司的员工大多数是 ICPC 的金牌队员。

算法竞赛在以下几方面对 IT 人才培养起到了关键作用：

(1) 编写大量代码。代码量直接体现了程序员的能力。比尔·盖茨说："如果你想雇用一个工程师，看看他写的代码，就够了。如果他没写过大量代码，就不要雇用他。"Linus 说："Talk is cheap, show me the code."大量编码是杰出程序员的基本功。算法竞赛队员想获奖，普遍需要写 5 万～10 万行的代码。

(2) 掌握丰富的算法知识。算法竞赛涉及绝大部分常见的确定性算法，掌握这些知识不仅能在软件开发中得心应手，而且是进一步探索未知算法的基础。例如现在非常火爆的、代表了人类未来技术的人工智能研究，涉及许多精深的算法理论，没有经过基础算法训练的人根本无法参与。

(3) 培养计算思维和逻辑思维。一道算法题往往需要综合多种能力，例如数据结构、算法知识、数学方法、流程和逻辑等,这是计算思维和逻辑思维能力的体现。

(4)培养团队合作精神。在软件行业,团队合作非常重要。像ICPC、CCPC这样的团队赛,把对团队合作的要求放在了重要位置。一支队伍的3个人,在同等水平下,配合默契的话可以多做一两道题,把获奖等级提高一个档次。他们在日常训练中通过长期磨合,互相了解,做到合理分工、优势互补,从而发挥出最优的团队力量。即使是蓝桥杯和NOI这样的个人赛,队员在学习过程中互助互学,也发挥了团队的关键作用。

为什么选用这本书

读者的期望总是很高的。

如果读者是一名算法竞赛的初学者,他非常希望有一本"神书"。读完这本"神书"之后,他或者在参加大公司的算法题面试时自信满满,或者参加算法竞赛时代码喷涌而出,或者在日常工作中能用巧妙的算法解决实际问题……前辈们向他推荐了一些好书,他看了书,做了一些例题,他觉得自己学到了很多算法,掌握了很多竞赛技巧,但是遇到实际问题,或者参加竞赛时,他还是感觉很晕,发现那些书和例题似乎都用不上。神书在哪里?

当他跨过初学者的门槛,他会认识到这样的"神书"其实并不存在。这往往不是书的问题,而是他对书的期望过高了。一些算法竞赛相关的教材确实写得很好,也有很好的口碑,可以说是学习算法竞赛的必读书。但是要将书上的知识转化为自己的能力,需要经过大量的练习,正如陆游诗中所说:"纸上得来终觉浅,绝知此事要躬行。"对应到编程这件事上,有两个重要的学习过程:①学习经典算法和经典代码,建立算法思维;②大量编码,让代码成为自己大脑思维的一部分。

算法竞赛的学习难度颇高,它需要一名参赛者掌握以下能力:丰富的算法知识、快速准确的编码能力、敏捷的建模能力。学习算法竞赛产生了一个自然的结果:经过长期深入学习并在算法竞赛中得奖的学生,都建立了对自己计算机编程能力的自信,并能顺利成为出色的程序员。

算法竞赛这样高难度的学习显然不是一蹴而就的。算法竞赛的学习者分为三个层次:初学者、中级队员和高级队员。本书努力帮助读者顺利度过从初级到高级的学习过程,希望读者看过本书之后,能说一句:"这本书虽然不神,但是还不错!"

本书是一本算法竞赛"大全",讲解了算法竞赛涉及的绝大部分知识点。书中对应的部分也适合这三种层次的学员,陪伴他们从初学者走向高级队员。

(1)初学者。一名刚学过C/C++、Java、Python中任意一门编程语言的学生,做了一些编程题目,建立了编码的兴趣,对进一步学习有信心和动力,希望有一本介绍算法竞赛知识点的书指导学习,这本书的初级部分正适合他,帮助他了解基础算法知识点、学习模板代码、练习基础题。经过这样的学习后,他很可能获得蓝桥杯省赛三等奖,甚至更好。不过,他仍没有获得ICPC、CCPC铜奖的能力。

(2)中级队员。中级队员顺利地跨过了初学者阶段,他证明自己已经走上了成为杰出程序员的道路。中级队员符合这样的画像:精通编程语言,编码得心应手;他做过几百道基础算法题,并且准备继续对算法竞赛倾心投入;他有了志同道合、水平相当的队友一起学习进步;他遇到了学习瓶颈,计算思维还不够;他只能做简单题和一些中等题,对难题无从下手。中级队员可能获得蓝桥杯省赛二等奖、一等奖,也差不多有ICPC、CCPC铜奖的水平。本书的中级部分能帮助他进一步掌握算法知识、提高算法思维能力、练习较难的题目。

（3）高级队员。他们获得了蓝桥杯国赛二等奖或一等奖，以及 ICPC、CCPC 银牌或金牌。这些奖牌是"高级队员"的标签，他们已经足够被称为"出色的程序员"，在就业市场上十分抢手。本书的高级部分能帮助他们进一步扩展知识点，增强计算思维。

本书的内容介绍

本书内容的难度涵盖了初级、中级、高级，下面对本书的章节按难度做一个划分。

章　名	初　级	中　级	高　级
第 1 章 基础数据结构	1.1 链表 1.2 队列 1.3 栈 1.4 二叉树和哈夫曼树	1.5 堆	
第 2 章 基本算法	2.1 算法复杂度 2.2 尺取法 2.3 二分法 2.4 三分法 2.8 排序与排列	2.5 倍增法与 ST 算法 2.6 前缀和与差分 2.7 离散化 2.9 分治法 2.10 贪心法与拟阵	
第 3 章 搜索	3.1 BFS 和 DFS 基础 3.2 剪枝 3.3 洪水填充 3.4 BFS 与最短路径	3.5 双向广搜 3.6 BFS 与优先队列 3.9 IDDFS 和 IDA*	3.7 BFS 与双端队列 3.8 A* 算法
第 4 章 高级数据结构	4.1 并查集 4.7 简单树上问题 4.11 二叉查找树 4.12 替罪羊树	4.2 树状数组 4.3 线段树 4.5 分块与莫队算法 4.6 块状链表 4.8 LCA 4.9 树上的分治 4.13 Treap 树 4.15 笛卡儿树 4.17 K-D 树	4.4 可持久化线段树 4.10 树链剖分 4.14 FHQ Treap 树 4.16 Splay 树 4.18 动态树与 LCT
第 5 章 动态规划	5.1 DP 概念和编程方法 5.2 经典线性 DP 问题	5.3 数位统计 DP 5.4 状态压缩 DP 5.5 区间 DP 5.6 树形 DP	5.7 一般优化 5.8 单调队列优化 5.9 斜率优化/凸壳优化 5.10 四边形不等式优化
第 6 章 数论和线性代数	6.1 模运算 6.2 快速幂 6.4 高斯消元 6.7 GCD 和 LCM 6.10 素数（质数）	6.3 矩阵的应用 6.5 异或空间线性基 6.6 0/1 分数规划 6.8 线性丢番图方程 6.9 同余 6.11 威尔逊定理 6.14 整除分块（数论分块）	6.12 积性函数 6.13 欧拉函数 6.15 狄利克雷卷积 6.16 莫比乌斯函数和莫比乌斯反演 6.17 杜教筛

章 名	初 级	中 级	高 级
第 7 章 组合数学	7.1 基本概念 7.2 鸽巢原理 7.3 二项式定理和杨辉 　　　三角	7.4 卢卡斯定理 7.5 容斥原理 7.6 Catalan 数和 Stirling 数	7.7 Burnside 定理和 Pólya 　　　计数 7.8 母函数 7.9 公平组合游戏(博弈论)
第 8 章 计算几何		8.1 二维几何 8.2 圆	8.3 三维几何
第 9 章 字符串	9.1 进制哈希 9.2 Manacher	9.3 字典树 9.4 回文树 9.5 KMP	9.6 AC 自动机 9.7 后缀树和后缀数组 9.8 后缀自动机
第 10 章 图论	10.1 图的存储 10.2 拓扑排序 10.3 欧拉路	10.4 无向图的连通性 10.5 有向图的连通性 10.6 基环树 10.7 2-SAT 10.8 最短路径 10.9 最小生成树	10.10 最大流 10.11 二分图 10.12 最小割 10.13 费用流

本书内容的铺排以知识点的讲解为主,而不是一本习题集。所以,书中的例题主要用于配合知识点,大多直截了当,不用太多建模,即所谓的模板题。但是赛场上的竞赛题目为了增加迷惑性和考验参赛者的建模能力,一般不会出模板题。读者需要做大量的练习,才能把知识点和模板代码真正用起来。就像一个剑客,刚学剑的时候,剑是他的身外物;成为高手的时候,剑是他身体的一部分,人剑合一。

本书涉及很多复杂难解的知识点,需要极大的毅力和决心才能学习掌握。其中烧坏最多脑细胞的,例如杜教筛、动态树、DP 优化、组合计数、后缀自动机等,让人心悸。如何学习?我用一个词来回答:"勤能补拙",以此与读者共勉。

如何使用本书

读者可以按上述难度分类安排自己的学习。一名勤奋的竞赛队员,他的学习步骤大概如下:

大一,学习初级知识点,做 500 道题左右,主要是基础题。参加蓝桥杯大赛,争取三等奖或二等奖,得奖之后就成了初学者中的佼佼者;能力强的甚至可以申请参加 ICPC、CCPC、天梯赛等团队赛。

大二,学习中级和部分高级知识点,继续做 500～1000 道题,中级题目和综合题目。继续参加蓝桥杯大赛,争取省赛一等奖;参加 ICPC 等团队赛,获得铜牌。成为中级队员。

大三,继续学习高级知识点,做综合难题。参加蓝桥杯国赛并得奖;参加 ICPC 等团队赛获得银牌或以上。成为高级队员。

书中除了解析知识点外,对每个知识点都给了建议的习题,但是没有对这些习题进行难度分级,原因如下:①读题也是很好的练习,如果读者做题前被告之题目的难度,可能会影响读者思考的乐趣;②读题之后,读者基本上能自己判断题目的难度;③有的题目难以分级,这些题或者建模难而编码易,或者建模易而编码难,或者逻辑易而编码烦,这样的题目是难题、简单题,还是中等题?考虑到这些原因,题目的分级还是留给读者自己判断吧。

本书的特点

在作者的另一本书《算法竞赛入门到进阶》(清华大学出版社)的前言部分,曾确立了四个写作目标:

- 算法思路:一点就透,豁然开朗。
- 模板代码:结构精巧,清晰易读。
- 知识体系:由浅入深,逐步推进。
- 赛事相关:参赛秘籍,高手经验。

这四点仍然是作者在本书中努力达到的写作目标。

作者知道普通人学习的盲点,写出的解析通俗易懂,让初学者也容易学习理解,不至于卡在某些脑筋急转弯的地方。让下里巴人能欣赏阳春白雪,这是作者写作的基本原则。

本书努力揭示算法的精髓。书中对绝大部分算法、例题都进行了建模分析、复杂度分析和对比分析,对它们的思路进行了本质上的解析,提纲挈领地揭示了它们的核心思想。

本书严谨、透彻地解析知识点。例如杜教筛、莫队算法,作者联系了这两个算法的发明人杜教、莫队,请他们审核了有关的内容。每个算法对应的中文名和英文名,也查阅了大量文献,争取采用权威的表述。本书所讲解的都是成熟的数据结构和算法,这些知识绝大多数都源自海外学者,有关的名词需要从外文翻译成中文。

为便于学习,作者为本书的每个小节录制了教学视频,对算法思路进行了精要的描述,视频总时长 900 分钟。此外,作者还提供了大量代码,对每个算法给出了模板代码,对经典问题和重要例题给出了完整代码;每行代码都经过仔细整理,争取成为"模板",代码不多不少,也不缺少关键内容。

资源下载提示

源码等资源:扫描目录上方的二维码下载。

视频等资源:扫描封底的文泉云盘防盗码,再扫描书中相应章节中的二维码,可以在线学习。

致谢

本书的写作特别感谢互联网知识库,尤其是中文网文。20 多年来,中国共有数千万学生进入 IT 相关专业,数百万学生参加过算法竞赛的学习,在网上产生了浩如烟海的算法竞赛方面的中文文献,这是其他国家、其他语言的网络不可企及的。这些都是本书的力量源泉。

本书的部分代码参考了竞赛队员的博客,经过精心整理改写为本书的风格,这些代码都注明了来源。

本书也参考了大量印刷品文献,在用到的地方注明了来源。

罗勇军

2022 年 8 月于上海

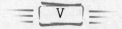

《算法竞赛》（上册）

第1章 基础数据结构
- **链表**：动态链表、静态链表、STL list
- **队列**：STL queue、手写循环队列、双端队列和单调队列、优先队列
- **栈**：STL stack、手写栈、单调栈
- **二叉树和哈夫曼树**：二叉树的概念、二叉树的遍历、哈夫曼树和哈夫曼编码
- **堆**：二叉堆的概念、二叉堆的操作、二叉堆的手写代码、priority_queue

第2章 基本算法
- **算法复杂度**：算法的概念、复杂度和大O记号
- **尺取法**：尺取法的概念、反向扫描、同向扫描
- **二分法**：二分法的理论背景、整数二分、实数二分
- **三分法**：原理、实数三分、整数三分
- **倍增法与ST算法**：倍增法、ST算法
- **前缀和与差分**：一维差分、二维差分、三维差分
- **离散化**：离散化的概念、离散化手工编码、用STL函数实现离散化、离散化的应用
- **排序与排列**：排序函数、排列
- **分治法**：汉诺塔和快速幂、归并排序、快速排序
- **贪心法与拟阵**：贪心法、拟阵

第3章 搜索
- **BFS和DFS基础**：搜索简介、搜索算法的基本思路、BFS的代码实现、DFS的常见操作和代码框架、BFS和DFS的对比、连通性判断
- **剪枝**：BFS判重、剪枝的应用
- **洪水填充**
- **BFS与最短路径**
- **双向广搜**：双向广搜的原理和复杂度分析、双向广搜的两种实现、双向广搜例题
- **BFS与优先队列**
- **BFS与双端队列**
- **A*算法**：贪心最优搜索和Dijkstra算法、A*算法的原理和复杂度、3种算法的对比、函数h的设计
- **IDDFS和IDA***：IDDFS、IDA*

第4章 高级数据结构
- **并查集**：并查集的基本操作、合并的优化、路径压缩、带权并查集
- **树状数组**：树状数组的概念和基本编码、树状数组的基本应用、树状数组的扩展应用
- **线段树**：线段树的概念、区间查询、区间操作与Lazy-Tag、线段树的基础应用、区间最值、区间历史最值、区间合并、扫描线、二维线段树（树套树）
- **可持久化线段树**：可持久化线段树的思想、区间第k大/小问题、其他经典问题
- **分块与莫队算法**：分块、基础莫队算法、带修改的莫队、树上莫队
- **块状链表**
- **简单树上问题**：树的重心、树的直径
- **LCA**：倍增法求LCA、Tarjan算法求LCA、LCA的应用
- **树上的分治**：静态点分治、动态点分治
- **树链剖分**：树链剖分的概念与LCA、树链剖分的典型应用
- **二叉查找树**
- **替罪羊树**：不平衡率、替罪羊树的操作
- **Treap树**：Treap树的性质、基于旋转法的Treap树操作
- **FHQ Treap树**：FHQ的基本操作、FHQ Treap树的应用
- **笛卡儿树**：笛卡儿树的概念、用单调栈建笛卡儿树、笛卡儿树和RMQ问题
- **Splay树**：Splay旋转、Splay树的平摊分析、Splay树的常用操作和代码
- **K-D树**：从空间到二叉树的转换、K-D树的概念和基本操作、寻找最近点、区间查询
- **动态树与LCT**：LCT的思想、从原树到辅助树、LCT的存储和性质、LCT的操作、模板题、LCT的基本应用

第5章 动态规划
- **DP概念和编码方法**：DP问题的特征、DP的两种编程方法、DP的设计和实现、滚动数组
- **经典线性DP问题**
- **数位统计DP**：数位统计DP的递推实现、数位统计DP的记忆化搜索实现、数位统计DP例题
- **状态压缩DP**：引子、状态压缩DP的原理、状态压缩DP例题、三进制状态压缩DP
- **区间DP**：石子合并问题和两种模板代码、区间DP例题、二维区间DP
- **树形DP**：树形DP的基本操作、背包与树形DP
- **一般优化**
- **单调队列优化**：单调队列优化的原理、单调队列优化例题
- **斜率优化/凸壳优化**：把状态转移方程变换为平面的斜率问题、求一个dp[i]、求所有的dp[i]
- **四边形不等式优化**：应用场合、四边形不等式优化操作、四边形不等式定义和单调性定义、四边形不等式定理

目录

源码下载

第 1 章 基础数据结构

在常见的"数据结构"课程教材中一般包含链表、栈、队列、串、多维数组和广义表、排序、哈希、树和二叉树、图（图的存储、遍历等）等内容。本章详细解释以下基础数据结构：链表、队列、栈、二叉树、堆。本章适合初级和中级学习，面向刚学过编程语言且正在学习数据结构的编程新手，以及学过基础数据结构但是对代码的掌握还不够熟练的读者。

与普通计算机教材相比，本书代码的写法很不一样，似乎不太正式，但是非常简洁。这是因为本书的主要读者是算法竞赛选手，他们在竞赛时需要简化代码，加快编码速度，把注意力放在算法实现上。例如，使用一个大数组，普通教材的常见做法是动态分配一个空间，使用完后释放，而本书的代码省略了分配和释放，直接定义一个全局的静态大数组，如 int a[1000000]。

本章虽然是"基础数据结构"，但是也有一些较难的内容，如单调队列、单调栈、哈夫曼树等，一些题目也涉及算法复杂度分析和后续章节的知识点。

1.1　链　表

链表的特点是用一组位于任意位置的存储单元存储线性表的数据元素,这组存储单元可以是连续的,也可以不连续。链表是容易理解和操作的基本数据结构,它的操作有初始化、添加、遍历、插入、删除、查找、释放等。链表分为单向链表和双向链表,如图 1.1 所示。

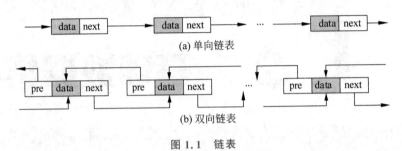

图 1.1　链表

链表一般是循环的,首尾相接,最后一个节点的 next 指针指向第 1 个节点,第 1 个节点的 pre 指针指向最后一个节点。单向链表只有一个遍历方向,双向链表有两个遍历方向,比单向链表的访问方便一些,也快一些。在需要频繁访问前后几个节点的场合可以使用双向链表。

使用链表时,可以直接用 STL list,也可以自己写链表。如果自己写代码实现链表,有两种编码实现方法:动态链表、静态链表。在算法竞赛中为加快编码速度,一般用静态链表或 STL list。

下面以例 1.1 为例,分别给出动态链表、静态链表、STL 链表等 3 种方案、5 种代码。经过作者的精心整理,这 5 种代码的逻辑和流程完全一样,只有链表的实现不一样,方便读者学习,把关注点放在链表的实现上。

例 1.1　约瑟夫问题(洛谷 P1996[①②])

问题描述:有 n 个人,编号为 $1 \sim n$,按顺序围成一圈,从第 1 个人开始报数,数到 m 的人出列,再由下一个人重新从 1 开始报数,数到 m 的人再出列,依此类推,直到所有的人都出列,请依次输出出列人的编号。

输入:两个整数 n 和 m,$1 \leqslant m, n \leqslant 100$。

输出:n 个整数,按顺序输出每个出列人的编号。

输入样例:	输出样例:
10 3	3 6 9 2 7 1 8 5 10 4

① https://www.luogu.com.cn/problem/P1996

② 本书大多数例题来自 3 个网站:洛谷(www.luogu.com.cn)、hdu(acm.hdu.edu.cn)、poj(poj.org)。这 3 个网站的题目在网上可以搜到大量的题解,便于读者学习。以"网站+编号"的方式搜索例题,如洛谷 P1996。

1.1.1 动态链表

动态链表需要临时分配链表节点,使用完毕后释放链表节点。动态链表的优点是能及时释放空间,不使用多余内存;缺点是需要管理空间,容易出错。动态链表是"教科书式"的标准做法。

以下代码用动态单向链表实现了例1.1。

```
1   # include < bits/stdc++.h >
2   struct node{                                   //定义链表节点
3       int data;                                  //节点的值
4       node * next;                               //单向链表,只有一个 next 指针
5   };
6   int main(){
7       int n,m; scanf("% d % d",&n,&m);
8       node * head, * p, * now, * prev;           //定义变量
9       head = new node; head -> data = 1; head -> next = NULL; //分配第1个节点,数据置为1
10      now = head;                                //当前指针是头
11      for(int i = 2;i <= n;i++){
12          p = new node; p-> data = i; p-> next = NULL;     //p 是新节点
13          now-> next = p;                        //把申请的新节点连到前面的链表上
14          now = p;                               //尾指针后移一个
15      }
16      now-> next = head;                         //尾指针指向头:循环链表建立完成
17  //以上是建立链表,下面是洛谷 P1996 的逻辑和流程。后面4种代码的逻辑流程完全一致
18      now = head, prev = head;                   //从第1个开始数
19      while((n-- ) >1){
20          for(int i = 1;i < m;i++){              //数到 m,停下
21              prev = now;                        //记录上一个位置,用于下面跳过第 m 个节点
22              now = now-> next;
23          }
24          printf("% d ", now-> data);            //输出第 m 个节点,带空格
25          prev -> next = now-> next;             //跳过这个节点
26          delete now;                            //释放节点
27          now = prev -> next;                    //新的一轮
28      }
29      printf("% d", now-> data);                 //打印最后一个节点,后面不带空格
30      delete now;                                //释放最后一个节点
31      return 0;
32  }
```

1.1.2 静态链表

> 动态链表虽然"标准",但是竞赛中一般不用。算法竞赛对内存管理要求不严格,为加快编码速度,一般就在题目允许的存储空间内静态分配,省去了动态分配和释放的麻烦。

静态链表使用预先分配的一段连续空间存储链表。从物理存储的意义上讲,"连续空间"并不符合链表的本义,因为链表的优点就是能克服连续存储的弊端。但是,用连续空间

实现的链表,在逻辑上是成立的。具体有两种做法:①定义链表结构体数组,和动态链表的结构差不多;②使用一维数组,直接在数组上进行链表操作。本节给出3段代码:用结构体数组实现单向静态链表、用结构体数组实现双向静态链表、用一维数组实现单向静态链表。

1. 用结构体数组实现单向静态链表

用结构体数组实现单向静态链表,注意静态分配应该定义在全局①,不能定义在函数内部。

```
1  //洛谷 P1996,结构体数组实现单向静态链表
2  # include < bits/stdc++.h >
3  const int N = 105;                                    //定义静态链表的空间大小
4  struct node{                                          //单向链表
5      int id, nextid;                                   //单向指针
6    //int data;                                         //如有必要,定义一个有意义的数据
7  }nodes[N];                                            //定义在全局的静态分配
8  int main(){
9      int n, m;      scanf("%d%d", &n, &m);
10     nodes[0].nextid = 1;
11     for(int i = 1; i <= n; i++){ nodes[i].id = i; nodes[i].nextid = i + 1;}
12     nodes[n].nextid = 1;                              //循环链表:尾指向头
13     int now = 1, prev = 1;                            //从第1个节点开始
14     while((n--) > 1){
15         for(int i = 1; i < m; i++){ prev = now; now = nodes[now].nextid;} //数到m停下
16         printf("%d ", nodes[now].id);                 //带空格打印
17         nodes[prev].nextid = nodes[now].nextid;       //跳过 now 节点,即删除 now
18         now = nodes[prev].nextid;                     //新的 now
19     }
20     printf("%d", nodes[now].nextid);                  //打印最后一个节点,后面不带空格
21     return 0;
22  }
```

2. 用结构体数组实现双向静态链表

```
1  //洛谷 P1996,结构体数组实现双向静态链表
2  # include < bits/stdc++.h >
3  const int N = 105;
4  struct node{                                          //双向链表
5      int id;                                           //节点编号
6    //int data;                                         //如有必要,定义一个有意义的数据
7      int preid, nextid;                                //前一个节点,后一个节点
8  }nodes[N];
9  int main(){
10     int n, m;      scanf("%d%d", &n, &m);
11     nodes[0].nextid = 1;
```

---

① 大数组定义在全局的原因是有的评测环境的栈空间很小,大数组定义在局部占用了栈空间导致爆栈。现在各大在线判题系统(Online Judge,OJ)和比赛应该都会设置编译命令使栈空间等于内存大小,不会出现爆栈。虽然如此,在一些编译器中,大静态数组定义在函数内部会出错。

```
12      for(int i = 1; i <= n; i++){              //建立链表
13          nodes[i].id = i;
14          nodes[i].preid = i-1;                  //前节点
15          nodes[i].nextid = i+1;                 //后节点
16      }
17      nodes[n].nextid = 1;                       //循环链表:尾指向头
18      nodes[1].preid = n;                        //循环链表:头指向尾
19      int now = 1;                               //从第1个节点开始
20      while((n--)>1){
21          for(int i=1;i<m;i++) now = nodes[now].nextid;   //数到m,停下
22          printf("%d ", nodes[now].id);          //打印,后面带空格
23          int prev = nodes[now].preid, next = nodes[now].nextid;
24          nodes[prev].nextid = nodes[now].nextid;          //删除now
25          nodes[next].preid = nodes[now].preid;
26          now = next;                            //新的开始
27      }
28      printf("%d", nodes[now].nextid);          //打印最后一个节点,后面不带空格
29      return 0;
30  }
```

3. 用一维数组实现单向静态链表

这是最简单的实现方法。定义一个一维数组 nodes[], nodes[i]的 i 就是节点的值,而 nodes[i]的值是下一个节点。它的使用环境很有限,因为它的节点只能存一个数据,就是 i。

```
1   //洛谷 P1996,一维数组实现单向静态链表
2   #include<bits/stdc++.h>
3   int nodes[150];
4   int main(){
5       int n, m;    scanf("%d%d", &n, &m);
6       for(int i=1;i<=n-1;i++) nodes[i] = i+1;  //nodes[i]的值就是下一个节点
7       nodes[n] = 1;                            //循环链表:尾指向头
8       int now = 1, prev = 1;                   //从第1个节点开始
9       while((n--)>1){
10          for(int i = 1; i < m; i++){          //数到m,停下
11              prev = now; now = nodes[now];    //下一个节点
12          }
13          printf("%d ", now);                  //带空格
14          nodes[prev] = nodes[now];            //跳过now节点,即删除now
15          now = nodes[prev];                   //新的now节点
16      }
17      printf("%d", now);                       //打印最后一个节点,不带空格
18      return 0;
19  }
```

1.1.3   STL list

在算法竞赛或工程项目中常常使用 C++ STL list。list 是双向链表,由标准模板库(Standard Template Library,STL)管理,通过指针访问节点数据,高效率地删除和插入。请

读者自己熟悉 list 的初始化、插入、删除、遍历、查找、释放。下面是用 list 实现例 1.1 的代码。

```
1   //洛谷 P1996,STL list
2   # include < bits/stdc++.h>
3   using namespace std;
4   int main(){
5       int n, m;      cin >> n >> m;
6       list < int > node;
7       for(int i = 1;i <= n;i++) node.push_back(i);        //建立链表
8       list < int >::iterator it = node.begin();
9       while(node.size() > 1){                              //list 的大小由 STL 自己管理
10          for(int i = 1;i < m;i++){                        //数到 m
11              it++;
12              if(it == node.end()) it = node.begin();      //循环:到末尾后再回头
13          }
14          cout << * it <<" ";
15          list < int >::iterator next = ++it;
16          if(next == node.end()) next = node.begin();      //循环链表
                                                             //删除这个节点,node.size()自动减 1
17          node.erase( -- it);
18          it = next;
19      }
20      cout << * it;
21      return 0;
22  }
```

【习题】

基本数据结构的学习需要熟悉本节的代码,并应用在后面章节。下面给出一些习题。

(1) 力扣网站(https://leetcode-cn.com/problemset/all/)中的链表题目:从尾到头打印链表、链表中倒数第 k 个节点、反转链表、合并两个有序链表、复杂链表的复制、两个链表的第一个公共节点、删除链表中的节点,等等。

(2) 洛谷 P1160:队列安排。

扫一扫

视频讲解

1.2　　队　列

队列中的数据存取方式是"先进先出",只能向队尾插入数据,从队头移出数据。队列的原型在生活中很常见,如食堂打饭的队伍,先到先服务。队列有两种实现方式:链队列和循环队列,如图 1.2 所示。

链队列可以看作单链表的一种特殊情况,用指针把各个节点连接起来。

循环队列是一种顺序表,使用一组连续的存储单元依次存放队列元素,用两个指针 head 和 tail 分别指示队头元素和队尾元素,当 head 和 tail 走到底时,下一步回到开始的位置,从而在这组连续空间内循环。循环队列能解决溢出问题。如果不循环,head 和 tail 都一直往前走,可能会走到存储空间之外,导致溢出。

队列和栈的主要问题是查找较慢,需要从头到尾一个个查找。在某些情况下可以用优

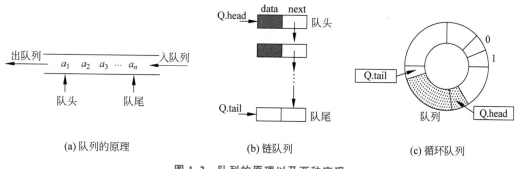

(a) 队列的原理   (b) 链队列   (c) 循环队列

图 1.2　队列的原理以及两种实现

先队列,让优先级最高(最大的数或最小的数)先出队列。

队列的代码很容易实现。如果使用环境简单,最简单的手写队列代码如下。

```
1  const int N = 1e5;              //定义队列大小,确保够用
2  int que[N], head, tail;         //队头队尾指针,队列大小为 tail - head + 1
3  head++;                         //弹出队头,注意 head <= tail
4  que[head];                      //读队头数据
5  que[++tail] = data;             //数据 data 入队,尾指针加 1,注意不能溢出
```

这个队列不是循环的,tail 可能超过 N,导致溢出。

竞赛中一般用 STL queue 或手写静态数组实现队列,1.2.1 节和 1.2.2 节分别介绍;1.2.3 节和 1.2.4 节介绍队列的几个特殊应用。

1.2.1　STL queue

STL queue 的主要操作如下。

(1) queue < Type > q:定义队列,Type 为数据类型,如 int、float、char 等。

(2) q. push(item):把 item 放进队列。

(3) q. front():返回队首元素,但不会删除。

(4) q. pop():删除队首元素。

(5) q. back():返回队尾元素。

(6) q. size():返回元素个数。

(7) q. empty():检查队列是否为空。

用下面的例题给出 STL queue 的代码实现。这道例题在 1.2.2 节继续用手写代码实现。

例 1.2　机器翻译(洛谷 P1540)

问题描述:内存中有 M 个单元,每个单元能存储一个单词和意译。每当将一个新单词存入内存前,如果当前内存中已存入的单词数不超过 $M-1$,会将新单词存入一个未使用的内存单元;若内存中已存入 M 个单词,会清空最早进入内存的那个单词,腾出单元存放新单词。

假设一篇英语文章的长度为 N 个单词。给定这篇待译文章,翻译软件需要去外存查

找多少次词典？假设在翻译开始前，内存中没有任何单词。

　　输入：共两行，每行中两个数之间用一个空格隔开。第 1 行输入两个正整数 M 和 N，代表内存容量和文章的长度。第 2 行输入 N 个非负整数，按照文章的顺序，每个数（大小不超过 1000）代表一个英文单词。文章中两个单词是同一个单词，当且仅当它们对应的非负整数相同。

　　输出：一个整数，为软件需要查词典的次数。

　　下面是 STL queue 的代码，由于不用自己管理队列，代码很简洁。注意检查内存中是否有单词的方法。如果一个一个地暴力搜索，太慢；如果用哈希算法，不仅很快，而且代码简单。

```
1   //洛谷 P1540, STL queue
2   # include < bits/stdc++.h >
3   using namespace std;
4   int Hash[1003] = {0};        //用哈希检查内存中有没有单词,hash[i] = 1 表示单词 i 在内存中
5   queue < int > mem;           //用队列模拟内存
6   int main(){
7       int m,n;     scanf("%d%d",&m,&n);
8       int cnt = 0;                      //查词典的次数
9       while(n -- ){
10          int en; scanf("%d",&en);      //输入一个英文单词
11          if(!Hash[en]){                //如果内存中没有这个单词
12              ++cnt;
13              mem.push(en);             //单词入队列,放到队列尾部
14              Hash[en] = 1;             //记录内存中有这个单词
15              while(mem.size()> m){     //内存满了
16                  Hash[mem.front()] = 0;   //从内存中去掉单词
17                  mem.pop();            //从队头去掉
18              }
19          }
20      }
21      printf("%d\n",cnt);
22      return 0;
23  }
```

1.2.2　手写循环队列

　　下面是循环队列的手写模板。代码中给出了静态分配空间和动态分配空间两种方式（动态分配实现放在注释中）。竞赛中一般用静态分配。

```
1   //洛谷 P1540, 手写循环队列
2   # include < bits/stdc++.h >
3   # define N 1003                       //队列大小
4   int Hash[N] = {0};                    //用哈希检查内存中有没有单词
5   struct myqueue{
6       int data[N];                      //分配静态空间
7       /* 如果动态分配,这样写: int * data; */
```

```
 8        int head, rear;                                    //队头、队尾
 9        bool init(){                                       //初始化
10            /* 如果动态分配,这样写:
11            Q.data = (int *)malloc(N * sizeof(int));
12            if(!Q.data) return false; */
13            head = rear = 0;
14            return true;
15        }
16        int size(){ return (rear - head + N) % N;}        //返回队列长度
17        bool empty(){                                      //判断队列是否为空
18            if(size() == 0) return true;
19            else            return false;
20        }
21        bool push(int e){              //队尾插入新元素,新的 rear 指向下一个空的位置
22            if((rear + 1) % N == head ) return false;      //队列满
23            data[rear] = e;
24            rear = (rear + 1) % N;
25            return true;
26        }
27        bool pop(int &e){                                  //删除队头元素,并返回它
28            if(head == rear) return false;                 //队列空
29            e = data[head];
30            head = (head + 1) % N;
31            return true;
32        }
33        int front(){ return data[head]; }                  //返回队首,但是不删除
34 }Q;
35 int main(){
36     Q.init();                                             //初始化队列
37     int m,n; scanf("%d%d",&m,&n);
38     int cnt = 0;
39     while(n--){
40         int en; scanf("%d",&en);                          //输入一个英文单词
41         if(!Hash[en]){                                    //如果内存中没有这个单词
42             ++cnt;
43             Q.push(en);                                   //单词入队,放到队列尾部
44             Hash[en] = 1;
45             while(Q.size()>m){                            //内存满了
46                 int tmp; Q.pop(tmp);                      //删除队头
47                 Hash[tmp] = 0;                            //从内存中去掉单词
48             }
49         }
50     }
51     printf("%d\n",cnt);
52     return 0;
53 }
```

1.2.3 双端队列和单调队列

1. 双端队列和单调队列的概念

前面的队列很"规矩",队列的元素都是"先进先出",队头只能弹出,队尾只能进入。有没有不那么"规矩"的队列呢?这就是双端队列。双端队列是一种具有队列和栈性质的数据

结构,它能在两端进行插入和删除,而且也只能在两端插入和删除。

最简单的手写双端队列代码如下,使用时注意不能让队头和队尾溢出。

```
1   const int N = 1e5;              //队列大小,确保够用
2   int que[N], head, tail;        //队头队尾指针,队列大小为 tail - head + 1
3   head++;                         //弹出队头
4   que[ -- head] = data;           //数据 data 入队头,注意不能溢出
5   que[head];                      //读队头数据
6   tail -- ;                       //弹走队尾
7   que[++tail] = data;             //数据 data 入队尾,注意不能溢出
```

更可靠的编码可以用 STL 的双端队列 deque,它的用法如下。

(1) dq[i]:返回队列中下标为 i 的元素。

(2) dq. front():返回队头。

(3) dq. back():返回队尾。

(4) dq. pop_back():删除队尾,不返回值。

(5) dq. pop_front():删除队头,不返回值。

(6) dq. push_back(e):在队尾添加一个元素 e。

(7) dq. push_front(e):在队头添加一个元素 e。

双端队列的经典应用是单调队列。单调队列中的元素是单调有序的,且元素在队列中的顺序和原来在序列中的顺序一致;单调队列的队头和队尾都能入队和出队。

> **提示** 灵活运用单调队列能够使很多问题的求解获得优化。其原理可以简单地概括为:序列中的 n 个元素,用单调队列处理时,每个元素只需要进出队列一次,复杂度为 $O(n)$。

2. 单调队列与滑动窗口

下面介绍单调队列的基本应用,了解如何通过单调队列获得优化。注意队列中"删头、去尾、窗口"的操作。

例 1.3 滑动窗口/单调队列(洛谷 P1886)

问题描述:有一个长度为 n 的序列 a,以及一个大小为 k 的窗口。从左边开始向右滑动,每次滑动一个单位,求出每次滑动后窗口中的最大值和最小值。例如,序列为 $[1, 3, -1, -3, 5, 3, 6, 7]$,$k=3$,滑动窗口示例如下。

窗 口 位 置	最 小 值	最 大 值
[1 3 −1] −3 5 3 6 7	−1	3
1 [3 −1 −3] 5 3 6 7	−3	3
1 3 [−1 −3 5] 3 6 7	−3	5
1 3 −1 [−3 5 3] 6 7	−3	5
1 3 −1 −3 [5 3 6] 7	3	6
1 3 −1 −3 5 [3 6 7]	3	7

输入：共两行，第1行输入两个正整数 n 和 k，第2行输入 n 个整数，表示序列 a。 输出：共两行，第1行输出每次窗口滑动的最小值，第2行输出每次窗口滑动的最大值。$1 \leqslant k \leqslant n \leqslant 10^6, a_i \in [-2^{31}, 2^{31}]$。

输入样例： 8 3 1 3 -1 -3 5 3 6 7	输出样例： -1 -3 -3 -3 3 3 3 3 5 5 6 7

本题用暴力法很容易编程：从头到尾扫描，每次检查 k 个数，一共检查 $O(nk)$ 次。暴力法显然会超时。下面用单调队列求解，它的复杂度为 $O(n)$。

在本题中，单调队列有以下特征。

(1) 队头的元素始终是队列中最小的。根据需要输出队头，但是不一定弹出。

(2) 元素只能从队尾进入队列，从队头、队尾都可以弹出。

(3) 序列中的每个元素都必须进入队列。例如，x 进入队尾时，和原队尾 y 比较，如果 $x \leqslant y$，就从队尾弹出 y；一直到弹出队尾所有比 x 大的元素，最后 x 进入队尾。这个入队操作保证了队头元素是队列中最小的。

上述题解有点抽象，下面以食堂排队打饭为例说明它。

大家到食堂排队打饭时都有一个心理，在打饭之前先看看有什么菜，如果不好吃就走了。不过，能不能看到和身高有关，站在队尾的人如果个子高，眼光就能越过前面的人看到里面的菜；如果个子矮，会被挡住看不见。

一个矮个子来排队，他希望队伍前面的人都比他更矮。如果他会魔法，他来排队时，队尾比他高的人就自动从队尾离开，新的队尾如果仍比他高，也会离开；最后新来的矮个子成了新的队尾，而且是最高的。他终于能看到菜了，让人兴奋的是，菜很好吃，所以他肯定不想走。

假设每个新来的人的魔法本领都比队列中的人更厉害，这个队伍就会变成这样：每个新来的人都能排到队尾，但是都会被后面来的高个子赶走。这样一来，这个队列就会始终满足单调性：从队头到队尾，由矮到高。

但是，让这个魔法队伍郁闷的是，打饭阿姨一直忙自己的，顾不上打饭。所以排头的人等了一会儿，就走了，等待时间就是 k。这有一个附带的现象：队伍长度不会超过 k。

输出是什么？每新来一个排队的人，排头如果还没走，他就向阿姨喊一声，这就是输出。

以上是本题的现实模型。

下面举例描述算法流程，队列为 $\{1, 3, -1, -3, 5, 3, 6, 7\}$，读者可以理解成身高。以输出最小值为例，表 1.1 中的"输出队首"就是本题的结果。

单调队列的时间复杂度：每个元素最多入队一次、出队一次，且出入队时间都为 $O(1)$，因此总时间为 $O(n)$。因为题中需要逐一处理所有 n 个数，所以 $O(n)$ 已经是能达到的最优复杂度。

从以上过程可以看出，单调队列有两个重要操作：删头、去尾。

(1) 删头：如果队头的元素脱离了窗口，这个元素就没用了，弹出它。

(2) 去尾：如果新元素进队尾时，原队尾的存在破坏了队列的单调性，就弹出它。

表 1.1 滑动窗口/单调队列算法流程描述

元素进入队尾	元素进入队顺序	队列	窗口范围	队首是否在窗口内	输出队首	弹出队尾	弹出队首
1	1	{1}	[1]	是			
3	2	{1,3}	[1 2]	是			
−1	3	{−1}	[1 2 3]	是	−1	3,1	
−3	4	{−3}	[2 3 4]	是	−3	−1	
5	5	{−3,5}	[3 4 5]	是	−3		
3	6	{−3,3}	[4 5 6]	是	−3	5	
6	7	{3,6}	[5 6 7]	−3 否,3 是	3		−3
7	8	{3,6,7}	[6 7 8]	是	3		

下面是洛谷 P1886 的代码,用 STL deque 实现单调队列。读者可以练习用手写双端队列改写代码。第 9 行 for 循环让每个 a[i]进队,先把它与队尾比较,去尾,然后第 11 行 a[i]进队尾。代码中第 10 行、第 13 行去尾和删头的两个 while 语句是单调队列操作的常用写法,是单调队列的特征。

```
1    # include < bits/stdc++.h >
2    using namespace std;
3    const int N = 1000005;
4    int a[N];
5    deque < int > q;              //队列中的数据实际上是元素在原序列中的位置
6    int main(){
7        int n,m; scanf("%d%d",&n,&m);
8        for(int i = 1;i <= n;i++)    scanf("%d",&a[i]);
9        for(int i = 1;i <= n;i++){                          //输出最小值
10           while(!q.empty() && a[q.back()]>a[i])    q.pop_back();    //去尾
11           q.push_back(i);
12           if(i >= m){        //每个窗口输出一次
13               while(!q.empty() && q.front()<= i-m)    q.pop_front(); //删头
14               printf("%d", a[q.front()]);
15           }
16       }
17       printf("\n");
18       while(!q.empty()) q.pop_front();                    //清空,下面再用一次
19       for(int i = 1;i <= n;i++){                          //输出最大值
20           while(!q.empty() && a[q.back()]< a[i]) q.pop_back();    //去尾
21           q.push_back(i);
22           if(i >= m){
23               while(!q.empty() && q.front()<= i-m) q.pop_front(); //删头
24               printf("%d", a[q.front()]);
25           }
26       }
27       printf("\n");
28       return 0;
29   }
```

3. 单调队列与最大子序和问题

下面介绍单调队列的典型应用——最大子序和问题。

首先说明什么是子序和。给定长度为 n 的整数序列 A，它的"子序列"定义为 A 中非空的一段连续的元素。例如，序列 $(6,-1,5,4,-7)$，前 4 个元素的子序和为 $6+(-1)+5+4=14$。

最大子序和问题按子序列有无长度限制分为两种。

问题(1)：不限制子序列的长度。在所有可能的子序列中找到一个子序列，该子序列和最大。

问题(2)：限制子序列的长度。给定一个限制长度 m，找出一段长度不超过 m 的连续子序列，使它的子序和最大。

问题(1)比较简单，用贪心法或动态规划(Dynamic Programming,DP)算法，复杂度都为 $O(n)$。

问题(2)用单调队列，复杂度也为 $O(n)$。通过这个例子，读者可以理解为什么单调队列能用于 DP 优化。

问题(1)不是本节的内容，不过为了参照，下面也给出题解。

1）问题(1)的求解

用贪心法或 DP，在 $O(n)$ 时间内求解。下面是例题。

例 1.4　Max sum(hdu 1003)

问题描述：给定一个序列，求最大子序和。

输入：第 1 行输入整数 T，表示测试用例个数，$1 \leqslant T \leqslant 20$；后面 T 行中，每行第 1 个数输入 N，后面输入 N 个数，$1 \leqslant N \leqslant 100000$，每个数在 $[-1000,1000]$ 区间内。

输出：每个测试输出两行。第 1 行输出 "Case #:"，其中"#"表示测试序号；第 2 行输出 3 个数，第 1 个数是最大子序和，第 2 个和第 3 个数是开始和终止位置。两个测试之间输出一个空行。

题解 1 贪心法。逐个扫描序列中的元素并累加。加一个正数时，子序和会增加；加一个负数时，子序和会减小。如果当前得到的和变成了负数，这个负数在接下来的累加中会减少后面的求和，所以抛弃它，从下一位置开始重新求和。

```
1   //hdu 1003 的贪心代码
2   # include < bits/stdc.h>
3   using namespace std;
4   const int INF = 0x7fffffff;
5   int main(){
6       int t; cin >> t;                          //测试用例个数
7       for(int i = 1; i <= t; i++){
8           int n; cin >> n;
9           int maxsum = - INF;                   //最大子序和,初始化为一个极小负数
10          int start = 1, end = 1, p = 1;        //起点,终点,扫描位置
11          int sum = 0;                          //子序和
12          for(int j = 1; j <= n; j++){
13              int a; cin >> a; sum += a;        //读入一个元素,累加
14              if(sum > maxsum){ maxsum = sum; start = p; end = j;}
15              if(sum < 0){ //扫描到j时,若前面的最大子序和是负数,从下一个重新开始求和
```

```
16              sum = 0;
17              p = j+1;
18          }
19      }
20      printf("Case %d:\n",i); printf("%d %d %d\n", maxsum,start,end);
21      if(i != t) cout << endl;
22      }
23      return 0;
24  }
```

题解2 动态规划。定义状态 $dp[i]$，表示以 $a[i]$ 为结尾的最大子序和。$dp[i]$ 的计算有两种情况：

(1) $dp[i]$ 只包括一个元素，就是 $a[i]$；

(2) $dp[i]$ 包括多个元素，从前面某个 $a[v]$ 开始，$v<i$，到 $a[i]$ 结束，即 $dp[i-1]+a[i]$。

取两者的最大值，得到状态转移方程 $dp[i]=\max(dp[i-1]+a[i],a[i])$。

在所有 $dp[i]$ 中，最大值就是题目的解。

```
1   // hdu 1003 的 DP 代码
2   #include<bits/stdc++.h>
3   using namespace std;
4   int dp[100005];          //dp[i]: 以第 i 个数为结尾的最大值
5   int main(){
6       int t; cin >> t;
7       for(int k = 1;k <= t;k++){
8           int n; cin >> n;
9           for(int i = 1;i <= n;i++) cin >> dp[i];        //用 dp[] 存储数据 a[]
10          int start = 1, end = 1, p = 1;                 //起点,终点,扫描位置
11          int maxsum = dp[1];
12          for(int i = 2; i <= n; i++){
13              if(dp[i-1] + dp[i] >= dp[i])     //转移方程 dp[i] = max(dp[i-1] + a[i], a[i])
14              dp[i] = dp[i-1] + dp[i];         // dp[i-1] + a[i] 比 a[i] 大
15              else p = i;                      // a[i] 更大, 那么 dp[i] 就是 a[i]
16              if(dp[i] > maxsum ) {            //dp[i] 是一个更大的子序和
17                  maxsum = dp[i]; start = p; end = i;   //以 p 为开始, 以 i 为结尾
18              }
19          }
20          printf("Case %d:\n",k); printf("%d %d %d\n", maxsum,start,end);
21          if(k != t) cout << endl;
22      }
23  }
```

2）问题（2）的求解

和前面例题的"滑动窗口"类似，可以用单调队列的"窗口、删头、去尾"解决问题（2）。

首先求前缀和 $s[i]$。前缀和的概念见本书 2.6 节。$s[i]$ 是 $a[1]\sim a[i]$ 的和，计算所有的 $s[i]\sim s[n]$，时间复杂度为 $O(n)$。

问题（2）转换为：找出两个位置 i、k，使 $s[i]-s[k]$ 最大，$i-k\leq m$。

首先思考用 DP 求解，把问题进一步转换为：首先固定一个 i，找到它左边的一个端点 k，$i-k\leq m$，使 $s[i]-s[k]$ 最大，定义这个最大值是 $dp[i]$；逐步扩大 i，求得所有的 $dp[i]$，其中的最大值就是问题的解。如果简单地暴力检查，对每个 i 检查比它小的 m 个 $s[k]$，那

么总时间复杂度为 $O(nm)$，将超时。

暴力检查的方法不可行，改用一个大小为 m 的窗口寻找最大子序和 ans。从头到尾依次把 $s[]$ 的元素放入这个窗口。

(1) 首先把 $s[1]$ 放入窗口，并且记录 ans 的初始值 $s[1]$。

(2) 接着把 $s[2]$ 放入窗口(假设窗口长度大于2)，有两种情况：如果 $s[1] \leqslant s[2]$，那么更新 ans $= \max\{s[1], s[2], s[2]-s[1]\}$；如果 $s[1] > s[2]$，那么保持 ans $= s[1]$ 不变，然后从窗口中抛弃 $s[1]$，只留下 $s[2]$，因为后面再把新的 $s[i']$ 放入窗口时，$s[i']-s[2]$ 比 $s[i']-s[1]$ 更大。

继续这个过程，直到所有的 $s[]$ 处理结束。

总结上面的思路，把新的 $s[i]$ 放入窗口时：

(1) 把窗口内比 $s[i]$ 大的所有 $s[j]$ 都抛弃，$i-j \leqslant m$，因为这些 $s[j]$ 在处理 $s[i]$ 后面的 $s[i']$ 时用不到了，$s[i']-s[i]$ 要优于 $s[i']-s[j]$，保留 $s[i]$ 就可以了；

(2) 若窗口内最小的是 $s[k]$，此时肯定有 $s[k] < s[i]$，检查 $s[i]-s[k]$ 是否为当前的最大子序和，如果是，就更新最大子序和 ans；

(3) 每个 $s[i]$ 都会进入队列。

此时，最优策略是一个"位置递增、前缀和也递增"的序列，用单调队列最合适了。$s[i]$ 进入队尾时，如果原队尾比 $s[i]$ 大，则去尾；如果队头超过窗口范围 m，则去头，而最小的那个 $s[k]$ 就是队头。算法的原理和"滑动窗口"差不多。

在这个单调队列中，每个 $s[i]$ 只进出队列一次，计算复杂度为 $O(n)$。

下面给出问题(2)的代码。

```cpp
1   #include<bits/stdc++.h>
2   using namespace std;
3   deque<int> dq;
4   int s[100005];
5   int main(){
6       int n,m; scanf("%d%d",&n,&m);
7       for(int i=1;i<=n;i++) scanf("%lld",&s[i]);
8       for(int i=1;i<=n;i++) s[i] = s[i] + s[i-1];       //计算前缀和
9       int ans = -1e8;
10      dq.push_back(0);
11      for(int i=1;i<=n;i++) {
12          while(!dq.empty() && dq.front()<i-m) dq.pop_front();   //队头超过m范围:删头
13          if(dq.empty())      ans = max(ans,s[i]);
14          else                ans = max(ans,s[i]-s[dq.front()]); //队头就是最小的s[k]
15          while(!dq.empty() && s[dq.back()]>=s[i]) dq.pop_back(); //队尾大于s[i],去尾
16          dq.push_back(i);
17      }
18      printf("%d\n",ans);
19      return 0;
20  }
```

提示 在这个例子中，用到了"DP＋单调队列"。单调队列用于 DP 优化的详细讲解，见 5.8 节"单调队列优化"。

算法 竞赛

1.2.4 优先队列

优先队列的特征是每次让优先级最高(最大的数或最小的数)的先出队列。优先队列并不是简单的线性结构,而是用堆这种复杂结构来实现。由于代码写起来比较麻烦,竞赛时的优先队列一般直接用 STL 编码,见 1.5.4 节给出的代码。

【习题】

(1) 单调队列简单题:洛谷 P1440/P2032/P1714/P2629/P2422/P1540。

(2) 单调队列优化 DP:洛谷 P3957/P1725。

(3) 二维队列:洛谷 P2776。

扫一扫

视频讲解

1.3　栈　※

栈的特点是"先进后出"。栈在生活中的原型有:坐电梯,先进电梯的被挤在最里面,只能最后出来;一管泡腾片,最先放进管子的药片位于最底层,最后被拿出来。栈只有唯一的出入口,从这个口进入,也从这个口弹出,这是它与队列最大的区别。队列有一个入口和一个出口,所以手写栈比手写队列更简单。

编程中常用的递归就是用栈来实现的。栈需要用空间存储,如果栈的深度太大,或者存进栈的数组太大,那么总数会超过系统为栈分配的空间,就会爆栈导致栈溢出。这是递归的主要问题,递归深度要注意。

编码时通常直接用 STL stack,或者自己手写栈。为避免爆栈,需要控制栈的大小。

1.3.1　STL stack

STL stack 的有关操作如表 1.2 所示。

表 1.2　STL stack 的有关操作

操　作	说　明
stack＜Type＞s	定义栈,Type 为数据类型,如 int、float、char 等
s.push(item)	把 item 放到栈顶
s.top()	返回栈顶的元素,但不会删除
s.pop()	删除栈顶的元素,但不会返回。在出栈时需要执行两步操作,先使用 top()获得栈顶元素,再使用 pop()删除栈顶元素
s.size()	返回栈中元素的个数
s.empty()	检查栈是否为空,如果为空则返回 true,否则返回 false

下面用一道例题说明栈的应用。

16

例 1.5 Text Reverse(hdu 1062)

问题描述：翻转字符串。

输入样例：	输出样例：
olleh ! dlrow	hello world!

代码如下,其中用到了栈的多个操作。

```cpp
1   #include<bits/stdc++.h>
2   using namespace std;
3   int main(){
4       int n;   scanf("%d",&n);  getchar();
5       while(n--){
6           stack<char> s;
7           while(true){
8               char ch = getchar();                              //一次读入一个字符
9               if(ch==' '||ch=='\n'||ch==EOF){
10                  while(!s.empty()){ printf("%c",s.top()); s.pop();}  //输出并清除栈顶
11                  if(ch=='\n'||ch==EOF)  break;
12                  printf(" ");
13              }
14              else   s.push(ch);                                //入栈
15          }
16          printf("\n");
17      }
18      return 0;
19  }
```

1.3.2 手写栈

手写栈代码简单且节省空间。下面针对例题 hdu 1062,自己写一个简单的栈。代码中包括栈的基本操作：push()、pop()、top()、empty()。用 t 指向栈顶。

```cpp
1   // hdu 1062,手写栈
2   #include<bits/stdc++.h>
3   const int N = 100100;
4   struct mystack{
5       char a[N];                                 //存放栈元素,字符型
6       int t = 0;                                 //栈顶位置
7       void push(char x){ a[++t] = x; }           //送入栈
8       char top()       { return a[t]; }          //返回栈顶元素
9       void pop()       { t--;        }           //弹出栈顶
10      int empty()      { return t==0?1:0;}       //返回1表示空
11  }st;
12  int main(){
13      int n;   scanf("%d",&n);  getchar();
14      while(n--){
15          while(true){
```

```
16          char ch = getchar();                                    //一次读入一个字符
17          if(ch == ' '||ch == '\n'||ch == EOF){
18              while(!st.empty()){ printf("%c",st.top()); st.pop();}   //输出并清除栈顶
19              if(ch == '\n'||ch == EOF)  break;
20              printf(" ");
21          }
22          else    st.push(ch);                                    //入栈
23      }
24      printf("\n");
25   }
26   return 0;
27 }
```


1.3.3 单调栈

单调栈不是一种新的栈结构,它在结构上仍然是一个普通的栈,它是栈的一种使用方式。

单调栈内的元素是单调递增或递减的,有单调递增栈、单调递减栈。单调栈可以用来处理比较问题。

单调栈实际上就是普通的栈,只是使用时始终保持栈内的元素是单调的。例如,单调递减栈从栈顶到栈底是从小到大的顺序。当一个数入栈时,与栈顶比较,若比栈顶小,则入栈;若比栈顶大,则弹出栈顶,直到这个数能入栈为止。注意,每个数都一定入栈。

单调栈比单调队列简单,因为栈只有一个出入口。

用下面的例题说明单调栈的简单应用。

例1.6 向右看齐(洛谷 P2947)

问题描述:$N(1 \leqslant N \leqslant 10^5)$头奶牛站成一排,奶牛 i 的身高为 $H_i(1 \leqslant H_i \leqslant 1000000)$。现在,每头奶牛都在向右看齐。对于奶牛 i,如果奶牛 j 满足 $i < j$ 且 $H_i < H_j$,我们说奶牛 i 仰望奶牛 j。求出每头奶牛离它最近的仰望对象。

输入:第 1 行输入 N,后面 N 行中,每行输入一个身高 H_i。

输出:共输出 N 行,按顺序每行输出一头奶牛的最近仰望对象,如果没有仰望对象,输出 0。

题解 从后向前遍历奶牛,并用一个栈保存从低到高的奶牛,栈顶的奶牛最矮,栈底的最高。具体操作:遍历到奶牛 i 时,将栈顶的奶牛与其进行比较,如果不比奶牛 i 高,就弹出栈顶,直到栈顶的奶牛比奶牛 i 高,这就是奶牛 i 的仰望对象;然后把 i 放进栈顶,栈中的奶牛仍然保持从低到高。

每头奶牛只进出栈一次,所以复杂度为 $O(n)$。

下面分别用 STL stack 和手写栈进行编码。

STL stack 代码如下。

```
1  #include<bits/stdc++.h>
2  using namespace std;
3  int h[100001], ans[100001];
```

```
4    int main(){
5        int n;  scanf("%d",&n);
6        for (int i=1;i<=n;i++)  scanf("%d",&h[i]);
7        stack<int> st;
8        for (int i=n;i>=1;i--){
9            while (!st.empty() && h[st.top()]<=h[i])
10               st.pop();              //栈顶奶牛没有 i 高,弹出它,直到栈顶奶牛更高为止
11           if (st.empty())   ans[i]=0;        //栈空,没有仰望对象
12           else              ans[i]=st.top();  //栈顶奶牛更高,是仰望对象
13           st.push(i);                //进栈
14       }
15       for (int i=1;i<=n;i++)  printf("%d\n",ans[i]);
16       return 0;
17   }
```

手写栈代码如下,和 1.3.2 节的代码几乎一样,只是改变了栈元素的类型。

```
1    #include<bits/stdc++.h>
2    using namespace std;
3    const int N = 100100;
4    struct mystack{
5        int a[N];                              //存放栈元素,int 型
6        int t = 0;                             //栈顶位置
7        void push(int x){ a[++t] = x;  }       //送入栈
8        int  top()      { return a[t]; }       //返回栈顶元素
9        void pop()      { t--;         }       //弹出栈顶
10       int empty()     { return t == 0?1:0;}  //返回 1 表示空
11   }st;
12   int h[N], ans[N];
13   int main(){
14       int n;  scanf("%d",&n);
15       for (int i=1;i<=n;i++)  scanf("%d",&h[i]);
16       for (int i=n;i>=1;i--){
17           while (!st.empty() && h[st.top()]<=h[i])
18               st.pop();              //栈顶奶牛没有 i 高,弹出它,直到栈顶奶牛更高
19           if (st.empty())   ans[i]=0;        //栈空,没有仰望对象
20           else              ans[i]=st.top();  //栈顶奶牛更高,是仰望对象
21           st.push(i);
22       }
23       for (int i=1;i<=n;i++)  printf("%d\n",ans[i]);
24       return 0;
25   }
```

【习题】

(1) 洛谷 P5788/P1449(后缀表达式)/P1739(表达式括号匹配)/P1981(表达式求值)/P1175(表达式的转换)。

(2) 力扣(leetcode-cn.com/problemset/all/):用两个栈实现队列、包含 min()函数的栈、栈的压入、弹出序列、翻转单词顺序列(栈)。

1.4　二叉树和哈夫曼树

树是非线性数据结构,它能很好地描述数据的层次关系。树这种结构的现实场景很常见,如文件目录、书本的目录就是典型的树形结构。二叉树是最常用的树形结构,特别适合编码,常常将一般的树转换为二叉树来处理。本节介绍二叉树的定义和存储。二叉树的遍历将在 3.1 节中进行详细讲解。

哈夫曼(Huffman)树是二叉树的一个应用。

1.4.1　二叉树的概念

1. 二叉树的性质

二叉树的每个节点最多有两个子节点,分别称为左孩子、右孩子,以它们为根的子树称为左子树、右子树。

二叉树的每层节点数以 2 的倍数递增,所以二叉树的第 i 层最多有 2^{i-1} 个节点。如果每层的节点数都是满的,称它为满二叉树。一个 n 层的满二叉树,一共有 2^n-1 个节点。如果满二叉树只在最后一层有缺失,并且缺失的编号都在最后,则称为完全二叉树。图 1.3 所示为一棵满二叉树和一棵完全二叉树。

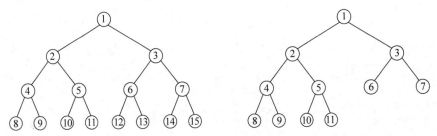

图 1.3　满二叉树和完全二叉树

1 号节点是二叉树的根,它是唯一没有父节点的节点。从根到节点 u 的路径长度定义为 u 的**深度**,节点 u 到它的叶子节点的最大路径长度定义为节点 u 的**高度**。根的高度最大,称为树的高。

二叉树之所以应用广泛,得益于它的形态。高级数据结构大部分与二叉树有关,下面列举二叉树的一些优势。

(1) 在二叉树上能进行极高效率的访问。一棵平衡的二叉树,如满二叉树或完全二叉树,每层的节点数量约为上一层数量的 2 倍。也就是说,一棵有 N 个节点的满二叉树,树的高度为 $O(\log_2 N)$。从根节点到叶子节点,只需要走 $\log_2 N$ 步,就能到达树中的任意节点。例如,$N=100$ 万,树的高度仅为 $\log_2 N=20$,只需要 20 步就能到达这 100 万个节点中的任意一个。但是,如果二叉树不是满的,而且很不平衡,甚至在极端情况下退化为一条"链",访问效率会打折扣。维护二叉树的平衡是高级数据结构的主要任务之一。

(2) 二叉树很适合做从整体到局部、从局部到整体的操作。二叉树内的一棵子树可以看作整棵树的一个子区间,求区间最值、区间和、区间翻转、区间合并、区间分裂等,用二叉树都很快捷。例如,文本编辑器用二叉树实现效率很高。

（3）基于二叉树的算法容易设计和实现。例如,二叉树用宽度优先搜索(Breadth-First Search,BFS)和深度优先搜索(Depth-First Search,DFS)处理都极为简便。二叉树可以一层一层地搜索,这是 BFS。二叉树的任意一个子节点,是以它为根的一棵二叉树,这是一种递归结构,用 DFS 访问二叉树极容易编码。BFS 和 DFS 是二叉树的绝配。

2. 二叉树的存储结构

二叉树的一个节点的存储,包括节点的值、左右子节点,有动态和静态两种存储方法。

（1）动态二叉树。数据结构中一般这样定义二叉树:

```
1  struct Node{
2      int value;          //节点的值,可以定义多个值
3      node * lson, * rson;    //指向左右子节点
4  };
```

动态新建一个 Node 时,用 new 运算符动态申请一个节点。使用完毕后,应该用 delete 命令释放它,否则会内存泄漏。动态二叉树的优点是不浪费空间,缺点是需要管理,不小心会出错。

（2）用静态数组存储二叉树。在算法竞赛中,为了编码简单,加快速度,一般用静态数组实现二叉树。下面定义一个大小为 N 的结构体数组。

```
1  struct Node{          //静态二叉树
2      char value;
3      int lson, rson;      //左右孩子,竞赛时把 lson、rson 简写为 l、r
4  }tree[N];              //可以把 tree 简写为 t
```

图 1.4 所示为一棵二叉树的静态存储,根是 tree[5]。编码时一般不用 tree[0],因为 0 被用来表示空节点,如叶子节点 tree[2] 没有子节点,就把它的子节点赋值为 $l=r=0$。

特别地,用数组实现完全二叉树,访问非常便捷,此时连 lson、rson 都不需要定义。一棵节点总数量为 k 的完全二叉树,设 1 号节点为根节点,有以下性质:

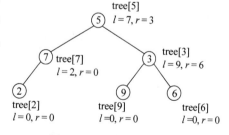

图 1.4　二叉树的静态存储

（1）编号 $i>1$ 的节点,其父节点编号是 $i/2$;

（2）如果 $2i>k$,那么节点 i 没有孩子;如果 $2i+1>k$,那么节点 i 没有右孩子;

（3）如果节点 i 有孩子,那么它的左孩子是节点 $2i$,右孩子是节点 $2i+1$。

3. 多叉树转化为二叉树

多叉树有 B-树、B+树等。把多叉树转化为二叉树的应用场景不多见,简单方法是将第 1 个孩子作为左孩子,将其兄弟节点作为右孩子。这样做的缺点是可能导致树退化为一条长链,如图 1.5 所示。

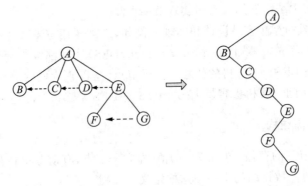

图 1.5　多叉树转化为二叉树

1.4.2　二叉树的遍历

本节介绍二叉树遍历的原理,具体实现见 3.1 节,初学者可以在学习 3.1 节后再回头阅读本节。

1. 宽度优先遍历

有时需要按层次一层层从上到下遍历二叉树。例如,在图 1.6 中,需要按 *E-BG-ADFI-CH* 的顺序访问,此时用宽度优先搜索(BFS)是最合适的。

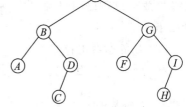

图 1.6　二叉树的遍历

2. 深度优先遍历

用深度优先搜索(DFS)遍历二叉树,代码很简单,而且产生了很多应用。

按深度搜索的顺序访问二叉树,对父节点、左孩子、右孩子进行组合,有先(父)序遍历、中(父)序遍历、后(父)序遍历这 3 种访问顺序,这里默认左孩子在右孩子前面。

(1) 先序遍历,按父节点、左孩子、右孩子的顺序访问。在图 1.6 中,先序遍历输出的顺序是 *EBADCGFIH*,先序遍历的第 1 个节点是根。先序遍历的伪代码如下。

```
void preorder (node * root){
    cout << root -> value;        //输出
    preorder (root -> lson);      //递归左子树
    preorder (root -> rson);      //递归右子树
}
```

(2) 中序遍历,按左孩子、父节点、右孩子的顺序访问。在图 1.6 中,中序遍历输出的顺序是 *ABCDEFGHI*。读者可能注意到,*ABCDEFGHI* 刚好是字典序,这不是巧合,是因为图示的是一个二叉搜索树。在二叉搜索树中,中序遍历实现了排序功能,返回的结果是一个有序排列。中序遍历还有一个特征:如果已知根节点,那么在中序遍历的结果中,排在根节点左边的点都在左子树上,右边的点都在右子树上。例如,*E* 是根,*E* 左边的 *ABCD* 在它的左子树上;再如,在子树 *ABCD* 上,*B* 是子树的根,那么 *A* 在它的左子树上,*CD* 在它的右子树上。任意子树都符合这个特征。中序遍历的伪代码如下。

```
void inorder (node * root){
    inorder (root -> lson);        //递归左子树
    cout << root -> value;         //输出
    inorder (root -> rson);        //递归右子树
}
```

（3）后序遍历，按左孩子、右孩子、父节点的顺序访问。在图 1.6 中，后序遍历输出的顺序是 *ACDBFHIGE*。后序遍历的最后一个节点是根。后序遍历的伪代码如下。

```
void postorder (node * root){
    postorder (root -> lson);      //递归左子树
    postorder (root -> rson);      //递归右子树
    cout << root -> value;         //输出
}
```

如果已知某棵二叉树的中序遍历和另一种遍历，可以把这棵树构造出来，即"中序遍历＋先序遍历"或"中序遍历＋后序遍历"，都能确定一棵树。

但是，如果不知道中序遍历，只有先序遍历＋后序遍历，则不能确定一棵二叉树。例如，图 1.7 所示的两棵不同的二叉树，它们的先序遍历都是"1 2 3"，后序遍历都是"3 2 1"。

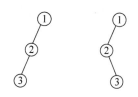

图 1.7　先序遍历＋后序遍历不能确定一棵树

关于 3 种遍历的关系，请练习 Binary Tree Traversals(hdu 1710)，输入二叉树的先序和中序遍历序列，求后序遍历。

1.4.3　哈夫曼树和哈夫曼编码

哈夫曼树是一类带权路径长度最短的最优树，是贪心思想在二叉树上的应用。哈夫曼树的一个经典应用是哈夫曼编码。请读者阅读本节时参考 2.10 节贪心法与拟阵。

1. 哈夫曼树

二叉树上两个节点之间的路径长度是指这条路径经过的边的数量。树的路径长度是从根到每个节点的路径长度之和。显然，二叉树越平衡，从根到其他节点的路径越短，树的路径长度也越短。完全二叉树的路径长度是最短的。

把上述概念推广到带权节点。从根到一个带权节点的带权路径长度，是从根到该节点的路径长度与节点权值的乘积。树的带权路径长度是所有叶子节点的带权路径长度之和。因为节点有权值，所以一棵平衡的二叉树并不一定有最小的带权路径长度。

给定 n 个权值，构造一棵有 n 个叶子节点的二叉树，每个叶子节点对应一个权值。有很多种构造方法，把其中带权路径长度最小的二叉树称为哈夫曼树，或者最优二叉树。

如何构造一棵哈夫曼树？容易想到一种贪心方法：把权值大的节点放在离根节点近的层次上，权值小的节点放在离根节点远的层次上。哈夫曼算法步骤如下。

（1）把每个权值构造成一棵只有一个节点的树，n 个权值构成了 n 棵树，记为集合 $F = \{T_1, T_2, \cdots, T_n\}$。

（2）在 F 中选择权值最小的两棵树 T_i 和 T_j，合并为一棵新的二叉树 T_x，它的权值等于 T_i 与 T_j 的权值之和，左右子树分别为 T_i 和 T_j。

（3）在 F 中删除 T_i 和 T_j，并把 T_x 加入 F。

（4）重复步骤（2）和步骤（3），直到 F 中只含有一棵树，这棵树就是哈夫曼树。

下面以哈夫曼编码为例介绍算法的执行步骤。

2. 哈夫曼编码

哈夫曼树的一个经典应用是哈夫曼编码，这是一种"前缀"最优编码。

什么是编码？给定一段字符串，这段字符串包含很多字符，每种字符出现次数不一样，有的频次高，有的频次低。现在把这段字符串存储在计算机中，因为数据在计算机中都是用二进制码表示的，所以需要把每个字符编码成一个二进制数。

最简单的编码方法是把每个字符都用相同长度的二进制数表示。例如，给出一段字符串，它只包含 A、B、C、D、E 这 5 种字符，编码方案如下。

字符：	A	B	C	D	E
频次：	3	9	6	15	19
编码：	000	001	010	011	100

每个字符用 3 位二进制数表示，存储的总长度为 $3×(3+9+6+15+19)=156$。

这种编码方法简单实用，但是不节省空间。由于每个字符出现频次不同，可以想到用**变长编码**：出现次数多的字符用短码表示，出现少的用长码表示。编码方案如下。

字符：	A	B	C	D	E
频次：	3	9	6	15	19
编码：	1100	111	1101	10	0

存储的总长度为 $3×4+9×3+6×4+15×2+19×1=112$。

第 2 种方法相当于对第 1 种方法进行了压缩，压缩比为 $156/112≈1.39$。

编码方法的基本要求是编码后得到的二进制串能唯一地进行解码还原。上面第 1 种简单方法显然是正确的，每 3 位二进制数对应一个字符。第 2 种方法也是正确的，如 11001111001101，解码后唯一得到 ABDEC。

如果胡乱设定编码方案，很可能是错误的，例如下面的编码方案：

字符：	A	B	C	D	E
频次：	3	9	6	15	19
编码：	100	10	11	1	0

上述编码方案看起来似乎每个字符都有不同的编码，编码后的总长度也更短，只有 $3×3+9×2+6×2+15×1+19×1=73$，但是编码无法解码还原。例如，编码 100，是解码为 A、BE 还是 DEE 呢？

错误的原因是某个编码是另一个编码的**前缀（Prefix）**，即这两个编码有包含关系，导致了混淆。

有没有比第 2 种编码方法更好的方法？这引出了一个常见问题：给定一个字符串，如何编码能使编码后的总长度最小？即如何得到一个最优解？

作为后续讲解的预习,读者可以验证:第 2 种编码方法已经达到了最优,编码后的总长度 112 就是能得到的最小长度。

哈夫曼编码是前缀编码的一种最优算法。

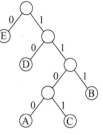

如何设计编码方法? 由于编码是二进制,容易想到用二叉树构造编码。例如,上面第 2 种编码方案的二叉树实现如图 1.8 所示。

在二叉树的每个分支,左边是 0,右边是 1。二叉树末端的叶子节点就是编码。把编码放在叶子节点上,可以保证符合"前缀不包含"的要求。出现频次最高的字符 E 在最靠近根节点的位置,编码最短;出现频次最低的 A 在二叉树最深处,编码最长。

图 1.8 用二叉树实现前缀编码

这棵编码二叉树是如何构造的? 下面用哈夫曼树构造哈夫曼编码。

首先对所有字符按出现频次排序,如下所示。

字符:	A	C	B	D	E
频次:	3	6	9	15	19

然后,从出现频次最低的字符开始,利用贪心思想安排在二叉树上。按哈夫曼算法执行如图 1.9 所示的步骤。

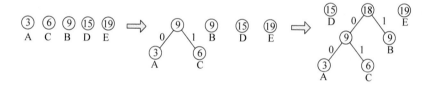

(a) 初始的6棵树 (b) 把A、C合并为一棵树,重新排序 (c) 合并B,重新排序

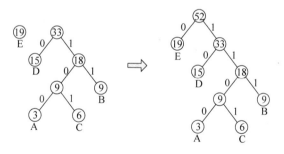

(d) 合并D,重新排序 (e) 合并E,结束

图 1.9 哈夫曼编码步骤

每个节点圆圈内的数字是这个子树下字符出现的频次之和。

贪心的过程是按出现频次从底层向顶层生成二叉树。贪心过程保证了出现频次低的字符被放在树的底层,编码更长;出现频次高的字符被放在顶层,编码更短。可以证明,哈夫曼算法符合贪心法的"最优子结构性质"和"贪心选择性质"[①],编码的结果是最优的。

---

① 证明请参考《算法导论》(Thomas H. Cormen 等著,潘金贵等译,机械工业出版社出版)第 234 页"哈夫曼算法的正确性"。

下面给出一道例题。

例 1.7　Entropy(poj 1521)

问题描述：输入一个字符串，分别用普通 ASCII 编码(每个字符 8b)和哈夫曼编码，输出编码前、后的长度，并输出压缩比。

输入样例：	输出样例：
AAAAABCD	64 13 4.9
THE_CAT_IN_THE_HAT	144 51 2.8
END	

本题正常的解题过程是首先统计字符出现的频次，然后用哈夫曼算法编码，最后计算编码后的总长度。不过，由于只需要输出编码总长度，而不要求输出每个字符的编码，所以可以跳过编码过程，利用图 1.9 所描述的哈夫曼编码思想(圆圈内的数字为出现频次)直接计算编码的总长度。下面的代码使用了 STL 的优先队列，在每个贪心步骤，从优先队列中取出最少的两个频次。

```cpp
1   # include <cstdio>
2   # include <iostream>
3   # include <algorithm>
4   # include <queue>
5   using namespace std;
6   int main(){
7       priority_queue<int, vector<int>, greater<int>> q;
8       string s;
9       while(getline(cin, s) && s != "END"){
10          sort(s.begin(), s.end());
11          int num = 1;                    //一种字符出现的次数
12          for(int i = 1; i <= s.length(); i++){
13              if(s[i] != s[i-1]){ q.push(num);  num = 1;}
14              else num++;
15          }
16          int ans = 0;
17          if(q.size() == 1)               //题目的一个陷阱：只有一种字符的情况
18          ans = s.length();
19          while(q.size() > 1){            //最后一次合并不用加到 ans 中
20              int a = q.top(); q.pop();   //贪心：取出频次最少的两个
21              int b = q.top(); q.pop();
22              q.push(a+b);                //把两个最小的合并成新的节点，重新放进队列
23              ans += a+b;                 //一种字符入几次队列，就累加几次
24                                          //入一次队列，表示它在二叉树上深了一层,编码长度加1
25          }
26          q.pop();
27          printf("%d %d %.1f\n",s.length()*8,ans,(double)s.length()*8/(double)ans);
28      }
29      return 0;
30  }
```

【习题】

(1) hdu 2527。

(2) 洛谷 P1087/P1030/P1305/P1229/P5018/P5597/P2168。

扫一扫

视频讲解

1.5　堆

堆是一种树形结构,树的根是堆顶,堆顶始终保持为所有元素的最优值。有最大堆和最小堆,最大堆的根节点是最大值,最小堆的根节点是最小值。本节都以最小堆为例进行讲解。堆一般用二叉树实现,称为二叉堆。二叉堆的典型应用有堆排序和优先队列。

1.5.1　二叉堆的概念

二叉堆是一棵完全二叉树。用数组实现的二叉树堆,树中的每个节点与数组中存放的元素对应。树的每层,除了最后一层可能不满,其他都是满的。如图 1.10 所示,用数组实现一棵二叉树堆。

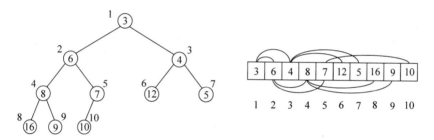

图 1.10　用数组实现的二叉树堆

二叉堆中的每个节点,都是以它为父节点的子树的最小值。

用数组 $A[]$ 存储完全二叉树,节点数量为 n,$A[1]$ 为根节点,有以下性质:

(1) $i>1$ 的节点,其父节点位于 $i/2$;

(2) 如果 $2i>n$,那么节点 i 没有孩子;如果 $2i+1>n$,那么节点 i 没有右孩子;

(3) 如果节点 i 有孩子,那么它的左孩子是 $2i$,右孩子是 $2i+1$。

堆的操作有进堆和出堆。

(1) 进堆:每次把元素放进堆,都调整堆的形状,使根节点保持最小。

(2) 出堆:每次取出的堆顶,就是整个堆的最小值;同时调整堆,使新的堆顶最小。

二叉树只有 $O(\log_2 n)$ 层,进堆和出堆逐层调整,计算复杂度都为 $O(\log_2 n)$。

1.5.2　二叉堆的操作

堆的操作有两种[①]:上浮和下沉。

---

① 参考《算法(第 4 版)》(Robert Sedgewick 等著,谢路云译,人民邮电出版社出版)。

1. 上浮

某个节点的优先级上升,或者在堆底加入一个新元素(建堆,把新元素加入堆),此时需要从下至上恢复堆的顺序。图 1.11 演示了上浮的过程。

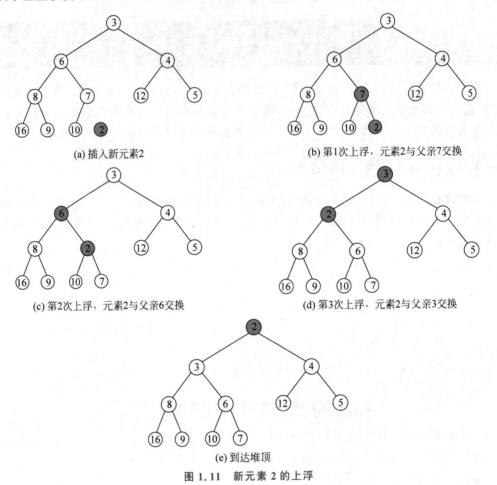

图 1.11　新元素 2 的上浮

2. 下沉

某个节点的优先级下降,或者将根节点替换为一个较小的新元素(弹出堆顶,用其他元素替换它),此时需要从上至下恢复堆的顺序。图 1.12 演示了下沉的过程。

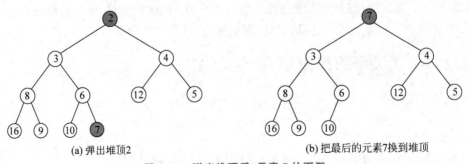

图 1.12　弹出堆顶后,元素 7 的下沉

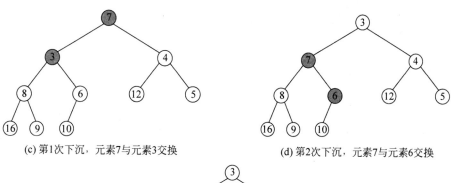

(c) 第1次下沉，元素7与元素3交换   (d) 第2次下沉，元素7与元素6交换

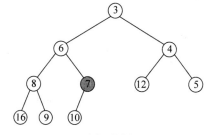

(e) 元素7到达位置

图 1.12   （续）

堆经常用于实现优先队列，上浮对应优先队列的插入操作 push()，下沉对应优先队列的删除队头操作 pop()。

1.5.3   二叉堆的手写代码

1.5.2 节介绍了二叉堆的操作，本节通过例题给出手写堆的实现，类似的题目还有洛谷 P2278。

例 1.8   堆（洛谷 P3378）

问题描述：初始小根堆为空，需要支持以下 3 种操作：

操作 1：输入 1 x，表示将 x 插入堆中；

操作 2：输入 2，输出该小根堆内的最小数；

操作 3：输入 3，删除该小根堆内的最小数。

输入：第 1 行输入一个整数 N，表示操作的个数，$N \leqslant 1000000$；接下来 N 行中，每行输入一或两个正整数，表示 3 种操作之一。

输出：对于每个操作 2，输出一个整数表示答案。

下面给出代码。上浮用 push() 函数实现，完成插入新元素的功能，对应优先队列的入队；下沉用 pop() 函数实现，完成删除堆头的功能，对应优先队列的删除队头。

```
1   # include < bits/stdc++.h >
2   using namespace std;
3   const int N = 1e6 + 5;
4   int heap[N], len = 0;              //len记录当前二叉树的长度
```

```
 5    void push(int x) {                                      //上浮,插入新元素
 6        heap[++len] = x;
 7        int i = len;
 8        while (i > 1 && heap[i] < heap[i/2]){
 9            swap(heap[i], heap[i/2]);
10            i = i/2;
11        }
12    }
13    void pop() {                                            //下沉,删除堆头,调整堆
14        heap[1] = heap[len--];                              //根节点替换为最后一个节点,节点数量减1
15        int i = 1;
16        while ( 2 * i <= len) {                             //至少有左儿子
17            int son = 2 * i;                                //左儿子
18            if (son < len && heap[son + 1] < heap[son])
19                son++;                                      //son<len 表示有右儿子,选儿子中较小的
20            if (heap[son] < heap[i]){                       //与较小的儿子交换
21                swap(heap[son], heap[i]);
22                i = son;                                    //下沉到儿子处
23            }
24            else break;                                     //如果不比儿子小,就停止下沉
25        }
26    }
27    int main() {
28        int n;    scanf("%d",&n);
29        while(n--){
30            int op; scanf("%d",&op);
31            if (op == 1) { int x;    scanf("%d",&x); push(x); }     //进堆
32            else if (op == 2)  printf("%d\n", heap[1]);             //打印堆头
33            else pop();                                             //删除堆头
34        }
35        return 0;
36    }
```

1.5.4 堆和 priority_queue

STL 的优先队列 priority_queue 是用堆实现的。下面给出洛谷 P3378 的 STL 代码,由于不用自己管理堆,代码很简洁。

```
 1    # include<bits/stdc++.h>
 2    using namespace std;
 3    priority_queue<int,vector<int>,greater<int>>q;          //定义堆
 4    int main(){
 5        int n;   scanf("%d",&n);
 6        while(n--) {
 7            int op;   scanf("%d",&op);
 8            if(op==1) { int x;    scanf("%d",&x);   q.push(x); }
 9            else if(op==2)   printf("%d\n",q.top());
10            else   q.pop();
11        }
12        return 0;
13    }
```

【习题】

洛谷 P3378/P1090/P1168/P2085/P2827/P3045。

小　结

本章详细讲解了一些基本数据结构,主要内容如下。

(1) 链表:单链表、双向链表、循环链表。

(2) 队列:循环队列、双端队列、单调队列、优先队列。

(3) 栈和单调栈(单调栈的应用属于比较高级的内容)。

(4) 二叉树:二叉树的遍历、哈夫曼编码。

(5) 堆和二叉堆。

还有一种基本数据结构"哈希",将在 9.1 节讲解。

基本数据结构是算法大厦的基石,它们渗透在所有问题的代码实现中。不存在"是否应该掌握好基本数据结构"的疑问,程序员应该能不假思索、条件反射般地手写出来。初学者结束本章的学习后,可能还达不到这样的熟练程度,可以在学习后续章节时有意识地加强基本数据结构的编程练习。

需要重点指出的是,本章介绍的链表、队列、栈、二叉树等基本数据结构,在竞赛中可以用 STL 实现,也可以手写代码。STL 是参赛者需要重点掌握的,大多数题目用到的基本数据结构都能直接用 STL 实现,编码简单快捷,不容易出错。如果手写,一般都使用静态数组来模拟。虽然用静态数组模拟不太符合正规的软件工程的做法,但是在竞赛中这样编程快且不易出错。

第 2 章 基本算法

本章的基本算法原理简单,代码易写,但是效率很高,是常用的编码技术,广泛应用于编程和竞赛中,做题时不妨先想想能否结合这些算法。

在阅读本章和本书的后续算法知识点之前,读者需要通过 2.1 节了解算法复杂度的概念,学会用算法复杂度分析算法的效率,分析自己的解题思路。

2.1 算法复杂度

计算的资源是有限的,竞赛题会限制代码所使用的计算资源。计算资源有两种:计算时间和存储空间。与此对应的有时间复杂度和空间复杂度,时间复杂度衡量计算的次数,空间复杂度衡量需要的存储空间。

编程竞赛的题目在逻辑、数学、算法上有不同的难度:简单的题目,可以一眼看懂;复杂的题目,往往需要很多步骤才能找到解决方案。它们对代码性能考核的要求是代码必须在限定的时间和空间内运行结束。这是因为问题的"有效"解决,不仅在于能否得到正确答案,更重要的是能在合理的时间和空间内给出答案。算法竞赛的题目,都会对代码的运行时间和空间做出要求。一般情况下,C++代码的运行时间是 1 秒,即代码必须在 1 秒内计算结束并输出结果;空间一般不超过 100MB。如果是 Java 和 Python 代码,运行时间应该是 C++代码的 3~5 倍。

需要说明的是,时间复杂度不完全等于运行时间。由于代码的运行时间依赖于计算机的性能,同样的代码在不同的机器上运行,需要的时间不同。所以,直接把运行时间作为判断标准并不准确。用代码执行的"次数"衡量更加合理,如一个 for 循环了 n 次,把它的时间复杂度记为 $O(n)$。

对于同一个问题,常常存在不同的解决方案,有高效的,也有低效的。算法编程竞赛主要的考核点就是在限定的时间和空间内解决问题。虽然在大部分情况下,只有高效的算法才能满足判题系统的要求,但并不是只有高效的算法才是合理的,低效的算法有时也是有用的。对于程序设计竞赛,由于竞赛时间极为紧张,解题速度极为关键,只有尽快完成更多的题目,才能获得胜利。在满足限定条件的前提下,用最短的时间完成编码任务才是最重要的。而低效算法的编码时间往往大大低于高效算法。例如,题目限定时间是 1 秒,现在有两个方案:①高效算法 0.01 秒运行结束,代码有 50 行,编程 40 分钟;②低效算法 1 秒运行结束,代码只有 20 行,编程 10 分钟。此时显然应该选择低效算法。

2.1.1 算法的概念

一般认为:"程序=算法+数据结构"。算法是解决问题的逻辑、方法、步骤,数据结构是数据在计算机中的存储和访问的方式。算法和数据结构是紧密结合的,而且有些数据结构有特定的处理方法,此时很难把数据结构和算法区分开来。

算法(Algorithm)是对特定问题求解步骤的一种描述,是指令的有限序列。算法有以下5个特征。

(1)输入:一个算法有零个或多个输入。算法可以没有输入,如一个定时闹钟程序,它不需要输入,但是能够每隔一段时间就输出一个报警。

(2)输出:一个算法有一个或多个输出。程序可以没有输入,但是一定要有输出。

(3)有穷性:一个算法必须在执行有穷步之后结束,且每步都在有穷时间内完成。

(4)确定性:算法中的每条指令必须有确切的含义,对于相同的输入只能得到相同的输出。

（5）可行性：算法描述的操作可以通过已经实现的基本操作执行有限次来实现。

以冒泡排序算法为例，它满足上述 5 个特征，具体如下。

（1）输入：由 n 个数构成的序列 $\{a_1, a_2, a_3, \cdots, a_n\}$。

（2）输出：对输入的排序结果 $\{a'_1, a'_2, a'_3, \cdots, a'_n\}$，$a'_1 \leqslant a'_2 \leqslant a'_3 \leqslant \cdots \leqslant a'_n$。

（3）有穷性：算法在执行 $O(n^2)$ 次后结束，这也是对算法性能的评估，即算法复杂度。

（4）确定性：算法的每个步骤都是确定的。

（5）可行性：算法的步骤能编程实现。

2.1.2　复杂度和大 O 记号

衡量算法性能的主要对象是时间复杂度，一般不讨论空间复杂度。因为一个算法的空间复杂度是容易分析的，而时间复杂度往往关系到算法的根本逻辑，不容易分析，更能说明一个程序的优劣。

衡量算法运行时间最常见的一种方法是大 O 记号，它表示一个算法或函数的渐近上界。对于一个函数 $g(n)$，用 $O(g(n))$ 表示一个函数集合，读作"$g(n)$ 的大 O"。

$O(g(n)) = \{f(n)$：存在正常数 c 和 n_0，使对所有的 $n \geqslant n_0$，有 $0 \leqslant f(n) \leqslant cg(n)\}$。

用大 O 做算法分析，得到的复杂度只是一个上界估计。例如，在一个有 n 个数的无序数列中，查找某个数 x，可能第 1 个数就是 x，也可能最后一个数才是 x，平均查找次数为 $n/2$ 次，但是把查找的时间复杂度记为 $O(n)$，而不是 $O(n/2)$。再如，冒泡排序算法的计算次数约为 $n^2/2$ 次，但是时间复杂度仍记为 $O(n^2)$，而不是 $O(n^2/2)$。在大 O 分析中，规模 n 前面的常数系数被省略了。不过在做算法题时，由于打分时还是按照实际的运行时间衡量代码的性能，所以规模 n 前面的常数也需要考虑。

一个代码或算法的时间复杂度有以下情况。

1. $O(1)$

计算时间是一个常数，与问题的规模 n 无关。例如，用公式计算时，一次计算的复杂度就是 $O(1)$；哈希算法用哈希函数在常数时间内计算出存储位置；在矩阵 $A[M][N]$ 中查找 i 行 j 列的元素，只需要对 $A[i][j]$ 做一次访问就够了；贪心法的时间复杂度也常常是 $O(1)$。

2. $O(\log_2 n)$

计算时间是对数，通常是以 2 为底的对数，每步计算后，问题的规模缩小一半。本章的二分法、倍增法、分治法的复杂度为 $O(\log_2 n)$。例如二分法，在一个长度为 n 的有序数列中查找某个数，用折半查找的方法，只需要 $\log_2 n$ 次就能找到。再如分治法，每次分治能把规模减小一半，所以一共只有 $O(\log_2 n)$ 个步骤。

$O(\log_2 n)$ 和 $O(1)$ 没有太大差别，它们的计算量都极小。

3. $O(n)$

计算时间随规模 n 线性增长。在很多情况下，这是算法可能达到的最优复杂度，因为对输入的 n 个数，程序一般需要处理所有数，即计算 n 次。例如，查找一个无序数列中的某个数,可能需要检查所有的数。再如图问题,一个图中有 V 个点和 E 条边,大多数图问题都需要搜索到所有的点和边,复杂度至少为 $O(V+E)$。

4. $O(n\log_2 n)$

$O(n\log_2 n)$ 常常是算法能达到的最优复杂度,n 为问题规模,$\log_2 n$ 为操作步骤数。例如分治法,一共有 $O(\log_2 n)$ 个步骤,每个步骤对 n 个数操作一次,所以总复杂度为 $O(n\log_2 n)$。用分治法思想实现的快速排序算法和归并排序算法,复杂度就是 $O(n\log_2 n)$。

5. $O(n^2)$

一个二重循环的算法的复杂度为 $O(n^2)$,如冒泡排序是典型的二重循环。类似的复杂度有 $O(n^3)$、$O(n^4)$ 等,如矩阵乘法、Floyd 算法,都是 3 个 for 循环。

6. $O(2^n)$

一般对应集合问题,如一个集合中有 n 个数,要求输出它的所有子集,共有 2^n 个子集。

7. $O(n!)$

在排列问题中,如果要求输出 n 个数的全排列,共有 $n!$ 个,复杂度为 $O(n!)$。

把上述复杂度分为两类:①多项式复杂度,包括 $O(1)$、$O(n)$、$O(n\log_2 n)$、$O(n^k)$ 等,其中 k 为一个常数;②指数复杂度,包括 $O(2^n)$、$O(n!)$ 等。

如果一个算法是多项式复杂度,称它为“高效”算法;如果是指数复杂度,则称它为一个“低效”算法。可以这样通俗地解释“高效”和“低效”算法的区别:多项式复杂度的算法,随着规模 n 的增加,可以通过堆叠硬件来实现,“砸钱”是行得通的;而指数复杂度的算法,增加硬件也无济于事,其计算量的增长速度远远超过了硬件的增长。换个角度说,高效算法可以弥补低档硬件的不足。

竞赛题的限制时间一般是 1 秒,对应普通计算机计算速度是每秒千万次级,现在有些判题系统是每秒上亿次,不过为了保险,一般还是按千万次估算复杂度。通过上述时间复杂度可以换算出能解决问题的数据规模。例如,一个算法的复杂度为 $O(n!)$,当 $n=11$ 时,$11!=39916800$,这个算法只能解决 $n\leqslant 11$ 的问题。

表 2.1 详细总结了不同算法复杂度与 n 的关系,需要牢记。

表 2.1　问题规模和可用算法

问题规模 n	可用算法的时间复杂度					
	$O(\log_2 n)$	$O(n)$	$O(n\log_2 n)$	$O(n^2)$	$O(2^n)$	$O(n!)$
$n\leqslant 11$	√	√	√	√	√	√
$n\leqslant 25$	√	√	√	√	√	×
$n\leqslant 5000$	√	√	√	√	×	×
$n\leqslant 10^6$	√	√	√	×	×	×
$n\leqslant 10^7$	√	√	×	×	×	×
$n>10^8$	√	×	×	×	×	×

在学习算法和解算法题时,请自觉地分析时间复杂度和空间复杂度。

除了用大 O 记号分析计算复杂度,还有一种平摊分析方法。平摊分析通过对所有的操作求平均,即使单一操作代价较大,平均代价仍然较小。本书 4.16.2 节"Splay 树的平摊分析"使用了这种分析方法。

2.2　尺　取　法

尺取法(又称为双指针、Two Pointers)是算法竞赛中一个常用的优化技巧,用来解决序列的区间问题,操作简单,容易编程。如果区间是单调的,也常常用二分法求解,所以很多问题用尺取法和二分法都行。另外,尺取法的操作过程和分治算法的步骤很相似,有时也用在分治中。

2.2.1　尺取法的概念

什么是尺取法?为什么尺取法能用来优化?考虑下面的应用背景:

(1) 给定一个序列,有时需要它是有序的,先排序;

(2) 问题和序列的区间有关,且需要操作两个变量,可以用两个下标(指针)i 和 j 扫描区间。

对于上面的应用,一般的做法是用 i 和 j 分别扫描区间,有二重循环,复杂度为 $O(n^2)$。以反向扫描(即 i 与 j 的方向相反,后文有解释)为例,代码如下。

```
1   for( int i = 0; i < n; i++)              //i从头扫到尾
2       for( int j = n - 1; j >= 0; j-- ){   //j从尾扫到头
3           ...
4       }
```

下面用尺取法优化上述算法。

实际上,尺取法就是把二重循环变为一个循环,在这个循环中同时处理 i 和 j。复杂度也就从 $O(n^2)$ 变为 $O(n)$。仍以上面的反向扫描为例,代码如下。

```
1   //用 while 实现
2   int i = 0, j = n - 1;
3   while (i < j) {          //i和j在中间相遇,这样做还能防止i和j越界
4       ...                  //满足题意的操作
5       i++;                 //i从头扫到尾
6       j--;                 //j从尾扫到头
7   }
8   //用 for 实现
9   for (int i = 0, j = n - 1; i < j; i++, j-- ) {
10      ...
11  }
```

在尺取法中,i 和 j 有以下两种扫描方向。

(1) 反向扫描。i 和 j 方向相反,i 从头到尾,j 从尾到头,在中间相会。

（2）同向扫描。i 和 j 方向相同，都从头到尾，速度不同，如让 j 跑在 i 前面。

把同向扫描的 i、j 指针称为"快慢指针[①]"，把反向扫描的 i、j 指针称为"左右指针"，更加形象。其中，"快慢指针"在序列上产生了一个大小可变的"滑动窗口"，有灵活的应用，如寻找区间、数组去重、多指针问题。

2.2.2 反向扫描

用下面的几个应用说明反向扫描的编码方法。

1. 找指定和的整数对

这个问题是尺取法中最经典，也最简单直接的应用。

 例 2.1 找指定和的整数对

问题描述：输入 $n(n \leqslant 100000)$ 个整数，放在数组 $a[]$ 中。找出其中的两个数，它们之和等于整数 m（假定肯定有解）。所有整数都是 int 型。

说明：输入样例的第 1 行是数组 $a[]$，第 2 行是 $m=28$。输出样例的 5 和 23，相加得 28。

输入样例：	输出样例：
21 4 5 6 13 65 32 9 23 28	5 23

为了说明尺取法的优势，下面给出 4 种解题方法。

（1）用二重循环暴力搜索，枚举所有的取数方法，复杂度为 $O(n^2)$，超时。暴力法不需要排序。

（2）二分法。首先对数组从小到大排序，复杂度为 $O(n\log_2 n)$；然后从头到尾处理数组中的每个元素 $a[i]$，在大于 $a[i]$ 的数中二分查找是否存在一个等于 $m-a[i]$ 的数，复杂度也为 $O(n\log_2 n)$。两部分相加，总复杂度仍然为 $O(n\log_2 n)$。关于二分法可详见 2.3 节。

（3）哈希。分配一个哈希空间 s，把 n 个数放进去。逐个检查 $a[]$ 中的 n 个数，如 $a[i]$，检查 $m-a[i]$ 在 s 中是否有值，如果有，那么存在一个答案。复杂度为 $O(n)$。哈希方法很快，但是需要一个额外的很大的哈希空间。

（4）尺取法。这是标准解法。首先对数组从小到大排序；然后设置两个变量 i 和 j，分别指向头和尾，i 初值为 0，j 初值为 $n-1$，然后让 i 和 j 逐渐向中间移动，检查 $a[i]+a[j]$，如果大于 m，就让 j 减 1，如果小于 m，就让 i 加 1，直至 $a[i]+a[j]=m$。排序复杂度为 $O(n\log_2 n)$，检查的复杂度为 $O(n)$，总复杂度为 $O(n\log_2 n)$。

尺取法代码如下，注意可能有多个答案。

```
1  void find_sum(int a[], int n, int m){
2      sort(a, a + n);                     //先排序,复杂度为 O(nlog₂ n)
3      int i = 0, j = n - 1;               //i指向头,j指向尾
4      while (i < j){                      //复杂度为 O(n)
```

---

① https://leetcode-cn.com/circle/article/GMopsy/

```
5          int sum = a[i] + a[j];
6          if (sum > m)    j-- ;
7          if (sum < m)    i++;
8          if (sum == m){
9              cout << a[i] << " " << a[j] << endl;        //打印一个答案
10             i++;                                        //可能有多个答案,继续
11         }
12     }
13 }
```

在本题中,尺取法不仅效率高,而且不需要额外的空间。

把题目的条件改变一下,可以变化为类似的问题,如判断一个数是否为两个数的平方和。本题也能用同向扫描来做,请读者练习。

2. 判断回文串

给一个字符串,判断它是否为回文串。

 例 2.2   判断回文串(hdu 2029)

问题描述:"回文串"是一个正读和反读都一样的字符串,写一个程序判断读入的字符串是否是"回文串"。

输入:第 1 行输入一个正整数 n,表示测试实例的个数,后面输入 n 个字符串。

输出:如果是回文串,输出 yes,否则输出 no。

输入样例:	输出样例:
2	yes
level	no
abcde	

题目很简单,这里不做分析。下面是尺取法的代码。

```
1    # include < bits/stdc++.h >
2    using namespace std;
3    int main(){
4        int n;        cin >> n;                //n 为测试用例个数
5        while(n-- ){
6            string s;   cin >> s;              //读一个字符串
7            bool ans = true;
8            int i = 0, j = s.size() - 1;       //双指针
9            while(i < j){
10               if(s[i] != s[j]) { ans = false;  break; }
11               i++;   j-- ;                   //移动双指针
12           }
13           if(ans)   cout << "yes" << endl;
14           else      cout << "no"  << endl;
15       }
16       return 0;
17   }
```

稍微改变条件,类似的题目如下。

(1) 不区分大小写,忽略非英文字母,判断是否为回文串[1]。

(2) 允许删除(或插入,本题只考虑删除)最多一个字符,判断是否能构成回文字符串[2]。

解题思路:设反向扫描双指针为 i 和 j,如果 $s[i]$ 和 $s[j]$ 相同,则执行 $i++$ 和 $j--$;如果 $s[i]$ 和 $s[j]$ 不同,那么或者删除 $s[i]$,或者删除 $s[j]$,看剩下的字符串是否是回文串。

2.2.3 同向扫描

下面给出同向扫描的几个经典应用。

1. 寻找区间和

这是用尺取法产生滑动窗口的典型例子。

 例 2.3 寻找区间和

问题描述:给定一个长度为 n 的数组 $a[]$ 和一个数 s,在这个数组中找一个区间,使这个区间的数组元素之和等于 s。输出区间的起点和终点位置。

说明:输入样例的第 1 行是 $n=15$,第 2 行是数组 $a[]$,第 3 行是区间和 $s=6$。输出样例共有 4 种情况。

输入样例:	输出样例:
15	0 0
6 1 2 3 4 6 4 2 8 9 10 11 12 13 14	1 3
6	5 5
	6 7

指针 i 和 $j(i \leqslant j)$ 都从头向尾扫描,判断区间 $[i,j]$ 数组元素的和是否等于 s。

如何寻找区间和等于 s 的区间?如果简单地对 i 和 j 做二重循环,复杂度为 $O(n^2)$。用尺取法,复杂度为 $O(n)$,操作步骤如下。

(1) 初始值 $i=0,j=0$,即开始都指向第 1 个元素 $a[0]$。定义 sum 是区间 $[i,j]$ 数组元素的和,初始值 $sum=a[0]$。

(2) 如果 $sum=s$,输出一个解。继续,把 sum 减掉元素 $a[i]$,并把 i 向后移动一位。

(3) 如果 $sum>s$,让 sum 减掉元素 $a[i]$,并把 i 向后移动一位。

(4) 如果 $sum<s$,把 j 向后移动一位,并把 sum 的值加上这个新元素。

在上面的步骤中,有两个关键技巧。

(1) 滑动窗口的实现。窗口就是区间 $[i,j]$,随着 i 和 j 从头到尾移动,窗口就"滑动"扫描了整个序列,检索了所有数据。i 和 j 并不是同步增加的,窗口像一只蚯蚓伸缩前进,它的长度是变化的,这个变化正对应了对区间和的计算。

---

[1] https://www.lintcode.com/problem/415/

[2] https://www.lintcode.com/problem/891

（2）sum 的使用。如何计算区间和？暴力的方法是从 $a[i]$ 到 $a[j]$ 累加，但是这个累加的复杂度为 $O(n)$，超时。如果利用 sum，每次移动 i 或 j 时，只需要把 sum 加或减一次，就得到了区间和，复杂度为 $O(1)$。这是"前缀和"递推思想的应用。前缀和的概念见本书 2.6 节。

下面是代码。

```
1   void findsum(int * a, int n, int s){
2       int i = 0, j = 0;
3       int sum = a[0];
4       while(j < n){                           //下面代码中保证 i <= j
5           if(sum >= s){
6               if(sum == s) printf("%d %d\n", i, j);
7               sum -= a[i];
8               i++;
9               if(i > j) {sum = a[i]; j++;}     //防止 i 超过 j
10          }
11          if(sum < s){ j++;  sum += a[j]; }
12      }
13  }
```

"滑动窗口"的例子还有：

（1）给定一个序列以及一个整数 M，在序列中找 M 个连续递增的元素，使它们的区间和最大；

（2）给定一个序列以及一个整数 K，求一个最短的连续子序列，其中包含至少 K 个不同的元素。

在本节末习题中有相似的题目。

2. 数组去重

数组去重是很常见的操作，方法也很多，尺取法是其中优秀的算法。

问题描述：给定数组 $a[]$，长度为 n，把数组中重复的数去掉。

下面给出两种解法：哈希和尺取法。

1）哈希

哈希函数的特点是有冲突，利用这个特点去重。把所有数插入哈希表，用冲突过滤重复的数，就能得到不同的数。缺点是哈希把数据的值本身看作地址，如果数据值过大，需要的空间也非常大。

2）尺取法

（1）将数组排序，排序后重复的整数就会挤在一起。

（2）定义双指针 i 和 j，初始值都指向 $a[0]$。i 和 j 都从头到尾扫描数组 $a[]$。i 指针走得快，逐个遍历整个数组；j 指针走得慢，它始终指向当前不重复部分的最后一个数。也就是说，j 用于获得不重复的数。

（3）扫描数组。快指针执行 $i++$，如果此时 $a[i]$ 不等于慢指针 j 指向的 $a[j]$，就执行 $j++$，并且把 $a[i]$ 复制到慢指针 j 的当前位置 $a[i]$。

（4）i 扫描结束后，$a[0] \sim a[j]$ 就是不重复数组。

3．多指针

有时两个窗口指针不够用,需要更多的指针。例 2.4 是三指针的例子。

 例 2.4 找相同数对

问题描述:给出一串数以及一个数字 C,要求计算出所有 $A-B=C$ 的数对的个数(不同位置的数字一样的数对算不同的数对)。

输入:共两行。第 1 行输入两个整数 n 和 C;第 2 行输入 n 个整数,作为要求处理的那串数。

输出:该串数中包含的满足 $A-B=C$ 的数对的个数。

数据范围:$1 \leqslant n \leqslant 2 \times 10^5$;所有输入数据绝对值小于 2^{30}。

输入样例:	输出样例:
6 3 8 4 5 7 7 4	5

如果用暴力法统计数对,复杂度为 $O(n^2)$,超时。下面试试尺取法。

对输入样例排序后得{4 4 5 7 7 8},其中第 1 个 4 和后面两个 7 是两对,第 2 个 4 和后面两个 7 也是两对,共 4 对。如果仅使用 i 和 j 两个指针,无法实现。

如何解决?可以把后面两个 7 看作一个整体,一起统计数对。用两个指针 j 和 k 指示这种区间,$[j,k)$ 区间内每个数都相同,这个区间可以产生 $k-j$ 个数对。细节见下面的代码。使用 3 个指针,i 是主指针,从头到尾遍历 n 个数;j 和 k 是辅助指针,用于查找数字相同的区间 $[j,k)$。

第 10 行的尺取法代码只有一个 for 循环,且 j 和 k 随着 i 递增,所以复杂度为 $O(n)$。另外,第 8 行的排序复杂度为 $O(n\log_2 n)$。

```
1    # include < bits/stdc++.h>
2    using namespace std;
3    const int N = 2e5 + 5;
4    int a[N];
5    int main (){
6        int n , c;   cin >> n >> c;
7        for(int i = 1 ; i <= n ; i ++) cin >> a[i];
8        sort(a + 1 , a + 1 + n);
9        long long ans = 0;                          //答案数量超过 int,需要用 long long
10       for(int i = 1,j = 1,k = 1; i <= n ; i ++) {
11           while(j <= n && a[j] - a[i] < c ) j ++;     //用 j 和 k 查找数字相同的区间
12           while(k <= n && a[k] - a[i] <= c) k ++;   //区间[j,k]内所有数字相同
13           if(a[j] - a[i] == c && a[k-1] - a[i] == c && k-1 >= 1)  ans += k - j;
14       }
15       cout << ans;
16       return 0;
17   }
```

本题还有其他解法,如二分法、STL map 等。

力扣网站给出了尺取法在链表中的一些应用[①]，下面列出 4 个。第 1 个应用给出说明，后 3 个请直接看原文。

(1) 判定链表中是否含有环。

在单链表中，每个节点只知道下一个节点，用一个指针能否判断链表中是否含有环？

如果链表中不含环，那么这个指针最终会遇到空指针 null，表示链表到头，可以判断该链表不含环。

但是如果链表中含有环，那么这个指针就会陷入死循环，因为环形数组中没有 null 指针作为尾部节点。

经典解法是用两个指针，一个跑得快，一个跑得慢。如果不含有环，跑得快的指针最终会遇到 null 指针，说明链表不含环；如果含有环，快指针最终会超慢指针一圈，和慢指针相遇，说明链表含有环。

下面是力扣网站给出的 Java 代码。

```
1   boolean hasCycle(ListNode head) {
2       ListNode fast, slow;
3       fast = slow = head;
4       while (fast != null && fast.next != null) {
5           fast = fast.next.next;          //快指针比慢指针快一倍
6           slow = slow.next;
7           if (fast == slow) return true;  //快指针追上慢指针，说明有环
8       }
9       return false;
10  }
```

(2) 已知链表中含有环，返回这个环的起始位置。

(3) 寻找链表的中点。

(4) 寻找链表的倒数第 k 个元素。

【习题】

(1) poj 3061。给定一个序列，包含 N 个正整数($10 < N < 100000$)，每个正整数均小于或等于 10000；给定一个正整数 S($S < 100000000$)。求序列中一个最短的连续区间，并且其区间和大于或等于 S。

(2) poj 2566。给定一个序列，包含 n 个整数($1 \leqslant n \leqslant 100000$)，以及一个整数 t($0 \leqslant t \leqslant 1000000000$)。求一段子序列，使它的区间和最接近 t，输出该段子序列之和及左右端点。

(3) hdu 5358。给定正整数序列 $a_1, a_2, \cdots, a_n$，定义 $S(i,j)$ 为 $a_i, a_{i+1}, \cdots, a_j$ 的和。计算 $\sum_{i=1}^{n} \sum_{j=i}^{n} (\lfloor \log_2 S(i,j) \rfloor + 1) \times (i+j)$。

(4) 洛谷 P1102：$A - B$ 数对。给定一串数以及一个数字 C，要求计算出所有 $A - B = C$ 的数对的个数。

(5) uva 11572(https://vjudge.net/problem/UVA-11572)。给定 n 个数，找尽量长的

[①] https://leetcode-cn.com/circle/article/GMopsy/

一个子序列,使该子序列中没有重复的元素。

(6) leetcode 15(https://leetcode-cn.com/problems/3sum/):3 个数之和。给定一个包含 n 个整数的数组 nums,判断 nums 中是否存在 3 个元素 a,b,c,使 $a+b+c=0$。找出所有满足条件且不重复的三元组。

(7) leetcode 尺取法题目:

- 中文:https://leetcode-cn.com/tag/two-pointers/
- 英文:https://leetcode.com/articles/two-pointer-technique/

2.3　二　分　法

扫一扫

视频讲解

在基本算法中,二分法可以说是最常用的技术了。本节介绍二分法的理论背景、模板代码和典型题目。

2.3.1　二分法的理论背景

在《计算方法》教材中,求解非线性方程的一种简单高效的方法是二分法。

方程求根是常见的数学问题,满足方程 $f(x)=0$ 的数称为方程的根。非线性方程是指 $f(x)$ 中含有三角函数、指数函数或其他超越函数,这种方程很难或无法求得精确解。不过,在实际应用中,只要得到满足一定精度要求的近似解就可以了,此时需要考虑以下两个问题。

(1) 根的存在性。定理:函数 $f(x)$ 在闭区间 $[a,b]$ 上连续,且 $f(a)\cdot f(b)<0$,则 $f(x)=0$ 存在根。

(2) 求根。一般有两种方法,即搜索法和二分法。

搜索法:把区间 $[a,b]$ 分成 n 等份,每个子区间长度为 Δx,计算点 $x_k=a+k\Delta x(k=0,1,\cdots,n)$ 的函数值 $f(x_k)$,若 $f(x_k)=0$,则是一个实根,若相邻两点满足 $f(x_k)\cdot f(x_{k+1})<0$,则在 (x_k,x_{k+1}) 内至少有一个实根,可以取 $(x_k,x_{k+1})/2$ 为近似根。

二分法:如果确定 $f(x)$ 在区间 $[a,b]$ 内连续且 $f(a)\cdot f(b)<0$,把 $[a,b]$ 逐次分半,检查每次分半后区间两端点函数值符号的变化,确定有根的区间。

什么情况下用二分法? 要满足两个条件:上下界 $[a,b]$ 确定,且函数在 $[a,b]$ 内单调。图 2.1 展示了一个单调函数。

经过 n 次二分后,区间会缩小到 $(b-a)/2^n$。给定 a、b 和精度要求 ε,可以计算出二分次数 n,即满足 $(b-a)/2^n<\varepsilon$。所以,二分法的复杂度为 $O(\log_2 n)$。例如,如果函数在区间 $[0,100000]$ 内单调变化,要求根的精度为 10^{-8},那么二分次数为 44 次。

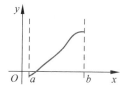

图 2.1　单调函数

二分法非常高效。如果问题是单调性的,且求解精确解的难度很高,可以考虑用二分法。

算法竞赛中有两种二分题型:整数二分、实数二分。整数域上的二分法要注意终止边界、左右区间的开闭情况,避免漏掉答案或陷入死循环;实数域上的二分法要注意精度问题。

2.3.2 整数二分

1. 基本代码

通过两个问题给出整数二分法的基本代码：在单调递增序列中找 x 或 x 的后继；在单调递增序列中找 x 或 x 的前驱。

> **提示** 读者阅读本节时可能感到文字过于烦琐,这是因为整数二分的代码看起来简单,却非常容易出错,往往让初学者无所适从,本节不得不花大量篇幅叙述其中的细节。代码的关键是对中间值 mid 的处理。

"在单调递增序列中找 x 或 x 的**后继**"的定义：在单调递增数列 $a[]$ 中,如果有 x,找第 1 个 x 的位置；如果没有 x,找比 x 大的第 1 个数的位置,如图 2.2 所示。

$$
\begin{array}{cccccccc}
a_0 & a_1 & a_2 & x & x & a_5 & a_6 \\
& & & \uparrow & & &
\end{array}
\qquad
\begin{array}{ccccccc}
a_0 & a_1 & a_2 & a_3 & x & a_4 & a_5 & a_6 \\
& & & & & \uparrow & &
\end{array}
$$

(a) 数组中有 x (b) 数组中没有 x

图 2.2 在单调递增序列中找 x 或 x 的后继

示例 $a[]=\{-12,-6,-4,3,5,5,8,9\}$,其中有 $n=8$ 个数,存储在 $a[0] \sim a[7]$。

(1) 查找 $x=-5$,返回位置 2,指向 $a[2]=-4$。

(2) 查找 $x=7$,返回位置 6,指向 $a[6]=8$。

(3) 特别地,如果 x 大于最大的 $a[7]=9$,如 $x=12$,返回位置 8。由于不存在 $a[8]$,所以此时是越界的。

关于如何编码,需要操作 3 个变量：区间左端点 left、右端点 right、二分的中位数 mid。每次把区间缩小一半,把 left 或 right 移动到 mid,直到 left=right 为止,即找到了答案所处的位置。

下面给出在单调递增序列中找 x 或 x 的**后继**的模板代码。整数二分法有很多编码方法,这里给出的区间是左闭右开的编码,即 $[0,n)$。也可以直接对 $[0,n-1]$ 区间二分,代码略有不同。虽然整数二分法的代码很短,但很容易出错。

```
1   int bin_search(int * a, int n, int x){     //a[0]~a[n-1]是单调递增的
2       int left = 0, right = n;               //注意：不是 n-1,此时是左闭右开的[0,n)
3       while (left < right) {
4           int mid = left + (right - left)/2; //int mid = (left + right) >> 1;
5           if (a[mid] >= x)   right = mid;
6           else      left = mid + 1;
7       }                                      //终止于 left = right
8       return left;                           //特殊情况：a[n-1] < x 时,返回 n
9   }
```

当 $a[\text{mid}] \geqslant x$ 时,说明 x 在 mid 的左边,新的搜索区间是左半部分,left 不变,更新 right=mid。

当 $a[\text{mid}]<x$ 时,说明 x 在 mid 的右边,新的搜索区间是右半部分,right 不变,更新 left＝mid＋1。

代码执行完毕后,left＝right,两者相等,即答案所处的位置。代码很高效,每次把搜索的范围缩小一半,总次数为 $\log_2 n$。

代码中 mid 的计算有多种实现方法,但是很可惜,没有一种方法是绝对完美的。表 2.2 总结了这几种方法的适用场合和存在的问题。

表 2.2　在单调递增序列中找 x 或 x 的后继的 mid 计算

实　　现	适 用 场 合	可能出现的问题
mid＝(left＋right)/2	left≥0,right≥0, left＋right 无溢出	(1) left＋right 可能溢出 (2) 负数情况下有向 0 取整问题
mid＝left＋(right－left)/2	left－right 无溢出	若 right 和 left 都是大数且一正一负,right－left 可能溢出
mid＝(left＋right)>>1	left＋right 无溢出	若 left 和 right 都是大数,left＋right 可能溢出

当 left≥0,right≥0 且 left＋right、right－left 无溢出时,以上 3 种实现的结果相等。但是有负数和有溢出时,存在表 2.2 中指出的问题。综合起来,mid＝(left＋right)>>1 更好一些。

代码的关键是对 mid 的处理,如果取值不当,while() 很容易陷入死循环。下面分 3 点详细讨论这一问题。

(1) 代码中的 left＝mid＋1 能否写成 left＝mid?

在实数二分中,确实是 right＝mid,left＝mid。但是整数二分存在取整的问题,如原值 left＝2,right＝3,计算得 mid＝left＋(right－left)/2＝2,若取 left＝mid,那么新值仍然是 left＝2,right＝3,while() 陷入了死循环。如果写成 left＝mid＋1,就不会死循环。

(2) 不同问题下 mid 的取值。

表 2.2 中的 mid 是向下取整,靠近 left,称为“左中位数”,即 mid＝left＋(right－left)/2 或 mid＝(left＋right)>>1;也可以向上取整,靠近 right,称为“右中位数”,即 mid＝left＋(right－left＋1)/2 或 mid＝(left＋right＋1)>>1,它适用于另一个问题,即在单调递增序列中找 x 或 x 的**前驱**。

下面给出在单调递增序列中找 x 或 x 的**前驱**的代码。

```
1   int bin_search2(int * a, int n, int x){      //a[0]~a[n-1]是单调递增的
2       int left = 0, right = n-1;
3       while (left < right) {
4           int mid = left + (right-left + 1)/2;   //int mid = (left + right + 1) >> 1;
5           if (a[mid] <= x)  left = mid;
6           else right = mid - 1;
7       }                                          //终止于 left = right
8       return left;
9   }
```

当 $a[\text{mid}]\leqslant x$ 时,说明 x 在 mid 的右边,新的搜索区间是右半部分,所以 right 不变,更新 left＝mid。

当 $a[mid]>x$ 时,说明 x 在 mid 的左边,新的搜索区间是左半部分,所以 left 不变,更新 right＝mid－1。

同样可以分析出,当 $a[mid]>x$ 时,不能写成 right＝mid,会导致 while()死循环。

对比这两段代码,自然会想到一个问题:在第 1 段找后继的代码中,mid 是左中位数,那么能用右中位数吗? 答案是不能。设 left＝2,right＝3,计算得 mid＝left＋(right－left＋1)/2＝2＋(3－2＋1)/2＝3;若取 right＝mid,那么 left 和 right 仍保持原值不变,导致 while()死循环。

同理,在第 2 段找前驱的代码中,mid 不能用左中位数。

(3) 谨慎使用 mid＝(left＋right)/2,原因是除法"/"的取整导致在正负区间左右中位数的计算不一致。

一般情况下,left 和 right 是正数(如本节模板代码中的 left 和 right 是数组的下标),但是有时值域可能正负区间都有。

除法"/"是向 0 取整的,当(left＋right)为正数时,mid＝(left＋right)/2 向下取整,计算的是左中位数;当(left＋right)为负数时,mid＝(left＋right)/2 向上取整,计算的是右中位数,两者不一致。根据前面的讨论,同一个代码,必须在包括正负区间的整个区间都用左中位数,或者都用右中位数。若使用 mid＝(left＋right)/2,在正区间能正确运行的代码(查询的数位于正区间),在负区间很可能出现死循环(查询的数位于负区间)。

另两种 mid 计算不存在这个问题。(left＋right)≫1 在正数和负数情况下都是向下取整的;left＋(right－left)/2 中的(right－left)在任何情况下都不是负数,相当于向下取整,结果和(left＋right)≫1 一样。例如,left＝－2,right＝1 时,left＋(right－left)/2 和(left＋right)≫1 都向下取整,等于－1;而(left＋right)/2＝(－2＋1)/2＝0,是向上取整。

2. 对比 bin_search()和 lower_bound()

bin_search()和 STL 的 lower_bound()函数的功能是一样的。下面先介绍 STL 的 lower_bound()和 upper_bound()函数,然后对比测试。

如果只是简单地找 x 或 x 附近的数,就用 STL 的 lower_bound()和 upper_bound()函数。使用方法如下。

(1) 查找第 1 个大于 x 的元素的位置:upper_bound(),如 pos＝upper_bound(a,a＋n,x)－a。

(2) 查找第 1 个等于或大于 x 的元素:lower_bound()。

(3) 查找第 1 个与 x 相等的元素:lower_bound()且等于 x。

(4) 查找最后一个与 x 相等的元素:upper_bound()的前一个且等于 x。

(5) 查找最后一个等于或小于 x 的元素:upper_bound()的前一个。

(6) 查找最后一个小于 x 的元素:lower_bound()的前一个。

(7) 计算单调序列中 x 的个数:upper_bound()－lower_bound()。

下面的测试代码比较了 bin_search()和 lower_bound()函数的输出,以此证明 bin_search()函数的正确性。注意,当 $a[n-1]<key$ 时,lower_bound()返回的也是 n。

```
1   # include < bits/stdc++.h >
2   using namespace std;
```

```
3    #define MAX    100                          //试试 10000000
4    #define MIN    -100
5    int a[MAX];                                 //大数组 a[MAX]应定义为全局
6    unsigned long ulrand(){                     //生成一个大随机数
7        return (
8          (((unsigned long)rand()<< 24)& 0xFF000000ul)
9         |(((unsigned long)rand()<< 12)& 0x00FFF000ul)
10        |(((unsigned long)rand())     & 0x00000FFFul));
11   }
12   int bin_search(int * a, int n, int x){       //a[0]～a[n-1]是有序的
13       int left = 0, right = n;                 //不是 n-1
14       while (left < right) {
15           int mid = left + (right - left)/2;   //int mid = (left + right)>> 1;
16           if (a[mid] >= x)   right = mid;
17           else      left = mid + 1;
18       }
19     return left;                              //特殊情况：如果最后的 a[n-1] < key,left = n
20   }
21   int main(){
22       int n = MAX;
23       srand(time(0));
24       while(1){
25           for(int i = 0; i < n; i++)          //产生[MIN, MAX]内的随机数,有正有负
26               a[i] = ulrand() % (MAX - MIN + 1) + MIN;
27           sort(a, a + n);                     //排序,a[0]～a[n-1]
28           int test = ulrand() % (MAX - MIN + 1) + MIN;   //产生一个随机的 x
29           int ans = bin_search(a,n,test);
30           int pos = lower_bound(a,a + n,test) - a;
31           //比较 bin_search()和 lower_bound()的输出是否一致
32           if(ans == pos) cout << "!";         //正确
33           else           { cout << "wrong"; break;}   //有错,退出
34       }
35   }
```

代码执行以下步骤：

（1）生成随机数组 $a[ ]$；

（2）用 sort( )函数排序；

（3）生成一个随机的 x；

（4）分别用 bin_search( )和 lower_bound( )函数在 $a[ ]$中找 x；

（5）比较它们的返回值是否相同。

注意，在二分之前需要排序。排序复杂度为 $O(n\log_2 n)$，二分查找一个数的复杂度为 $O(\log_2 n)$，总复杂度为 $O(n\log_2 n)$。其实用暴力法直接在序列中搜索一个数只需要计算 $O(n)$ 次，是否暴力法更好？并不是这样，考虑复杂一点的情况，如果不是查找一个数，而是 m 个，那么先排序再二分的复杂度就是 $O(n\log_2 n + m\log_2 n)$，而暴力法的复杂度为 $O(mn)$，所以二分法更好。

3. 整数二分的建模

上面给出的整数二分法代码 bin_search( )处理的是简单的数组查找问题。从这个例子

我们能学习到二分法的思想。

当题目能使用整数二分法建模时，主要是用整数二分法思想进行判定。它的基本形式如下。

```
1   while (left < right) {
2       int ans;                            //记录答案
3       int mid = left + (right - left)/2;  //二分
4       if (check(mid)){                    //检查条件,如果成立
5           ans = mid;                      //记录答案
6           …                              //移动 left(或 right)
7       }
8       else  …                            //移动 right(或 left)
9   }
```

所以，二分法的难点在于如何建模和 check() 函数检查条件，其中可能会套用其他算法或数据结构。

下面先回顾一个简单例题。

 例 2.5　寻找指定和的整数对

输入 $n(n \leqslant 100000)$ 个整数，找出其中的两个数，使它们之和等于整数 m（假设肯定有解）。

这是 2.2 节尺取法的例题，下面回顾使用二分法的求解过程。首先对数组从小到大排序，复杂度为 $O(n\log_2 n)$；然后，从头到尾处理数组中的每个元素 $a[i]$，在 $a[i]$ 后面的数中二分查找是否存在一个等于 $m - a[i]$ 的数，这一步的复杂度也是 $O(n\log_2 n)$。两部分相加，总复杂度仍然是 $O(n\log_2 n)$。

4. 整数二分经典模型

下面介绍整数二分法的两个经典模型：最大值最小化、最小值最大化。
1）最大值最小化（最大值尽量小）
下面是两道例题。

 例 2.6　序列划分

问题描述：例如，有一个序列 {2,2,3,4,5,1}，将其划分成 3 个连续的子序列 S_1、S_2、S_3，每个子序列最少有一个元素，要求使每个子序列的和的最大值最小。下面举例两种分法。

分法 1：S_1、S_2、S_3 分别为 (2,2,3)、(4,5)、(1)，子序列和分别为 7、9、1，最大值为 9。

分法 2：S_1、S_2、S_3 分别为 (2,2,3)、(4)、(5,1)，子序列和分别为 7、4、6，最大值为 7。可见分法 2 更好。

这是典型的最大值最小化问题。

在一次划分中,考虑一个 x,使 x 满足:对任意的 S_i 都有 $S_i \leqslant x$,也就是说,x 是所有 S_i 中的最大值。题目要求找到这个最小的 x。这就是**最大值最小化**。

如何找到这个 x? 从小到大一个个地试,就能找到最小的 x。

简单的办法:枚举每个 x,用贪心法每次从左向右尽量多划分元素,$S(i)$ 不能超过 x,划分的子序列不超过 m 个。这个方法虽然可行,但是枚举所有 x 太浪费时间了。

改进的办法:用二分法在 [max,sum] 中查找满足条件的 x,其中 max 是序列中最大元素,sum 是所有元素的和。

例 2.7　通往奥格瑞玛的道路(洛谷 P1462)

问题描述:给定无向图,包含 n 个点,m 条双向边,每个点有点权 f_i,每条边有边权 c_i。求起点 1 到终点 N 的所有可能路径中,在总边权不超过给定的 b 的前提下,所经过的路径中最大点权(这条路径上点权最大的那个点)的最小值。

输入:第 1 行输入 3 个整数 n、m、b;后面 n 行中,每行输入 1 个整数 f_i;再后面 m 行中,每行输入 3 个整数 a_i、b_i、c_i,表示 a_i 和 b_i 之间有一条边,从 a_i 到 b_i 或从 b_i 到 a_i 会损失 c_i 的边权。$1 < a_i$、$b_i < n$。

输出:一个整数,表示答案。

数据范围:$n \leqslant 10000$,$m \leqslant 50000$,f_i、c_i、$b \leqslant 10^9$。

本题是二分法和最短路径算法的简单结合。对点权 f_i 进行二分,用 Dijkstra 算法求最短路径,检验总边权是否小于 b。

(1) 对点权二分。题目的要求是:从 1 到 N 有很多路径,其中的一条可行路径 P_i,它有一个点的点权最大,记为 F_i;在所有可行路径中,找到那条有最小 F 的路径,输出 F。解题方案是先对所有点的 f_i 排序,然后用二分法,找符合要求的最小 f_i。二分次数 $\log_2(f_i) = \log_2(10^9) < 30$。

(2) 在检查某个 f_i 时,删除所有大于 f_i 的点,在剩下的点中,求 1 到 N 的最短路径,看总边权是否小于 b,如果满足,这个 f_i 是合适的(如果最短路的边权都大于 b,那么其他路径的总边权就更大,肯定不符合要求)。一次 Dijkstra 算法求最短路径的复杂度为 $O(m \log_2 n)$。

总复杂度满足要求。

2) 最小值最大化(最小值尽量大)

例 2.8　进击的奶牛(洛谷 P1824)

问题描述:在一条很长的直线上,指定 n 个坐标点 $(x_1, x_2, \cdots, x_n)$。有 c 头牛,安排每头牛站在其中一个点(牛棚)上。这些牛喜欢打架,所以尽量距离远一些。求相邻的两头牛之间距离的最大值。

输入:第 1 行输入两个用空格隔开的数字 n 和 c;第 $2 \sim n+1$ 行中,每行输入一个整数,表示每个点的坐标。

输出:相邻两头牛之间距离的最大值。

数据范围:$2 \leqslant n \leqslant 100000, 0 \leqslant x_i \leqslant 1000000000$。

本题中,所有点两两之间的距离有一个最小值,题目要求使这个**最小值最大化**。

(1) 暴力法。从小到大枚举最小距离值 dis,然后检查,如果发现有一次不符合条件,那么上次枚举的就是最大值。如何检查呢?用贪心法:第 1 头牛放在 x_1,第 2 头牛放在 $x_j \geqslant x_1 + \mathrm{dis}$ 的点 x_i,第 3 头牛放在 $x_k \geqslant x_j + \mathrm{dis}$ 的点 x_k,以此类推,如果在当前最小距离下不能放 c 头牛,那么这个 dis 值就不可取。复杂度为 $O(nc)$。

(2) 二分法。分析从小到大检查 dis 值的过程,发现可以用二分法寻找这个 dis 值。这个 dis 值符合二分法:它有上下边界且是单调递增的。复杂度为 $O(n\log_2 n)$。

```cpp
1   # include < bits/stdc++.h>
2   using namespace std;
3   int n,c,x[100005];                       //牛棚数量,牛数量,牛棚坐标
4   bool check(int dis){                      //当牛之间距离最小为 dis 时,检查牛棚够不够
5       int cnt = 1, place = 0;               //第 1 头牛,放在第 1 个牛棚
6       for (int i = 1; i < n; ++i)           //检查后面每个牛棚
7           if (x[i] - x[place] >= dis){      //如果距离 dis 的位置有牛棚
8               cnt++;                        //又放了一头牛
9               place = i;                    //更新上一头牛的位置
10          }
11      if (cnt >= c) return true;            //牛棚够
12      else          return false;           //牛棚不够
13  }
14  int main(){
15      scanf("%d %d",&n, &c);
16      for(int i = 0;i < n;i++)    scanf("%d",&x[i]);
17      sort(x,x + n);                        //对牛棚的坐标排序
18      int left = 0, right = x[n-1] - x[0];  //right = 1000000 也可以,因为是 log₂n 的
19      int ans = 0;
20      while(left < right){
21          int mid = left + (right - left)/2;    //二分
22          if(check(mid)){                   //当牛之间距离最小为 mid 时,牛棚够不够
23              ans = mid;                    //牛棚够,先记录 mid
24              left = mid + 1;               //扩大距离
25          }
26          else    right = mid;              //牛棚不够,缩小距离
27      }
28      cout << ans;                          //打印答案
29      return 0;
30  }
```

2.3.3 实数二分

实数域上的二分,因为没有整数二分的取整问题,编码比整数二分简单。实数二分的基本形式如下。

```
1   const double eps = 1e-7;                    //精度,如果下面用 for,可以不要 eps
2   while(right - left > eps){                   //for(int i = 0; i < 100; i++){
3        double mid = left + (right - left)/2;
4        if (check(mid)) right = mid;            //判定,然后继续二分
5        else            left  = mid;
6   }
```

其中,循环用两种方法都可以:while(right−left＞eps)或for(int i=0;i＜100;i＋＋)。如果用 for 循环,在循环内做二分,执行 100 次相当于实现了 $1/2^{100} \approx 1/10^{30}$ 的精度,完全够用,比 eps 更精确。

但是,两种方法都有精度控制问题。

for 循环的循环次数不能太大或太小,一般用 100 次,通常比 while 的循环次数要多,大多数情况下,增加的时间是可以接受的。不过,有时题目的逻辑比较复杂,一次 for 循环内部的计算量很大,那么较大的 for 循环次数会超时,此时应减少到 50 次甚至更少。但是,过少的循环次数可能导致精度不够,输出错误答案。

while 循环同样需要仔细设计精度 eps。过小的 eps 会超时,过大的 eps 会输出错误答案。

下面是一道实数二分例题,给出 while 和 for 两种处理方法。

例 2.9　Pie(poj 3122)

问题描述:主人过生日,m 个人来庆生,有 n 块半径不同的圆形蛋糕,由 $m+1$ 个人(加上主人)分,要求每人的蛋糕必须一样重,而且是一整块(不能是几个蛋糕碎块,也就是说,每个人的蛋糕都是从一块圆蛋糕中切下来的完整一块)。问每个人能分到的最大蛋糕是多大?

输入:第 1 行输入一个整数,表示测试个数。对于每个测试,第 1 行输入两个整数 n 和 m($1 \leqslant n, m \leqslant 10000$),分别表示蛋糕的数量和朋友的人数;第 2 行输入 n 个整数 r_i($1 \leqslant r_i \leqslant 10000$),表示每个蛋糕的半径。

输出:对于每个测试,输出一行表示答案,取 4 位小数。

把本题建模为**最小值最大化**问题。设每人能分到的蛋糕大小为 x,用二分法枚举 x。

代码中的二分用 for 或 while 循环都可以,读者可以试试改动 for 循环的次数和 while 循环的 eps,体会如何控制精度。

```
1   # include < stdio. h >
2   # include < math. h >
3   double PI = acos( - 1.0);                //3.141592653589793
4   #define eps 1e-5                          //试试 eps 多小会超时,多大会输出错误
5   double area[10010];
6   int n,m;
7   bool check(double mid){
8        int sum = 0;
9        for(int i = 0;i < n;i++)             //把每个圆蛋糕都按 mid 大小分开,统计总数
```

```
10              sum += (int)(area[i] / mid);
11          if(sum >= m) return true;        //最后看总数够不够 m 个
12          else            return false;
13      }
14  int main(){
15      int T; scanf("%d",&T);
16      while(T--){
17          scanf("%d%d",&n,&m);    m++;
18          double maxx = 0;
19          for(int i=0;i<n;i++){
20              int r; scanf("%d",&r);
21              area[i] = PI*r*r;
22              if(maxx < area[i]) maxx = area[i];    //最大的一块蛋糕
23          }
24          double left = 0, right = maxx;
25          for(int i = 0; i<100; i++){      //for 循环的次数,试试多小会输出错误
26      //while((right-left) > eps)  {      //用 while 循环做二分
27              double mid = left+(right-left)/2;
28              if(check(mid))   left  = mid;    //每人能分到 mid 大小的蛋糕
29              else             right = mid;    //不够分到 mid 大小的蛋糕
30          }
31          printf("%.4f\n",left);            // 打印 right 也对,right-left < eps
32      }
33      return 0;
34  }
```

【习题】

(1) 洛谷 P1419/P1083/P2678/P1314/P1868/P1493。

(2) hdu 6231。

(3) poj 3273/3258/1905/3122。

扫一扫

视频讲解

2.4　三　分　法 ✳

　　三分法求单峰(或单谷)的极值是二分法的简单扩展。算法竞赛中有两种三分题型:实数三分、整数三分。本节也给出实数三分和整数三分的原理和编程方法。

2.4.1　原理

　　单峰函数和单谷函数如图 2.3 所示,函数 $f(x)$ 在区间 $[l,r]$ 内只有一个极值 v,在极值点两边函数是单调变化的。以单峰函数为例,在 v 的左边是严格单调递增的,在 v 的右边是严格单调递减的。

　　下面的讲解都以求单峰极值为例。

　　如何求单峰函数最大值的近似值?虽然不能直接用二分法,但是只要稍微变形一下就能用了。

　　在 $[l,r]$ 内任取两个点:mid1 和 mid2,把函数分成 3 段,有以下情况。

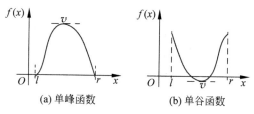

(a) 单峰函数　　　　(b) 单谷函数

图 2.3　单峰函数和单谷函数

（1）若 $f(\text{mid1}) < f(\text{mid2})$，极值点 v 一定在 mid1 的右侧。mid1 和 mid2 要么都在 v 的左侧，要么分别在 v 的两侧，如图 2.4 所示。下一步，令 $l = \text{mid1}$，区间从 $[l, r]$ 缩小为 $[\text{mid1}, r]$，然后再继续把它分成 3 段。

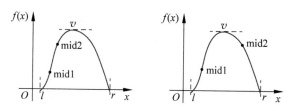

图 2.4　情况（1）：极值点 v 在 mid1 右侧

（2）若 $f(\text{mid1}) > f(\text{mid2})$，极值点 v 一定在 mid2 的左侧，如图 2.5 所示。下一步，令 $r = \text{mid2}$，区间从 $[l, r]$ 缩小为 $[l, \text{mid2}]$。

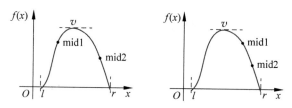

图 2.5　情况（2）：极值点 v 在 mid2 左侧

不断缩小区间，就能使区间 $[l, r]$ 不断逼近 v，从而得到近似值。

如何取 mid1 和 mid2？有以下两种基本方法。

（1）三等分：mid1 和 mid2 为 $[l, r]$ 的三等分点，那么区间每次可以缩小 1/3。

（2）近似三等分：计算 $[l, r]$ 中间点 $\text{mid} = (l + r)/2$，然后让 mid1 和 mid2 非常接近 mid，如 $\text{mid1} = \text{mid} - \text{eps}$，$\text{mid2} = \text{mid} + \text{eps}$，其中 eps 是一个很小的值，那么区间每次可以缩小接近一半。

近似三等分比三等分要稍微快一点。不过，在有些情况下，eps 过小可能导致这两种方法算出的结果相等，导致判断错方向，所以不建议这么写。从复杂度上看，$O(\log_{3/2} n)$ 和 $O(\log_2 n)$ 是差不多的。

> **提示**　单峰函数的左右两边要严格单调，否则可能在一边有 $f(\text{mid1}) == f(\text{mid2})$，导致无法判断如何缩小区间。

2.4.2 实数三分

下面用一道模板题给出实数三分的两种实现方法。

 例 2.10 模板三分法（洛谷 P3382）

问题描述：给出一个 N 次函数，保证在区间 $[l,r]$ 内存在一点 x，使函数在 $[l,x]$ 上单调增，$[x,r]$ 上单调减。试求出 x 的值。

输入：第 1 行依次输入一个正整数 N，两个实数 l 和 r，含义如问题描述所示；第 2 行输入 $N+1$ 个实数，依次表示该 N 次函数从高到低各项的系数。

输出：输出一个实数，即为 x 的值。四舍五入保留 5 位小数。

输入样例：	输出样例：
3 -0.9981 0.5	-0.41421
1 -3 -3 1	

下面分别用前面提到的两种方法求解本题：①三等分；②近似三等分。

用三等分法求解，mid1 和 mid2 为 $[l,r]$ 的三等分点。

```cpp
1   # include < bits/stdc++.h>
2   using namespace std;
3   const double eps = 1e-6;
4   int n;
5   double a[15];
6   double f(double x){                              //计算函数值
7       double s = 0;
8       for(int i = n;i>= 0;i--)   s = s*x + a[i]; //注意函数求值的写法
9       return s;
10  }
11  int main(){
12      double L,R;   scanf("%d%lf%lf",&n,&L,&R);
13      for(int i = n;i>= 0;i--)   scanf("%lf",&a[i]);
14      while(R - L > eps){         // for(int i = 0; i< 100; i++){   //用 for 循环也可以
15          double k = (R-L)/3.0;
16          double mid1 = L+k, mid2 = R-k;
17          if(f(mid1) > f(mid2))  R = mid2;
18          else   L = mid1;
19      }
20      printf("%.5f\n",L);
21      return 0;
22  }
```

用近似三等分法求解，mid1 和 mid2 在 $[l,r]$ 的中间点附近。

```cpp
1   # include < bits/stdc++.h>
2   using namespace std;
3   const double eps = 1e-6;
4   int n; double a[15];
```

```
 5   double f(double x){
 6       double s = 0;
 7       for(int i = n;i >= 0;i -- )   s = s * x + a[i];
 8       return s;
 9   }
10   int main(){
11       double L,R;
12       scanf(" % d % lf % lf",&n,&L,&R);
13       for(int i = n; i >= 0;i -- ) scanf(" % lf",&a[i]);
14       while(R - L > eps){   // for(int i = 0; i < 100; i ++){   //用 for 循环也可以
15           double mid = L + (R - L)/2;
16           if(f(mid - eps) > f(mid))   R = mid;
17           else L = mid;
18       }
19       printf(" % .5f\n",L);
20       return 0;
21   }
```

下面给出两道实数三分例题。

例 2.11   三分求极值[①]

问题描述：在直角坐标系中有一条抛物线 $y = ax^2 + bx + c$ 和一个点 $P(x,y)$，求点 P 到抛物线的最短距离 d。

输入：第 1 行输入 5 个整数：a, b, c, x, y。a, b, c 构成抛物线的参数，x, y 表示 P 点坐标。$-200 \leqslant a, b, c, x, y \leqslant 200$。

输出：一个实数 d，保留 3 位小数（四舍五入）。

直接求距离很麻烦。观察本题的距离 d，发现它满足单谷函数的特征，用三分法很合适。

例 2.12   Line belt（hdu3400）

问题描述：给定两条线段 AB、CD，一个人在 AB 上跑时速度为 P，在 CD 上跑时速度为 Q，在其他地方跑时速度为 R。求从 A 点跑到 D 点最短的时间。

输入：第 1 行输入测试数量 T。对于每个测试输入 3 行：第 1 行为 4 个整数，表示 A 点和 B 点的坐标，即 Ax,Ay,Bx,By；第 2 行为 4 个整数，表示 C 点和 D 点的坐标，即 Cx,Cy,Dx,Dy；第 3 行为 3 个整数 P、Q、R。

数据范围：$0 \leqslant Ax,Ay,Bx,By,Cx,Cy,Dx,Dy \leqslant 1000, 1 \leqslant P,Q,R \leqslant 10$

输出：从 A 点到 D 点的最短时间，四舍五入取两位小数。

从 A 点出发，先走到线段 AB 上一点 X，然后走到线段 CD 上一点 Y，最后到 D 点，时间为

$$\text{time} = |AX|/P + |XY|/R + |YD|/Q$$

[①]   http://hihocoder.com/problemset/problem/1142

假设已经确定了 X，那么目标就是在线段 CD 上找一点 Y，使 $|XY|/R+|YD|/Q$ 最小，这是一个单峰函数。三分套三分就可以了，这是计算几何中的常见题型。

2.4.3 整数三分

整数三分的基本代码如下，注意第 1 行的 right－left＞2，如果写成 right＞left，当 right－left＜3 时会陷入死循环。

```
1   while (right - left > 2){               //2 或其他数
2       int mid1 = left + (right - left)/3;   //三等分,1/3 处
3       int mid2 = right - (right - left)/3;  //2/3 处
4       if(check(mid1) > check(mid2))
5           ...                               //移动 right
6       else
7           ...                               //移动 left
8   }
```

下面给出一道整数三分的简单例题。

 例 2.13   期末考试（洛谷 P3745）

问题描述：有 n 位同学，每位同学都参加了全部 m 门课程的期末考试，都在焦急地等待成绩的公布。第 i 位同学希望在第 t_i 天或之前得知所有课程的成绩。如果在第 t_i 天，有至少一门课程的成绩没有公布，他就会等待最后公布成绩的课程公布成绩，每等待一天就会产生 C 的不愉快度。对于第 i 门课程，按照原本的计划，会在第 b_i 天公布成绩。有两种操作可以调整公布成绩的时间：①将负责课程 X 的部分老师调整到课程 Y，调整之后公布课程 X 成绩的时间推迟一天，公布课程 Y 成绩的时间提前一天，每次操作产生 A 的不愉快度；②增加一部分老师负责课程 Z，这将导致课程 Z 的出成绩时间提前一天，每次操作产生 B 的不愉快度。上面两种操作中的参数 X,Y,Z 均可任意指定，每种操作均可以执行多次，每次执行时都可以重新指定参数。现在希望通过合理的操作，使最后总的不愉快度最小，输出最小的不愉快度之和即可。

输入：第 1 行输入 3 个非负整数 A,B,C，描述 3 种不愉快度；第 2 行输入两个正整数 n 和 m，分别表示学生的数量和课程的数量；第 3 行输入 n 个正整数 t_i，表示每个学生希望的公布成绩的时间；第 4 行输入 m 个正整数 b_i，表示按照原本的计划，每门课程公布成绩的时间。

输出：输出一个整数，表示最小的不愉快度之和。

首先证明不愉快度是时间的下凹函数，那么就可以用三分法求极小值。

在如下代码中，第 30 行的 while 循环把极小值所在的区间缩小到了 $r-l\leqslant2$，然后在第 37 行的 for 循环中求这个区间的极小值。

```
1   #include<bits/stdc++.h>
2   const int N = 100005;
3   using namespace std;
```

```
4     typedef long long ll;
5     int n,m,t[N],b[N];
6     ll A,B,C,ans;
7     ll calc1(int p){                              //计算通过 A,B 操作把时间调到 p 的不愉快度
8         ll x = 0,y = 0;
9         for( int i = 1;i <= m;i++){
10            if(b[i]<p) x += p-b[i];
11            else       y += b[i]-p;
12        }
13        if(A<B) return min(x,y) * A + (y-min(x,y)) * B;   //A<B,先用 A 填补,再用 B
14        else return y * B;                        //B<= A,直接全部使用 B
15    }
16    ll calc2(int p)   {                           //计算学生们的不愉快度总和
17        ll sum = 0;
18        for(int i = 1;i <= n;i++)
19            if(t[i]<p) sum += (p-t[i]) * C;
20        return sum;
21    }
22    int main(){
23        cin >> A >> B >> C >> n >> m;
24        for( int i = 1;i <= n;i++) cin >> t[i];
25        for( int i = 1;i <= m;i++) cin >> b[i];
26        sort(b + 1,b + m + 1);   sort(t + 1,t + n + 1);
27        if(C >= 1e16) { cout << calc1(t[1])<< endl; return 0;}   //一个特判
28        ans = 1e16;
29        int l = 1,r = N;                          //left, right
30        while(r - l > 2){                         //把 2 改成其他数字也可以,后面的 for 循环再找最小值
31            int mid1 = l +(r-l)/3;  int mid2 = r -(r-l)/3;
32            ll c1 = calc1(mid1) + calc2(mid1);    //总不愉快度
33            ll c2 = calc1(mid2) + calc2(mid2);
34            if (c1 <= c2) r = mid2;
35            else          l = mid1;
36        }
37        for(int i = l;i <= r;i++){                //在上面求出的区间内再枚举时间求出最小值
38            ll x = calc1(i) + calc2(i);
39            ans = min(ans,x);
40        }
41        cout << ans << endl;
42        return 0;
43    }
```

【习题】

（1）洛谷 P1883。

（2）poj 3301/3737/1018。

2.5　　　　　　　　倍增法与 ST 算法

扫一扫

视频讲解

倍增法和二分法是"相反"的算法,效率都很高。二分法是每次缩小一半,从而以$O(\log_2 n)$的速度极快地缩小定位到解;倍增法是每次扩大一倍,从而以$O(2^n)$的速度极快

地扩展到极大的空间。

二分法是从大区间缩小到小区间，最后定位到一个极小的区间，小到这个区间的左右端点重合或几乎重合，从而得到解，解就是最后这个极小区间的值。所以，二分法的适用场合是在一个有序的序列，或者一个单调的曲线上，通过二分法缩小查询区间，其目的是找到一个特定的数值。

倍增法有两种主要应用场合，一种是从小区间扩大到大区间，另一种是从小数值倍增到大数值。

（1）在区间问题中，是从小区间倍增到大区间，求解和区间查询有关的问题，如求区间最大值或最小值。这种应用有 ST 算法、后缀数组等。

（2）除了区间上的应用，倍增法也能用于数值的精确计算。如果空间内的元素满足倍增关系，或者能借助倍增法计算，那么也能用倍增法达到求解这些元素的精确值的目的。这种应用有快速幂、最近公共祖先等。

2.5.1　倍增法

1. 倍增法的原理

倍增就是"成倍增长"。如何实现倍增，是每步乘以 2 吗？有时确实可以，如后缀数组，每次扩展字符长度，就简单地乘以 2。不过，在大多数题目中有更好的实现方法，即利用二进制本身的倍增特性，把一个数 N 用二进制展开，即

$$N = a_0 2^0 + a_1 2^1 + a_2 2^2 + a_3 2^3 + a_4 2^4 + \cdots$$

例如 35，它的二进制是 100011，第 5 位、第 1 位和第 0 位为 1，即 $a_5 = a_1 = a_0 = 1$，把这几位的权值相加，得 $35 = 2^5 + 2^1 + 2^0 = 32 + 2 + 1$。

二进制划分反映了一种快速增长的特性，第 i 位的权值 2^i 等于前面所有权值的和加 1，即

$$2^i = 2^{i-1} + 2^{i-2} + \cdots + 2^1 + 2^0 + 1$$

一个整数 n，它的二进制只有 $\log_2 n$ 位。如果要从 0 增长到 n，可以以 $1, 2, 4, \cdots, 2^k$ 为"跳板"，快速跳到 n，这些跳板只有 $k = \log_2 n$ 个。

倍增法的局限性是需要提前计算出第 $1, 2, 4, \cdots, 2^k$ 个跳板，这要求数据是静态不变的，不是动态变化的。如果数据发生了变化，那么所有跳板需要重新计算，跳板就失去了意义。

2. 倍增的经典题目

下面给出一道应用倍增的经典题目。

 例 2.14　国旗计划（洛谷 P4155）

问题描述：边境上有 m 个边防站围成一圈，顺时针编号为 $1 \sim m$。有 n 名战士，每名战士常驻两个站，能在两个站之间移动。局长有一个"国旗计划"，让边防战士举着国旗环绕一圈。局长想知道至少需要多少战士才能完成"国旗计划"，并且他想知道在某个战士必须参加的情况下，至少需要多少名边防战士。

输入：第 1 行输入两个正整数 n 和 m，表示战士数量和边防站数量。后面 n 行中，每

行输入两个正整数,其中第 i 行的 c_i 和 d_i 表示 i 号边防战士常驻的两个边防站编号,沿顺时针从 c_i 到 d_i 边防站是他的移动区间。数据保证整个边境线是可被覆盖的。所有战士的移动区间互相不包含。

输出:输出一行,包含 n 个正整数,其中第 j 个正整数表示 j 号战士必须参加的前提下至少需要多少名边防战士才能顺利完成国旗计划。

数据范围:$n \leqslant 2 \times 10^5$,$m < 10^9$,$1 \leqslant c_i,d_i \leqslant m$。

题目的要求很清晰:计算能覆盖整个圆圈的最少区间(战士)。

题目给定的所有区间互相不包含,那么按区间的左端点**排序**后,区间的右端点也是单调增的。这种情况下能用贪心法选择区间。

本题用到的技术有化圆为线、贪心法、倍增法。

(1)化圆为线。把题目给的圆圈断开变成一条线,更方便处理。注意,圆圈是首尾相接的,断开后为了保持原来的首尾关系,需要把原来的圆圈复制再相接。

(2)贪心法。首先考虑从一个区间出发,如何选择所有的区间。选择一个区间 i 后,下一个区间只能从左端点小于或等于 i 的右端点的那些区间中选择,在这些区间中选择右端点最大的那个区间,是最优的。如图 2.6 所示,选择区间 i 后,下一个区间可以从 A、B、C 中选择,它们的左端点都在 i 内部。C 是最优的,因为它的右端点最远。选定 C 之后,再用贪心策略找下一个区间。这样找下去,就得到了所需的最少区间。

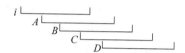

图 2.6 用贪心法选择下一个最优区间

以 i 为起点,用贪心法查询一次,要遍历所有的区间,复杂度为 $O(n)$。题目要求以每个区间为起点,共做 n 次查询,总复杂度为 $O(n^2)$,超时。

(3)倍增法。为了进行高效的 n 次查询,可以用类似 ST 算法中的倍增法,预计算出一些"跳板",快速找到后面的区间。

定义 go[s][i] 表示从第 s 个区间出发,走 2^i 个**最优**区间后到达的区间。例如,go[s][4] 是从 s 出发到达的第 $2^4 = 16$ 个最优区间,s 和 go[s][4] 之间的区间也都是最优的。

预计算出从所有的区间出发的 go[][],以它们为"跳板",就能快速跳到目的地。

注意,跳的时候先用大数再用小数。以从 s 跳到后面第 27 个区间为例:

(1)从 s 跳 16 步,到达 s 后的第 16 个区间 f_1;

(2)从 f_1 跳 8 步,到达 f_1 后的第 8 个区间 f_2;

(3)从 f_2 跳 2 步到达 f_3;

(4)从 f_3 跳 1 步到达终点 f_4。

共跳了 $16+8+2+1=27$ 步。这个方法利用了二进制的特征,27 的二进制是 11011,其中的 4 个"1"位的权值就是 16、8、2、1。把一个数转换为二进制数时,是从最高位向最低位转换的,这就是为什么要先用大数再用小数的原因。图 2.7 所示为从 s 跳到后面第 27 个区间的过程。

复杂度是多少?查询一次,用倍增法从 s 跳到终点的复杂度为 $O(\log_2 n)$。共有 n 次查询,总复杂度为 $O(n\log_2 n)$。

剩下的问题是如何快速预计算出 go[][]。有以下非常巧妙的递推关系:

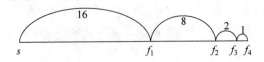

图 2.7　用倍增法跳到终点

$$go[s][i] = go[go[s][i-1]][i-1]$$

递推式的右边可以这样理解：

(1) $go[s][i-1]$。从 s 起跳，先跳 2^{i-1} 步到区间 $z = go[s][i-1]$；

(2) $go[go[s][i-1]][i-1] = go[z][i-1]$。再从 z 跳 2^{i-1} 步到区间 $go[z][i-1]$。

一共跳了 $2^{i-1} + 2^{i-1} = 2^i$ 步。公式右边实现了从 s 起跳，跳到了 s 的第 2^i 个区间，这就是递推式左边的 $go[s][i]$。

特别地，$go[s][0]$ 是 x 后第 $2^0 = 1$ 个区间（用贪心法算出的下一个最优区间），$go[s][0]$ 是递推式的初始条件，从它递推出了所有的 $go[][]$。递推的计算量有多大？从任意 s 到末尾，最多只有 $\log_2 n$ 个 $go[s][]$，所以只需要递推 $O(\log_2 n)$ 次。计算 n 个节点的 $go[][]$，共计算 $O(n\log_2 n)$ 次。

以上所有计算，包括预计算 $go[][]$ 和 n 次查询，**总复杂度为** $O(n\log_2 n) + O(n\log_2 n)$。

> **提示** 上述分析在 4.8.1 节中有非常相似的解释，两者对倍增法的用法实质上一样，请对照学习。

下面给出代码。

```
1   # include < bits/stdc++.h >
2   using namespace std;
3   const int N = 4e5 + 1;
4   int n, m;
5   struct warrior{
6       int id, L, R;                            //id为战士的编号；L 和 R 为战士的左右区间
7       bool operator < (const warrior b) const{return L < b.L;}
8   }w[N * 2];
9   int n2;
10  int go[N][20];
11  void init(){                                 //贪心 + 预计算倍增
12      int nxt = 1;
13      for(int i = 1;i <= n2;i++){              //用贪心求每个区间的下一个区间
14          while(nxt <= n2 && w[nxt].L <= w[i].R)
15              nxt++;                            //每个区间的下一个是右端点最大的区间
16          go[i][0] = nxt - 1;                   //区间 i 的下一个区间
17      }
18      for(int i = 1;(1 << i) <= n;++i)         //倍增：i = 1,2,4,8,…,共 log₂n 次
19          for(int s = 1;s <= n2;s++)           //每个区间后的第 2^i 个区间
20              go[s][i] = go[go[s][i-1]][i-1];
21  }
22  int res[N];
```

```
23   void getans(int x){                              //从第 x 个战士出发
24       int len = w[x].L + m, cur = x, ans = 1;
25       for(int i = log2(N);i >= 0;i -- ){           //从最大的 i 开始找：2^i = N
26           int pos = go[cur][i];
27           if(pos && w[pos].R < len){
28               ans += 1 << i;                        //累加跳过的区
29               cur = pos;                            //从新位置继续开始
30           }
31       }
32       res[w[x].id] = ans + 1;
33   }
34   int main(){
35       scanf("%d%d",&n,&m);
36       for(int i = 1;i <= n;i++){
37           w[i].id = i;                              //记录战士的顺序
38           scanf("%d%d",&w[i].L, &w[i].R);
39           if(w[i].R < w[i].L)    w[i].R += m;       //把环变成链
40       }
41       sort(w + 1, w + n + 1);                        //按左端点排序
42       n2 = n;
43       for(int i = 1;i <= n;i++)                      //拆环加倍成一条链
44       {    n2++;   w[n2] = w[i];   w[n2].L = w[i].L + m;   w[n2].R = w[i].R + m;   }
45       init();
46       for(int i = 1;i <= n;i++)  getans(i);          //逐个计算每个战士
47       for(int i = 1;i <= n;i++)  printf("%d",res[i]);
48       return 0;
49   }
```

2.5.2　ST 算法

ST(Sparse Table)算法是基于倍增原理的算法。

ST 算法是求解区间最值查询(Range Minimum/Maximum Query,RMQ)问题的优秀算法,它适用于静态空间的 RMQ。

静态空间的 RMQ 问题:给定长度为 n 的静态数列,做 m 次查询,每次给定 $L, R \leqslant n$,查询数列区间$[L, R]$内的最值。下面都以区间最小值问题为例。

如果暴力搜索数列区间$[L, R]$的最小值,即逐一比较区间内的每个数,比较的复杂度为 $O(n)$,m 次查询的总复杂度为 $O(mn)$。暴力法的效率很低。

ST 算法源于这样一个原理:一个大区间若能被两个小区间覆盖,那么大区间的最值等于两个小区间的最值。如图 2.8 所示,大区间{4,7,9,6,3,6,4,8,7,5}被两个小区间{4,7,9,6,3,6,4,8}和{4,8,7,5}覆盖,大区间的最小值为 3,等于两个小区间的最小值,即 min{3,4}=3。这个例子特意让两个小区间有部分重合,因为重合不影响结果。

图 2.8　大区间被两个小区间覆盖

从以上原理得到 ST 算法的基本思路,包括两个步骤:

(1) 把整个数列分为很多小区间,并提前计算出每个小区间的最值;

(2) 对任意区间最值查询,找到覆盖它的两个小区间,由两个小区间的最值算出答案。

如何设计出这两个步骤的高效算法?

对于步骤(1),简单的方法是把数列分为固定大小的小区间,即"分块",将在 4.5 节介绍。它把数列分为 $\sqrt{n}$ 块,每块有 $\sqrt{n}$ 个数,提前计算这 $\sqrt{n}$ 个小区间的最值,复杂度为 $O(n)$。对于步骤(2)的最值查询,每次计算量约为 $O(\sqrt{n})$。这种算法的效率比暴力法高很多,但是仍然不够好。

下面用倍增法分块,它的效率非常高,步骤(1)的复杂度小于 $O(n\log_2 n)$,步骤(2)的复杂度为 $O(1)$。

1. 把数列按倍增分为小区间

对数列的每个元素,把从它开始的数列分为长度为 $1,2,4,8,\cdots$ 的小区间。图 2.9 给出了一个分区的例子,它按小区间的长度分成了很多组。

第 1 组是长度为 1 的小区间,有 n 个小区间,每个小区间有 1 个元素。

第 2 组是长度为 2 的小区间,有 $n-1$ 个小区间,每个小区间有 2 个元素。

第 3 组是长度为 4 的小区间,有 $n-3$ 个小区间,每个小区间有 4 个元素。

以此类推,共有 $\log_2 n$ 组。

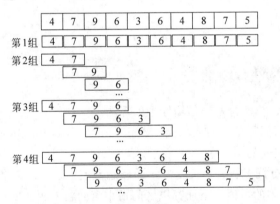

图 2.9　按倍增分为小区间

可以发现,每组的小区间的最值可以从前一组递推而来。例如,第 3 组 $\{4,7,9,6\}$ 的最值从第 2 组 $\{4,7\}$、$\{9,6\}$ 的最值递推得到。

定义 $dp[s][k]$ 表示左端点为 s,区间长度为 2^k 的区间最值。递推关系为
$$dp[s][k] = \min\{dp[s][k-1], dp[s+1 <\!\!<(k-1)][k-1]\}$$
其中,$1 <\!\!<(k-1)$ 表示 2^{k-1}。

用 $dp[][]$ 命名,是因为递推关系是一个动态规划(DP)过程。

计算所有小区间的最值,即计算出所有的 $dp[][]$,复杂度是多少?每组需计算小于等于 n 次,共 $\log_2 n$ 组,总计算量小于 $O(n\log_2 n)$。

2. 查询任意区间的最值

根据上面的分区方法,有以下结论。

(1) 以任意元素为起点,有长度为 $1,2,4,\cdots$ 的小区间;以任意元素为终点,它前面也有长度为 $1,2,4,\cdots$ 的小区间。

(2) 有以任意元素为起点的小区间,也有以任意元素为终点的小区间。

根据这个结论,可以把需要查询的区间 $[L,R]$ 分为两个小区间,且这两个小区间属于同一组:以 L 为起点的小区间、以 R 为终点的小区间,让这两个小区间首尾相接覆盖 $[L,R]$,区间最值由两个小区间的最值求得。一次查询的计算复杂度为 $O(1)$。

区间 $[L,R]$ 的长度为 len$=R-L+1$。两个小区间的长度都为 x,令 x 为比 len 小的 2 的最大倍数,有 $x \leqslant$ len 且 $2x \geqslant$ len,这样保证能覆盖。另外,需要计算 dp[][],根据 dp$[s][k]$ 的定义,有 $2^k=x$。例如,len$=19$,$x=16$,$2^4=16$,$k=4$。

已知 len,如何求 k?计算公式为 $k=\log_2(\text{len})=\log_{10}(\text{len})/\log_{10}(2)$,向下取整。以下两种代码都可实现

```
int k = (int)(log(double(R-L+1)) / log(2.0));    //以 10 为底的库函数 log()
int k = log2(R-L+1);                              //以 2 为底的库函数 log2()
```

如果觉得库函数 log2() 比较慢,可以自己提前算出 LOG2,LOG2$[i]$ 的值与向下取整的 $\log 2(i)$ 相等。

```
LOG2[0] = -1;
for(int i=1; i<=N; i++)
    LOG2[i] = LOG2[i>>1] + 1;
```

最后给出区间 $[L,R]$ 最小值的计算公式,等于覆盖它的两个小区间的最小值,即
$$\min(\text{dp}[L][k], \text{dp}[R-(1<<k)+1][k])$$
用这个公式做一次最值查询,计算复杂度为 $O(1)$。

下面用一个模板题给出代码。

 例 2.15 Balanced lineup(洛谷 P2880,poj 3264)

问题描述:给定一个包含 n 个整数的数列和 q 个区间查询,查询区间内最大值和最小值的差。

输入:第 1 行输入两个整数 n 和 q;接下来 n 行中,每行输入一个整数 h_i;再后面 q 行中,每行输入两个整数 a 和 b,表示一个区间查询。

输出:对每个区间查询,返回区间内最大值和最小值的差。

数据范围:$1 \leqslant n \leqslant 5 \times 10^4$,$1 \leqslant q \leqslant 1.8 \times 10^5$,$1 \leqslant a \leqslant b \leqslant n$。

解题代码如下。

```cpp
1   # include < cstdio >
2   # include < iostream >
3   # include < cmath >
4   using namespace std;
5   const int N = 50005;
6   int n,m;
7   int a[N],dp_max[N][22],dp_min[N][21];
8   int LOG2[N];                                    //自己计算以2为底的对数,向下取整
9   void st_init(){
10      LOG2[0] = -1;
11      for(int i = 1;i <= N;i++)  LOG2[i] = LOG2[i >> 1] + 1;  //不用系统log()函数,自己算
12      for(int i = 1;i <= n;i++){                  //初始化区间长度为1时的值
13          dp_min[i][0] = a[i];
14          dp_max[i][0] = a[i];
15      }
16      //int p = log2(n);                          //可倍增区间的最大次方:2^p <= n
17      int p = (int)(log(double(n)) / log(2.0));   //两者写法都行
18      for(int k = 1;k <= p;k++)    //倍增计算小区间,先算小区间,再算大区间,逐步递推
19          for(int s = 1;s + (1 << k) <= n + 1;s++){
20              dp_max[s][k] = max(dp_max[s][k-1], dp_max[s + (1 <<(k-1))][k-1]);
21              dp_min[s][k] = min(dp_min[s][k-1], dp_min[s + (1 <<(k-1))][k-1]);
22          }
23  }
24  int st_query(int L, int R){
25  //  int k = log2(R-L+1);                        //3种方法求k
26      int k = (int)(log(double(R-L+1)) / log(2.0));
27  //  int k = LOG2[R-L+1];                        //自己算LOG2
28      int x = max(dp_max[L][k],dp_max[R-(1 << k)+1][k]);  //区间最大
29      int y = min(dp_min[L][k],dp_min[R-(1 << k)+1][k]);  //区间最小
30      return x - y;                               //返回差值
31  }
32  int main(){
33      scanf("%d %d",&n,&m);                       //输入
34      for(int i = 1;i <= n;i++)    scanf("%d",&a[i]);
35      st_init();
36      for(int i = 1;i <= m;i++){
37          int L,R; scanf("%d %d",&L,&R);
38          printf("%d\n",st_query(L,R));
39      }
40      return 0;
41  }
```

ST 算法常用于求解 RMQ 问题,线段树、笛卡儿树也能解决这个问题,下面对比 ST 算法和线段树。求解 RMQ 问题更常用的是线段树,它求 RMQ 的时间复杂度与 ST 算法差不多,但是两者有很大的区别:线段树用于动态数组,ST 用于静态数组。ST 算法用 $O(n\log_2 n)$ 的时间预处理数组,预处理之后每次区间查询时间都为 $O(1)$。如果数组是动态改变的,改变一次就需要用 $O(n\log_2 n)$ 时间预处理一次,导致效率很低。线段树适用于动态维护(添加或删除)的数组,它每次维护数组和每次查询时间都是 $O(\log_2 n)$。从数组是否能动态维护这个角度来说,ST 是离线算法,线段树是在线算法。ST 算法的优势是编码简单,

如果数组是静态的,就用 ST 算法。另外,"笛卡儿树+LCA"也能在静态情况下高效率求 RMQ。

下面总结 ST 算法的适用场合。从 ST 算法的原理看,它的核心思想是大区间被两个小区间覆盖,小区间的重复覆盖不影响结果,然后用倍增法划分小区间并计算小区间的最值。最大值和最小值符合这种场景,类似的有区间最大公约数问题(Range GCD Query,RGQ),即查询给定区间的 GCD。

【习题】

(1) hdu 5443/6107。

(2) 洛谷 P3865/P5465/P3295/P2251/P1816/P1198/P2880/P5012/P5344/P2048。

2.6　前缀和与差分

扫一扫

视频讲解

首先了解"前缀和"的概念。一个长度为 n 的数组 $a[0] \sim a[n-1]$,它的前缀和 $\text{sum}[i]$ 等于 $a[0] \sim a[i]$ 的和。例如,$\text{sum}[0] = a[0]$,$\text{sum}[1] = a[0] + a[1]$,$\text{sum}[2] = a[0] + a[1] + a[2]$,等等。

利用递推,可以在 $O(n)$ 时间内求得所有前缀和:$\text{sum}[i] = \text{sum}[i-1] + a[i]$。

如果预计算出前缀和,就能利用它快速计算出数组中任意区间 $a[i] \sim a[j]$ 的和,即

$$a[i] + a[i+1] + \cdots + a[j-1] + a[j] = \text{sum}[j] - \text{sum}[i-1]$$

这说明复杂度为 $O(n)$ 的区间和计算优化到了 $O(1)$ 的前缀和计算。

前缀和的一个应用是差分,差分是前缀和的逆运算。

差分是一种处理数据的巧妙而简单的方法,它应用于区间的修改和询问问题。把给定的数据集 A 分成很多区间,对这些区间做多次操作,每次操作是对某个区间内的所有元素做相同的加减操作,若一个个地修改区间内的每个元素,非常耗时。引入差分数组 D,当修改某个区间时,只需要修改这个区间的端点,就能记录整个区间的修改,而对端点的修改非常容易,复杂度为 $O(1)$。当所有修改操作结束后,再利用差分数组计算出新的 A。

数据 A 可以是一维线性数组 $a[]$、二维矩阵 $a[][]$、三维立体 $a[][][]$。相应地,定义一维差分数组 $D[]$、二维差分数组 $D[][]$、三维差分数组 $D[][][]$。一维差分很容易理解,二维和三维差分需要一点空间想象力。

2.6.1　一维差分

1. 一维差分的概念和编码

讨论以下场景。

(1) 给定一个长度为 n 的一维数组 $a[]$,数组内每个元素有初始值。

(2) 修改操作:做 m 次区间修改,每次修改对区间内所有元素做相同的加减操作。例如,第 i 次修改,把数组区间 $[L_i, R_i]$ 内所有元素加上 d_i。这里 L_i 和 R_i 表示数组下标,下文都表示这个含义。

(3) 询问操作:询问一个元素的新值是多少。

如果简单地用暴力法编码,那么每次修改的复杂度为 $O(n)$,m 次修改总复杂度为 $O(mn)$,效率很差。利用差分法,可以把复杂度降低到 $O(m+n)$。

在差分法中,用到了两个数组:原数组 $a[]$ 和差分数组 $D[]$。

差分数组 $D[]$ 的定义是 $D[k]=a[k]-a[k-1]$,即原数组 $a[]$ 的相邻元素的差。从定义可以推出:$a[k]=D[1]+D[2]+\cdots+D[k]=\sum\limits_{i=1}^{k}D[i]$,也就是说,$a[]$ 是 $D[]$ 的前缀和。这个公式揭示了 $a[]$ 和 $D[]$ 的关系——"**差分是前缀和的逆运算**",它把求 $a[k]$ 转换为求 D 的前缀和。为加深对前缀和的理解,可以把每个 $D[]$ 看作一条直线上的小线段,它的两端是相邻的 $a[]$;这些小线段相加,就得到了从起点开始的长线段 $a[]$。

注意,$a[]$ 和 $D[]$ 的值都可能为负,图 2.10 中所有 $D[]$ 都表示为长度为正值的线段,只是为了方便图示。

$D[1]$	$D[2]$	$D[3]$	$D[4]$	$D[5]$	$D[6]$	$D[7]$
$a[0]$	$a[1]$ $a[2]$		$a[3]$	$a[4]$	$a[5]$	$a[6]$

图 2.10 一维差分图示

如何用差分数组记录区间修改?为什么利用差分数组能提升修改的效率?

把数组区间 $[L,R]$ 内每个元素 $a[]$ 加上 d,只需要对相应的 $D[]$ 做以下操作:

(1) 把 $D[L]$ 加上 d:$D[L]+=d$;

(2) 把 $D[R+1]$ 减去 d:$D[R+1]-=d$。

利用 $D[]$ 能精确地实现只修改区间内元素的目的,而不会修改区间外的 $a[]$ 值。因为前缀和 $a[x]=D[1]+D[2]+\cdots+D[x]$,有:

(1) $1\leqslant x<L$,前缀和 $a[x]$ 不变;

(2) $L\leqslant x\leqslant R$,前缀和 $a[x]$ 增加了 d;

(3) $R<x\leqslant N$,前缀和 $a[x]$ 不变,因为被 $D[R+1]$ 中减去的 d 抵消了。

每次操作只需要修改区间 $[L,R]$ 的两个端点的 $D[]$ 值,复杂度为 $O(1)$。经过这种操作后,原来直接在 $a[]$ 上做的复杂度为 $O(n)$ 的区间修改操作就变成了在 $D[]$ 上做的复杂度为 $O(1)$ 的端点操作。

完成区间修改并得到 $D[]$ 后,最后用 $D[]$ 计算 $a[]$,复杂度为 $O(n)$。m 次区间修改和一次查询,总复杂度为 $O(m+n)$,比暴力法的 $O(mn)$ 好多了。

下面给出一道例题。

 例 2.16 Color the ball(hdu 1556)

问题描述:N 个气球排成一排,从左到右依次编号为 $1,2,3,\cdots,N$。每次给定两个整数 L 和 $R(L\leqslant R)$,某人从气球 L 开始到气球 R 依次给每个气球涂一次颜色。但是 N 次以后他已经忘记了第 i 个气球已经涂过几次颜色了,你能帮他算出每个气球被涂过几次颜色吗?

输入:每个测试实例第 1 行输入一个整数 $N(N\leqslant 100000)$;接下来的 N 行中,每行输入两个整数 L 和 $R(1\leqslant L\leqslant R\leqslant N)$。当 $N-0$ 时,输入结束。

输出：每个测试实例输出一行,包括 N 个整数,第 i 个数代表第 i 个气球总共被涂色的次数。

这道例题是简单差分法的直接应用,下面给出代码。第 12 行代码是区间修改,第 15 行代码即利用 $D[]$ 求得了最后的 $a[]$。

注意 $a[]$ 的计算方法。$a[i]=a[i-1]+D[i]$ 是一个递推公式,通过它能在一个 i 循环中求得所有的 $a[]$。如果不用递推,而是直接用前缀和 $a[k]=\sum_{i=1}^{k}D[i]$ 求所有 $a[]$,就需要用两个循环,i 和 k。

```
1    //hdu 1556 用差分数组求解
2    # include< bits/stdc++.h>
3    using namespace std;
4    const int N = 100010;
5    int a[N],D[N];                              //a 是气球,D 是差分数组
6    int main(){
7        int n;
8        while(~scanf("%d",&n)) {
9            memset(a,0,sizeof(a)); memset(D,0,sizeof(D));
10           for(int i=1;i<=n;i++){
11               int L,R; scanf("%d%d",&L,&R);
12               D[L]++;    D[R+1]--;          //区间修改
13           }
14           for(int i=1;i<=n;i++){            //求原数组
15               a[i] = a[i-1] + D[i];         //差分,求前缀和a[],a[i]就是气球i的值
16               if(i!=n)  printf("%d ", a[i]);//逐个打印结果
17               else      printf("%d\n",a[i]);
18           }                                 //小技巧:第14~17行,也可以把a[]改成D[]
19       }
20       return 0;
21   }
```

上述代码用了一个小技巧,可以省略 $a[]$,从而节省空间。在第 14 行后求原数组 $a[]$ 时,把已经使用过的较小的 $D[]$ 直接当作 $a[]$ 即可。把第 14~17 行的 $a[]$ 改为 $D[]$,也能通过。这个技巧在后面的二维差分、三维差分中也能用,可以节省一半的空间。

2. 一维差分的局限性

读者已经注意到,利用差分数组 $D[]$ 可以把 $O(n)$ 的区间修改变成 $O(1)$ 的端点修改,从而提高了修改操作的效率。

但是,一次查询操作,即查询某个 $a[i]$,需要用 $D[]$ 计算整个原数组 $a[]$,计算量为 $O(n)$,即一次查询的复杂度为 $O(n)$。在例 2.16 中,如果查询不是发生了一次,而是有 m 次修改,有 k 次查询,且修改和查询的**顺序是随机**的,此时 m 次修改复杂度为 $O(m)$,k 次查询复杂度为 $O(kn)$,总复杂度为 $O(m+kn)$,还不如直接用暴力法,总复杂度为 $O(mn+k)$。

这种题型属于"区间修改+单点查询",差分数组往往不够用。因为差分数组对"区间修改"很高效,但是对"单点查询"并不高效。此时需要用树状数组和线段树求解,详见 4.2 节

"树状数组"和4.3节"线段树"。在4.2节重新讲解了hdu 1556这道例题。

树状数组常常结合差分数组解决更复杂的问题,差分数组也常用于"树上差分"。

2.6.2 二维差分

从一维差分容易扩展到二维差分。一维是线性数组,一个区间$[L,R]$有两个端点;二维是矩阵,一个区间由4个端点围成。

下面给出一道模板题。

 例2.17 地毯(洛谷P3397)

问题描述:在$n \times n$的格子上有m块地毯。给出这些地毯的信息,计算每个点被多少块地毯覆盖。

输入:第1行输入两个正整数n和m;接下来m行中,每行输入两个坐标(x_1,y_1)和(x_2,y_2),代表一块地毯,左上角是(x_1,y_1),右下角是(x_2,y_2)。

输出:输出n行,每行n个正整数。第i行第j列的正整数表示(i,j)点被多少块地毯覆盖。

本例是hdu 1556的二维扩展,其修改操作和查询操作完全一样。

存储矩阵需要很大的空间。如果题目有空间限制,如100MB,那么二维差分能处理多大的n?定义两个二维矩阵a[][]和D[][],设矩阵的每个元素是2B的int型,可以计算出最大的$n=5000$。不过,也可以不定义a[][],而是像一维情况下一样,直接用D[][]表示a[][],这样能节省一半的空间。

在用差分法之前,先考虑能不能用暴力法。每次修改复杂度为$O(n^2)$,共修改m次,总复杂度为$O(m \times n^2)$,超时。

二维差分的复杂度是多少?一维差分一次修改复杂度为$O(1)$,二维差分也为$O(1)$;一维差分一次查询复杂度为$O(n)$,二维差分为$O(n^2)$,所以二维差分的总复杂度为$O(m+n^2)$。由于计算一次二维矩阵的值需要$O(n^2)$次计算,所以二维差分已经达到了最优的复杂度。

下面从一维差分推广到二维差分,讨论几个关键问题。

1. 前缀和

在一维差分中,原数组a[]是从第1个D[1]开始的差分数组D[]的前缀和,$a[k]=D[1]+D[2]+\cdots+D[k]$。

在二维差分中,a[][]是差分数组D[][]的前缀和,即由原点坐标(1,1)和坐标(i,j)围成的矩阵中,所有D[][]相加等于a[i][j]。为加深对前缀和的理解,可以把每个D[][]看作一个小格子;在坐标(1,1)和(i,j)所围成的范围内,所有小格子加起来的总面积等于a[i][j]。如图2.11所示,每个格子的面积是一个D[][],如阴影格子为D[i][j],它由4个坐标点定义:$(i-1,j)$、(i,j)、$(i-1,j-1)$、$(i,j-1)$。坐标点(i,j)的值为a[i][j],它等于坐标点(1,1)和(i,j)所围成的所有格子的总面积。图2.11演示了这些关系,图中故意把小格子画得长宽不同,是为了体现它们的面积不同。

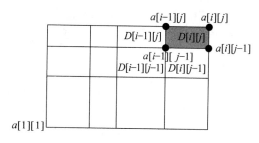

图 2.11 二维差分图示

2. 差分的定义

在一维情况下,$D[i]=a[i]-a[i-1]$。在二维情况下,差分变成了相邻的 $a[][]$ 的"面积差",计算公式为 $D[i][j]=a[i][j]-a[i-1][j]-a[i][j-1]+a[i-1][j-1]$。这个公式可以通过图 2.11 来观察。阴影方格表示 $D[i][j]$ 的值,它的面积可以这样求:大面积 $a[i][j]$ 减去两个小面积 $a[i-1][j]$ 和 $a[i][j-1]$,由于两个小面积的公共面积 $a[i-1][j-1]$ 被减了两次,所以需要加回来一次。

3. 区间修改

在一维情况下做区间修改时,只需要修改区间的两个端点的 $D[]$ 值。在二维情况下,一个区间是一个小矩阵,有 4 个端点,需要修改这 4 个端点的 $D[][]$ 值。例如,坐标点 (x_1,y_1) 与 (x_2,y_2) 定义的区间,对应 4 个端点的 $D[][]$,如下所示。

```
1  D[x1][y1]       += d;    //二维区间的起点
2  D[x1][y2+1]      -= d;    //把 x 看作常数,y 从 y1 到 y2+1
3  D[x2+1][y1]      -= d;    //把 y 看作常数,x 从 x1 到 x2+1
4  D[x2+1][y2+1]    += d;    //由于前面把 d 减了两次,多减了一次,这里加一次回来
```

图 2.12 是区间修改的图示。两个黑色点围成的矩形是题中给出的区间修改范围。只需要改变 4 个 $D[][]$ 值,即改变图中的 4 个阴影块的面积。读者可以观察每个坐标点的 $a[][]$ 值的变化情况。例如,符号 △ 标记的坐标 (x_2+1,y_2) 在修改的区间外;$a[x_2+1][y_2]$ 的值是从 $(1,1)$ 到 (x_2+1,y_2) 的总面积,在该范围内,$D[x_1][y_1]+d$ 与 $D[x_2+1][y_1]-d$ 中两个 d 抵消,$a[x_2+1][y_2]$ 保持不变。

4. 洛谷 P3397 的两种实现

1)用二维差分数组的递推公式求前缀和

前缀和 $a[][]$ 的计算用到了递推公式,即

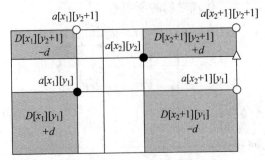

图 2.12　二维差分的区间修改

$$a[i][j] = D[i][j] + a[i-1][j] + a[i][j-1] - a[i-1][j-1]$$

为了节约空间,可以不定义 $a[][]$,而是把用过的 $D[][]$ 看作 $a[][]$。这个小技巧在一维差分中介绍过。

```
1   # include < bits/stdc++.h >
2   using namespace std;
3   int D[5000][5000];                              //差分数组
4   //int a[5000][5000];                            //原数组,不定义也可以
5   int main(){
6       int n,m;     scanf(" % d % d",&n,&m);
7       while(m -- ){
8           int x1,y1,x2,y2;    scanf(" % d % d % d % d",&x1,&y1,&x2,&y2);
9           D[x1][y1]    += 1;   D[x2+1][y1]    -= 1;
10          D[x1][y2+1] -= 1;   D[x2+1][y2+1] += 1;    //计算差分数组
11      }
12      for(int i = 1;i < = n;++i){//根据差分数组计算原矩阵的值(想象成求小格子的面积和)
13          for(int j = 1;j < = n;++j){ //把用过的 D[][] 看作 a[][],就不用再定义 a[][] 了
14              //a[i][j] = D[i][j] + a[i-1][j] + a[i][j-1] - a[i-1][j-1];
15              //printf(" % d ",a[i][j]);                //这两行和下面两行的效果一样
16              D[i][j] += D[i-1][j] + D[i][j-1] - D[i-1][j-1];
17              printf(" % d ",D[i][j]);
18          }
19          printf("\n");                               //换行
20      }
21      return 0;
22  }
```

代码第 $12 \sim 19$ 行用 $D[][]$ 推出 $a[][]$ 并打印出来。

2) 直接计算前缀和

其实不用递推公式,直接求前缀和也可以。根据图 2.11,前缀和是总面积,分别从 x 方向(I 方向)和 y 方向(J 方向)用两次循环计算,并直接用 $D[][]$ 记录结果,最后算出的 $D[][]$ 就是 $a[][]$,如图 2.13 所示。

以阴影处的 $D[2][2]$ 为例,它最后的值代表 $a[2][2]$,是 4 个小格子的总面积,即

$$D[1][1] + D[1][2] + D[2][1] + D[2][2]$$

计算过程如下。

(1) 先累加计算 y 方向(J 方向),得

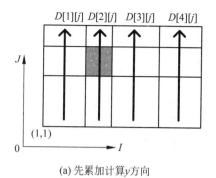
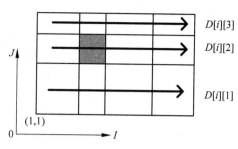

(a) 先累加计算y方向　　　　　　　　(b) 再累加计算x方向

图 2.13　直接求前缀和

$$D[1][2] = D[1][1] + D[1][2]$$
$$D[2][2] = D[2][1] + D[2][2]$$

（2）再累加计算 x 方向（I 方向），得

$$D[2][1] = D[1][1] + D[2][1]$$
$$D[2][2] = D[1][2] + D[2][2] = D[1][1] + D[1][2] + D[2][1] + D[2][2]$$

实际上，在这个计算过程中，$D[1][1]$、$D[1][2]$、$D[2][1]$、$D[2][2]$ 都更新了，计算结果等于 $a[1][1]$、$a[1][2]$、$a[2][1]$、$a[2][2]$。

把第 1 种方法代码的第 12～20 行替换为以下代码，最后得到的 $D[][]$ 就是所有的前缀和，即最新的 $a[][]$。请对照图 2.11 理解代码。

```
1    for(int i = 1; i <= n; ++i)
2        for(int j = 1; j < n; ++j)           //注意这里是 j < n
3            D[i][j+1] += D[i][j];             //把 i 看作定值，先累加计算 j 方向
4    for(int j = 1; j <= n; ++j)
5        for(int i = 1; i < n; ++i)           //注意这里是 i < n
6            D[i+1][j] += D[i][j];             //把 j 看作定值，再累加计算 i 方向
7    for(int i = 1; i <= n; ++i) {            //打印
8        for(int j = 1; j <= n; ++j)
9            printf(" % d ",D[i][j]);
10       printf("\n");                         //换行
11   }
```

对比这两段代码：

（1）这两段代码的复杂度是一样的，从计算量上看，没有优劣之分；

（2）直接计算前缀和不如二维差分前缀和清晰简洁，所以一般不使用这种写法。

（3）直接计算前缀和也有优点，它不需要用到递推公式，而是直接求和。

这里给出直接计算前缀和这种方法，是为了在三维差分中使用它。由于在三维情况下，差分数组的 $D[][][]$ 和原数组 $a[][][]$ 的递推公式很难写出来，所以用直接计算前缀和这种方法更容易编码。

　熟悉 DP 的读者容易发现，这两种实现都是 DP 的状态转移，$D[][]$ 就是状态。

2.6.3 三维差分

三维差分比较复杂,请结合本节中的几何图进行理解。

元素的值用三维数组 $a[\,][\,][\,]$ 定义,差分数组 $D[\,][\,][\,]$ 也是三维的。把三维差分想象成在立体空间上的操作。一维区间是一个线段,二维是矩形,那么三维就是立方体。一个立方体有 8 个顶点,所以三维区间修改需要修改 8 个 $D[\,][\,][\,]$ 值。

与一维差分和二维差分的思路类似,下面给出三维差分的有关特性。

1. 前缀和

在二维差分中,$a[\,][\,]$ 是差分数组 $D[\,][\,]$ 的前缀和,即由原点坐标 $(1,1)$ 和坐标 (i,j) 围成的矩阵中,所有 $D[\,][\,]$(看成小格子)相加等于 $a[i][j]$(看成总面积)。

在三维差分中,$a[\,][\,][\,]$ 是差分数组 $D[\,][\,][\,]$ 的前缀和,即由原点坐标 $(1,1,1)$ 和坐标 (i,j,k) 所标记的范围中,所有的 $D[\,][\,][\,]$ 相加等于 $a[i][j][k]$。把每个 $D[\,][\,][\,]$ 看作一个小立方体,在坐标 $(1,1,1)$ 和 (i,j,k) 所围成的空间中,所有小立方体加起来的总体积等于 $a[i][j][k]$。每个小立方体都由 8 个坐标点定义,如图 2.14 所示。坐标点 (i,j,k) 的值是 $a[i][j][k]$,$D[i][j][k]$ 的值是小立方体的体积。

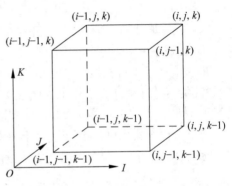

图 2.14 立体的坐标

2. 差分的定义

在三维情况下,差分变成了相邻的 $a[\,][\,][\,]$ 的"体积差"。如何写出差分的递推计算公式?

一维差分和二维差分的递推计算公式很好写。

三维差分中,$D[i][j][k]$ 的几何意义是小立方体的体积,它可以通过这个小立方体的 8 个顶点的值推出来。思路与二维情况类似,二维差分的 $D[\,][\,]$ 是通过小矩形的 4 个顶点的 $a[\,][\,]$ 值计算的。不过,三维情况下,递推计算公式很难写,8 个顶点就有 8 个 $a[\,][\,][\,]$,不容易写对。

在二维差分中,曾用过另一种方法,直接对数组求前缀和。在三维情况下,也可以用这种方法求前缀和,得到所有的 $a[\,][\,][\,]$ 的最新值。

3. 区间修改

在三维情况下,一个区间是一个立方体,有 8 个顶点,只需要修改这 8 个顶点的 $D[\,][\,][\,]$ 值。例如,坐标点 (x_1,y_1,z_1) 和 (x_2,y_2,z_2) 定义的区间,对应 8 个 $D[\,][\,][\,]$,请对照图 2.14 想象它们的位置。

```
1  D[x1][y1][z1]      += d; //前:左下顶点,即区间的起始点
2  D[x2 + 1][y1][z1]  -= d; //前:右下顶点的右边一个点
```

```
3   D[x1][y1][z2 + 1]      -= d; //前：左上顶点的上面一个点
4   D[x2 + 1][y1][z2 + 1]  += d; //前：右上顶点的斜右上方一个点
5   D[x1][y2 + 1][z1]      -= d; //后：左下顶点的后面一个点
6   D[x2 + 1][y2 + 1][z1]  += d; //后：右下顶点的斜右后方一个点
7   D[x1][y2 + 1][z2 + 1]  += d; //后：左上顶点的斜后上方一个点
8   D[x2 + 1][y2 + 1][z2 + 1] -= d; //后：右上顶点的斜右上后方一个点，即区间终点的后一个点
```

下面给出一道三维差分的例题。

 例 2.18　三体攻击[①]

问题描述："三体人"将对地球发起攻击。为了抵御攻击，地球派出了 $n = A \times B \times C$ 艘战舰，在太空中排成一个 A 层 B 行 C 列的立方体。其中，第 i 层第 j 行第 k 列的战舰（记为战舰 (i, j, k)）的生命值为 $s(i, j, k)$。

"三体人"将会对地球发起 m 轮"立方体攻击"，每次攻击会对一个小立方体中的所有战舰都造成相同的伤害。具体地，第 t 轮攻击用 7 个参数 $x_1, x_2, y_1, y_2, z_1, z_2, d$ 描述；所有满足 $i \in [x_1, x_2]$，$j \in [y_1, y_2]$，$k \in [z_1, z_2]$ 的战舰 (i, j, k) 会受到 d 的伤害。如果一艘战舰累计受到的总伤害超过其防御力，那么这艘战舰会爆炸。

地球指挥官希望你能告诉他，第 1 艘爆炸的战舰是在哪一轮攻击后爆炸的。

输入：第 1 行输入 4 个正整数 A, B, C, m；第 2 行输入 $A \times B \times C$ 个整数，其中第 $((i-1) \times B + (j-1)) \times C + (k-1) + 1$ 个数为 $s(i, j, k)$；第 $3 \sim m+2$ 行中，第 $(t-2)$ 行输入 7 个正整数 $x_1, x_2, y_1, y_2, z_1, z_2, d$。

输出：输出第 1 艘爆炸的战舰是在哪一轮攻击后爆炸的。保证一定存在这样的战舰。

数据范围：$A \times B \times C \leqslant 10^6$，$m \leqslant 10^6$，$0 \leqslant s(i, j, k)$，$d \leqslant 10^9$。

首先看数据规模，有 $n = 10^6$ 个点，$m = 10^6$ 次攻击，如果用暴力法，统计每次攻击后每个点的生命值，那么复杂度为 $O(mn)$，超时。

本题适合用三维差分，每次攻击只修改差分数组 $D[\ ][\ ][\ ]$，一次修改的复杂度为 $O(1)$，m 次修改的总复杂度只有 $O(m)$。

但是只用差分数组并不能解决问题。因为在差分数组上查询区间内的每个元素是否小于 0，需要用差分数组计算区间内每个元素的值，复杂度为 $O(n)$。总复杂度还是 $O(mn)$，与暴力法的复杂度一样。

本题需要结合第 2 个算法——二分法。从第 1 次修改到第 m 次修改，肯定有一次修改是临界点。在临界点前，没有负值（战舰爆炸）；在临界点后，出现了负值，且后面一直有负值。那么对 m 进行二分，就能在 $O(\log_2 m)$ 次内找到这个临界点，这就是答案。总复杂度为 $O(n \log_2 m)$。

[①]　https://www.lanqiao.cn/problems/180/learning/

下面给出代码。其中,check()函数包含了三维差分的全部内容。代码有以下几个关键点。

(1) 没有定义 $a[\,][\,][\,]$,而是用 $D[\,][\,][\,]$ 来代替。

(2) **压维**。直接定义三维差分数组 $D[\,][\,][\,]$ 不太方便。虽然坐标点总数量 $n=A\times B\times C=10^6$ 比较小,但是如果数组是静态定义的(算法竞赛中一般这样做,好处是编码简单,避免出错),而不是动态分配,那么每维都需要定义到 10^6,那么总空间就是 10^{18}。为避免这一问题,可以把三维坐标压维成一维数组 $D[\,]$,总长度仍然是 10^6。这个技巧很有用。实现函数是 num(),它把三维坐标 (x,y,z) 转换为一维坐标 $h=(x-1)\times B\times C+(y-1)\times C+(z-1)+1$,当 x、y、z 的取值范围分别为 $1\sim A$、$1\sim B$、$1\sim C$ 时,h 的范围为 $1\sim A\times B\times C$。

如果希望按C语言的习惯从0开始,x、y、z 的取值范围分别为 $0\sim A-1$、$0\sim B-1$、$0\sim C-1$,h 的取值范围为 $0\sim A\times B\times C-1$,转换后的一维坐标为 $h=x\times B\times C+y\times C+z$。

同理,二维坐标 (x,y) 也可以压维成一维 $h=(x-1)\times B+(y-1)+1$,当 x、y 的取值范围分别为 $1\sim A$、$1\sim B$ 时,h 的范围为 $1\sim A\times B$。

(3) check()函数中的第17~24行,在 $D[\,]$ 上记录区间修改。

(4) check()函数中的第27~38行的3个for循环计算前缀和,原理见二维差分中直接计算前缀和的代码。它分别从 x、y、z 三个方向累加小立方体的体积,计算出所有的前缀和。

```
1    # include < stdio. h >
2    int A, B, C, n, m;
3    const int N = 1000005;
4    int s[N];                                    //存储舰队生命值
5    int D[N];                                    //三维差分数组(压维),同时也用来计算每个点的攻击值
6    int x2[N], y2[N], z2[N];                      //存储区间修改的范围,即攻击的范围
7    int x1[N], y1[N], z1[N];
8    int d[N];                                    //记录伤害,就是区间修改
9    int num(int x, int y, int z) {
10   //小技巧:压维,把三维坐标转换为一维
11       if (x > A || y > B || z > C) return 0;
12       return ((x - 1) * B + (y - 1)) * C + (z - 1) + 1;
13   }
14   bool check(int x){                           //做x次区间修改,即检查经过x次攻击后是否有战舰爆炸
15       for (int i = 1; i <= n; i++)   D[i] = 0; //差分数组的初值,本题为0
16       for (int i = 1; i <= x; i++) {           //用三维差分数组记录区间修改,有8个区间端点
17           D[num(x1[i],    y1[i],    z1[i])]      += d[i];
18           D[num(x2[i] + 1, y1[i],    z1[i])]     -= d[i];
19           D[num(x1[i],    y1[i],    z2[i] + 1)] -= d[i];
20           D[num(x2[i] + 1, y1[i],    z2[i] + 1)] += d[i];
21           D[num(x1[i],    y2[i] + 1, z1[i])]    -= d[i];
22           D[num(x2[i] + 1, y2[i] + 1, z1[i])]    += d[i];
23           D[num(x1[i],    y2[i] + 1, z2[i] + 1)] += d[i];
24           D[num(x2[i] + 1, y2[i] + 1, z2[i] + 1)] -= d[i];
25       }
```

```
26        //从 x、y、z 3 个方向计算前缀和
27        for (int i = 1; i <= A; i++)
28            for (int j = 1; j <= B; j++)
29                for (int k = 1; k < C; k++)              //把 x、y 看作定值,累加 z 方向
30                    D[num(i,j,k+1)] += D[num(i,j,k)];
31        for (int i = 1; i <= A; i++)
32            for (int k = 1; k <= C; k++)
33                for (int j = 1; j < B; j++)              //把 x、z 看作定值,累加 y 方向
34                    D[num(i,j+1,k)] += D[num(i,j,k)];
35        for (int j = 1; j <= B; j++)
36            for (int k = 1; k <= C; k++)
37                for (int i = 1; i < A; i++)              //把 y、z 看作定值,累加 x 方向
38                    D[num(i+1,j,k)] += D[num(i,j,k)];
39        for (int i = 1; i <= n; i++)                     //最后判断攻击值是否大于生命值
40            if (D[i] > s[i])
41                return true;
42        return false;
43    }
44    int main() {
45        scanf("%d%d%d%d", &A, &B, &C, &m);
46        n = A * B * C;
47        for (int i = 1; i <= n; i++) scanf("%d", &s[i]);   //读生命值
48        for (int i = 1; i <= m; i++)                       //读每次攻击的范围,用坐标表示
49            scanf("%d%d%d%d%d%d%d",&x1[i],&x2[i],&y1[i],&y2[i],&z1[i],&z2[i],&d[i]);
50        int L = 1,R = m;                                   //经典的二分写法
51        while (L < R) {                                    //对 m 进行二分,找到临界值,总共只循环了 log₂m 次
52            int mid = (L+R)>>1;
53            if (check(mid)) R = mid;
54            else L = mid + 1;
55        }
56        printf("%d\n", R);                                 //打印临界值
57        return 0;
58    }
```

【习题】

(1) 一维差分:poj 3263、hdu 6273/1121、洛谷 P3406/P3948/P4552/P3131。

(2) 二维差分:洛谷 P3397/P2280、hdu 6514。

2.7   离　散　化

2.7.1　离散化的概念

给出一列数字,在有些情况下,这些数字的值的绝对大小不重要,而相对大小很重要。例如,对一个班级学生的成绩进行排名,此时不关心成绩的绝对值,只需要输出排名,如分数为{95,50,72,21},排名为{1,3,2,4}。

"离散化"就是用数字的相对值替代它们的绝对值。离散化是一种数据处理的技巧,它

把分布广而稀疏的数据转换为密集分布,从而能够让算法更快速、更省空间地处理。

例如,$\{4000, 201, 11, 45, 830\}$,数字的分布很稀疏,按大小排序为$\{5, 3, 1, 2, 4\}$,若算法处理的是数字的相对位置问题,那么对后者的处理更容易。

离散化步骤如下。

(1)排序。首先需要对数列排序,排序后才能确定相对大小。

(2)离散化。把排序后的数列元素从1开始逐个分配数值,完成离散化。

(3)归位。把离散化后的每个元素放回原始位置,结束。

图2.15演示了把$\{4000, 201, 11, 45, 830\}$离散化为$\{5, 3, 1, 2, 4\}$的过程。带下画线的数字记录了原始位置,相当于数据的原始地址,最后的归位需要利用这些下画线数字。

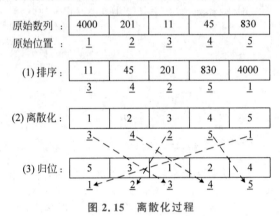

图 2.15　离散化过程

离散化的编码比较简单,可以自己编码或借助 STL 函数。

2.7.2　离散化手工编码

给定的数列中经常有重复的数据,如$\{4000, 201, 11, 45, 11\}$,数字 11 重复了。可分两种情况进行离散化。

(1)一般是把相同的数据离散化为相同的数据,即把$\{4000, 201, 11, 45, 11\}$离散化为$\{5, 4, 1, 3, 1\}$。下面是代码,其中 olda[]记录原始数据,newa[]是离散化的结果。

```
1   #include<bits/stdc++.h>
2   const int N = 500010;                        //自己定义一个范围
3   struct data{
4       int val;                                 //元素的值
5       int id;                                  //元素的位置
6   }olda[N];                                    //离散化之前的原始数据
7   int newa[N];                                 //离散化后的结果
8   bool cmp(data x, data y){ return x.val < y.val; }  //用于 sort()函数
9   int main(){
10      int n;      scanf("%d",&n);              //读元素个数
11      for(int i = 1;i <= n;i++) {
12          scanf("%d",&olda[i].val);            //读元素的值
13          olda[i].id = i;                      //记录元素的位置
14      }
15      std::sort(olda+1,olda+1+n,cmp);          //对元素的值排序
```

```
16        for(int i = 1;i <= n;i++){                                  //生成 newa[]
17            newa[olda[i].id] = i;      //这个元素原来的位置在 olda[i].id,把它的值赋为 i,i
                                          //是离散化后的新值
18            if(olda[i].val == olda[i-1].val)    //若两个元素的原值相同,把新值赋为相同
19                newa[olda[i].id] = newa[olda[i-1].id];
20        }
21        for(int i = 1;i <= n;i++)  printf("% d ",newa[i]);          //打印出来看看
22        return 0;
23    }
```

（2）有时要求后出现的数据比先出现的大,即把{4000,201,11,45,11}离散化为{5,4,1,3,2}。把上面代码中的第 18 和第 19 行注释即可。这个功能若用 lower_bound()函数实现,比较麻烦。具体例题见 4.2.3 节洛谷 P1908。

若需要对重复的数据去重,可以使用 unique()函数。

> **提示**　有时情况特别简单,离散化的编码也可以很简单,可参考 6.3.4 节"矩阵乘法与路径问题"的例题 poj 3613。

2.7.3　用 STL 函数实现离散化

可以用 STL 的 lower_bound()和 unique()函数实现离散化。

lower_bound()函数的功能是在有序的数列中查找某个元素的相对位置。这个位置正好是做离散化时元素初值对应的新值。

有时还需要用 unique()函数去重,下面分别讨论不去重和去重情况下的操作。

（1）不去重,把相同的数据离散化为相同的数据。把{4000,201,11,45,11}离散化为{5,4,1,3,1},代码如下。

```
1    # include < bits/stdc++.h>
2    using namespace std;
3    const int N = 500010;                                           // 自己定义一个范围
4    int olda[N];                                                    // 离散化前
5    int newa[N];                                                    // 离散化后
6    int main(){
7        int n;    scanf("% d",&n);
8        for(int i = 1;i <= n;i++) {
9            scanf("% d",&olda[i]);                                  //读元素的值
10           newa[i] = olda[i];
11       }
12       sort(olda + 1,olda + 1 + n);                                //排序
13       int cnt = n;
14     //cnt = unique(olda + 1,olda + 1 + n) - (olda + 1);          //去重,cnt 是去重后的数量
15       for(int i = 1;i <= cnt;i++)                                 //生成 newa[]
16           newa[i] = lower_bound(olda + 1,olda + 1 + n,newa[i]) - olda;
17                   //查找相等的元素的位置,这个位置就是离散化后的新值
18       for(int i = 1;i <= cnt;i++)  printf("% d",newa[i]);         //打印
19       printf("\n cnt = % d",cnt);
```

```
20        return 0;
21    }
```

（2）去重,把相同的数据离散化为一个数据。上述代码,加上第 14 行的去重功能后,
{4000,201,11,45,11}离散化为{4,3,1,2}。

自己编码时,若需要去重,也可以使用 unique() 函数。

2.7.4 离散化的应用

离散化是一个基本技巧,应用很多,可参见本书的有关例题。

（1）4.2.3 节"树状数组的扩展应用"的例题洛谷 P1908,不去重,且后出现的比先出现的大。

（2）4.3.4 节"线段树的基础应用"poj 2528。这是一道经典题,它的离散化比较特殊,要求在相邻的两个数字中插入一个值。

（3）4.3.7 节"扫描线"hdu 1542,需要去重。

（4）4.4 节"可持久化线段树",用到离散化。

【习题】

（1）hdu 1199/3634/4028/5124/5233。

（2）洛谷 P1052/P2097/P2652。

扫一扫

视频讲解

2.8 排序与排列

排序和排列是计算机程序中常用的基本技术,每场算法竞赛中都会有题目用到排序或排列。

2.8.1 排序函数

常见的排序算法如表 2.3 所示。

表 2.3 排序算法

排 序 算 法	时间复杂度	原　　理
选择排序	$O(n^2)$	比较
插入排序	$O(n^2)$	比较
冒泡排序	$O(n^2)$	比较
归并排序	$O(n\log_2 n)$	比较、分治
快速排序	$O(n\log_2 n)$	比较、分治
堆排序	$O(n\log_2 n)$	比较、二叉树
计数排序	$O(n+k)$	对数值按位划分
基数排序	$O(n)$	对数值按位划分
桶排序	$O(n)$	对数值分类、分治

前 6 种排序算法是基于比较的,即通过比较两个数的大小进行排序,其中前 3 种算法是"暴力"的排序方法,比较低效;后 3 种是高效的算法。基于比较的排序算法,最优的复杂度能达到 $O(n\log_2 n)$,后面 3 种算法都达到了这个最优复杂度,其中快速排序算法在一般情况下是最好的。

后 3 种排序算法不是基于比较的,而是对数值按位划分,以空间换取时间的思路来排序。看起来它们的复杂度更优,但实际上应用环境比较苛刻,在很多情况下并不比前 6 种排序算法更好。

排序是基本的数据处理,读者需要认真体会这些算法的思路和操作方法。不过,在算法竞赛中,一般不需要自己写这些排序算法,而是直接使用库函数,如 C++ 的 sort() 函数、Python 的 sort() 和 sorted() 函数、Java 的 sort() 函数等。请熟练掌握这些函数的用法,能在竞赛时得心应手地使用它们。

STL 的排序函数 sort() 的定义有两种形式:

void sort (RandomAccessIterator first, RandomAccessIterator last);
void sort (RandomAccessIterator first, RandomAccessIterator last, Compare comp);

函数的复杂度为 $O(n\log_2 n)$。

注意,sort() 函数排序的范围是 $[\text{first},\text{last})$,包括 first,不包括 last。

排序是对比元素的大小。sort() 函数可以用自定义的顺序进行排序,也可以用系统的 4 种顺序:less、greater、less_equal、greater_equal。默认情况下,程序按从小到大的顺序排序,less 可以不写。

下面是 sort() 函数的简单例子。

```
1   # include < bits/stdc++. h >
2   using namespace std;
3   bool my_less(int i, int j)        {return (i < j);}     //自定义小于
4   bool my_greater(int i, int j)    {return (i > j);}     //自定义大于
5   int main (){
6       vector< int > a = {3,7,2,5,6,8,5,4};
7       sort(a.begin(),a.begin() + 4);                       //对前 4 个排序,输出 2 3 5 7 6 8 5 4
8       //sort(a.begin(),a.end());                           //从小到大排序,输出 2 3 4 5 5 6 7 8
9       //sort(a.begin(),a.end(),less < int >());            //输出 2 3 4 5 5 6 7 8
10      //sort(a.begin(),a.end(),my_less);                   //自定义排序,输出 2 3 4 5 5 6 7 8
11      //sort(a.begin(),a.end(),greater < int >());         //从大到小排序,输出 8 7 6 5 5 4 3 2
12      //sort(a.begin(),a.end(),my_greater);                // 输出 8 7 6 5 5 4 3 2
13      for(int i = 0; i < a.size(); i++)   cout << a[i]<< " ";        //输出
14      return 0;
15  }
```

利用 cmp() 函数和 sort() 函数还可以对结构体进行排序。

例 2.19 奖学金(洛谷 P1093)

问题描述:某小学为成绩优秀的前 5 名学生发奖学金。统计 3 门课的成绩:语文、数学、英语。先按总分从高到低排序,如果两名同学总分相同,再按语文成绩从高到低排序。

如果两名同学总分和语文成绩都相同,那么规定学号小的同学排在前面。这样,每名学生的排序是唯一确定的。

任务:先根据输入的 3 门课的成绩计算总分,然后按上述规则排序,最后按排名顺序输出前 5 名学生的学号和总分。例如,在某个正确答案中,前两行的输出数据(每行输出两个数:学号、总分)为

7 279

5 279

这两行数据的含义是总分最高的两名同学的学号依次是 7 号、5 号,这两名同学的总分都是 279,但学号为 7 的学生语文成绩更高一些。如果输出数据为

5 279

7 279

则按输出错误处理,不能得分。

输入:共 $n+1$ 行。第 1 行输入一个正整数($\leqslant 300$),表示该校参加评选的学生人数;第 $2\sim n+1$ 行中,每行输入 3 个由空格隔开的数字,每个数字为 $0\sim 100$。其中第 j 行的 3 个数字依次表示学号为 $j-1$ 的学生的语文、数学、英语的成绩。每名学生的学号按照输入顺序编号为 $1\sim n$(恰好是输入数据的行号减 1)。

输出:共 5 行,每行输出两个由空格隔开的正整数,依次表示前 5 名学生的学号和总分。

题目很简单,简单模拟即可,代码如下。第 8 行的 cmp()函数是 sort()函数排序时使用的比较函数,对结构体进行比较。

```
1    #include<bits/stdc++.h>
2    using namespace std;
3    struct stu{
4        int id;                  //学号
5        int c,m,e;               //语文、数学、英语
6        int sum;
7    }st[305];
8    bool cmp(stu a,stu b){
9        if(a.sum > b.sum)        return true;
10       else if(a.sum < b.sum)   return false;
11       else{                    //a.sum == b.sum
12           if(a.c > b.c)        return true;
13           else if(a.c < b.c)   return false;
14           else{                //a.c == b.c
15               if(a.id > b.id)  return false;
16               else return true;
17           }
18       }
19   }
20   int main(){
21       int n;    cin >> n;
22       for(int i = 1;i <= n;i++){
23           st[i].id = i;        //学号
```

```
24          cin >> st[i].c >> st[i].m >> st[i].e;
25          st[i].sum = st[i].c + st[i].m + st[i].e;    //总分
26      }
27      sort(st + 1, st + 1 + n, cmp);                          //用 cmp()函数排序
28      for(int i = 1; i <= 5; i++) cout << st[i].id << ' ' << st[i].sum << endl;
29      return 0;
30  }
```

2.8.2 排列

本节给出排列的两种实现：STL 的 next_permutation()函数和自写排列函数。

1. next_permutation()函数

STL 中求"下一个"全排列的函数是 next_permutation()。例如，3 个字符{a, b, c}组成的序列，next_permutation()函数能按字典序返回 6 个组合：abc, acb, bac, bca, cab, cba。

next_permutation()函数的定义有两种形式：

```
bool next_permutation (BidirectionalIterator first, BidirectionalIterator last);
bool next_permutation ( BidirectionalIterator first, BidirectionalIterator last, Compare comp);
```

函数返回布尔值：如果没有下一个排列组合，返回 false；否则返回 true。每执行 next_permutation()函数一次，会把新的排列放到原来的空间里。

注意，函数的排列范围为[first, last)，包括 first，不包括 last。

next_permutation()函数从当前的全排列开始，逐个输出更大的全排列，而不是输出所有的全排列。例如：

```
1   # include < bits/stdc++. h>
2   using namespace std;
3   int main(){
4       string s = "bca";
5       do{ cout << s << endl;
6       }while(next_permutation(s.begin(), s.end()));
7       return 0;
8   }   /* 分 3 行输出：bca cab cba   */
```

如果要得到所有的全排列，需要从最小的全排列开始。如果初始的全排列不是最小的，先用 sort()函数排序，得到最小排列后，再使用 next_permutation()函数。例如：

```
1   # include < bits/stdc++. h>
2   using namespace std;
3   int main(){
4       string s = "bca";
5       sort(s.begin(), s.end());       //字符串内部排序，得到最小的排列"abc"
6       do{ cout << s << endl;
7       }while(next_permutation(s.begin(), s.end()));
8       return 0;
9   }   /* 分 6 行输出：abc acb bac bca cab cba   */
```

> **提示** 需要特别注意,如果序列中有重复元素,next_permutation()函数生成的排列会去重。例如,输入序列为 aab,上面代码输出{aab,aba,baa}。

STL 中还有一个全排列函数 prev_permutation(),即求"前一个"排列组合,它与 next_permutation()函数相反,即从大到小排列。

next_permutation()函数虽然很方便,但是它不能输出 n 个数中取 m 个数的部分排列。在某些场合下需要在排列过程中对部分排列做处理,此时必须自己写排列函数。

2. 自写排列函数

下面自写一个全排列函数,它也能实现部分排列。

首先用递归写全排列函数。用 $b[\,]$ 记录一个新的全排列,第 1 次进入 bfs()函数时,$b[0]$ 在 n 个数中选一个,第 2 次进入 bfs()函数时,$b[1]$ 在剩下的 $n-1$ 个数中选一个,$\cdots$,以此类推。用 vis[]记录某个数是否已经被选过,选用过的数不能继续被选。

代码能**从小到大打印**全排列,**前提**是 $a[\,]$ 中的数字是从小到大的,所以先对 $a[\,]$ 排序即可。

```cpp
1   # include < bits/stdc++. h>
2   using namespace std;
3   int a[20] = {1,2,3,4,5,6,7,8,9,10,11,12,13};
4   bool vis[20];                                    //记录第 i 个数是否被选过
5   int b[20];                                       //生成的一个全排列
6   void dfs(int s, int t){
7       if(s == t) {                                 //递归结束,产生一个全排列
8           for(int i = 0; i < t; ++i)  cout << b[i] << " ";   //输出一个排列
9           cout << endl;
10          return;
11      }
12      for(int i = 0;i < t;i++)
13          if(!vis[i]){
14              vis[i] = true;
15              b[s] = a[i];
16              dfs(s + 1,t);
17              vis[i] = false;
18          }
19  }
20  int main(){
21      int n = 3;
22      dfs(0,n);                                     //前 n 个数的全排列
23      return 0;
24  }
```

全排列的算法复杂度为 $O(n!)$。对求全排列这样的问题,不可能有复杂度小于 $O(n!)$ 的算法,因为输出的排列数量就是 $n!$。

如果需要打印 n 个数中任意 m 个数的排列,如在 4 个数中取任意 3 个数的排列,把上述代码中第 21 行改为 n=4,然后在 dfs()函数中修改第 7 行,如下所示。

```
1    if(s == 3) {
2      for(int i = 0; i < 3; ++i)
3        cout << b[i] << " ";
4      cout << endl;
5      return;
6    }
```
　　　　　　　　　　　　　//递归结束,取 3 个数产生一个排列
　　　　　　　　　　　　　//打印 4 个数中 3 个数的排列

下面给出一个需要自写全排列,不能用 next_permutation()函数的例子。

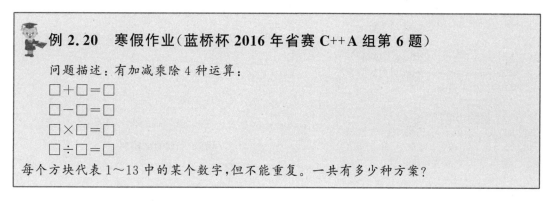

例 2.20　寒假作业(蓝桥杯 2016 年省赛 C++A 组第 6 题)

问题描述:有加减乘除 4 种运算:

□＋□＝□
□－□＝□
□×□＝□
□÷□＝□

每个方块代表 1～13 中的某个数字,但不能重复。一共有多少种方案?

这是一个 13!的全排列问题,如果用 next_permutation()函数,容易写出下面的代码。

```
1    # include < bits/stdc++.h >
2    using namespace std;
3    int a[20] = {1, 2, 3, 4, 5, 6, 7, 8, 9, 10, 11, 12, 13};
4    int main() {
5      int ans = 0;
6      do{ if( a[0] + a[1] == a[2] && a[3] − a[4] == a[5]
7          &&a[6] * a[7] == a[8] && a[11] * a[10] == a[9])
8            ans++;
9      }while(next_permutation(a,a + 13));
10     cout << ans << endl;
11   }
```

可惜,这段代码严重超时,因为 13！＝6227020800。由于 next_permutation()函数每次都必须生成一个完整的排列,而不能在中间停止,所以在这种场合下并不好用。

分析题目可知,实际上并不用生成一个完整排列。例如,一个排列的前 3 个数,如果不满足"□＋□＝□",那么后面的 9 个数不管怎么排列都不对。这种提前终止搜索的技术叫作"**剪枝**",剪枝是搜索中常见的优化技术,详见 3.2 节。下面的代码在自写全排列函数的基础上加入了剪枝。

```
1    # include < bits/stdc++.h >
2    using namespace std;
3    int a[20] = {1,2,3,4,5,6,7,8,9,10,11,12,13};
4    bool vis[20];
5    int b[20];
6    int ans = 0;
```

```
 7  void dfs(int s,int t){
 8      if(s == 12) {
 9          if(b[9] * b[10] == b[11])   ans++;
10          return;
11      }
12      if(s == 3 && b[0] + b[1]!= b[2]) return;        //剪枝
13      if(s == 6 && b[3] − b[4]!= b[5]) return;        //剪枝
14      if(s == 9 && b[6] * b[7]!= b[8]) return;        //剪枝
15      for(int i = 0; i < t; i++)
16          if(! vis[i]){
17              vis[i] = true;
18              b[s] = a[i];                            //本题不用 a[ ]，改成 b[s] = i + 1 也可以
19              dfs(s + 1,t);
20              vis[i] = false;
21          }
22  }
23  int main(){
24      int n = 13;
25      dfs(0,n);                                       //前 n 个数的全排列
26      cout << ans;
27      return 0;
28  }
```

扫一扫

视频讲解

2.9　分　治　法

    分治是广为人知的算法思想。当我们遇到一个难以直接解决的大问题时，自然会想到把它划分成一些规模较小的子问题，各个击破，"分而治之(Divide and Conquer)"。分治算法的具体操作是把原问题分成 k 个较小规模的子问题，对这 k 个子问题分别求解。如果子问题不够小，那么把每个子问题再划分为规模更小的子问题。这样一直分解下去，直到问题足够小，很容易求出这些小问题的解为止。

    能用分治法的题目，需要符合以下两个特征。

    (1) 平衡子问题：子问题的规模大致相同。能把问题划分成大小差不多相等的 k 个子问题，一般 $k=2$，即分成两个规模相等的子问题。子问题规模相等的处理效率，比子问题规模不等的处理效率要高。

    (2) 独立子问题：子问题之间相互独立。这是区别于动态规划算法的根本特征，在动态规划算法中，子问题是相互联系的，而不是相互独立的。

> 提示　需要说明的是，分治法不仅能够让问题变得更容易理解和解决，而且常常能大大优化算法的复杂度，如把 $O(n)$ 的复杂度优化到 $O(\log_2 n)$。这是因为局部的优化有利于全局；一个子问题的解决，其影响力扩大了 k 倍，即扩大到了全局。

    举一个简单的例子：在一个有序的数列中查找一个数。简单的办法是从头找到尾，复杂度为 $O(n)$。如果用分治法，即"折半查找"，最多只需要 $\log_2 n$ 次就能找到。这个方法是

二分法,二分法也是分治法,只是二分法的应用场合非常简单。

分治法如何编程? 分治法的思想,几乎就是递归的过程,用递归程序实现分治法是很自然的。

用分治法建立模型时,解题步骤分为以下 3 步。

(1) 分解(Divide):把问题分解成独立的子问题。

(2) 解决(Conquer):递归解决子问题。

(3) 合并(Combine):把子问题的结果合并成原问题的解。

分治法的经典应用有汉诺塔、归并排序、快速排序等。

2.9.1　汉诺塔和快速幂

下面用汉诺塔和快速幂这两个简单例子说明分治法的思路。

1. 汉诺塔

例 2.21　汉诺塔[①]

问题描述:汉诺塔是一个古老的数学问题:有 3 根杆子 A,B,C。A 杆上有 N 个 ($N>1$)穿孔圆盘,盘的尺寸由下到上依次变小。要求按下列规则将所有圆盘移至 C 杆:每次只能移动一个圆盘;大盘不能叠在小盘上面(提示:可将圆盘临时置于 B 杆,也可将从 A 杆移出的圆盘重新移回 A 杆,但都必须遵循上述两条规则)。问:如何移动? 最少要移动多少次?

输入:输入两个正整数,一个是 N($N\leqslant15$),表示要移动的盘子数;一个是 M,表示在最少移动步骤的第 M 步。

输出:共输出两行。第 1 行输出格式为: #No:$a->b$,表示第 M 步骤具体移动方法,其中 No 表示第 M 步移动的盘子的编号(N 个盘子从上到下依次编号为 1~N),表示第 M 步是将 No 号盘子从 a 杆移动到 b 杆(a 和 b 的取值均为{A、B、C})。第 2 行输出一个整数,表示最少移动步数。

输入样例: 3 2	输出样例: #2:A->B 7

汉诺塔的经典解法是分治法。汉诺塔的逻辑很简单:把 n 个盘子的问题分治成两个子问题。

设有 x、y、z 3 根杆子,初始的 n 个盘子在 x 杆上。

(1) 把 x 杆的 $n-1$ 个小盘移动到 y 杆(把这 $n-1$ 个小盘看作一个整体),然后把第 n 个大盘移动到 z 杆;

(2) 把 y 杆上的 $n-1$ 个小盘移动到 z 杆。

---

① 　http://www.lanqiao.cn/problems/1512/learning/

在以下代码中,第10行和第13行hanoi()函数完成了分治任务。

分析代码的复杂度。每次分治,分成两部分,以两倍递增:一分二,二分四,四分八,…,复杂度为$O(2^n)$。在汉诺塔这个例子中,分治法并不能降低复杂度。

```
1   # include < bits/stdc++.h>
2   using namespace std;
3   int sum = 0, m;
4   void hanoi(char x,char y,char z,int n){        //3根杆子 x、y、z
5       if(n == 1) {                                //最小问题
6           sum++;
7           if(sum == m) cout <<" # "<< n <<": "<< x <<" ->"<< z << endl;
8       }
9       else {                                      //分治
10          hanoi(x,z,y,n-1);        //(1)先把 x 的 n-1 个小盘移到 y,然后把第 n 个大盘移到 z
11          sum++;
12          if(sum == m) cout <<" # "<< n <<": "<< x <<" ->"<< z << endl;
13          hanoi(y,x,z,n-1);                       //(2)把 y 的 n-1 个小盘移到 z
14      }
15  }
16  int main(){
17      int n;     cin >> n >> m;
18      hanoi('A','B','C',n);
19      cout << sum << endl;
20      return 0;
21  }
```

2. 快速幂

幂运算a^n,即n个a相乘。快速幂就是高效地算出a^n。当n很大时,如$n = 10^9$,如果用暴力法直接计算a^n,即逐个做乘法,复杂度为$O(n)$,即使能算出来,也会超时。

读者很容易想到快速幂的办法:先算a^2,然后再继续算平方$(a^2)^2$,再继续平方$((a^2)^2)^2$,一直算到n次幂,总共只需要算$O(\log_2 n)$次,这就是分治法。

另外,由于a^n极大,一般会取模再输出。下面是$a^n \bmod m$的分治法代码。

```
1   # include < bits/stdc++.h>
2   using namespace std;
3   typedef long long ll;                           //注意要用 long long 型,用 int 型会出错
4   ll fastPow(ll a, ll n, ll m){                   //(a^n) mod m
5       if(n == 0)    return 1;                      //特判 a0 = 1
6       if(n == 1)    return a;
7       ll temp = fastPow(a, n/2,m);                 //分治
8       if(n % 2 == 1) return temp * temp * a % m;   //奇数个 a,也可以这样写:if(n &1)
9       else     return temp * temp % m ;            //偶数个 a
10  }
11  int main(){
12      ll a,n,m;   cin >> a >> n >> m;
13      cout << fastPow(a,n,m);
14      return 0;
15  }
```

提示   快速幂的标准写法并不是分治,而是利用基于二进制的倍增法。有关内容见6.1节和6.2节。

2.9.2   归并排序

归并排序和快速排序都是非常精美的算法。学习它们,对于理解分治法思想和提高算法思维能力十分有帮助。在学习归并排序和快速排序之前,请读者先学习插入排序、选择排序、冒泡排序等暴力的排序方法。

先思考一个问题:如何用分治思想设计排序算法?

根据分治法的分解、解决、合并三步骤,具体思路如下。

(1)分解。把原来无序的数列分成两部分;对每部分,再继续分解成更小的两部分……在归并排序中,只是简单地把数列分成两半。在快速排序中,是把序列分成左右两部分,左部分的元素都小于右部分的元素;分解操作是快速排序的核心操作。

(2)解决。分解到最后不能再分解,排序。

(3)合并。把每次分开的两部分合并到一起。归并排序的核心操作是合并,其过程类似于交换排序。快速排序并不需要合并操作,因为在分解过程中,左右部分已经是有序的。

图2.16给出了归并排序的操作步骤。初始数列经过3次归并之后,得到一个从小到大的有序数列。请读者根据这个例子,自己先分析它是如何实现分治法的分解、解决、合并3个步骤的。

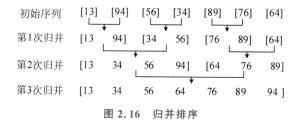

图 2.16   归并排序

分析图2.16,归并排序的主要操作如下。

(1)分解。把初始序列分成长度相同的左右两个子序列,然后把每个子序列再分成更小的两个子序列,直到子序列只包含一个数。这个过程用递归实现,图2.16中的第1行是初始序列,每个数是一个子序列,可以看成递归到达的最底层。

(2)求解子问题,对子序列排序。最底层的子序列只包含一个数,其实不用排序。

(3)合并。归并两个有序的子序列,这是归并排序的主要操作,过程如图2.17所示。例如,图2.17(a)中,i 和 j 分别指向子序列{13,94,99}和{34,56}的第1个数,进行第1次比较,发现 $a[i]<a[j]$,把 $a[i]$ 放到临时空间 $b[]$ 中。总共经过4次比较,得到 $b[]=\{13,34,56,94,99\}$。

下面分析归并排序的**计算复杂度**。对 n 个数进行归并排序:①需要 $\log_2 n$ 次归并;②在每次归并中,有很多次合并操作,一共需要 $O(n)$ 次比较。所以计算复杂度为 $O(n\log_2 n)$。

由于需要一个临时的 $b[]$ 存储结果,所以空间复杂度为 $O(n)$。

$a[]$: [13   94   99]   [34   56] $a[]$: [13   94   99]   [34   56]
        ↑   ↑   ↑   ↑
       $i=0$ $j=3$ $i=1$ $j=3$
$b[]$: [13   ] $b[]$: [13   34   ]

            (a) 第1次比较   (b) 第2次比较

$a[]$: [13   94   99]   [34   56] $a[]$: [13   94   99]   [34   56]
              ↑   ↑   ↑   ↑
             $i=1$ $j=4$ $i=1$ $j=4$
$b[]$: [13   34   56   ] $b[]$: [13   34   56   94   99]

            (c) 第3次比较   (d) 第4次比较

图 2.17   归并排序的一次合并

> **提示** 从归并排序的例子可以体会到,对于整体上 $O(n)$ 复杂度的问题,通过分治还可以降低为 $O(\log_2 n)$ 复杂度的问题。

排序是竞赛中的常用功能,一般直接使用 STL 的 sort() 函数,并不需要自己再写一个排序的程序。不过,也有一些特殊的问题,需要写出程序,并在程序内部做一些处理,如逆序对问题。

逆序对问题有两种标准解法:树状数组、归并排序。它们的复杂度都为 $O(n\log_2 n)$,不过,归并排序有一个固有的缺点,它需要多次复制数组,所以归并排序比树状数组慢一点。

下面给出一道逆序对题目。

例 2.22   Inversion(hdu 4911)

问题描述:输入一个序列 $\{a_1, a_2, a_3, \cdots, a_n\}$,交换任意两个相邻元素,不超过 k 次。交换之后,最少的逆序对有多少个?

序列中的一个**逆序对**是指存在两个数 a_i 和 a_j,有 $a_i > a_j$ 且 $1 \le i < j \le n$。也就是说,大的数排在小的数前面。

输入:有多个测试,对于每个测试,第 1 行输入 n 和 k,$1 \le n \le 10^5$,$0 \le k \le 10^9$;第 2 行输入 n 个整数 $\{a_1, a_2, a_3, \cdots, a_n\}$,$0 \le a_i \le 10^9$。

输出:最少的逆序对数量。

当 $k=0$ 时,就是求原始序列中有多少个逆序对。

求 $k=0$ 时的逆序对,用暴力法很容易:先检查第 1 个数 a_1,把后面所有数与它比较,如果发现有一个比 a_1 小,就是一个逆序对;再检查第 2 个数,第 3 个数…直到最后一个数。复杂度为 $O(n^2)$。本题 n 最大为 10^5,所以暴力法会超时。

考查暴力法的过程,会发现和交换排序很像。那么自然可以想到,能否用交换排序的升级版归并排序处理逆序对问题?

观察图 2.17 的一次合并过程,可以发现能利用这个过程记录逆序对。观察到以下现象。

（1）在子序列内部，元素都是有序的，不存在逆序对；逆序对只存在于不同的子序列之间。

（2）合并两个子序列时，如果前一个子序列的元素比后面子序列的元素小，那么不产生逆序对，如图2.17(a)所示；如果前一个子序列的元素比后面子序列的元素大，就会产生逆序对，如图2.17(b)所示。不过，在一次合并中，产生的逆序对不止一个，如在图2.17(b)中把34放到$b[]$中时，它与94和99产生了两个逆序对。体现在下面的代码中是第10行的$cnt += mid - i + 1$。

根据以上观察，只要在归并排序过程中记录逆序对就行了。

以上解决了$k = 0$时原始序列中有多少个逆序对的问题。现在考虑，当$k \neq 0$时，即把序列任意两个相邻数交换**不超过**k次，逆序对最少有多少？注意，不超过k次的意思是可以少于k次，而不是一定要k次。

在所有相邻数中，只有交换那些逆序的，才会影响逆序对的数量。设原始序列有cnt个逆序对，讨论以下两种情况。

（1）如果$cnt \leq k$，总逆序数量不够交换k次。所以k次交换之后，最少的逆序对数量为0。

（2）如果$cnt > k$，让k次交换都发生在逆序的相邻数上，那么剩余的逆序对为$cnt - k$。

求逆序对的代码几乎可以完全套用归并排序的模板，差不多就是归并排序的裸题。下面代码中的Mergesort()和Merge()函数是归并排序。与纯的归并排序代码相比，只多了第10行的$cnt += mid - i + 1$。

```
1    #include<bits/stdc++.h>
2    const int N = 100005;
3    typedef long long ll;
4    ll a[N], b[N], cnt;
5    void Merge(ll l, ll mid, ll r){
6        ll i = l, j = mid + 1, t = 0;
7        while(i <= mid && j <= r){
8            if(a[i] > a[j]){
9                b[t++] = a[j++];
10               cnt += mid - i + 1;        //记录逆序对数量
11           }
12           else b[t++] = a[i++];
13       }
14       //一个子序列中的数都处理完了,另一个还没有,把剩下的直接复制过来
15       while(i <= mid)    b[t++] = a[i++];
16       while(j <= r)      b[t++] = a[j++];
17       for(i = 0; i < t; i++)   a[l + i] = b[i];   //把排好序的b[]复制回a[]
18   }
19   void Mergesort(ll l, ll r){
20       if(l < r){
21           ll mid = (l + r)/2;            //平分成两个子序列
22           Mergesort(l, mid);
23           Mergesort(mid + 1, r);
24           Merge(l, mid, r);              //合并
25       }
26   }
27   int main(){
```

```
28        ll n,k;
29        while(scanf("%lld%lld", &n, &k) != EOF){
30            cnt = 0;
31            for(ll i = 0;i < n;i++)  scanf("%lld", &a[i]);
32            Mergesort(0,n-1);                          //归并排序
33            if(cnt <= k)  printf("0\n");
34            else             printf("%I64d\n", cnt - k);
35        }
36        return 0;
37    }
```

 在 4.2 节中,用树状数组求解另一个逆序对问题(洛谷 P1908)。

2.9.3 快速排序

快速排序的思路是把序列分成左、右两部分,使左边所有的数都比右边的数小;递归这个过程,直到不能再分为止。

如何把序列分成左、右两部分? 最简单的办法是设定两个临时空间 X、Y 和一个基准数 t;检查序列中所有元素,比 t 小的放在 X 中,比 t 大的放在 Y 中。不过,其实不用这么麻烦,直接在原序列上操作就行了,不需要使用临时空间。

直接在原序列上进行划分的方法有很多种,图 2.18 介绍了一种很容易操作的方法。

$$i\ j\qquad\quad t$$
| 5 | 2 | 8 | 3 | 4 | 尾部的 t 是基准数, i 指向比 t 小的左部分, j 指向比 t 大的右部分

$$\quad i\ j\quad\ \ t$$
| 5 | 2 | 8 | 3 | 4 | 若 data[j]≥data[t], j++

$$\quad\ \ i\ j\quad t$$
| 2 | 5 | 8 | 3 | 4 | 若 data[j]<data[t], 交换 data[j] 和 data[i], 然后 i++, j++

$$\qquad i\ j\ t$$
| 2 | 3 | 8 | 5 | 4 | 继续

$$\qquad\ i\ j\ t$$
| 2 | 3 | 4 | 5 | 8 | 最后, 交换 data[i] 和 data[t], 得到结果, i 指向基准数的当前位置

图 2.18 快速排序的一种划分方法

下面分析**复杂度**。

每次划分,都把序列分成了左、右两部分,在这个过程中,需要比较所有的元素,有 $O(n)$ 次。如果每次划分是对称的,也就是说左、右两部分的长度差不多,那么一共需要划分 $O(\log_2 n)$ 次。总复杂度为 $O(n\log_2 n)$。

如果划分不是对称的,左部分和右部分的数量差别很大,那么复杂度会高一些。在极端情况下,如左部分只有一个数,剩下的全部都在右部分,那么最多可能划分 n 次,总复杂度

为 $O(n^2)$。所以,快速排序是**不稳定**的。

　　不过,一般情况下快速排序效率很高,甚至比稳定的归并排序更好。读者可以观察到,下面给出的快速排序的代码比归并排序简洁,代码中的比较、交换、复制操作很少。快速排序几乎是目前所有排序法中速度最快的方法。STL 的 sort() 函数就是基于快速排序算法的,并针对快速排序的缺点做了很多优化。

　　利用快速排序思想,可以解决一些特殊问题,如求**第 k 大数**问题。求第 k 大的数,简单的方法是先用排序算法进行排序,然后定位第 k 大的数,复杂度为 $O(n\log_2 n)$。如果用快速排序的思想,可以在 $O(n)$ 的时间内找到第 k 大的数。在快速排序程序中,每次划分时,只要递归包含第 k 个数的那部分就行了。

　　下面的例题中没有直接用 sort() 函数,而是自己写快速排序,是求第 k 大数的模板。

 例 2.23　Who's in the middle(poj 2388)

问题描述:给出 N 个数(N 为奇数)以及 N 个数字,找到中间数。

输入:第 1 行输入整数 N;第 2~$N+1$ 行中,每行输入一个整数。

输出:中间数。

以下代码使用的划分方法与图 2.18 的方法略有不同。

```
1   #include <cstdio>
2   #include <algorithm>
3   using namespace std;
4   const int N = 10010;
5   int a[N];                                    //存数据
6   int quicksort(int left, int right, int k){
7       int mid = a[left + (right - left) / 2];
8       int i = left, j = right - 1;
9       while(i <= j){
10          while(a[i] < mid) ++i;
11          while(a[j] > mid) --j;
12          if(i <= j){
13              swap(a[i], a[j]);
14              ++i; --j;
15          }
16      }
17      if(left <= j && k <= j) return quicksort(left, j + 1, k);
18      if(i < right && k >= i) return quicksort(i, right, k);
19      return a[k];                             //返回第 k 大数
20  }
21  int main(){
22      int n;      scanf("%d", &n);
23      for(int i = 0; i < n; i++)    scanf("%d", &a[i]);
24      int k = n/2;
25      printf("%d\n", quicksort(0, n, k));
26      return 0;
27  }
```

【习题】

(1) 洛谷 P1115/P1908/P1593/P1923/P1498/P1010。

(2) poj 1854/2506/2083。

(3) CDQ 分治的应用题：洛谷 P3810【模板】三维偏序（陌上花开）、洛谷 P3157（CQOI2011）动态逆序对、洛谷 P2487（SDOI2011）拦截导弹、洛谷 P4690（Ynoi2016）镜中的昆虫、洛谷 P3206（HNOI2010）城市建设。

近年来，一种名为 CDQ 分治的算法流行于中国算法竞赛圈，有兴趣的读者可以自行了解。其起源是 2008 年信息学国家集训队队员陈丹琦[①]的文章《从 Cash 谈一类分治算法的应用》[②]，提出了这个颇为复杂的算法。

CDQ 分治的典型应用是偏序问题。偏序问题（一维偏序、二维偏序、三维偏序）可以用 CDQ 分治或树状数组求解，在 4.2 节给出了一维偏序的求解。

扫一扫
视频讲解

2.10 贪心法与拟阵

贪心法的效率非常之高，复杂度常常为 $O(1)$，几乎是计算量最小的算法。不过，贪心法是一种局部最优的解题方法，而很多问题都需要求全局最优，所以在使用贪心法之前需要评估是否能从局部最优推广到全局最优。拟阵是一种评估方法，能在某些特殊情况下证明贪心法是全局最优的。

2.10.1 贪心法

贪心（Greedy）可以说是最容易理解的计算机算法思想，因为贪心在日常生活中太常见了。简单地说，贪心就是"走一步看一步""只看眼前，不管将来"。作为算法的贪心，它的执行过程是把整个问题分解成多个步骤，在每个步骤都选取当前步骤的最优方案，直到所有步骤结束；在每步都不考虑对后续步骤的影响；在后续步骤中也不再回头改变前面的选择，也就是不"悔棋"。

有些高级算法是基于贪心思想的，如最小生成树算法、单源最短路径 Dijkstra 算法、哈夫曼编码等，在本书相关章节中有详细解释。

下面用最少硬币问题的例子引导出贪心法的应用规则。

最少硬币问题：某人带着 3 种面值的硬币去购物，假设有 1 元、2 元、5 元的面值，硬币数量不限；他需要支付 M 元，问怎么支付，才能使硬币数量最少？

根据生活常识，第 1 步应该先拿出面值最大的 5 元硬币，第 2 步拿出面值第 2 大的 2 元硬币，最后才拿出面值最小的 1 元硬币。在这个解决方案中，硬币数量总数是最少的。

下面是最少硬币问题的代码，输入金额，输出 3 种面值硬币的数量。

---

① 陈丹琦(https://www.cs.princeton.edu/~danqic/)在高中期间提出两个算法：插头 DP、CDQ 分治，广泛流行于中国信息竞赛（OI）圈。

② https://www.cs.princeton.edu/~danqic/misc/divide-and-conquer.pdf

```
1    # include < bits/stdc++.h >
2    using namespace std;
3    const int n = 3;
4    int coin[] = {1,2,5};
5    int main(){
6        int i, money;
7        int ans[n] = {0};                    //记录每种硬币的数量
8        cin >> money;                        //输入钱数
9        for(i = n-1; i >= 0; i--){           //求每种硬币的数量
10           ans[i] = money/coin[i];
11           money = money - ans[i] * coin[i];
12       }
13       for(i = n-1; i >= 0; i--)
14           cout << coin[i]<<": "<< ans[i]<< endl; //输出每种面值硬币的数量
15       return 0;
16   }
```

从上面的例子可以看出,贪心法代码的计算量极小,贪心法差不多是计算复杂度最优的算法了。

上面例子的最后结果是最优的。虽然每步选硬币的操作并没有从整体最优来考虑,而是只在当前步骤选取了局部最优,但是结果是全局最优的。

但是,局部最优并不总是能导致全局最优,如这个最少硬币问题,用贪心法一定能得到最优解吗?稍微改换一下参数,就不一定能得到最优解,甚至在有解的情况下也无法算出答案。

(1)不能得到最优解的情形。例如,硬币面值比较奇怪,有 1、2、4、5、6 元。现在需支付 9 元,如果用贪心法,答案是 6+2+1,需要 3 个硬币,而最优的 5+4 只需要两个硬币。

(2)算不出答案的情形。例如,如果有面值 1 元的硬币,能保证用贪心法得到一个解,如果没有 1 元硬币,常常得不到解。例如,只有面值为 2、3、5 元的硬币,需支付 9 元,用贪心法无法得到解,但解是存在的:9=5+2+2。

所以,在最少硬币问题中,是否能使用贪心法与硬币的面值有关[①]。如果是 1、2、5 元这样的面值,贪心法是有效的,而对于 1、2、4、5、6 元或 2、3、5 元这样的面值,贪心法是无效的。

> **提示** 任意面值硬币问题的标准解法是动态规划[②]。如果用贪心无法求最优解,往往能用动态规划求最优解。

虽然贪心法不一定能得到最优解,但是它思路简单,编程容易。因此,如果一个问题确定用贪心法能得到最优解,那么应该使用它。

如何判断能用贪心法?贪心法求解的问题需要满足以下特征。

(1)最优子结构性质。当一个问题的最优解包含其子问题的最优解时,称此问题具有

---

① 《算法导论》(Thomas H. Cormen 等著,潘金贵等译,机械工业出版社出版)第 16 章思考题 16-1(第 241 页)给出了一种确定能使用贪心法的硬币组合:硬币的面值是 c 的幂,即 $c^0, c^1, \cdots, c^k$。

② 《算法竞赛入门到进阶》(罗勇军等著,清华大学出版社出版)7.1.1 节"硬币问题"给出了各种硬币问题的动态规划解法。

最优子结构性质,也称此问题满足最优性原理。也就是说,从局部最优能扩展到全局最优。

(2) 贪心选择性质。问题的整体最优解可以通过一系列局部最优的选择得到。

贪心法没有固定的算法框架,关键是如何选择贪心策略。贪心策略必须具备无后效性,即某个状态以后的过程不会影响以前的状态,只与当前状态有关。

另外,即使用贪心法得不到最优,其结果"虽然不是最好,但是还不错"。某些难解问题,如旅行商问题,很难得到最优解,但是用贪心法常常能得到不错的**近似解**。如果一个问题不一定非要求得最优解,那么试试贪心法,往往有不错的结果。

贪心法在一些算法中有应用,如爬山法、模拟退火[①]、A*搜索等。

贪心法看起来似乎不靠谱,因为不知道结果是不是全局最优。有没有一个一般性的数学理论,可以证明一个问题能用贪心法?有一个叫作"拟阵"的理论,虽然它不能覆盖所有贪心法适用的情况,但是在很多情况下可以确定贪心法能产生最优解。

2.10.2 拟阵

拟阵理论(Matroid Theory)是一种组合优化理论。如果一个问题满足拟阵结构,那么贪心能得到最优解。本节对拟阵和贪心法的关系做简单介绍。

一个拟阵是满足以下条件的一个序对 $M=(S,L)$。

(1) S 是一个有穷集合,如 $S=\{1,2,5,10\}$。

(2) L 是 S 的一个非空子集族,L 中的元素称为拟阵的独立集,如 $L=\{\ \{1\},\{2\},\{5\},\{1,2\},\{1,5\},\{2,5\}\}$,$L$ 中有 6 个独立集。

(3) M 满足遗传性。对于独立集 B,若 $B\in L$,对于任意 $A\subseteq B$,有 $A\in L$。例如 $B=\{2,5\}$,$A=\{2\}$,那么 $A\in L$。

(4) M 满足交换性。对于任意 $A\in L$,$B\in L$,且 $|A|<|B|$($|A|$ 表示 A 中元素的个数),有某个元素 $x\in B-A$,使 $A\bigcup\{x\}\in L$。这一条也称为独立扩充公理。例如,$A=\{2\}$,$B=\{2,5\}$,$x=5$,那么 $A\bigcup\{x\}=\{2,5\}\in L$。

若 L 中的一个独立集 A 不能扩充,称 A 为极大独立集。在上面的例子中,L 的极大独立集有 3 个:$\{1,2\}$,$\{1,5\}$,$\{2,5\}$。

定理 2.10.1 同一拟阵的极大独立集的元素个数相同。

用反证法证明:设 A 和 B 为拟阵的两个大小不同的极大独立集,且 $|A|<|B|$,根据拟阵的交换性,A 是可扩充的,不满足最大独立集的定义,与假设矛盾,故命题成立。

拟阵和贪心法有什么关系?可以把贪心问题转换为求权值最大的独立集。下面用伪代码说明。

对拟阵 $M=(S,L)$,赋予 S 的每个元素 x 一个正整数权值 $w(x)$,定义 S 的子集 A 的权值 $w(A)=\sum\limits_{x\in A}w(x)$,即元素的权值和。显然,权值最大独立集一定是极大独立集。求这个权值最大独立集的伪代码如下。

```
1  Greedy(S,L,w)        //拟阵 M = (S, L)与权值函数 w
2      A={}             //A初始化为空集
```

```
3        sort S by w                    //将 S 内的元素 x 按权值 w(x) 从大到小降序排序
4        for x in S:                    // 按 w(x) 从大到小的顺序,遍历每个 x∈S
5          if(A∪{x}∈L)
6              A = A∪{x}
7        return A;                      //返回权值最大独立集
```

读者可以用例子 $S=\{1,2,5,10\}, L=\{\{1\},\{2\},\{5\},\{1,2\},\{1,5\},\{2,5\}\}$ 模拟伪代码的执行过程。

可以证明[①],Greedy() 函数返回的是一个最优子集,拟阵满足贪心选择性质,具有最优子结构性质。

如果一个问题可以构造为拟阵,则一定能用贪心法。但是很多问题不能构造为拟阵,也仍然能用贪心法。例如,Kruskal 算法和 Prim 算法都是基于贪心的最小生成树算法,其中 Kruskal 算法可以构造为拟阵;而 Prim 算法不能构造为拟阵[②]。

【习题】

本节没有给出贪心法的例题,因为典型例子哈夫曼编码、Kruskal 算法、Prim 算法、A* 算法已经在本书其他章节详解。下面给出一些习题。

(1) hdu 2037/1338/1789/4310/5747。

(2) 洛谷 P1208/P4995/P1094/P1199/P2672/P1080/P2123/P5521。

小　结

本章的知识点如下。

(1) 尺取法,包括反向扫描和同向扫描。

(2) 二分法和三分法。

(3) 倍增法和 ST 算法。

(4) 前缀和与差分(一维差分、二维差分、三维差分)。

(5) 离散化。

(6) 排序与排列。

(7) 分治法和贪心法。

尺取、二分、倍增、前缀和、差分、离散化都是很基本的编程技术,它们没有复杂的逻辑,代码也简短,但是应用它们可以得到很好的效率提升。

排序是基本的数据处理,常见的排序算法有冒泡排序、选择排序、插入排序、归并排序、快速排序、堆排序、桶排序、基数排序、树形选择排序。本章只介绍了归并排序和快速排序,其他排序算法请读者了解并掌握。

分治法和贪心法是很重要的算法思想,在大多数算法教材中是比较重要的内容。因为比较常见且资料多,本书没有做大篇幅讲解。

---

① 《算法导论》(Thomas H. Cormen 等著,潘金贵等译,机械工业出版社出版)16.4 节"贪心法的理论基础"详解了拟阵。

② 《程序设计中的组合数学》(孙贺编著,清华大学出版社出版)6.3 节"拟阵与贪心算法"证明了 Kruskal 算法、Prim 算法与拟阵的关系。

第 **3** 章　　搜　　索

　　搜索包括宽度优先搜索和深度优先搜索,这两种算法是算法竞赛的基础。本节全面介绍这两种算法的思想、编码、应用和扩展。它们不仅能直接用于解决问题,也启发了很多高级算法。本章是全书的基础,希望读者能彻底学懂学通,再继续学习后面的章节。

扫一扫

视频讲解

3.1 BFS 和 DFS 基础

3.1.1 搜索简介

搜索是"暴力法"算法思想的具体实现。暴力法（Brute Force）又称为蛮力法，把所有可能的情况都罗列出来，然后逐一检查，从中找到答案。这种方法简单直接，不玩花样，利用了计算机强大的计算能力。

搜索是"通用"的方法。如果一个问题比较难，可以先尝试搜索，或许能启发出更好的算法。竞赛时遇到难题，如果有时间，试试用搜索提交，说不定判题数据很弱，就通过了。

搜索的思路很简单，但是操作起来也并不容易，一般有以下操作步骤。

（1）找到所有可能的数据，并且用数据结构表示和存储。

（2）优化。尽量多地排除不符合条件的数据，以减少搜索的空间。

（3）用某个算法快速检索这些数据。

3.1.2 搜索算法的基本思路

搜索的基本算法分为两种：宽度优先搜索（Breadth-First Search，BFS）（或称为广度优先搜索）和深度优先搜索（Depth-First Search，DFS）。

这两个算法的思想可以用"老鼠走迷宫"的例子说明，又形象又透彻。迷宫内部的路错综复杂，老鼠从入口进去后，怎样才能找到出口？有两种不同的方法。

（1）一只老鼠走迷宫。它在每个路口都选择先走左边（先走右边也可以），能走多远就走多远，直到碰壁无法继续前进，然后回退一步并改走右边，继续往下走。用这个办法能走遍所有路，而且不会重复（回退不算重复）。这个思路就是 DFS。

（2）一群老鼠走迷宫。假设老鼠无限多，这群老鼠进入迷宫后，在每个路口都派出部分老鼠探索所有没走过的路。走某条路的老鼠，如果碰壁无法前行就停下；如果到达的路口已经有别的老鼠探索过了，也停下。显然，所有道路都能走到，而且不会重复。这个思路就是 BFS。BFS 看起来像"并行计算"，不过由于程序是单机顺序运行的，可以把 BFS 看作并行计算的模拟。

BFS 是"全面扩散、逐层递进"；DFS 是"一路到底、逐步回退"。

下面以如图 3.1 所示的一棵二叉树为例，演示 BFS 和 DFS 的访问顺序。

BFS 的访问顺序是{$E\ B\ G\ A\ D\ F\ I\ C\ H$}，即第 1 层（$E$）→第 2 层（$BG$）→第 3 层（$ADFI$）→第 4 层（$CH$）。BFS 的特点是分层访问，每层访问完毕后才访问下一层。

DFS 的访问顺序是先访问左节点再访问右节点，访问顺序是{$E\ B\ A\ D\ C\ G\ F\ I\ H$}。需要注意的是，访问顺序不是输出顺序。例如，上面的二叉树，它的 DFS 中序遍历、先序遍历、后序遍历都不同，但是对节点的访问顺序是一样的（实际上就是先序遍历）。

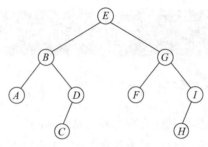

图 3.1　一棵二叉树

3.1.3　BFS 的代码实现

BFS 的代码实现可描述为"BFS＝队列"。为什么"BFS＝队列"? 以老鼠走迷宫为例,从起点 s 开始一层一层地扩散出去,处理完离 s 近的第 i 层之后,再处理第 $i+1$ 层。这一操作用队列最方便,处理第 i 层的节点 a 时,把 a 的第 $i+1$ 层的邻居放到队列尾部即可。队列内的节点有以下两个特征。

(1) 处理完第 i 层后,才会处理第 $i+1$ 层。

(2) 队列中在任意时刻最多有两层节点,其中第 i 层节点都在第 $i+1$ 层前面。

下面给出 BFS 遍历图 3.1 二叉树的代码,有静态版二叉树和指针版二叉树两种代码,竞赛中一般用静态版二叉树,不易出错。两段代码都使用 STL queue,输出都是 $\{E\ B\ G\ A\ D\ F\ I\ C\ H\}$。

1. 静态版二叉树

```
1   # include < bits/stdc++.h >
2   using namespace std;
3   const int N = 100005;
4   struct Node{                              //用静态数组记录二叉树
5       char value;
6       int lson, rson;                       //左右孩子
7   }tree[N];                                 //tree[0]不用,0表示空节点
8   int index = 1;                            //记录节点存在 tree[]的位置,从 tree[1]开始用
9   int newNode(char val){
10      tree[index].value = val;
11      tree[index].lson = 0;                 //tree[0]不用,0表示空节点
12      tree[index].rson = 0;
13      return index ++;
14  }
15  void Insert(int &father, int child, int l_r){   //插入孩子
16      if(l_r == 0)   tree[father].lson = child;   //左孩子
17      else           tree[father].rson = child;   //右孩子
18  }
19  int buildtree(){                                //建一棵二叉树
20      int A = newNode('A'); int B = newNode('B'); int C = newNode('C');
21      int D = newNode('D'); int E = newNode('E'); int F = newNode('F');
22      int G = newNode('G'); int H = newNode('H'); int I = newNode('I');
23      Insert(E,B,0);   Insert(E,G,1);             //E 的左孩子是 B,右孩子是 G
```

```
24        Insert(B,A,0);  Insert(B,D,1);
25        Insert(G,F,0);  Insert(G,I,1);
26        Insert(D,C,0);  Insert(I,H,0);
27        int root = E;
28        return root;
29    }
30    int main(){
31        int root = buildtree();
32        queue < int > q;
33        q.push(root);                                    //从根节点开始
34        while(q.size()){
35            int tmp = q.front();
36            cout << tree[tmp].value << " ";              //打印队头
37            q.pop();                                     //去掉队头
38            if(tree[tmp].lson != 0) q.push(tree[tmp].lson);   //左孩子入队
39            if(tree[tmp].rson != 0) q.push(tree[tmp].rson);   //右孩子入队
40        }
41        return 0;
42    }
```

下面分析 BFS 遍历二叉树的复杂度。

时间复杂度：由于需要检查每条边，且只检查一次，时间复杂度为 $O(m)$，m 为边的数量。

空间复杂度：每个点只进出队列各一次，空间复杂度为 $O(n)$，n 为点的数量。

2. 指针版二叉树

作为静态版二叉树代码的对照，下面给出指针版二叉树代码。

```
1    # include < bits/stdc++.h>
2    using namespace std;
3    struct node{                                         //指针二叉树
4        char value;
5        node * l, * r;
6        node(char value = '#',node * l = NULL, node * r = NULL):value(value), l(l), r(r){}
7    };
8    void remove_tree(node * root){                        //释放空间
9        if(root == NULL) return;
10       remove_tree(root -> l);
11       remove_tree(root -> r);
12       delete root;
13   }
14   int main(){
15       node   * A, * B, * C, * D, * E, * F, * G, * H, * I;   //以下将建一棵二叉树
16       A = new node('A'); B = new node('B'); C = new node('C');
17       D = new node('D'); E = new node('E'); F = new node('F');
18       G = new node('G'); H = new node('H'); I = new node('I');
19       E->l = B; E->r = G;     B->l = A; B->r = D;
20       G->l = F; G->r = I;     D->l = C; I->l = H;       //以上建了一棵二叉树
21       queue < node > q;
22       q.push( * E);
```

```
23      while(q.size()){
24          node * tmp;
25          tmp = &(q.front());
26          cout << tmp->value << " ";                    //打印队头
27          q.pop();                                       //去掉队头
28          if(tmp->l) q.push(*(tmp->l));                  //左孩子入队
29          if(tmp->r) q.push(*(tmp->r));                  //右孩子入队
30      }
31      remove_tree(E);
32      return 0;
33  }
```

 BFS 是逐层扩散的,非常符合在图上计算最短路径,先扩散到的节点离根节点更近。很多最短路径算法都是从 BFS 发展出来的。

3.1.4 DFS 的常见操作和代码框架

1. DFS 的常见操作

DFS 的工作原理就是递归的过程,即"DFS=递归"。

DFS 的代码比 BFS 更简短一些。本节后面给出的两段代码分别基于静态数组版二叉树和指针版二叉树。它们输出了图 3.1 所示二叉树的各种 DFS 操作,有时间戳、DFS 序、树深度、子树节点数,另外还给出了二叉树的中序输出、先序输出、后序输出。DFS 访问节点有以下常见操作。

(1) 节点第 1 次被访问的时间戳。用 dfn[i] 表示节点 i 第 1 次被访问的时间戳,dfn_order()函数打印出了时间戳:

```
dfn[E] = 1; dfn[B] = 2; dfn[A] = 3; dfn[D] = 4; dfn[C] = 5;
dfn[G] = 6; dfn[F] = 7; dfn[I] = 8; dfn[H] = 9
```

 时间戳打印的结果就是下面的"先序输出"。

(2) DFS 序。在递归时每个节点来回处理两次,即第 1 次访问(前进)和第 2 次回溯(回退)。visit_order()函数打印出了 DFS 序 $\{E\ B\ A\ A\ D\ C\ C\ D\ B\ G\ F\ F\ I\ H\ H\ I\ G\ E\}$。这个序列有一个重要特征:每个节点出现两次,被这两次包围起来的是以它为父节点的一棵子树。例如,序列中的 $\{B\ A\ A\ D\ C\ C\ D\ B\}$ 就是以 B 为父节点的一棵子树;又如 $\{I\ H\ H\ I\}$,是以 I 为父节点的一棵子树。这个特征是递归操作产生的。

(3) 树的深度。从根节点向子树 DFS,每个节点第 1 次被访问时,深度加 1;从这个节点回溯时,深度减 1。用 deep[i] 表示节点 i 的深度,deep_node()函数打印出了深度:

```
deep[E] = 1; deep[B] = 2; deep[A] = 3; deep[D] = 3; dccp[C] = 4;
deep[G] = 2; deep[F] = 3; deep[I] = 3; deep[H] = 4
```

（4）子树节点总数。用 num[i] 表示以 i 为父亲的子树上的节点总数。例如，以 B 为父节点的子树共有 4 个节点 {A B C D}。只需要一次简单的 DFS 就能完成，每棵子树节点的数量等于它的两个子树的数量相加，再加 1，即加它自己。num_node() 函数做了计算并打印出了以每个节点为父亲的子树上的节点数量。

（5）先序输出。preorder() 函数按父节点、左子节点、右子节点的顺序打印，输出 {E B A D C G F I H}。

（6）中序输出。inorder() 函数按左子节点、父节点、右子节点的顺序打印，输出 {A B C D E F G H I}。

（7）后序输出。postorder() 函数按左子节点、右子节点、父节点的顺序打印，输出 {A C D B F H I G E}。

> **提示**　如果已知树的先序、中序、后序，可以确定一棵树。"先序＋中序"或"后序＋中序"都能确定一棵树，但是"先序＋后序"不能确定一棵树。请回顾 1.4.2 节"二叉树的遍历"的说明。

竞赛中一般用静态版二叉树写代码。作为对照，后面也给出指针版二叉树的代码。

1）静态数组版二叉树

```
1    #include <bits/stdc++.h>
2    using namespace std;
3    const int N = 100005;
4    struct Node{
5        char value;    int lson, rson;
6    }tree[N];                               //tree[0]不用,0 表示空节点
7    int index = 1;                          //记录节点存在 tree[]的位置,从 tree[1]开始
8    int newNode(char val){                  //新建节点
9        tree[index].value = val;
10       tree[index].lson = 0;              //tree[0]不用,0 表示空节点
11       tree[index].rson = 0;
12       return index ++;
13   }
14   void insert(int &father, int child, int l_r){   //插入孩子
15       if(l_r == 0) tree[father].lson = child;      //左孩子
16       else          tree[father].rson = child;     //右孩子
17   }
18   int dfn[N] = {0};                        //dfn[i]是节点 i 的时间戳
19   int dfn_timer = 0;
20   void dfn_order (int father){
21       if(father != 0){
22           dfn[father] = ++dfn_timer;
23           printf("dfn[%c] = %d; ", tree[father].value, dfn[father]);   //打印时间戳
24           dfn_order (tree[father].lson);
25           dfn_order (tree[father].rson);
26       }
27   }
28   int visit_timer = 0;
```

```
29    void visit_order (int father){                      //打印 DFS 序
30        if(father != 0){
31            printf("visit[ % c] = % d; ", tree[father].value, ++visit_timer);
32                                                         //打印 DFS 序：第 1 次访问节点
33            visit_order (tree[father].lson);
34            visit_order (tree[father].rson);
35            printf("visit[ % c] = % d; ", tree[father].value, ++visit_timer);
36                                                         //打印 DFS 序：第 2 次回溯
37        }
38    }
39    int deep[N] = {0};                                   //deep[i]是节点 i 的深度
40    int deep_timer = 0;
41    void deep_node (int father){
42        if(father != 0){
43            deep[father] = ++deep_timer;                 //打印树的深度,第 1 次访问时,深度加 1
44            printf("deep[ % c] = % d; ",tree[father].value,deep[father]);
45            deep_node (tree[father].lson);
46            deep_node (tree[father].rson);
47            deep_timer -- ;                              //回溯时,深度减 1
48        }
49    }
50    int num[N] = {0};                                    //num[i]是以 i 为父亲的子树上的节点总数
51    int num_node (int father){
52        if(father == 0)   return 0;
53        else{
54            num[father] = num_node (tree[father].lson) +
55                          num_node (tree[father].rson) + 1;
56            printf("num[ % c] = % d; ", tree[father].value, num[father]);    //打印数量
57            return num[father];
58        }
59    }
60    void preorder (int father){                          //求先序序列
61        if(father != 0){
62            cout << tree[father].value <<" ";            //先序输出
63            preorder (tree[father].lson);
64            preorder (tree[father].rson);
65        }
66    }
67    void inorder (int father){                           //求中序序列
68        if(father != 0){
69            inorder (tree[father].lson);
70            cout << tree[father].value <<" ";            //中序输出
71            inorder (tree[father].rson);
72        }
73    }
74    void postorder (int father){                         //求后序序列
75        if(father != 0){
76            postorder (tree[father].lson);
77            postorder (tree[father].rson);
78            cout << tree[father].value <<" ";            //后序输出
79        }
80    }
81    int buildtree(){                                     //建一棵树
```

```
82      int A = newNode('A');int B = newNode('B');int C = newNode('C'); //定义节点
83      int D = newNode('D');int E = newNode('E');int F = newNode('F');
84      int G = newNode('G');int H = newNode('H');int I = newNode('I');
85      insert(E,B,0);  insert(E,G,1);              //建树.E的左孩子是B,右孩子是G
86      insert(B,A,0);  insert(B,D,1);  insert(G,F,0);  insert(G,I,1);
87      insert(D,C,0);  insert(I,H,0);
88      int root = E;
89      return root;
90  }
91  int main(){
92      int root = buildtree();
93      cout <<"dfn order: ";        dfn_order(root); cout << endl;   //打印时间戳
94      cout <<"visit order: "; visit_order(root); cout << endl;     //打印 DFS 序
95      cout <<"deep order: ";       deep_node(root); cout << endl;   //打印节点深度
96      cout <<"num of tree: ";    num_node(root); cout << endl;     //打印子树上的节点数
97      cout <<"in order:    ";        inorder(root); cout << endl;   //打印中序序列
98      cout <<"pre order:   ";        preorder(root); cout << endl;  //打印先序序列
99      cout <<"post order: ";     postorder(root); cout << endl;    //打印后序序列
100     return 0;
101 }
102 /*    输出是:
103 dfn order: dfn[E] = 1; dfn[B] = 2; dfn[A] = 3; dfn[D] = 4; dfn[C] = 5; dfn[G] = 6; dfn[F] = 7;
104 dfn[I] = 8; dfn[H] = 9;
105 visit order: visit[E] = 1; visit[B] = 2; visit[A] = 3; visit[A] = 4; visit[D] = 5; visit[C] = 6;
106 visit[C] = 7;visit[D] = 8; visit[B] = 9; visit[G] = 10; visit[F] = 11; visit[F] = 12;
107 visit[I] = 13; visit[H] = 14; visit[H] = 15; visit[I] = 16; visit[G] = 17; visit[E] = 18;
108 deep order: deep[E] = 1; deep[B] = 2; deep[A] = 3; deep[D] = 3; deep[C] = 4; deep[G] = 2;
109 deep[F] = 3; deep[I] = 3; deep[H] = 4;
110 num of tree: num[A] = 1; num[C] = 1; num[D] = 2; num[B] = 4; num[F] = 1; num[H] = 1; num[I] = 2;
111 num[G] = 4; num[E] = 9;
112 in order:   A B C D E F G H I
113 pre order:  E B A D C G F I H
114 post order: A C D B F H I G E      */
```

分析DFS遍历二叉树的复杂度,和BFS差不多,时间复杂度为 $O(m)$,空间复杂度为 $O(n)$,因为使用了长度为 n 的递归栈。

2）指针版二叉树

```
1   # include < bits/stdc++.h>
2   using namespace std;
3   struct node{
4       char value;
5       node * l, * r;
6       node(char value = '#', node * l = NULL, node * r = NULL):value(value), l(l), r(r){}
7   };
8   void preorder (node * root){              //求先序序列
9       if(root != NULL){
```

```
10          cout << root -> value <<" ";          //先序输出
11          preorder (root ->l);
12          preorder (root ->r);
13       }
14    }
15    void inorder (node * root){                   //求中序序列
16       if(root != NULL){
17          inorder (root ->l);
18          cout << root -> value <<" ";          //中序输出
19          inorder (root ->r);
20       }
21    }
22    void postorder (node * root){                 //求后序序列
23       if(root != NULL){
24          postorder (root ->l);
25          postorder (root ->r);
26          cout << root -> value <<" ";          //后序输出
27       }
28    }
29    void remove_tree(node * root){                //释放空间
30       if(root == NULL) return;
31       remove_tree(root ->l);
32       remove_tree(root ->r);
33       delete root;
34    }
35    int main(){
36       node   * A, * B, * C, * D, * E, * F, * G, * H, * I;
37       A = new node('A'); B = new node('B'); C = new node('C');
38       D = new node('D'); E = new node('E'); F = new node('F');
39       G = new node('G'); H = new node('H'); I = new node('I');
40       E->l = B; E->r = G;        B->l = A; B->r = D;
41       G->l = F; G->r = I;        D->l = C;        I->l = H;
42       cout <<"in order:   ";     inorder(E); cout << endl;     //打印中序序列
43       cout <<"pre order:  ";     preorder(E); cout << endl;    //打印先序序列
44       cout <<"post order: ";     postorder(E); cout << endl;   //打印后序序列
45       remove_tree(E);
46       return 0;
47    }
```

DFS 搜索的特征是一路深入,适合处理节点间的先后关系、连通性等,在图论中应用很广泛。

2. DFS 代码框架

DFS 的代码看起来简单,但是初学者在逻辑上会感到难以理解。下面给出 DFS 的框架,帮助初学者学习。后续 3.2 节的例题 hdu 1010 是非常符合这个框架的示例,请仔细分析该例题的代码。请读者在大量编码的基础上,再回头体会这个框架的作用。

```
ans;                                    //答案,用全局变量表示
void dfs(层数,其他参数){
    if (出局判断){                       //到达最底层,或者满足条件退出
```

```
            更新答案;                 //答案一般用全局变量表示
            return;                   //返回到上一层
        }
        (剪枝)                        //在进一步 DFS 之前剪枝
        for (枚举下一层可能的情况)      //对每个情况继续 DFS
            if (used[i] == 0){        //如果状态 i 没有用过,就可以进入下一层
                used[i] = 1;          //标记状态 i,表示已经用过,在更底层不能再使用
                dfs(层数+1,其他参数);  //下一层
                used[i] = 0;          //恢复状态,回溯时不影响上一层对这个状态的使用
                }
        return;                       //返回到上一层
    }
```

3.1.5 BFS 和 DFS 的对比

1. 时间复杂度对比

大多数情况下,BFS 和 DFS 的时间复杂度差不多,因为它们都需要搜索整个空间。以图这种数据结构为例,图中的所有 n 个点和所有 m 条边在一般情况下都应该至少访问一次,所以复杂度一般大于 $O(n+m)$。有时点和边会计算多次,如计算图上两个点之间的最短路径,一条路径包含很多点和边,一个点或一条边可能属于不同的路径,需要计算多次,复杂度超过 $O(n+m)$。

2. 空间对比

BFS 使用的空间往往比 DFS 大。BFS 的主要问题是可能耗费巨大的空间。例如,一棵满二叉树,第 k 层有 2^k 个节点,用队列处理 BFS 时,每弹出一个节点,就进队两个节点;到第 k 层,队列中就有 2^k 个节点,如 $k=32,2^k \approx 40$ 亿,即 4GB 空间。使用双向广搜和迭代加深搜索,可以在一定程度上改善这一问题,具体参考本书后续内容。

3. 搜索能力对比

DFS 没有 BFS 的空间消耗问题,但是可能搜索大量无效的节点。仍以满二叉树为例,DFS 沿着左子树深入,然后逐步回退访问右边的子树。如果解在偏右的子树上,DFS 仍然需要全部检索完左边的子树,才能轮到右边。如果这棵树很深,那么就会搜索左边这些大量无效的节点。用迭代加深搜索可以改善这一问题。

 总结 BFS 和 DFS 的特点,DFS 更适合找一个任意可行解,BFS 更适合找全局最优解。

4. 扩展和优化

在 BFS 和 DFS 的基础上,发展出了剪枝、记忆化(DFS)、双向广搜(BFS)、迭代加深搜索(DFS)、A*算法(BFS)、IDA*(DFS)等技术,大大提高了搜索的能力。

> **提示** DFS 的代码比 BFS 更简单,如果一道题目用 BFS 和 DFS 都可以解,一般用 DFS。

BFS 常用的技巧是去重。例如,BFS 的队列,把状态放入队列时,需要判断这个状态是否已经在队列中处理过,如果已经处理过,就不用再入队列,这就是去重。去重能大大优化复杂度。可以自己写哈希去重,缺点是很浪费空间。用 STL set 和 map 去重是更常见的做法。

DFS 常用的技巧是剪枝。如果某个搜索分支不符合要求,就剪去它不再深入搜索,这样能节省大量计算。

3.1.6　连通性判断

连通性问题是图论中的一个基本问题:寻找一张图中连通的点和边。很多图论题目或图论算法都需要判断连通性。判断连通性一般有 3 种方法:BFS、DFS、并查集。下面用一道例题介绍用 BFS 和 DFS 求解连通性问题。

🎓 **例 3.1　全球变暖**[①]

问题描述:有一张某海域 $N \times N$ 像素的照片,“.”表示海洋、“#”表示陆地,如下所示。

```
. . . . . . .
. # # . . . .
. # # . . . .
. . . . # # .
. . # # # # .
. . # # # . .
. . . . . . .
```

其中,上、下、左、右 4 个方向上连在一起的一片陆地组成一座岛屿,如上面就有两座岛屿。

由于全球变暖导致海面上升,岛屿边缘一个像素的范围会被海水淹没。如果一块陆地像素与海洋相邻(上、下、左、右 4 个相邻像素中有海洋),它就会被淹没。例如,上述海域未来会变成

```
. . . . . . .
. . . . . . .
. . . . . . .
. . . . . . .
. . . # . . .
. . . . . . .
. . . . . . .
```

请计算:照片中有多少岛屿会被完全淹没?

---

① https://www.lanqiao.cn/problems/178/learning/

输入：第 1 行输入一个整数 $N(1 \leqslant N \leqslant 1000)$；以下 N 行 N 列输入代表一张海域照片，照片保证第 1 行、第 1 列、第 N 行、第 N 列的像素都是海洋。

输出：输出一个整数表示答案。

这是基本的连通性问题。计算步骤：遍历一个连通块（找到这个连通块中所有的♯，并标记已经搜过，不用再搜）；再遍历下一个连通块；直到遍历完所有连通块，统计有多少个连通块。

用暴力搜索解决连通性问题：逐个搜索连通块上的所有点，每个点只搜索一次。实现这种简单的暴力搜索，用 BFS 和 DFS 都可以，不仅很容易搜到所有点，而且每个点只搜索一次。

什么岛屿不会被完全淹没？若岛中有一块陆地（称为高地），它周围都是陆地，那么这个岛屿不会被完全淹没。用 DFS 或 BFS 搜索出有多少个岛（连通块），检查这个岛中有没有高地，统计那些没有高地的岛（连通块）的数量，就是答案。

计算复杂度：因为每个像素点只搜索一次且必须至少搜一次，共有 N^2 个点，复杂度为 $O(N^2)$，不可能更好了。

为了对比 DFS 和 BFS，先用 DFS 实现，再用 BFS 实现。

1. DFS 求解连通性问题

使用 DFS 搜索所有像素点，若遇到♯，就继续搜索它周围的♯。把搜索过的♯标记为已经搜索过，不用再搜。统计那些没有高地的岛的数量，就是答案。搜索时应该判断是不是出了边界。不过，题目已经说"照片保证第 1 行、第 1 列、第 N 行、第 N 列的像素都是海洋"那么就不用判断边界了，到了边界，发现是水，会停止搜索。

```
1   ♯include<bits/stdc++.h>
2   using namespace std;
3   const int N = 1010;
4   char mp[N][N];                        //地图
5   int vis[N][N] = {0};                  //标记是否搜索过
6   int d[4][2] = {{0,1}, {0,-1}, {1,0}, {-1,0}};      //4 个方向
7   int flag;                             //用于标记这个岛是否被完全淹没
8   void dfs(int x, int y){
9       vis[x][y] = 1;                    //标记这个♯被搜索过，注意为什么放在这里
10      if( mp[x][y+1] == '♯' && mp[x][y-1] == '♯' &&
11          mp[x+1][y] == '♯' && mp[x-1][y] == '♯'   )
12          flag = 1;                     //上下左右都是陆地,这是一个高地,不会淹没
13      for(int i = 0; i < 4; i++){       //继续搜索周围的陆地
14          int nx = x + d[i][0], ny = y + d[i][1];
15          if(vis[nx][ny] == 0 && mp[nx][ny] == '♯')      //注意为什么要判断 vis[][]
16              //继续搜索未搜索过的陆地,目的是标记它们
17              dfs(nx,ny);
18      }
19  }
20  int main(){
21      int n;    cin >> n;
22      for (int i = 0; i < n; i++)   cin >> mp[i];
23      int ans = 0 ;
24      for(int i = 1; i <= n; i++)       //搜索所有像素点
```

```
25           for(int j = 1; j <= n; j++)
26               if(mp[i][j] == '#' && vis[i][j] == 0){
27                   flag = 0;                        //假设这个岛被淹没
28                   dfs(i,j);                        //找这个岛中有没有高地,如果有,置 flag = 1
29                   if(flag == 0)  ans++;            //这个岛被淹没,统计被淹没岛的数量
30               }
31       cout << ans << endl;
32       return 0;
33   }
```

代码第 15 行中判断 vis[nx][ny]==0,如果没有这个判断条件,那么很多点会重复进行 DFS,导致超时。这是一种剪枝技术,叫作"记忆化搜索"。

2. BFS 求解连通性问题

BFS 的思路比较简单,代码如下。代码第 34 行中,看到一个 # 后,就用 BFS 扩展它周围的 #,所有和它相连的 # 属于一个岛。然后按前面 DFS 提到的方法找高地并判断是否淹没。BFS 的代码比 DFS 要复杂一点,因为用到了队列。这里直接用 STL queue,入队列的是坐标点 pair < int,int >。

```
1   # include < bits/stdc++.h >
2   using namespace std;
3   const int N = 1010;
4   char mp[N][N];
5   int vis[N][N];
6   int d[4][2] = {{0,1}, {0,-1}, {1,0}, {-1,0}};     //4 个方向
7   int flag;
8   void bfs(int x, int y) {
9       queue < pair < int, int >> q;
10      q.push({x, y});
11      vis[x][y] = 1;                                 //标记这个 # 被搜索过
12      while (q.size()) {
13          pair < int, int > t = q.front();
14          q.pop();
15          int tx = t.first, ty = t.second;
16          if( mp[tx][ty + 1] == '#' && mp[tx][ty - 1] == '#' &&
17              mp[tx + 1][ty] == '#' && mp[tx - 1][ty] == '#'   )
18              flag = 1;                              //上下左右都是陆地,不会淹没
19          for (int i = 0; i < 4; i++) {             //扩展(tx,ty)的 4 个邻居
20              int nx = tx + d[i][0], ny = ty + d[i][1];
21              if(vis[nx][ny] == 0 && mp[nx][ny] == '#'){  //将陆地入队列
22                  vis[nx][ny] = 1;                   //注意:这一句必不可少
23                  q.push({nx, ny});
24              }
25          }
26      }
27   }
28   int main() {
29       int n;   cin >> n;
30       for (int i = 0; i < n; i++)     cin >> mp[i];
31       int ans = 0;
```

```
32        for (int i = 0; i < n; i++)
33            for (int j = 0; j < n; j++)
34                if (mp[i][j] == '#' && vis[i][j] == 0) {
35                    flag = 0;
36                    bfs(i, j);
37                    if(flag == 0) ans++;        //这个岛全部被淹,统计岛的数量
38                }
39        cout << ans << endl;
40        return 0;
41    }
```

【习题】①

（1）力扣网站：
- DFS：https://leetcode-cn.com/tag/depth-first-search/
- BFS：https://leetcode-cn.com/tag/breadth-first-search/

（2）洛谷网站：
- DFS：洛谷 P1219（八皇后②）/P1019/P5194/P5440/P1378。
- BFS：P1162/P1443/P3956/P1032/P1126。

（3）poj 2488/3083/3009/1321/3278/1426/3126/3414/2251。

3.2　剪枝

扫一扫

视频讲解

剪枝是搜索必用的优化手段,常常能把指数级的复杂度优化到近似多项式的复杂度。剪枝是一个比喻:把不会产生答案的或不必要的枝条"剪掉"。剪枝的关键在于剪枝的判断:什么枝该剪;在什么地方剪。

BFS的剪枝通常使用判重,如果搜索到某一层时,出现重复的状态,就剪枝。例如,经典的八数码问题,核心就是去重,把曾经搜索过的八数码组合剪去。

DFS的剪枝技术较多,有可行性剪枝、搜索顺序剪枝、最优性剪枝、排除等效冗余、记忆化搜索等等。

（1）可行性剪枝:对当前状态进行检查,如果当前条件不合法就不再继续,直接返回。例如放最小的也放不下,或者放最大的也放不满。

（2）搜索顺序剪枝:搜索树有多个层次和分支,不同的搜索顺序会产生不同的搜索树形态,复杂度也相差很大。

（3）最优性剪枝:在最优化问题的搜索过程中,如果当前花费的代价已超过前面搜索到的最优解,那么本次搜索已经没有继续进行下去的意义,直接退出。

（4）排除等效冗余:如果沿当前节点搜索它的不同分支,最后的结果是一样的,那么只

---

① 《算法竞赛入门到进阶》(清华大学出版社,罗勇军等著)第4章"搜索技术"讲解了一些经典题目:排列问题、子集生成和组合问题、八数码问题、八皇后问题、埃及分数等。

② 八皇后的解法很多。这里有一个有趣的解法,即用位运算求解(http://www.matrix67.com/blog/archives/266)。

搜索一个分支就够了。

（5）记忆化搜索：在递归的过程中，有许多分支被反复计算，会大大降低算法的执行效率。用记忆化搜索，将已经计算出来的结果保存起来，以后需要用到时直接取出结果，避免重复运算，从而提高了算法的效率。记忆化搜索主要应用于动态规划，请参考本书"动态规划"这一章。

 一道题目中可能用到多种剪枝技术，不过用不着刻意区分是哪种剪枝技术，总体思路就是减少搜索状态。虽然不是所有搜索题都需要剪枝，不过尽量考虑剪枝，概括为一句话："搜索必剪枝，无剪枝不搜索"。

3.2.1 BFS 判重

BFS 剪枝的题目很多需要判重。BFS 的原理是逐步扩展下一层，把扩展出的下一层的点放入队列中处理。在处理上一层的同时，把下一层的点放到队列的尾部。在任意时刻，队列中只包含相邻两层的点。如果这些点都不同，只能把所有点放入队列。如果这些点有相同的，那么相同的点只处理一次就够了，其他相同的点不用重复处理，此时需要判重。例 3.2 是判重的例题。

例 3.2 跳蚱蜢[①]

问题描述：有 9 个盘子围成一个圆圈。其中 8 个盘子内装着 8 只蚱蜢，有一个是空盘。把这些蚱蜢顺时针编号为 1~8。每只蚱蜢都可以跳到相邻的空盘中，也可以再用点力，越过一个相邻的蚱蜢跳到空盘中。如果要使蚱蜢们的队形改为按照递时针排列，并且保持空盘的位置不变（也就是 1 和 8 换位，2 和 7 换位，…），至少要经过多少次跳跃？

这是一道八数码问题，八数码是经典的 BFS 问题。

 本题用到了"化圆为线"的技巧。

直接让蚱蜢跳到空盘有点麻烦，因为有很多蚱蜢在跳。如果反过来看，让空盘跳，跳到蚱蜢的位置，就简单多了，因为只有一个空盘在跳。题目给的是一个圆圈，不好处理，可以"化圆为线"。把空盘标记为 0，那么有 9 个数字{0,1,2,3,4,5,6,7,8}，一个圆圈上的 9 个数字拉直成为一条线上的 9 个数字。这就是八数码问题，八数码有 9 个数字{0,1,2,3,4,5,6,7,8}，它有 9!=362880 种排列，不算多。

本题的初始状态是 012345678，终止状态是 087654321。从初始状态跳一次，下一个状态有 4 种情况，如图 3.2 所示。

---

① https://www.lanqiao.cn/problems/642/learning/

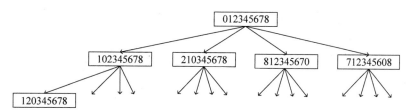

图 3.2 从起点开始的跳跃

用 BFS 扩展每层。每层就是蚱蜢跳了一次,扩展到某一层时发现终点 087654321,这一层的深度就是蚱蜢跳跃的次数。

如果写一个裸的 BFS,能运行出来吗?第 1 步到第 2 步有 4 种跳法;第 2 步到第 3 步有 4×4 种跳法;…;到第 20 步有 4^{20} 约 1 万亿种跳法。

必须判重,判断有没有重复跳,如果跳到一个曾经出现过的情况,就不用往下跳了。一共只有 9!= 362880 种情况。代码的复杂度是多少?在每层,能扩展出最少 4 种,最多 362880 种情况,最后算出的答案是 20 层,那么最多计算 $20 \times 362880 = 7257600$ 次。在下面的 C++ 代码中统计实际的计算次数,是 1451452 次。

如何判重?用 STL 的 map 和 set 判重,效率都很好。另外,有一种数学方法叫作康托判重[①],竞赛时一般不用。下面是例 3.2 的代码,其中有 map 和 set 两种判重方法。

```
1    #include<bits/stdc++.h>
2    using namespace std;
3    struct node{
4        node(){}
5        node(string ss, int tt){s = ss, t = tt;}
6        string s;
7        int t;
8    };
9    //(1) map
10   map<string, bool> mp;
11   //(2) set
12   // set<string> visited;                      //记录已经搜索过的状态
13   queue<node> q;
14   void solve(){
15       while(!q.empty()){
16           node now = q.front();
17           q.pop();
18           string s = now.s;
19           int step = now.t;
20           if(s == "087654321"){ cout << step << endl; break;}    //到目标了,输出跳跃步数
21           int i;
22           for(i = 0 ; i < 10 ; i++)                  //找到盘子的位置 i
23               if(s[i] == '0')  break;
24           for(int j = i - 2 ; j <= i + 2 ; j++){     //4 种跳法
25               int k = (j + 9) % 9;
26               if(k == i) continue;                   //这是当前状态,不用检查
```

———————————————

① 康托判重的详细讲解,请参考《算法竞赛入门到进阶》(罗勇军,郭卫斌著,清华大学出版社出版)4.3.2 节"八数码问题"。

```
27              string news = s;
28              char tmp = news[i];
29              news[i] = news[k];
30              news[k] = tmp;                    //跳到一种情况
31 //(1) map
32              if(!mp[news]){                    //判重:这个情况没有出现过
33                  mp[news] = true;
34                  q.push(node(news, step + 1));
35              }
36 //(2)set
37 /*          if(visited.count(news) == 0){      //判重:这个情况没有出现过
38                  visited.insert(news);
39                  q.push(node(news, step + 1));
40              }     */
41          }
42      }
43 }
44 int main(){
45     string s = "012345678";
46     q.push(node(s, 0));
47 //(1) map
48     mp[s] = true;
49     solve();
50     return 0;
51 }
```

3.2.2 剪枝的应用

一道题目中可能用到多种剪枝技术,请通过以下例题掌握剪枝。例题的难度逐渐增加。

1. poj 3278

例3.3 Catch that cow(poj 3278)

问题描述:在一条直线上,奶牛在 K 位置,农夫在 N 位置。农夫想抓到牛,他有3种移动方法:如他在 X 位置,他每次可以移动到 $X-1$、$X+1$、$2X$ 的位置。问农夫最少要移动多少次才能从 N 到达 K?

输入:输入两个整数 N 和 K。$0 \leqslant N, K \leqslant 100000$。

输出:最少移动次数。

这是从 N 到 K 的最短路径问题,显然用 BFS,每步有 3 个分支。本题使用**可行性剪枝**:如果农夫当前位置大于 K,那么农夫只能不断做 $X-1$ 操作,而不能使用变大的 $X+1$ 和 $2X$ 这两种操作。

2. 洛谷 P1118

 例 3.4　数字三角形（洛谷 P1118）

问题描述：写出一个 $1 \sim n$ 的序列 a_i，然后每次将相邻两个数相加，构成新的序列，再对新序列进行这样的操作，显然每次构成的序列都比上一次的序列长度少 1，直到只剩下一个数字为止。下面是一个例子：

$$
\begin{array}{cccc}
3 & 1 & 2 & 4 \\
4 & 3 & 6 & \\
7 & 9 & & \\
16 & & &
\end{array}
$$

现在倒着玩这个游戏，如果知道 n，知道最后得到的数字 sum，请求出最初序列 a_i，即为 $1 \sim n$ 的一个排列。若答案有多种可能，则输出字典序最小的那个。$n \leqslant 12$，$\text{sum} \leqslant 12345$。

输入：输入两个正整数 n 和 sum。

输出：输出字典序最小的那个序列。

输入样例：	输出样例：
4 16	3 1 2 4

本题用暴力法会超时。对 $1 \sim n$ 这 n 个数做从小到大的全排列，对每个全排列进行三角形和的计算，判断是否等于 n。对每个排列进行三角形和计算复杂度为 $O(n^2)$。例如，第 1 行有 5 个数 $\{a, b, c, d, e\}$，那么第 2 行计算 4 次，第 3 行计算 3 次……总次数为 $O(n^2)$。

$$
\begin{array}{ccccc}
a & b & c & d & e \\
a+b & b+c & c+d & d+e & \\
a+2b+c & b+2c+d & c+2d+e & & \\
a+3b+3c+d & b+3c+3d+e & & & \\
a+4b+6c+4d+e & & & &
\end{array}
$$

$n = 12$ 时，共有 12! 约 4 亿种排列，总复杂度为 $O(n! \, n^2)$，显然会超时。

本题的解法是三角计算优化 + 剪枝。

(1) 三角计算优化。对排列进行三角形计算，并不需要按部就班地算，如 $\{a, b, c, d, e\}$ 这 5 个数，直接计算最后一行的公式 $a+4b+6c+4d+e$ 就好了，复杂度为 $O(n)$。不同的 n 有不同的系数，例如 $n = 5$ 的系数是 $\{1, 4, 6, 4, 1\}$，提前算出所有 n 的系数备用。可以发现，这些系数正好是杨辉三角。

(2) 剪枝。即使有了杨辉三角的优化，总复杂度还是有 $O(n! \, n)$，所以必须进行**最优性剪枝**。对某个排列求三角形和时，如果前面几个元素和已经大于 sum，那么后面的元素就不用再算了。例如，$n = 9$ 时，计算到排列 $\{2, 1, 3, 4, 4, 5, 6, 7, 8, 9\}$，如果前 5 个元素 $\{2, 1, 3, 4, 5\}$ 求和已经大于 sum，那么后面的 $\{6, 7, 8, 9\} \sim \{9, 8, 7, 6\}$ 都可以跳过，下一个排列从 $\{2, 1, 3, 4, 6, 5, 7, 8, 9\}$ 开始。本题要求 $\text{sum} \leqslant 12345$，和不大，用这个简单的剪枝方法可以通过。

(3) 可以用 DFS 求全排列，也可以直接用 STL 的 next_permutation() 函数求全排列。

3. 洛谷 P1433

例 3.5 吃奶酪（洛谷 P1433）

问题描述：房间里有 n 块奶酪,给出每块奶酪的坐标。一只小老鼠要把它们都吃掉,它的初始坐标是 $(0,0)$,问至少要跑多少距离？$1 \leqslant n \leqslant 15$。

输入：第 1 行输入一个整数,表示奶酪的数量 n；第 $2 \sim n+1$ 行中,每行输入两个实数,第 $i+1$ 行的实数表示第 i 块奶酪的坐标 (x_i, y_i)。

输出：输出一个实数,表示要跑的最短距离,保留两位小数。

本题是一个全排列问题,15 个奶酪有 15 个坐标,有 15! 共约 1.3 万亿种排列。如果用暴力法,用 DFS 搜索所有的排列,代码很容易写。在测试数据比较小的情况下,可以用**最优性剪枝**。在 DFS 中,用 sum 记录当前最短距离,每次计算新的距离时,如果大于 sum,就退出。剪枝的效率和测试数据有关,如果碰巧有很恶劣的数据,会超时。

> **提示**　本题的标准解法是状态压缩 DP,它的复杂度为 $O(n2^n)$。

4. hdu 1010

例 3.6　Tempter of the bone（hdu 1010）

问题描述：一个迷宫有 $N \times M$ 格,有一些格子是地板,能走；有一些格子是障碍,不能走。给一个起点 S 和一个终点 D。一只小狗从 S 出发,每步走一块地板,在每块地板不能停留,而且走过的地板都不能再走。给定一个 T,问小狗能正好走 T 步到达 D 吗？

输入：有很多测试样例。每个测试中,第 1 行输入整数 $N, M, T (1 < N, M < 7, 0 < T < 50)$。后面 N 行中,每行输入 M 个字符,有这些字符可以输入：'X'：墙；'S'：起点；'D'：终点；'.'：地板。最后一行输入'0 0 0',表示输入结束。

输出：每个测试,如果狗能到达,输出 YES,否则输出 NO。

用 BFS 还是 DFS？对于最短路径问题,应该用 BFS。但是如果要搜索所有路径,应该用 DFS,因为 DFS"一路到底",天然就产生了一条路径,而 BFS 逐层推进,记录最短路径很方便,记录所有可能路径比较麻烦。

首先考虑暴力搜索的复杂度。在所有可能的路径中,看其中是否有长度为 T 的路径。直接搜索所有的路径,会超时。有多少可能的路径呢？本题图很小,但是路径数量惊人。$1 < N, M < 7$,最多有 36 个格子,设最长路径是 36,每个点有 3 个出口,那么就有 3^{36} 条路径,这是一个天文数字。即使在 DFS 加上限制条件,即格子不能重复走,也仍然会搜到百万条以上的路径。

本题最重要的技巧,网上称为**"奇偶剪枝"**。不过,本书认为"奇偶剪枝"这个说法不准确,称为"**奇偶判断**"更合适,因为它并不需要在 DFS 内部剪枝,详见本节后面的讨论。

首先看两个容易发现的**可行性剪枝**,如下所示。

(1) 当前走了 k 步,如果 $k>T$,已经超过了限制步数,还没有到达 D 点,则剪掉。在 $k>T$ 的基础上,可以发现以下更好一点的剪枝。

(2) 设从起点 S 走了 k 步到达当前位置 (x,y),而 (x,y) 到 D 点 (c,d) 的最短距离为 f,如果有 $k+f>T$,也就是 $T-k-f<0$,这说明剩下还允许走的步数比最短距离还少,肯定走不到了,剪掉。记 $\text{tmp}=T-k-f$。f 很容易求,它就是曼哈顿距离:$f=\text{abs}(c-x)+\text{abs}(d-y)$。这是理论上的最短距离,中间可能有障碍,不过不影响逻辑。

由于剪枝(2)比剪枝(1)严格,所以保留剪枝(2)就行了。

以上两种优化很限,真正有用的是"奇偶剪枝":若 tmp 为偶数,则可能有解;若 tmp 为奇数,肯定无解。

下面说明"奇偶剪枝"的原理。令 $\text{tmp}=T-k-f=T'-f$,T' 为当前位置 (x,y) 到 D 点要走的距离,那么 tmp 表示在最短路径之外还必须要走的步数,那么只能绕路了。比较简单的绕路方法是在最短路径上找两个相邻点 u 和 v,现在不直接走 $u{\to}v$,而是从 u 出发绕一圈再到 v,新路径是 $u{\to}\cdots{\to}v$;读者可以发现,在这种方格图上,原来的步数为 1,绕路后的步数一定比 1 大偶数步,也就是 tmp 是一个偶数。如果不用这个简单办法绕路,改用别的绕路方法,tmp 也是偶数。

其实,上述解释过于烦琐了,下面以图 3.3 解释更加透彻,而且还能得到更简洁的结果。实际上,在本题中,只需要对起点 S、终点 D 做一次奇偶判断就够了,DFS 内部不用再做。因为从 S 走到方格中的任意点 x,x 和 D 的奇偶性与 S 和 D 的奇偶性相同。所以,奇偶判断应该在 DFS 之前做,判断有解后再进行 DFS。DFS 内部的奇偶判断是多余的;奇偶判断并不能减少 DFS 内部搜索的次数,因为这是独立的两件事。

0	1	0	1	0	1
1	0	1	0	1	0
0	1	0	1	0	1
1	0	1	0	1	0
0	1	0	1	0	1

图 3.3　方格图的奇偶性

如图 3.3 所示,对每个方格用 0 和 1 进行交错标记。从 0 格子走一步只能到 1 格子,从 1 格子走一步只能到 0 格子。任取两个点为起点 S 和终点 D,如果它们都为 0 或 1,那么偶数步才能走到;如果它们一个为 0 一个为 1,那么奇数步才能走到。这就是奇偶判断的原理。

 读者请判断,"奇偶剪枝"和"奇偶判断"哪种说法更准确?

所以,给定起点 S 和终点 D,以及限制的步数 T,可以立刻判断是否有解:① S 和 D 同为 0 或同为 1,T 为偶数,可能有解;T 为奇数,必定无解;② S 和 D 不同,T 为奇数,可能有解;T 为偶数,必定无解。

如果判断可能有解,有以下推论:从 S 出发到任意点 x,x 到 D 也可能有解,因为 x 和 D,与 S 和 D 的奇偶性相同。例如,S 和 D 都为 0,T 为偶数,可能有解;现在 S 走一步到 x,x 为 1,D 还是 0,T 也减 1 变为奇数,那么从 x 到 D 仍满足可能有解的判断。

但是,方格的 0/1 标记如何得到呢?或者换个说法:给定 S 和 D,如何判断它们是否相同呢?很简单,用曼哈顿距离就可以。如果 S 和 D 的曼哈顿距离 f 为奇数,说明 S 和 D 中

一个是 0 一个是 1；如果 f 为偶数，说明 S 和 D 同 0 或同 1。

在本题中，如果 $T-f$ 为奇数，则肯定无解。因为：假设 T 为奇数，那么 f 只能是偶数，也就是说，限制走奇数 T 步，但是 S 和 D 之间的路径是偶数步的，互相矛盾。

最后，通过以上分析可以知道，奇偶判断只能用在方格图上。方格中允许有不可走的障碍，这些障碍不影响逻辑正确性。

本题代码如下。

```
1   //改写自 https://www.cnblogs.com/CSU3901130321/p/3993740.html
2   # include < bits/stdc++.h >
3   using namespace std;
4   char mat[8][8], visit[8][8];
5   int n, m, t;
6   int flag;                                           //flag = 1,表示找到了答案
7   int a, b, c, d;                                     //起点 S(a,b),终点 D(c,d)
8   int dir[4][2] = {{1,0}, {-1,0}, {0,1}, {0,-1}};     //上下左右 4 个方向
9   # define CHECK(xx,yy) (xx >= 0 && xx < n && yy >= 0 && yy < m)   //是否在迷宫中
10  void dfs(int x, int y, int time){
11      if(flag)  return;                               //逐层退出 DFS,有多少层 DFS,就退多少次
12      if(mat[x][y] == 'D'){
13          if(time == t)    flag = 1; //找到答案
14          return;                                     //D 只能走一次,所以不管对不对都返回
15      }
16      //if(time > t)       return;                    //剪枝(1),因为有剪枝(2),剪枝(1)就多余了
17      int tmp = t - time - abs(c - x) - abs(d - y);
18      if(tmp < 0)      return;                         //剪枝(2)
19      //if(tmp & 1)      return;                       //奇偶剪枝:不应该在这里做,应该在 main()函数中做
20      for(int i = 0; i < 4; i++){                      //上下左右
21          int xx = x + dir[i][0], yy = y + dir[i][1];
22          if(CHECK(xx,yy)  && mat[xx][yy]!= 'X' && !visit[xx][yy]){
23              visit[xx][yy] = 1;                       //地板标记为走过,不能再走
24              dfs(xx, yy, time + 1);                   //遍历所有的路径
25              visit[xx][yy] = 0;                       //递归返回,这块地板恢复为没走过
26          }
27      }
28      return;
29  }
30  int main(){
31      while(~scanf("%d%d%d",&n,&m,&t)){
32          if(n == 0 && m == 0 && t == 0)     break;
33          for(int i = 0;i < n;i++)
34              for(int j = 0;j < m;j++){
35                  cin >> mat[i][j];
36                  if(mat[i][j] == 'S') a = i,b = j;
37                  if(mat[i][j] == 'D') c = i,d = j;
38              }
39          memset(visit, 0, sizeof(visit));
40          int tmp = t - abs(c - a) - abs(d - b);       //在 DFS 之前做奇偶判断
41          if(tmp & 1){ puts("NO"); continue; }         //无解,不用 DFS 了
42          flag = 0;
43          visit[a][b] = 1;                             //标记起点已经走过
44          dfs(a, b, 0);                                //搜索路径
```

```
45            if(flag)  puts("YES");
46            else      puts("NO");
47        }
48      return 0;
49  }
```

5. 洛谷 P1120

 例 3.7 小木棍（洛谷 P1120）

问题描述：乔治有一些同样长的小木棍，他把这些木棍随意砍成几段，直到每段的长度都不超过 50。现在，他想把小木棍拼接成原来的样子，却忘记了自己开始时有多少根木棍和它们的长度。给出每段小木棍的长度，编程帮他找出原始木棍的最小可能长度。

输入：第 1 行输入一个整数 n，表示小木棍的个数；第 2 行输入 n 个整数，表示各木棍的长度 a_i。$1 \leqslant n \leqslant 65, 1 \leqslant a_i \leqslant 50$。

输出：输出一个整数表示答案。

先考虑暴力法是否可行。尝试原始木棍所有可能的长度，看是否能拼接好这 N 个小木棍。例如，设原始木棍长度为 D，搜索所有木棍组合，如果能够把 N 个木棍都拼接成长度为 D 的木棍，则 D 就是一个合适的长度，在所有合适的长度中取最小值输出。用 DFS 搜索所有组合，对于一个 D 的检查，小木棍的组合复杂度为 $O(N!)$。

本题需要用到多种剪枝技术。

（1）**优化搜索顺序**。把小木棍按长度从大到小排序，然后按从大到小的顺序做拼接的尝试。对于给定的可能长度 D，从最长的小木棍开始拼接，在拼接时，继续从下一个较长的小木棍开始；持续这个操作，直到所有木棍都拼接成功或某个没有拼接成功为止。一旦不能拼接，这个 D 就不用再尝试。

（2）**排除等效冗余**。上面的优化搜索顺序中，是用贪心策略进行搜索。为什么这里可以用贪心策略？因为不同顺序的拼接是等效的，即先拼长的 x 再拼短的 y，与先拼短的 y 再拼长的 x 是一样的。

（3）对长度 D 的优化。其实并不用检查大范围的 D，因为 D 是小木棍总长度的一个约数。例如，总长度为 10，那么 D 只可能是 1、2、5、10。计算小木棍的总长度，找到它的大于最长小木棍长度的所有约数，这就是原始木棍的可能长度 D。然后按从小到大排序，尝试拼接，如果成功，则输出结果，后面不再尝试。

6. hdu 2610

 例 3.8 Sequence one（hdu 2610）

问题描述：给定一个序列，包含 n 个整数，每个整数不大于 2^{31}，输出它的前 p 个不递减序列，如果不够 p 个，就输出所有。

示例：有 3 个整数{1,3,2}，它的前 5 个不递减序列是{1}、{3}、{2}、{1,3}、{1,2}；输出时，首先按子序列长度排序，相同长度的按出现顺序排序，所以{3}在{2}前面，{1,3}在{1,2}前面。这个例子中没有长度为 3 的不递减序列。

输入：包括多个测试，每个测试输入两个整数 n 和 p。$1 < n \leqslant 1000, 1 < p \leqslant 10000$。

输出：对于每个测试，输出答案。

下面用两种方法求解。

1）暴力法

暴力法求解分为 3 部分：生成所有子序列、去重、去掉递减序列。

（1）生成所有子序列。用 DFS 编码比较简单，题目求不同长度的序列，可以按长度分别 DFS。

```
void dfs(int len, int pos){
...
for( int i = pos;i < n;i++)          // pos 表示当前位置,从 pos 位置开始找子序列
    dfs(len,i);
...
}
int main(){
...
    for( int len = 1;len <= n;len++)     //len 表示子序列的长度,每次搜索一种长度的子序列
    dfs(len,0);
...
}
```

（2）去重。简单的办法是用 STL set，理论上对一个子序列进行判重的复杂度为 $O(\log_2 n)$。

（3）去掉递减序列。在做 DFS 时，如果子序列中的下一个元素比上一个元素大，就退出。

上述步骤看起来不错，但是会超时。虽然只需要输出前 p 个子序列，但是要搜索的范围远远超过 p。去重很花时间，去掉递减序列也很花时间，长度为 2 及以上的子序列有大量是递减的。

2）去重的优化和可行性剪枝

本题的去重和去掉递减序列都可以优化。

（1）去重的优化。

思路：用某元素 a 为首元素，在原始序列中生成不递减子序列后，后面如果再遇到相等的 a，就不用再生成子序列了，因为前面已经用 a 在整个范围内搜索过了；这个思路可以推广到第 2 个元素、第 3 个元素，等等。

下面以序列 $A[]=\{1,2,1,5,1,4,1,7\}$ 为例说明，它的不递减子序列有{1}、{2}、{5}、{4}、{7}、{1,2}、{1,1}、{1,5}、{1,4}、{1,7}、{2,5}、{2,4}、{2,7}、{5,7}，等等。

① 以 $A[0]=1$ 为首，生成了{1}、{1,2}、{1,1}、{1,5}、{1,4}等序列；下次准备以 $A[2]=1$ 为首生成子序列时，发现前面有 $A[0]=A[2]=1$，那么就丢弃以 $A[2]=1$ 为首的

所有子序列,因为前面已经用 $A[0]=1$ 为首,在整个序列中得到了 $\{1\}$、$\{1,5\}$、$\{1,4\}$ 等序列。

② 以 $A[3]=5$ 为首的子序列,确定子序列的第 2 个元素时,在 $A[3]$ 后面的 $\{1,4,1,7\}$ 范围内,按方法①操作,如检查 $\{1,7\}$ 的 1 时,这个 1 已经在 $\{1,4,1,7\}$ 的第 1 个位置出现过,所以应该丢弃。

复杂度分析:上面的去重方法,对一个子序列做一次判重的复杂度为 $O(n)$,似乎比 STL set 的 $O(\log_2 n)$ 差;不过,前者剪去了很多子序列,需要判重的子序列比后者少很多。

(2) 去掉递减序列的剪枝。

如果短的子序列没有合法的,那么更长的也不合法。例如,搜索长度为 4 的子序列,发现没有非递减的,那么大于 4 的非递减子序列也不存在,剪去。

hdu 2611 是类似的题目,请读者自己了解。

 例 3.9 Sequence two(hdu 2611)

问题描述:给定一个序列,包含 n 个整数,每个整数不大于 2^{31},按字典序输出它的前 p 个不递减序列,如果不够 p 个,就输出所有。

不递减序列的例子:有 3 个整数 $\{1,3,2\}$,它的所有 5 个序列是 $\{1\}$、$\{2\}$、$\{3\}$、$\{1,2\}$、$\{1,3\}$,按字典序输出;注意 $\{1,2,3\}$ 不是它的子序列,因为不能改变元素的顺序。$1<n\leqslant 100,1<p\leqslant 100000$。

7. poj 2676

 例 3.10 Sudoku(poj 2676)

问题描述:九宫格问题,又称为数独问题。把一个 9 行 9 列的网格再细分为 9 个 3×3 的子网格,要求每行、每列、每个子网格内都只能填 $1\sim 9$ 中的一个数字,每行、每列、每个子网格内都不允许出现相同的数字。给出一个填写了部分格子的九宫格,要求填完九宫格并输出,如果有多种结果,则只需输出其中一种。

本题的总体思路是用 DFS 搜索每个空格子。写代码时用到一个小技巧:用位运算记录格子状态。每行、每列、每个子网格,分别用一个 9 位的二进制数保存哪些数字还可以填。对于每个位置,把它在的行、列,九宫格对应的数取 & 运算就可以得到剩余哪些数可以填,并用 lowbit() 函数取出能填的数。在这些操作的基础上,用到以下两种剪枝技术。

(1) **优化搜索顺序剪枝**。从最容易确定数字的行(或列)开始填数,也就是 0 最少的行(或列);在后续每个状态下,也选择 0 最少的行(或列)填数。

(2) **可行性剪枝**。每格填的数只能是对应行、列和子网格中没出现过的。

洛谷 P1074 是本题的扩展。

8. 洛谷 P1074

例 3.11 靶形数独（洛谷 P1074）

问题描述：靶形数独的方格与普通数独一样,在 9×9 的大九宫格中有 9 个 3×3 的小九宫格(用粗黑色线隔开的)。在这个大九宫格中,有些数字是已知的,根据这些数字,利用逻辑推理,在其他空格中填入数字 1～9。每个数字在每个小九宫格内不能重复出现,每个数字在每行、每列也不能重复出现。但靶形数独有一点与普通数独不同,即每个方格都有一个分值,而且如同一个靶子一样,离中心越近则分值越高。

比赛要求：每个人必须完成一个给定的数独(每个给定数独可能有不同的填法),而且要争取更高的总分数。而这个总分数即每个方格上的分值和完成这个数独时填在相应格上的数字的乘积的总和。如图 3.4 所示,在这个已经填完数字的靶形数独游戏中,总分数为 2829。游戏规定以总分数的高低决出胜负。

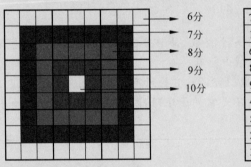

图 3.4 靶形数独

此题较难,几个关键点如下。

（1）九宫格的表示。把每个格子对应的分数以及每个格子属于哪个小九宫格用二维数组打表,方便搜索时使用。

（2）**优化搜索顺序剪枝**。从最容易确定数字的行(或列)开始填数,也就是 0 最少的行(或列);在后续每个状态下,也选择 0 最少的行(或列)填数。

（3）**可行性剪枝**。每格填的数只能是对应行、列和子网格中没出现过的。

【习题】

（1）洛谷 P1120/P1312/P1074。

（2）poj 1010/2362/1011/1416/2676/1129/1020/3411/1724。

扫一扫

视频讲解

3.3　　　　　　　　　　　　　　　　　　　　　　**洪水填充**

洪水填充①算法是搜索的一个简单应用。一张图上有多个区域,不同的区域用不同颜

---

① 英文是 Flood Fill 或 Seed Fill。洪水填充(Flood Fill)和边界填充(Boundary Fill)是解决区域填充(Area Filling)问题的算法。

色区分,同一个区域的所有点的颜色(oldColor)都是相同的。给定图上的一个点,称为种子点,然后从种子点出发,把种子点所属的封闭区域用新颜色(fillColor)填充,这就是"洪水填充"。

拍电影时常用绿幕做背景,成片时再把绿幕抠掉,这时可以用洪水填充算法。不过洪水填充算法比较低效,真正的抠图需要用高效的算法。

如图 3.5 所示,左图方框内有 3 个区域:心形的边界、心形内部、心形外部。心形内部和外部的颜色都是白色,但是被黑色的心形边界隔开,所以不在一个区域中。若种子点在心形内部,用灰色填充后的效果见右图。

图 3.5 洪水填充

填充过程像洪水一样从种子开始向四周蔓延,首先扩散到它的邻居,然后再扩散到邻居的邻居,这实际上是一个寻找连通块的过程。根据图形的定义,邻居有 4 个(上、下、左、右共 4 个)或 8 个(加上对角线方向的 4 个)。

洪水填充的编程用 BFS 和 DFS 都可以。洪水扩散过程符合 BFS 的原理,不过用 DFS 编码更简单,以下是 4 邻居图的 DFS 代码。

```
void floodfill(int x, int y, int fillColor, int oldColor){ //从种子点的坐标开始
    if(check(x,y) == True && color(x,y) == old_color){//check(x,y)函数检查是否越过图的边界
        setColor(x, y, fillColor);                    //给这个点涂色
        floodfill(x + 1,y, fillColor, old_color);     //递归 4 个邻居
        floodfill(x − 1,y, fillColor, old_color);
        floodfill(x,y + 1, fillColor,old_color);
        floodfill(x,y − 1, fillColor,old_color);
    }
}
```

设图是一个 $n \times n$ 的矩阵,洪水填充算法的时间、空间复杂度都为 $O(n^2)$。若 n 较大,用 DFS 可能导致栈溢出,此时可以改用 BFS。BFS 一圈一圈向外扩散,最大的外圈有 $4n$ 个点,编码所使用的队列长度最大为 $4n$。

下面给出 3 道例题。

1. hdu 1312

例 3.12 **Red and black(hdu 1312)**

问题描述:有一个长方形的房间,铺着方形瓷砖,每块瓷砖都是红色或黑色。一个人站在黑色的瓷砖上,他可以按上、下、左、右方向移动到相邻的瓷砖。但他不能在红砖上移动,他只能在黑砖上移动。编程计算他可以达到的黑色瓷砖的数量。

输入：第1行输入两个正整数 W 和 H，分别表示 x 方向和 y 方向上的瓷砖数量，W 和 H 均不超过20。下面输入 H 行，每行包含 W 个字符，每个字符表示一块瓷砖的颜色。字符表示：'•'表示黑色瓷砖；'#'表示红色瓷砖；'@'代表黑瓷砖上的人，在数据集中只出现一次。

输出：输出一个数字，表示从初始瓷砖能到达的瓷砖总数量(包括起点)。

题解 这是一道简单的洪水填充题。从中心点'@'出发，用 BFS 或 DFS 搜索与它连通的'•'即可[①]。

2. poj 2227

例 3.13   The wedding juicer(poj 2227)

问题描述：在地面上用砖块修占地面积为 $W \times H$ 的建筑，$3 \leq W \leq 300$，$3 \leq H \leq 300$，每 1×1 的单位地面上有一块砖，第 i 块砖的高度为 B_i，$1 \leq B \leq 1000000000$，砖与砖之间紧密贴合。计算这块地面能容纳多大容量的水。

题解 把这块地面看作一个不规则的大水桶，其中有很多局部能储水，每个能储水的局部，其水面不能高于这个局部的边界上最矮的砖块。最简单的办法是逐个检查砖块，统计它周边的局部储水情况。但是这样比较复杂，为了简化逻辑，采用"从四周堵中央"的办法。

从边界($W \times H$ 的最外面一圈)开始，找到边界上的最矮砖块 j，检查它的邻居砖块 k：①如果 $B_j \leq B_k$，k 上不能储水，将 k 标记为新的边界；②如果 $B_j > B_k$，该砖块可以储水，储水容量增加 $B_j - B_k$，把 k 的高度改为 j 的高度，然后也把 k 标记为新的边界。删除 j，后续不再处理。每次检查新边界，处理其中最矮的；逐步缩小边界，直到所有砖块被检查过。

编码时用优先队列处理边界，队列中的砖块始终表示当前的边界，队首是最矮的砖块。先把边界上所有的砖块放进优先队列，然后开始处理队列。从队首的最矮砖块 j 开始，把 j 弹出队列然后检查它的邻居砖块：比 j 高的标记为新边界并加入队列；比 j 矮的，统计储水量，修改高度，标记为新边界，加入队列。队列为空时计算结束。

3. 洛谷 P1514

例 3.14   引水入城(洛谷 P1514)

问题描述：在一个遥远的国度，一侧是风景秀美的湖泊，另一侧则是漫无边际的沙漠。该国的行政区划十分特殊，刚好构成一个 $N \times M$ 的矩形，其中每个格子都代表一座城市，第 1 行在湖边，第 N 行在沙漠边上，每座城市都有一个海拔高度。

为了使尽量多的居民有水，需要在城市建造水利设施。水利设施有两种，分别为蓄水

---

① 《算法竞赛入门到进阶》(罗勇军，郭卫斌著，清华大学出版社出版)第 44 页用 BFS、第 53 页用 DFS 解析了此题。

厂和输水站。蓄水厂的功能是利用水泵将湖泊中的水抽取到所在城市的蓄水池中。只有与湖泊毗邻的第1行的城市可以建造蓄水厂。输水站的功能则是通过输水管线利用高度落差,将湖水从高处向低处输送。因此,一座城市能建造输水站的前提是存在比它海拔更高且拥有公共边的相邻城市,已经建有水利设施。第 N 行的城市靠近沙漠,是该国的干旱区,所以要求其中的每座城市都建有水利设施。这个要求能否满足呢?如果能,请计算最少建造几个蓄水厂;如果不能,求干旱区中不可能建有水利设施的城市数目。

第1个问题"是否能满足最后一排都有水"是简单的洪水填充,用 BFS 或 DFS 检查第1排的每个点,把这些点看作种子点,扩散到比它们海拔低的邻居,直到最后一排,检查最后一排是否全部被覆盖到即可。

第2个问题是最少建几个蓄水厂。本题的特殊性在于,第1排的每个点所能覆盖的最后一排的点是有先后关系的。例如,第1排左边第1点覆盖了最后一排的[L,R]点,那么第1排第2点能覆盖的最后一排的点肯定大于或等于[L,R]。这一点容易理解,若第1点和第2点的水流都能流到最后一排,第1点的水不会比第2点的水流得更远。

本题的编码有点麻烦,请仔细练习。

【习题】

(1) hdu 5319/4574/1240/6113。

(2) 洛谷 P1506/P1162/P1649。

(3) poj 1979/3026/2157。

3.4　BFS 与最短路径

扫一扫

视频讲解

最短路径问题是最著名的图论问题,有很多不同的场景和算法。在一种特殊的场景中,BFS 也是极为优秀的最短路径算法,这种场景就是所有的相邻两个点的距离相等,一般把这个距离看作1。此时,BFS 是最优的最短路径算法,查找一次从起点到终点的最短距离的计算复杂度为 $O(m)$,m 为图上边的数量,因为需要对每条边做一次检查。关于空间复杂度,用邻接表存储图的复杂度为 $O(n+m)$,另外需要使用一个 $O(n)$ 的队列,n 为点的数量。

提示　如果两点之间距离不相等,就不能用 BFS 了,需要用 Dijkstra 等通用算法。

BFS 的特点是逐层扩散,也就是按最短路径扩散出去。向 BFS 的队列中加入邻居节点时,是按距离起点远近的顺序加入的:先加入距离起点为1的邻居节点,再加入距离为2的邻居节点,依此类推。搜索完一层,才会继续搜索下一层。一条路径是从起点开始,沿着每层逐步向外走,每多一层,路径长度就加1。那么,所有长度相同的最短路径都是从相同的层次扩散出去的。

求最短路径时,常见的问题有两个:①最短路径有多长?答案显然是唯一的;②最短路径经过了哪些点?由于最短路径可能不只一条,所以题目往往不要求输出,如果要求输

出,一般是要求输出字典序最小的那条路径。

下面用一道例题介绍最短路径的计算和最短路径的打印。

 例 3.15 迷宫①

问题描述：给出一个迷宫的平面图,其中标记为 1 的为障碍,标记为 0 的为可以通行的地方,如下所示。

```
010000
000100
001001
110000
```

迷宫的入口为左上角,出口为右下角,在迷宫中,只能从一个位置走到这个它的上(U)、下(D)、左(L)、右(R) 4 个方向之一。对于上面的迷宫,从入口开始,可以按 DRRURRDDDR 的顺序通过迷宫,一共 10 步。对于一个更复杂的迷宫(30 行 50 列),请找出一种通过迷宫的方式,其使用的步数最少。在步数最少的前提下,请找出字典序最小的一个作为答案。

注意：在字典序中 D<L<R<U。

本题是基本的 BFS 搜索最短路径。BFS 是最优的算法,每个点只搜索一次,即入队列和出队列各一次。题目要求返回字典序最小的最短路径,那么只要在每次扩散下一层(向 BFS 的队列中加入下一层的节点)时,都按字典序 D<L<R<U 的顺序加下一层的节点,那么第 1 个搜索到的最短路径就是字典序最小的。

本题的关键是路径打印,下面给出两种打印方法。

(1) **简单方法**,适合小图。每扩展到一个点 v,都在 v 上存储从起点 s 到 v 的完整路径 path。到达终点 t 时,就得到了从起点 s 到 t 的完整路径。在下面的代码中,在每个节点上记录从起点到这个点的路径。到达终点后,用 cout << now. path << endl 就打印出了完整路径。这样做的缺点是会占用大量空间,因为每个点上都存储了完整的路径。

(2) **标准方法**,适合大图。其实不用在每个节点上存储完整路径,而是在每个点上记录它的前驱节点就够了,这样从终点能一步步回溯到起点,得到一条完整路径。这种路径记录方法称为"标准方法"。注意看代码中的 print_path(),它是递归函数,先递归再打印。从终点开始,回溯到起点后,再按从起点到终点的顺序,正序打印出完整路径。

下面的代码中包含了两种方法,用"(1)简单方法"和"(2)标准方法"区分。

```
1    # include< bits/stdc++.h>
2    using namespace std;
3    struct node{
4        int x;
5        int y;
6    //(1)简单方法
```

---

① https://www.lanqiao.cn/problems/602/learning/

```
 7        string path;                   //path 记录从起点(0,0)到点(x,y)的完整路径
 8    };
 9    char mp[31][51];                    //存地图
10    char k[4] = {'D','L','R','U'};      //字典序
11    int dir[4][2] = {{1,0},{0,-1},{0,1},{-1,0}};
12    int vis[30][50];                    //标记,vis = 1 表示已经搜索过,不用再搜索
13
14    //(2)标准方法
15    char pre[31][51];                   //用于查找前驱点,如 pre[x][y] = 'D'表示上一个点
16                                        //向下走一步到了(x,y),那么上一个点是(x-1,y)
17    void print_path(int x,int y){       //打印路径:从(0,0)到(29,49)
18        if(x == 0 && y == 0)    return;         //回溯到了起点,递归结束,返回
19        if(pre[x][y] == 'D')  print_path(x-1,y);    //回溯,向上 U
20        if(pre[x][y] == 'L')  print_path(x,  y+1);  //回溯,向右 R
21        if(pre[x][y] == 'R')  print_path(x,  y-1);
22        if(pre[x][y] == 'U')  print_path(x+1,y);
23        printf("%c",pre[x][y]);               //最后打印的是终点
24    }
25    void bfs(){
26        node start; start.x = 0;   start.y = 0;
27    //(1)简单方法:
28        start.path = "";
29        vis[0][0] = 1;                        //标记起点被搜索过
30        queue < node > q;
31        q.push(start);                        //把第 1 个点放入队列,开始 BFS
32        while(!q.empty()){
33            node now = q.front();             //取出队首
34            q.pop();
35            if(now.x == 29 && now.y == 49){ //第 1 次达到终点,这就是字典序最小的最短路径
36    //(1)简单方法:打印完整路径
37                cout << now.path << endl;
38    //(2)标准方法:打印完整路径,从终点回溯到起点,打印出来是从起点到终点的正序
39                print_path(29,49);
40                return;
41            }
42            for(int i = 0;i < 4;i++){         //扩散邻居节点
43                node next;
44                next.x = now.x + dir[i][0];   next.y = now.y + dir[i][1];
45                if(next.x < 0||next.x >= 30||next.y < 0||next.y >= 50)  //越界了
46                    continue;
47                if(vis[next.x][next.y] == 1 || mp[next.x][next.y] == '1')
48                    continue;                 //vis = 1 表示已经搜索过;  mp = 1 表示是障碍
49                vis[next.x][next.y] = 1;              //标记被搜索过
50    //(1)简单方法:记录完整路径:复制上一个点的路径,加上这一步
51                next.path = now.path + k[i];
52    //(2)标准方法:记录点(x,y)的前驱
53                pre[next.x][next.y] = k[i];
54                q.push(next);
55            }
56        }
57    }
58    int main(){
```

```
59      for(int i = 0;i < 30;i++)  cin >> mp[i];              //读题目给的地图数据
60      bfs();
61   }
```

如果图上的每两个邻居节点之间的长度不同,上述普通的 BFS 做法就行不通了。这种一般性的最短路径算法,需要结合优先队列,具体做法详见 3.6 节。3.6 节实际上讲解图论的 Dijkstra 算法。

扫一扫

视频讲解

3.5　双 向 广 搜

双向广搜的原理很简单:把从起点 s 到终点 t 的单向搜索改为分别从 s 出发的正向搜索和从 t 出发的逆向搜索。使用双向广搜时需要做两个判断:①能不能使用双向广搜;②双向广搜是否能显著改善算法复杂度。

3.5.1　双向广搜的原理和复杂度分析

1. 原理

双向广搜的应用场合:有确定的起点和终点,并且能把从起点到终点的单个搜索,变换为分别从起点出发和从终点出发的"相遇"问题,此时可以用双向广搜。从起点 s(正向搜索)和终点 t(逆向搜索)同时开始搜索,当两个搜索产生相同的一个子状态 v 时就结束。得到的 s-v-t 是一条最佳路径,当然,最佳路径可能不止这一条。

> **提示**　和普通 BFS 一样,双向广搜在搜索时并没有"方向感",所谓"正向搜索"和"逆向搜索"其实仍然是盲目的,它们分别从 s 和 t 逐层扩散出去,直到相遇为止。

2. 复杂度分析

与只做一次 BFS 相比,双向广搜能在多大程度上改善算法复杂度呢? 下面以网格图和树形结构为例,推出一般性结论。

1) 网格图

用 BFS 求图 3.6 中 s 和 t 之间的最短路。图 3.6(b)是双向广搜,在中间的五角星位置相遇。

设两点的距离为 k。图 3.6(a)的 BFS,从起点 s 扩展到 t,一共访问了 $2k(k+1) \approx 2k^2$ 个节点;图 3.6(b)的双向 BFS,相遇时一共访问了约 k^2 个节点。两者差一倍,改善**并不明显**。

在这个网格图中,BFS 从第 k 扩展到第 $k+1$ 层,节点数量是**线性增长**的。

2) 树形结构

以二叉树为例,如图 3.7 所示,求根节点 s 到最后一行的黑点 t 的最短路。

普通 BFS 从第 1 层到第 $k-1$ 层,共访问 $1+2+\cdots+2^{k-1} \approx 2^k$ 个节点。双向 BFS 分

别从上向下和从下向上进行 BFS,在五角星位置相遇,共访问约 $2\times2^{k/2}$ 个节点。双向广搜相比做一次 BFS 优势巨大。

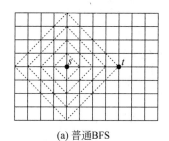
(a) 普通BFS

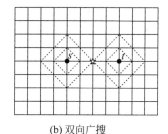
(b) 双向广搜

图 3.6　网格图搜索

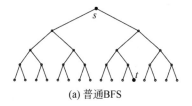
(a) 普通BFS

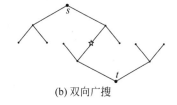
(b) 双向广搜

图 3.7　二叉树搜索

在二叉树的例子中,BFS 扩展的第 k 和第 $k+1$ 层,节点数量是**指数增长**的。

从上面两个例子得出以下一般性结论。

(1) 做 BFS 扩展时,下一层节点(一个节点表示一个状态)数量增加越快,双向广搜越有效率。

(2) 是否用双向广搜代替普通 BFS,除了节点增长数以外,还应根据总状态数量的规模来决定。双向广搜的优势,从根本上说,是能减少需要搜索的状态数量。有时虽然下一层数量是指数增长的,但是由于**去重**或限制条件,总状态数并不多,也就没有必要使用双向广搜。例如 3.5.3 节的例题 hdu 1195,密码范围为 1111~9999,共约 9000 种,用 BFS 搜索时,最多有 9000 个状态进入队列,就没有必要使用双向广搜;而例题 hdu 1401,可能的棋局状态有1500 万种,走 8 步棋会扩展出 16^8 种状态,相当于扩展到所有可能的棋局,此时应该使用双向广搜。

很多教材和网文讲解双向广搜时,常用八数码问题做例子。八数码共有 9! = 362880种状态,不太多,用普通 BFS 也可以,3.2 节已经讲过八数码问题。不过,用双向广搜更好,因为八数码每次扩展,下一层的状态数量是上一层的 2~4 倍,比二叉树的增长还快,效率的提升也就更明显。

3.5.2　双向广搜的两种实现

双向广搜使用的队列有两种实现方法。

(1) 合用一个队列。正向 BFS 和逆向 BFS 用同一个队列,适合正、反两个 BFS 平衡的情况。正向搜索和逆向搜索交替进行,两个方向的搜索交替扩展子状态,先后入队,直到两个方向的搜索产生相同的子状态,即相遇了,结束。这种方法适合正、反方向扩展的新节点

数量差不多的情况,如八数码问题。

(2) 分成两个队列。正向 BFS 和逆向 BFS 的队列分开,适合正、反两个 BFS 不平衡的情况。让子状态少的 BFS 先扩展下一层,另一个子状态多的 BFS 后扩展,可以减少搜索的总状态数,尽快相遇。

正向搜索和逆向搜索是否一定能够相遇?什么时候停止搜索?讨论以下两种情况。

(1) 如果从起点 s 到终点 t 之间存在一条路径,那么从 s 开始的正向搜索和从 t 开始的逆向搜索,一定会在某点相遇(队列为空之前相遇),此时以相遇为终止条件。

(2) 如果不存在从 s 到 t 的路径,那么肯定不能相遇,此时只要一个方向停止了搜索(这个方向的队列为空),就可以停止了,另一个方向继续搜索是做无用功。

综合起来,双向广搜的基本逻辑是在一个队列为空之前,若相遇,则说明有解,停止搜索并返回答案;若一个队列为空时还未相遇,说明无解,停止搜索。

提示 和普通 BFS 一样,双向广搜在扩展队列时也需要处理去重问题。把状态入队列时,先判断这个状态是否曾经入队,如果重复了,就丢弃。

3.5.3 双向广搜例题

下面是几道双向广搜的经典题目。

1. hdu 1195

 例 3.16 Open the lock(hdu 1195)

问题描述:打开密码锁。密码由 4 位数字组成,数字为 1~9。可以在任何数字上加上 1 或减去 1,当 '9' 加 1 时,数字变为 '1';当 '1' 减 1 时,数字变为 '9'。相邻的数字可以交换。每个动作是一步。任务是使用最少的步骤打开锁。注意:最左边的数字不是最右边的数字的邻居。

输入:第 1 行输入整数 T,表示测试用例个数。每个测试包括两行,每行输入:四位数 N,表示密码锁初始状态;四位数 M,表示开锁的密码。

输出:对于每个测试用例,打印一个整数,表示最少的步骤。

题目中的 4 位数字,走一步能扩展出 11 种情况;如果需要走 10 步,就可能有 11^{10} 种情况,数量非常多,看起来用双向广搜能大大提高搜索效率。不过,本题用普通 BFS 也可以,因为并没有 11^{10} 种情况,密码范围为 1111~9999,只有约 9000 种。用 BFS 搜索时,最多有 9000 个状态进入队列,没有必要使用双向广搜。密码进入队列时,应去重,去掉重复的密码。读者可以用这一题练习双向广搜。

2. hdu 1401

这是经典的双向广搜例题。

例 3.17   Solitaire(hdu 1401)

问题描述：在 8×8 的方格中放 4 颗棋子在初始位置,给定 4 个最终位置,问在 8 步内是否能从初始位置走到最终位置。规则：每个棋子能上、下、左、右移动,若 4 个方向已经有一棋子,则可以跳到下一个空白位置。例如,图 3.8 中(4,4)位置的棋子有 4 种移动方法。

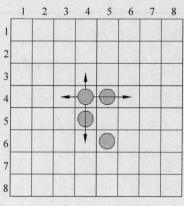

图 3.8   棋子移动方法

在 8×8 的方格中放 4 颗棋子,有 $64×63×62×61≈1500$ 万种棋局。走一步棋,4 颗棋子共有 16 种走法,连续走 8 步棋,会扩展出 16^8 种棋局,$16^8 > 1500$ 万,走 8 步可能会遍历到 1500 万棋局。

此题应该使用双向广搜。从起点棋局走 4 步,从终点棋局走 4 步,如果能相遇就有一个解,共扩展出 $2×16^4 = 131072$ 种棋局,远远小于 1500 万。

本题也需要处理去重问题,扩展下一个新棋局时,看它是否在队列中处理过。用哈希的方法,定义 char vis[8][8][8][8][8][8][8][8]表示棋局,其中包含 4 颗棋子的坐标。vis=1 表示正向搜索过这个棋局,vis=2 表示逆向搜索过。例如,4 个棋子的坐标是(a.x,a.y)、(b.x,b.y)、(c.x,c.y)、(d.x,d.y),那么 vis[a.x][a.y][b.x][b.y][c.x][c.y][d.x][d.y]=1 表示这个棋局被正向搜索过。

4 颗棋子需要先排序,然后再用 vis 记录。如果不排序,一个棋局就会有很多种表示,不方便判重。

char vis[8][8][8][8][8][8][8][8]用了 8^8B = 16MB 空间。不能定义为 int 型,占用 64MB 空间,超过题目的限制。

3. hdu 3095

例 3.18   Eleven puzzle(hdu 3095)

问题描述：有 13 个格子的拼图,数字格可以移动到黑色格子,如图 3.9 所示。左图是开始局面,右图是终点局面。一次移动一个数字格,问最少移动几次可以完成。

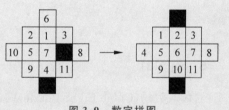

图 3.9   数字拼图

可能的局面有 13！种,数量极大。只用一个 BFS,复杂度过高。每次移动一个黑格,移动方法最少一种,最多 8 种。如果移动 10 次,那么最多有 $8^{10} \approx 10$ 亿种局面。用双向广搜能减少到 $2 \times 8^5 = 65536$ 种局面。判重可以用哈希,或者用 STL map。

4. 洛谷 P1032

 例 3.19　字串变换(洛谷 **P1032**)

问题描述:已知有两个字串 A 和 B,以及一组字串变换的规则(至多 6 个规则):

$A_1 \rightarrow B_1$

$A_2 \rightarrow B_2$

规则的含义为:在 A 中的子串 A_1 可以变换为 B_1,A_2 可以变换为 B_2,…

例如,$A = abcd$,$B = xyz$,变换规则为

abc→xu,ud→y,y→yz

则此时,A 可以经过一系列的变换变为 B,其变换过程为

abcd→xud→xy→xyz

共进行了 3 次变换,使 A 变换为 B。

给定字符串 A 和 B 以及变换规则,问能否在 10 步内将 A 变换为 B,并输出最少的变换步数。字符串长度的上限为 20。

本题若用普通 BFS 进行遍历,BFS 的每层扩展 6 个规则,经过 10 步,共有 $6^{10} \approx 6000$ 万次变换。如果改用双向广搜,可以用 $2 \times 6^5 = 15552$ 次变换搜索完 10 步。

双向广搜的编码,用两个队列分别处理正向 BFS 和逆向 BFS。由于起点和终点的字符串不同,它们扩展的下一层数量也不同,也就是进入两个队列的字符串的数量不同,先处理较小的队列,可以加快搜索速度。代码示例如下。

```
1    //完整代码参考 https://blog.csdn.net/qq_45772483/article/details/104504951
2    void bfs(string A, string B){      //起点是 A,终点是 B
3        queue < string > qa, qb;        //定义两个队列
4        qa.push(A);                      //正向队列
5        qb.push(B);                      //逆向队列
6        while(qa.size() && qb.size()){
7            if (qa.size() < qb.size())   //如果正向 BFS 队列小,先扩展它
8                extend(qa, ...);          //扩展时,判断是否相遇
9            else                          //否则扩展逆向 BFS
10               extend(qb, ...);          //扩展时,判断是否相遇
11       }
12   }
```

5. poj 3131

立体八数码(Cubic Eight-Puzzle)问题,状态多,代码长,是一道难题。

【习题】

洛谷 P3067/P4799/P5195。

3.6　　BFS 与优先队列

BFS 的代码实现需要用到队列,在不同场景中使用普通队列或优先队列。本节介绍使用优先队列的经典 BFS 算法,即一般性的最短路径算法,这种算法实际上是图论的 Dijkstra 算法。

1. 优先队列

本书第 1 章介绍了普通队列和优先队列。普通队列中的元素是按先后顺序进出队列的,先进先出。在优先队列中,元素被赋予了优先级,每次弹出队列的是具有最高优先级的元素。优先级根据需求来定义,如定义最小值为最高优先级。

优先队列有多种实现方法。最简单的是暴力法,在 n 个数中扫描最小值,复杂度为 $O(n)$。暴力法不能体现优先队列的优势,优先队列一般用堆实现,插入元素和弹出最高优先级元素,复杂度都为 $O(\log_2 n)$。虽然基于堆的优先队列很容易手写,不过竞赛中一般不用自己写,而是直接用 STL 的 priority_queue。

2. 用 BFS 结合优先队列求解一般性最短路径问题

在 3.4 节中,介绍了边权为 1 的最短路径的求解。对于边权不等于 1 的普通图的最短路径问题,可以用 BFS 结合优先队列求解。

下面介绍“BFS＋优先队列”求最短距离的算法步骤。以图 3.10 为例,起点是 A,求 A 到其他节点的最短路径。图的节点总数为 n,边的总数为 m。图中边上的数字是边权,边权的实例有长度、费用等。一条路径的总权值等于路径上所有边权的和。

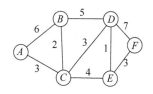

图 3.10　网络图

基于“BFS＋优先队列”的算法用到了贪心策略。从起点 A 开始,逐层扩展它的邻居,放到优先队列中,并从优先队列中弹出距离 A 最近的点,就得到了这个点到 A 的最短距离;当新的点放入队列中时,如果经过这个点,使队列中它的邻居到 A 更近,就更新这些邻居点到 A 的距离。

以图 3.10 为例,步骤如下。

(1) 开始时,把起点 A 放入优先队列 Q 中:$\{A_0\}$。下标表示从 A 出发到这个点的路径长度,A 到自己的距离为 0。

(2) 从队列中弹出最小值,即 A,然后扩展 A 的邻居节点,放入优先队列 Q 中:$\{B_6, C_3\}$。一条路径上包含了多个节点。Q 中记录了各节点到起点 A 的路径长度,其中有一个最短,从优先队列 Q 能快速取出它。

(3) 从优先队列 Q 中弹出最小值,即距离起点 A 最短的节点,这次是 C。在这一步,找到了 A 到 C 的最短路径长度,C 是第 1 个被确定到起点 A 的最短路径的节点。考查 C 的邻居,其中的新邻居 D、E 直接放入 Q:$\{B_5, D_6, E_7\}$;队列中的旧邻居 B,看经过 C 到 B 是否距离更短,如果是就更新,所以 B_6 更新为 B_5,现在 A 经过 C 到 B,总距离为5。

(4)继续从优先队列 Q 中取出距离最短的节点,这次是 B,在这一步,找到了 A 到 B 的最短路径长度,路径是 $A\text{-}C\text{-}B$。然后考查 B 的邻居,B 没有新邻居放入 Q;B 在 Q 中的旧邻居 D,通过 B 到它也并没有更近,所以不用更新。Q 现在为 $\{D_6, E_7\}$。

继续以上过程,每个节点都会进入 Q 并弹出,直到 Q 为空时结束。

在优先队列 Q 中找最小值,也就是找距离最短的节点,复杂度为 $O(\log_2 n)$。"BFS+优先队列"求最短路径,算法的**总复杂度**为 $O((n+m)\log_2 n)$,即共检查 $n+m$ 次,每次优先队列复杂度为 $O(\log_2 n)$。

如果不用优先队列,直接在 n 个点中找最小值,复杂度为 $O(n)$,总复杂度为 $O(n^2)$。

$O(n^2)$ 是否一定比 $O((n+m)\log_2 n)$ 好?下面讨论这个问题。

(1)稀疏图中,点和边的数量差不多,即 $n \approx m$,优先队列的复杂度 $O((n+m)\log_2 n)$ 可以写成 $O(n\log_2 n)$,它比 $O(n^2)$ 好,是非常好的优化。

(2)稠密图[①]中,点少于边,即 $n < m$ 且 $n^2 \approx m$,优先队列的复杂度 $O((n+m)\log_2 n)$ 可以写成 $O(n^2 \log_2 n)$,它比 $O(n^2)$ 差。这种情况下,用优先队列反而不如直接用暴力法。

读者如果学过 Dijkstra 最短路径算法,就会发现,实际上 Dijkstra 算法就是用优先队列实现的 BFS,即 **Dijkstra+优先队列=BFS+优先队列**(队列中存的是从起点到当前点的距离)。

"队列中存的是从起点到当前点的距离"说明了它们的区别,即"Dijkstra+优先队列"和"BFS+优先队列"**并不完全相同**。例如,如果在 BFS 时进入优先队列的是"从当前点到终点的距离",那么就是贪心最优搜索(Greedy Best First Search),详见 3.8 节"A* 算法"。

根据前面的讨论,Dijkstra 算法也有下面的结论:

(1)稀疏图,用"Dijkstra+优先队列",复杂度为 $O((n+m)\log_2 n)=O(n\log_2 n)$;

(2)稠密图,如果 $n^2 \approx m$,不用优先队列,直接在所有节点中找距离最短的那个点,总复杂度为 $O(n^2)$。

 稀疏图的存储用邻接表或链式前向星,稠密图用邻接矩阵。

3. 代码实现

下面用模板题给出 Dijkstra 算法的模板代码。

 例 3.20 最短路径[②]

问题描述:给出一个图,求点1到其他所有点的最短路径。

输入:第1行输入 n 和 m,n 为点的数量,m 为边的数量;第 $2 \sim m+1$ 行中,每行输入 3 个整数 u, v, w,表示 u 和 v 之间存在一条长度为 w 的单向边。$1 \leqslant n \leqslant 3 \times 10^5$,$1 \leqslant m \leqslant 10^6$,$1 \leqslant u, v \leqslant n$,$1 \leqslant w \leqslant 10^9$。

[①] 例如全连接图,即所有点之间都有直连的边,V 个点,边的总数 E 为 $(V-1)+(V-2)+\cdots+1 \approx V^2/2 = O(V^2)$。

[②] https://www.lanqiao.cn/problems/1122/learning/

> 输出：共输出 n 个数，分别表示从 1 点到 $1 \sim n$ 点的最短距离，两两之间用空格隔开。
> 如果无法到达则输出 -1。

题目中的 n 很大，路径长度很长，需要用 long long 型。

题目一般不会要求打印路径，因为可能有多条最短路径，不方便系统测试。如果需要打印出最短路径，代码中给出了打印路径的函数 print_path()。

```cpp
1   #include<bits/stdc++.h>
2   using namespace std;
3   const long long INF = 0x3f3f3f3f3f3f3f3fLL;       //这样定义的好处是：INF <= INF + x
4   const int N = 3e5 + 2;
5   struct edge{
6       int from, to;    //边：起点，终点，权值；起点 from 并没有用到，e[i]的 i 就是 from
7       long long w;                           //边：权值
8       edge(int a, int b, long long c){from = a; to = b; w = c;}
9   };
10  vector<edge> e[N];                          //存储图
11  struct node{
12      int id; long long n_dis;                //id: 节点；n_dis: 这个节点到起点的距离
13      node(int b, long long c){id = b; n_dis = c;}
14      bool operator < (const node & a) const
15      { return n_dis > a.n_dis;}
16  };
17  int n,m;
18  int pre[N];                                 //记录前驱节点
19  void print_path(int s, int t) {             //打印从 s 到 t 的最短路径
20      if(s == t){ printf("%d ", s); return; } //打印起点
21      print_path(s, pre[t]);                  //先打印前一个点
22      printf("%d ", t);                       //后打印当前点，最后打印的是终点 t
23  }
24  long long  dis[N];                          //记录所有节点到起点的距离
25  bool done[N];              //done[i] = true 表示到节点 i 的最短路径已经找到
26  void dijkstra(){
27      int s = 1;                              //起点 s = 1
28      for (int i = 1; i <= n; i++) {dis[i] = INF; done[i] = false; }    //初始化
29      dis[s] = 0;                             //起点到自己的距离为 0
30      priority_queue<node> Q;                 //优先队列，存节点信息
31      Q.push(node(s, dis[s]));                //起点进队列
32      while (!Q.empty())    {
33          node u = Q.top();                   //弹出距起点 s 距离最小的节点 u
34          Q.pop();
35          if(done[u.id]) continue;            //丢弃已经找到最短路径的节点，即集合 A 中的节点
36          done[u.id] = true;
37          for (int i = 0; i < e[u.id].size(); i++) {    //检查节点 u 的所有邻居
38              edge y = e[u.id][i];            //u.id 的第 i 个邻居是 y.to
39              if(done[y.to]) continue;        //丢弃已经找到最短路径的邻居节点
40              if (dis[y.to] > y.w + u.n_dis) {
41                  dis[y.to] = y.w + u.n_dis;
42                  Q.push(node(y.to, dis[y.to]));    //扩展新邻居，放入优先队列
43                  pre[y.to] = u.id;           //如果有需要，记录路径
```

```
44              }
45            }
46          }
47       // print_path(s,n);              //如果有需要,打印路径:起点1,终点n
48  }
49  int main(){
50      scanf("%d%d",&n,&m);
51      for (int i=1;i<=n;i++)  e[i].clear();
52      while (m--) {
53          int u,v,w;   scanf("%d%d%lld",&u,&v,&w);
54          e[u].push_back(edge(u,v,w));
55       // e[v].push_back(edge(v,u,w));     //本题是单向边
56      }
57      dijkstra();
58      for(int i=1;i<=n;i++){
59          if(dis[i]>=INF)  cout <<"-1 ";
60          else   printf("%lld ", dis[i]);
61      }
62  }
```

3.7　BFS 与双端队列

1.2.3 节介绍了双端队列,双端队列是一种具有队列和栈性质的数据结构,它能而且只能在两端进行插入和删除。双端队列的经典应用是实现单调队列。下面讲解双端队列在 BFS 中的应用。

 "BFS+双端队列"可以高效率解决一种**特殊图**的最短路径问题:图的边权为 0 或 1。

一般求解最短路径,高效的方法是 Dijkstra 算法,或者"BFS+优先队列",复杂度为 $O((n+m)\log_2 n)$,n 为节点数,m 为边数。但是,在边权为 0 或 1 的特殊图中,用"BFS+双端队列"可以在 $O(n)$ 时间内求得最短路径。

3.4 节介绍了边权为 1 的情况,是本节边权为 0 或 1 的特殊情况。

双端队列的经典应用是单调队列,"BFS+双端队列"的队列也是一个单调队列。

用下面的例题详细解释算法。

 例 3.21　Switch the lamp on(洛谷 P4667)

时间限制为 150ms;内存限制为 125.00MB。

问题描述:Casper 正在设计电路。有一种正方形的电路元件,在它的两组相对顶点中,有一组会用导线连接起来,另一组则不会。有 $N×M$ 个这样的元件,排列成 N 行,每行 M 个。电源连接到电路板的左上角,灯连接到电路板的右下角。只有在电源和灯之间有一条电线连接的情况下,灯才会亮。为了亮灯,任何数量的电路元件都可以转动 90°(两个方向)。

134

如图 3.11 所示,左图中灯是灭的。在右图中,右数第 2 列的任何一个电路元件被旋转 90°,电源和灯都会连接,灯亮。现在请编写一个程序,求出最小需要旋转多少电路元件。

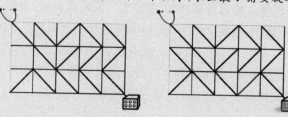

图 3.11　例 3.21 示例图

输入:第 1 行输入两个整数 N 和 M,表示板子的尺寸。在以下 N 行中,每行输入 M 个符号:/或\,表示连接对应电路元件对角线的导线的方向。$1 \leqslant N, M \leqslant 500$。

输出:如果可以亮灯,输出一个整数,表示最少转动电路元件的数量;如果不可能亮灯,输出"NO SOLUTION"。

输入样例:	输出样例:
3 5	1
\\/\\	
\\///	
/\\\\	

本题可以建模为最短路径问题。把起点 s 到终点 t 的路径长度记录为需要旋转的元件数量。从一个点到邻居点,如果元件不旋转,距离为 0;如果需要旋转元件,距离为 1。题目要求找出 s 到 t 的最短路径。样例的网络图如图 3.12 所示,其中实线为 0,虚线为 1。

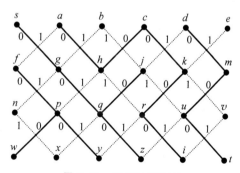

如果用"BFS+优先队列"最短路径算法,复杂度为 $O((n+m)\log_2 n)$。题目中节点数 $n = N \times M = 250000$,边数 $m = 2 \times N \times M = 500000$,$O((n+m)\log_2 n) \approx 1500$ 万,题目给的时间限制为 150ms,超时。

图 3.12　样例的网络图

本题用双端队列求解,复杂度仅为 O(n)。

对比 3.4 节"边权全部为 1"的最短路径计算和本题"边权为 0 或 1"的最短路径计算,容易理解这种方法。

(1) 在"边权全部为 1"的图中,用普通队列进行 BFS,新扩展的邻居点放在队列尾部。队列中只包含相邻两层的点,前一层的点都在队列前面,它们到起点的距离相等;后一层的点都在队列后面,它们到起点的距离比前一层多 1。

(2) 在"边权为 0 或 1"的图中,当扩展边权为 0 的邻居点时,把这个邻居点看成与前一层是同一层,因为它到起点的距离与前一层相同,直接放在双端队列最前面;扩展边权为 1 的邻居点时,它仍是后一层的点,放在双端队列末尾。

下面解释"BFS＋双端队列"计算最短路径的过程。

（1）把起点 s 放入队列。

（2）弹出队头 s。扩展 s 的直连邻居 g，边权为 0 的距离最短，直接插入队头；边权为 1 的直接插入队尾。在样例中，当前队列为 $\{g_0\}$，下标记录节点到起点 s 的最短距离。

（3）弹出队头 g_0，扩展它的邻居 b、n、q，现在队列为 $\{q_0, b_1, n_1\}$，其中的 q_0，因为边权为 0，直接放入队头。g 被弹出，表示它到 s 的最短路已经找到，后面不再入队。

（4）弹出 q_0，扩展它的邻居 g、j、x、z，现在队列为 $\{j_0, z_0, b_1, n_1, x_1\}$，其中 j_0、z_0 边权为 0，直接放入队头。

持续以上过程，直到队列为空。表 3.1 给出了完整的执行过程。

表 3.1　双端队列的执行过程

步骤	出队	邻居	入队	当前队列	最短路径	说　　明
1			s	$\{s\}$		
2	s	g	g	$\{g_0\}$	s-s：0	
3	g_0	s、b、n、q	b、n、q	$\{q_0, b_1, n_1\}$	s-g：0	s 已经入过队，不再入队
4	q_0	g、j、x、z	j、x、z	$\{j_0, z_0, b_1, n_1, x_1\}$	s-q：0	g 不再入队
5	j_0	b、d、q、u	d、u	$\{z_0, b_1, n_1, x_1, d_1, u_1\}$	s-j：0	q、b 已经入过队，不再入队
6	z_0	q、u		$\{b_1, n_1, x_1, d_1, u_1\}$	s-z：0	q、u 已经入过队，不再入队
7	b_1	g、j		$\{n_1, x_1, d_1, u_1\}$	s-b：1	g、j 不再入队
8	n_1	g、x		$\{x_1, d_1, u_1\}$	s-n：1	g、x 不再入队
9	x_1	n、q		$\{d_1, u_1\}$	s-x：1	n、q 不再入队
10	d_1	j、m	m	$\{m_1, u_1\}$	s-d：1	m 放在队首，但距离为 1：s-d_1-m_0
11	m_1	d、u		$\{u_1\}$	s-m：1	d、u 不再入队
12	u_1	m、z、j、t	t	$\{t_1\}$	s-u：1	m、z、j 不再入队
13	t_1	u		$\{\}$	s-t：1	队列空，停止

注意以下几个关键点。

（1）不允许节点再次入队，在代码中加一个判断即可，代码中的 dis[nx][ny]＞dis[u. x][u.y]＋d 语句起到了这个作用。

（2）节点出队时，已经得到了它到起点 s 的最短路。

（3）节点进队时，应该计算它到 s 的路径长度再入队。例如，u 出队，它的邻居 v 入队，入队时，v 的距离为 s-u-v，也就是 u 到 s 的最短距离加上 (u,v) 的边权。

为什么"BFS＋双端队列"的算法过程是正确的？仔细思考可以发现，出队的节点到起点的最短距离是按 0、1、2、…的顺序输出的，也就是说，距离为 0 的节点先输出，然后是距离为 1 的节点…这就是双端队列的作用，它保证距离更近的点总在队列前面，队列是单调的。

因为每个节点只入队和出队一次，且队列内部不需要做排序等操作，所以复杂度为 $O(n)$，n 为节点数量。

代码如下,其中的双端队列用 STL deque 实现。

```cpp
 1  # include < bits/stdc++.h>
 2  using namespace std;
 3  const int dir[4][2] = {{-1,-1},{-1,1},{1,-1},{1,1}}; //4 个方向的位移
 4  const int ab[4] = {2,1,1,2};                          //4 个元件期望的方向
 5  const int cd[4][2] = {{-1,-1},{-1,0},{0,-1},{0,0}};  //4 个元件编号的位移
 6  int graph[505][505],dis[505][505];                   //dis 记录节点到起点 s 的最短路径
 7  struct P{ int x,y,dis; }u;
 8  int read_ch(){
 9      char c;
10      while((c = getchar())!= '/' && c != '\\') ;   //字符不是'/'和'\'
11      return c == '/'? 1 : 2;
12  }
13  int main(){
14      int n, m; cin >> n >> m;
15      memset(dis,0x3f,sizeof(dis));
16      for(int i = 1;i <= n;++i)
17          for(int j = 1;j <= m;++j)   graph[i][j] = read_ch();
18      deque < P > dq;
19      dq.push_back((P){1,1,0});
20      dis[1][1] = 0;
21      while(!dq.empty()){
22          u = dq.front(), dq.pop_front();           //front()读队头,pop_front()弹出队头
23          int nx, ny;
24          for(int i = 0;i <= 3;++i) {                //4 个方向
25              nx = u.x + dir[i][0];  ny = u.y + dir[i][1];
26              int d = 0;                             //边权
27              d = graph[u.x + cd[i][0]][u.y + cd[i][1]]!= ab[i]; //若方向不相等,则 d = 1
28              if(nx && ny && nx < n + 2 && ny < m + 2 && dis[nx][ny] > dis[u.x][u.y] + d){
29                  //如果一个节点再次入队,那么距离应该更小
30                  //实际上,由于再次入队时,距离肯定更大,所以这里的作用是阻止再次入队
31                  dis[nx][ny] = dis[u.x][u.y] + d;
32                  if(d == 0)   dq.push_front((P){nx, ny, dis[nx][ny]}); //边权 = 0,插到队头
33                  else dq.push_back ((P){nx, ny, dis[nx][ny]}); //边权 = 1,插到队尾
34                  if(nx == n + 1 && ny == m + 1) break;
35                                                     //到终点退出。不退出也可以,队列为空自动退出
36              }
37          }
38      }
39      if(dis[n + 1][m + 1] != 0x3f3f3f3f)  cout << dis[n + 1][m + 1];
40      else   cout <<"NO SOLUTION";                    //可能无解,即 s 到 t 不通
41      return 0;
42  }
```

3.8 A* 算 法

扫一扫

视频讲解

A* 搜索算法(A* Search Algorithm,简称 A* 算法)可以高效解决一类最短路径问题:给定一个确定起点、一个确定终点(或者可以预测的终点),求起点到终点的最短路径。A* 算法常用于最短路径问题的求解,求解最短路径问题的算法很多,如双向广搜的效率也较高,而

A*算法比双向广搜效率更高。另外,从本节的例题(k短路径等)可以看出,A*算法可以解决更复杂的问题。注意,除了图这种应用场合,A*算法还能在更多场合中得到应用。

A*算法用于最短路径问题时,可以概括为 A*算法＝贪心最优搜索＋BFS＋优先队列。在图问题中,"Dijkstra＋优先队列"就是"BFS＋优先队列",此时也可以把 A*算法概括为"A*算法＝贪心最优搜索＋Dijkstra＋优先队列"。

A*算法的核心是估价函数 $f=g+h$,它的效率取决于 h 函数的设计。

下面的内容,先介绍贪心最优搜索、Dijkstra 算法与 A*算法的关系,然后推理出 A*算法的原理和应用。

3.8.1 贪心最优搜索和 Dijkstra 算法

1. 贪心最优搜索

贪心最优搜索(Greedy Best First Search)是一种启发式搜索,效率很高,但是因为使用了贪心的原理,不一定能得到全局最优解。

算法的基本思路是贪心,从起点出发,在它的邻居节点中选择下一个节点时,选择那个到终点最近的节点。当然,实际上不可能提前知道到终点的距离,更不用说挑选出最近的邻居点了。所以,只能采用估计的方法,如在网格图中根据曼哈顿距离估算邻居节点到终点的距离。

如何编程? 仍然用"BFS＋优先队列",不过,进入优先队列的,不是从起点 s 到当前点 i 的距离,而是从当前点 i 到终点 t 的距离。

很明显,贪心最优搜索避开了大量节点,只选择那些"好"节点,速度极快,但是显然得到的路径不一定最优。以边权为1的网格图为例,讨论以下两种情况。

(1) 在无障碍的网格图中,贪心最优搜索的结果是最优解。因为用于估算的曼哈顿距离就是实际存在的最短路径,所以每次找到的下一个节点显然是最优的。

(2) 在有障碍的网格图中,根据曼哈顿距离选择下一跳节点,路线会一直走到碰壁,然后再绕路,最后得到的不一定是最短路径。

> **提示** 贪心搜索的算法思想是"**只看终点,不管起点**",走一步看一步,不回头重新选择,走错了也不改正。而且,用曼哈顿距离这种简单的估算,也不能提前绕开障碍。

2. Dijkstra 算法(BFS)

用优先队列实现的 Dijkstra(BFS)算法[1],能比较高效地求得一个起点到所有其他点的最短路径。Dijkstra 算法有 BFS 的通病:下一步的搜索是盲目的,没有方向感。即使给定了终点,Dijkstra 算法也需把几乎所有的点和边放入优先队列进行处理,直到终点从优先队列弹出为止。所以,它适合用来求一个起点到所有其他节点的最优路径,而不是只求到一个终点的路径。

---

① 在 3.6 节中已指出"Dijkstra＋优先队列"就是"BFS＋优先队列"。

提示　Dijkstra 的算法思想是**"只看起点，不管终点"**。等把图上的点遍历得差不多了，总会碰巧遇到终点。

3.8.2　A*算法的原理和复杂度

A*算法是贪心最优搜索和 Dijkstra 算法的结合，即**"既看起点，又看终点"**。A*算法比 Dijkstra 算法快，因为它不像 Dijkstra 算法一样盲目。A*算法比贪心搜索准确，它不仅有贪心搜索的预测能力，而且能得到最优解。

A*算法是如何结合这两个算法的？

设起点为 s，终点为 t，算法走到当前位置 i 点，把 s-t 的路径分为两部分：s-i-t。

（1）s-i 的路径，由 Dijkstra 算法保证最优性。

（2）i-t 的路径，由贪心搜索进行预测，选择 i 的下一个节点。

（3）当走到 i 碰壁时，i 将被丢弃，并回退到上一层重新选择新的点 j，j 仍由 Dijkstra 算法保证最优性。

以上思路可以用一个估价函数来具体操作，即
$$f(i) = g(i) + h(i)$$
其中，$f(i)$ 为对 i 点的评估；$g(i)$ 为从 s 到 i 的代价；$h(i)$ 为从 i 到 t 的代价。

若 $g=0$，则 $f=h$，A*算法就退化为贪心搜索；若 $h=0$，则 $f=g$，A*算法就退化为 Dijkstra 算法。

A*算法每次根据最小的 $f(i)$ 选择下一个点。$g(i)$ 是已经走过的路径，是已知的；$h(i)$ 是预测未走过的路径；所以 $f(i)$ 的性能取决于 $h(i)$ 的计算。

A*算法的复杂度，在最差情况下与 Dijkstra（或"BFS+队列"）算法相当，一般情况下会更优。

A*算法的最终结果是最优的吗？答案是确定的，它的解和 Dijkstra 算法的解一样，是最短路径。当 i 到达终点 t 时，有 $h(t)=0$，那么 $f(t)=g(t)+h(t)=g(t)$，而 $g(t)$ 是通过 Dijkstra 算法求得的最优解，所以在终点 t 这个位置，A*算法的解是最优的。

提示　A*算法用 Dijkstra 算法获得最优性结果；用贪心最优搜索预测扩展方向，减少搜索的节点数量。

3.8.3　3种算法的对比

图 3.13[①] 准确地对比了 Dijkstra、贪心最优搜索、A*算法的区别。起点为 s，终点为 t，黑格为障碍。图 3.13 精心设置了障碍的位置，以演示 3 种算法是如何绕过障碍的。

———————
① https://www.redblobgames.com/pathfinding/a-star/introduction.html

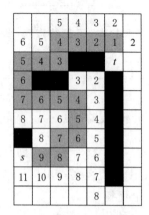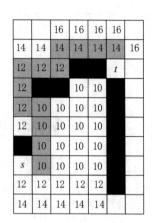

|(a) Dijkstra算法|(b) 贪心最优策略|(c) A*算法|

图 3.13　3 种算法对比

从图 3.13 可以比较 3 种算法的计算量。无数字的空白格是算法不需要遍历的格子,空白格越多,计算量越少。Dijkstra 算法遍历了所有的格子,计算量最大;贪心最优搜索的空白格最多,计算量最少;A* 算法计算量居中。

3 种算法都基于"**BFS＋优先队列**"。有数字的格子是搜索过的节点,并进入优先队列处理。灰色阴影格是最后得到的一条完整路径。格子中的数字是距离,按曼哈顿距离计算。

(1) Dijkstra(BFS)算法。格子中的数字是从起点 s 到这个格子的最短距离。算法搜索格子时,把这些格子到起点的距离送入优先队列,当弹出时,就得到了 s 到这些格子的最短路径。最后,当终点 t 从优先队列弹出时,即得到 s 到 t 的最短距离 14。

(2) 贪心最优搜索。格子中的数字是从这个格子到终点 t 的曼哈顿距离。读者可以仔细分析它的工作过程,这里简单说明如下:从 s 沿最小曼哈顿距离一直走到碰壁处的 2;2 从优先队列弹出后,剩下最小的是 3;3 弹出后,剩下最小的是 4……持续这个过程,那些看起来更近但是最终碰壁的节点被逐个弹走,直到拐过障碍,最后到达 t。得到的路径共走了 18 步,不是最优路径。

(3) A* 算法。某个格子 i 中的数字是"s 到 i 的最短路径＋i 到 t 的曼哈顿距离"。算法在扩展格子的过程中,标记数字的格子都会进入优先队列。在图 3.13(c)中,先弹出所有标记为 10 的格子,再弹出标记为 12 的格子,直到最后弹出终点 t。最后得到的 s-t 最短路径也是 14。

如何打印出完整的一条路径?3 个算法都基于 BFS,而 BFS 记录路径是非常简单的:在节点 u 扩展邻居点 v 时,在 v 上记录它的前驱节点 u,即可以从 v 回溯到 u;到达目的后,从终点逐步回溯到起点,就得到了路径。在 Dijkstra 算法中,每次从优先队列中弹出的都是得到了最短路径的节点,从它们扩展出来的邻居节点,也会继续形成最短路径,所以能根据前驱和后继节点的关系方便地打印出一条完整的最短路径。A* 算法用 Dijkstra 算法确定前驱后继的关系,也一样可以打印出一条最短路径。贪心最优搜索的路径打印最简单,就是普通 BFS 的路径打印。

3.8.4　h 函数的设计

在二维平面的图问题中,有以下 3 种方法可以近似计算 h 函数。下面的 $(i.x, i.y)$ 表示 i 点的坐标,$(t.x, t.y)$ 表示终点 t 的坐标。

(1) 曼哈顿距离。应用场景:只能在 4 个方向(上、下、左、右)移动。

$$h(i) = \mathrm{abs}(i.x - t.x) + \mathrm{abs}(i.y - t.y)$$

(2) 对角线距离。应用场景:可以在 8 个方向上移动,如国际象棋中国王的移动。

$$h(i) = \max\{\mathrm{abs}(i.x - t.x), \mathrm{abs}(i.y - t.y)\}$$

(3) 欧氏距离。应用场景:可以向任何方向移动。

$$h(i) = \mathrm{sqrt}((i.x - t.x)^2 + (i.y - t.y)^2)$$

对于非平面问题,需要设计合适的 h 函数,后面的例题中有一些比较复杂的 h 函数。

设计 h 函数时注意以下 3 条基本规则。

(1) g 和 h 应该用同样的计算方法。例如,h 是曼哈顿距离,g 也应该是曼哈顿距离。如果计算方法不同,$f = g + h$ 就没有意义了。

(2) 根据应用情况正确选择 h。各个节点的 h 值应该能正确反映它们到终点的距离远近。例如,下一跳节点有两个选项:$A(280, 319)$、$B(300, 300)$,如果用曼哈顿距离,应该选 A;用欧氏距离,应该选 B。如果只能走 4 个方向(需要按曼哈顿距离计算路径),用欧氏距离计算就会出错。

(3) h 应该优于实际存在的所有路径。前面的例子中,$h(i)$ 小于或等于 i-t 的所有可能路径长度,也就是说,最后得到的实际路径长度一定大于或等于 $h(i)$。这个规则可以用下面两点讨论来说明。

① $h(i)$ 比 i-t 的实际存在的最优路径长。假设这条实际的最优路径为 path,由于程序是根据 $h(i)$ 扩展下一个节点的,所以很可能会放弃 path,而选择另一条非最优的路径,这会造成错误。

② $h(i)$ 比 i-t 的所有实际存在的路径都短。此时 i-t 上并不存在一条长度为 $h(i)$ 的路径,如果程序根据 $h(i)$ 扩展下一节点,最后肯定会碰壁;但是不要紧,程序会利用 BFS 的队列操作弹走这些错误的点,退回到合适的节点,从而扩展出实际的路径,所以仍能保证正确性。

这 3 条基本规则中第 3 点最重要,应用 A* 算法时应特别注意。

> A* 算法是"BFS+估价函数",与之类似,3.9 节的 IDA* 是"DFS+估价函数"。

3.8.5　A* 算法例题

A* 算法的主要难点是设计合适的 h 函数,而编码很容易。例如,图问题中,Dijkstra 算法或 BFS 使用 g 函数,A* 算法使用 $f = g + h$ 函数,那么编码时只要用 f 代替 g 即可。读者可以尝试把图论的最短路径题目改成用 A* 算法实现,如 poj 2243。

下面给出两道复杂一点的例题。

 例 3.22　k 短路径问题（poj 2449）

　　问题描述：给出一个图，包括 n 个点，m 条边。给定起点 s 和终点 t，求从 s 到 t 的第 k 短路径。每个点可以经过两次或两次以上，s 和 t 也可以经过多次。有相同长度的不同路径被视为不同。

　　输入：第 1 行输入整数 n 和 m，$1 \leqslant n \leqslant 1000$，$0 \leqslant m \leqslant 1000000$。点从 1 到 n 编号。后面 m 行中，每行输入 3 个整数 u、v、w，表示从点 u 到点 v 的边长为 w。最后一行输入 3 个整数 s、t、k，$1 \leqslant s$，$t \leqslant n$，$1 \leqslant k \leqslant 1000$。

　　输出：输出一个整数，表示第 k 短路径的长度。如果第 k 短路径不存在，输出 -1。

　　k 短路问题是 A^* 算法应用的经典例子，几乎完全套用了 A^* 算法的估价函数。下面分别用暴力法和 A^* 算法求解。

　　（1）暴力法：BFS＋优先队列。

　　用 BFS 搜索所有的路径，用优先队列让路径按从短到长的顺序输出。"BFS＋优先队列"求最短路径，其原理是当再次扩展到某个点 i 时，如果这次的新路径比上次到达 i 的路径更短，就替代它；优先队列可以让节点按路径长短先后输出，从而保证最优性。队列的元素是一个二元组 $(i, \text{dist}(s\text{-}i))$，即节点 i 和路径 $s\text{-}i$ 的长度。

　　BFS 求所有路径，就是最简单的"BFS＋优先队列"，再次扩展邻居 i 时，计算它到 s 的距离，然后直接入队，并不与上次 i 入队的情况进行比较。一个节点 i 会进入优先队列很多次，因为可以从它的多个邻居分别走过来，每次代表了一个从 s 到 i 的路径。优先队列可以让这些路径按 dist 从短到长的顺序输出，i 从优先队列中第 x 次弹出，就是 s 到 i 的第 x 个短路径。对于终点 t，统计它出队列的次数，第 k 次时停止，这就是第 k 短路径。

　　在 k 短路径问题中，路径有可能形成环路。有的题目允许环路，有的不允许。如果允许环路，那么想在环路上绕多少圈都可以，环路上的节点反复入队，k 可以无限大。在最短路径算法中并不需要判断环路，因为更新操作有去掉环路的隐含作用。

　　因为暴力法需要生成几乎所有的路径，而路径数量是指数增长的，所以暴力法的复杂度非常高。

　　下面解释 BFS 暴力搜索所有路径的过程，如图 3.14 所示。

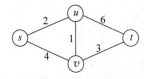

图 3.14　BFS 暴力搜索所有路径的过程

　　表 3.2 给出了算法的步骤。节点下标表示从 s 到这个节点的路径长度，如 u_2 表示二元组 $(u, 2)$，即节点 u，以及 $s\text{-}u$ 的路径长度 2。步骤中没有列出环路。

表3.2　k短路径的队列

步骤	出队	邻居入队	优先队列	新得到的路径	输出队头的路径
1		s	$\{s_0\}$		
2	s_0	u、v	$\{u_2,v_4\}$	s-u_2　　　s-v_4	
3	u_2	v、t	$\{v_3,v_4,t_8\}$	s-u_2-v_3　　s-u_2-t_8	s-u_2
4	v_3	t	$\{v_4,t_8,t_6\}$	s-u_2-v_3-t_6	s-u_2-v_3
5	v_4	u、t	$\{t_8,t_6,u_5,t_7\}$	s-v_4-u_5　　s-v_4-t_7	s-v_4
6	u_5	t	$\{t_8,t_6,t_7,t_{11}\}$	s-v_4-u_5-t_{11}	s-v_4-u_5
7	t_6		$\{t_8,t_7,t_{11}\}$		s-u_2-v_3-t_6
8	t_7	u	$\{t_8,t_{11},u_{13}\}$	s-v_4-t_7-u_{13}	s-v_4-t_7
9	t_8	v	$\{t_{11},u_{13},v_{11}\}$	s-u_2-t_8-v_{11}	s-u_2-t_8
10	t_{11}		$\{u_{13},v_{11}\}$		s-v_4-u_5-t_{11}
11	v_{11}		$\{u_{13}\}$		s-u_2-t_8-v_{11}
12	u_{13}		$\{\}$		s-v_4-t_7-u_{13}

从第2列的"出队"可以看到,共产生10条路径,按从短到长的顺序排队输出。从起点s到终点t共有4条路径,t在第7~10步出队时,输出了第1、第2、第3、第4路径。表3.2中也列出了s到每个节点的多个路径和它们的长度,如s-u有3条路径,s-v有3条路径。

（2）A*算法求k短路径问题。

由暴力法可以知道:从优先队列弹出的顺序,是按这些节点到s的距离排序的;一个节点i从优先队列第x次弹出,就是s-i的第x短路径;终点t从队列中第k次弹出,就是s-t的第k短路径。

如何优化暴力法?是否可以套用A*算法?

联想前面讲解A*算法求最短路径的例子,A*算法的估价函数$f(i)=g(i)+h(i)$,g为从起点s到i的距离,h为i到终点t的最短距离(例子中是曼哈顿距离)。那么在k短路径问题中,可以设计几乎一样的估价函数。$g(i)$仍然是起点s到i的距离;而$h(i)$只是把曼哈顿距离改为从i到t的最短距离。这个最短距离如何求?用Dijkstra算法,以终点t为起点反推,求所有节点到t的最短距离即可。

编程非常简单。仍用暴力法的"BFS+优先队列",但是在优先队列中,用于计算的不再是$g(i)$,而是$f(i)$。当终点t第k次弹出队列时,就是第k短路径。

根据前面对A*算法原理的解释,求k短路径的过程将得到很大优化。虽然在最差情况下,算法复杂度的上界仍是暴力法的复杂度,但优化是很明显的。

poj 2449的详细代码将在10.8.3节给出。

下面再看一道例题。

例3.23　Power hungry cows（poj 1945）

问题描述:有两个变量a、b,初始值为$a=1,b=0$。每步可以执行一次$a\times2$、$b\times2$、$a+b$、$|a-b|$之一的操作,并把结果再存回a或b。问最快多少步能得到一个整数P? $1\leqslant P\leqslant 20000$。

例如，$P=31$，需要 6 步：

	a	b
初始值：	1	0
$a\times 2$，存到 b：	1	2
$b\times 2$：	1	4
$b\times 2$：	1	8
$b\times 2$：	1	16
$b\times 2$：	1	32
$b-a$：	1	31

输入样例：	输出样例：
31	6

下面是两种解题方法。

(1) BFS+剪枝。本题是典型的 BFS。从 $\{a,b\}$ 可以转移到 8 种情况，如 $\{2a,a\}$、$\{2a,b\}$、$\{2b,a\}$、$\{2b,b\}$，等等。把每种 $\{a,b\}$ 看作一个状态，那么一个状态可以转移到 8 个状态。编码时，再加上去重和剪枝。此题 P 不是太大，BFS+剪枝方法可行。

(2) A* 算法。如何设计估价函数 $f(i)=g(i)+h(i)$？$g(i)$ 为从初始态到 i 状态的步数；$h(i)$ 为从 i 状态到终点的预期步数，它应该小于实际的步数。如何设计呢？容易观察到，$\{a,b\}$ 中的较大数，一直乘以 2 递增，是最快的。例如，样例中的 31，在起点状态，$2^5>31$，经 5 步可以超过目标值，所以 $h=5$。

扫一扫

视频讲解

3.9 IDDFS 和 IDA*

迭代加深搜索（Iterative Deepening DFS，IDDFS）是对 BFS 和 DFS 的一个小优化，IDA*（Iterative Deepening A*）是对 IDDFS 的进一步优化。

3.9.1 IDDFS

本节从分析 BFS 和 DFS 的缺点开始，推理出 IDDFS 的优化作用。

1. BFS 和 DFS 的缺点

3.1.5 节曾经提到 BFS 的空间消耗和 DFS 的无效搜索问题，下面先回顾这两个问题。

有这样的应用场景：有一棵树，树非常深；树上的每个点表示解空间的一个状态，问题的解是某个点，现在要求找到这个解。例如，图 3.15 所示为一棵多叉树，黑色星星表示问题的解。

BFS 和 DFS 都能找到这个黑色星星，图 3.16 虚线内是 BFS 和 DFS 遍历的范围。

BFS 的方法是一层一层地逐层遍历，直到在 Depth=2 层找到这个黑色星星。注意在 BFS 的队列中，扩展到黑色星星时，下一层的部分节点也会入队。

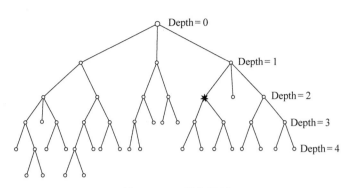

图 3.15 一棵多叉树

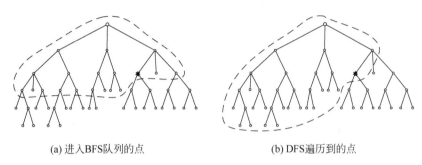

(a) 进入BFS队列的点 (b) DFS遍历到的点

图 3.16 BFS 和 DF 遍历的范围

DFS 若按先左孩子后右孩子的顺序遍历,先遍历完左边所有的子树,再遍历右边子树,直到遇到黑色星星。如果虚线内的树很深,DFS 将遍历到最底层的叶子才会回溯。

BFS 和 DFS 分别有以下缺点。

BFS 的空间消耗:BFS 可能耗费巨大的空间。以二叉树为例,用队列处理节点时,每出队一个节点,就入队两个节点;到第 k 层,队列中就有 2^k 个节点,2^k 是极大的数字,而且每个节点的存储可能需要很大空间。例如,题目常见的内存限制为 64MB,如果每个节点需要 16B,$k = 22$ 层时,64MB 空间已经用完了,所以 BFS 只能搜索到 22 层。空间的限制使 BFS 不能用于较深的二叉树。如果能用双向广搜,可以扩大深度,但是如果解的位置不确定,无法以它为起点进行逆向搜索,就不能用双向广搜。

DFS 的无效搜索:DFS 没有 BFS 的空间消耗问题,它只需要能存一条路径的空间即可,即使有 100 层,DFS 的递归深度为 100,也不需要多大的空间。但是 DFS 可能搜索大量无效的节点。在完全二叉树中,DFS 沿着左子树深入,然后逐步回退访问右边的子树。如果解在偏右的子树上,DFS 仍然需要全部检索完左边的子树,才能轮到右边。由于这棵树很深,那么就会搜索左边这些大量无效的节点。例如,100 层的二叉树有 2^{100} 个节点,这是一个天文数字。

2. IDDFS 的原理

如果问题的解在搜索树的较浅层次,IDDFS 可以解决上述问题,它是 BFS 和 DFS 的结合,既不像 BFS 那样浪费空间,也不像 DFS 那样搜索过多无效的节点。

> 简单地说,IDDFS 是"以 BFS 方式进行 DFS"或"限制深度的 DFS",代码形式上是 DFS 的,结合了 BFS 的思想。这是一种简单有效的小改进。

IDDFS 的步骤如图 3.17 所示。

(1) 限制深度为 Depth=0,做第 1 次 DFS。

(2) 限制深度为 Depth=1,做第 2 次 DFS。

(3) 限制深度为 Depth=2,做第 3 次 DFS,找到黑色星星,结束。

虚线内部是每次 DFS 遍历到的点。

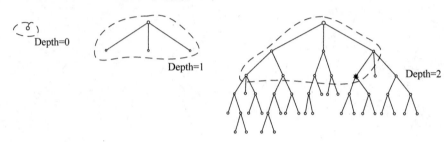

图 3.17　IDDFS 的步骤

算法的伪代码如下。

```
bool IDDFS(s, t, max_depth)          //从 s 出发,如果在深度 max_depth 内找到 t,返回 true
    for depth from 0 to max_depth    //逐步扩大 DFS 的深度
        if DFS(s, t, 0) == true      //每次扩大深度,都重新从第 0 层开始搜索
            return true
    return false

bool DFS(s, t, d)                     //限制深度为 d 的 DFS
    if (d > Depth) return false;      //到达限制深度 Depth,停止并返回 false
    if (s == t) return true;          //找到目标 t,返回 true
    for each adjacent i of s          //对 s 的子节点继续 DFS
        if DFS(i, t, d+1) == true     //子节点的 DFS 深度为 d+1
            return true
    return false
```

3. IDDFS 的复杂度

下面分析 IDDFS 的复杂度。

1) 时间复杂度

读者可能发现了 IDDFS 的一个"严重问题":每次搜索,都要把前几次搜索过的每层都重新再搜索一遍。这是否严重浪费了时间? 以 IDDFS 常见的应用背景满二叉树为例,结论是这些重复影响并不大,并没有显著改变复杂度。

第 1 次搜索第 1 层: $2^0 = 2^1 - 1$ 个节点;

第 2 次搜索第 1~2 层: $2^0 + 2^1 = 2^2 - 1$ 个节点;

......

第 k 次搜索第 $1 \sim k$ 层：$2^0 + 2^1 + \cdots + 2^k = 2^{k+1} - 1$ 个节点。

假设在第 k 次搜到了答案，搜索的总数是以上所有步骤的节点数相加，即 $2^1 - 1 + 2^2 - 1 + \cdots + 2^{k+1} - 1 \approx 2^{k+2}$。它只比第 k 次搜索多了一倍。每层的节点数是上一层的 2 倍，第 n 层的节点数量是前面所有层的节点数量的总和。在这种指数增长的情况下，第 n 层的计算量与前面所有层的计算量是相同数量级的，也就没有必要节省这些重复的计算。

在二叉树情况下，IDDFS 的时间复杂度为 $O(2^k)$。如果只搜索到第 k 层，BFS 和 DFS 的复杂度也都为 $O(2^k)$，不过根据前面的分析，DFS 搜索的深度远大于 k。

2）空间复杂度

以二叉树为例，IDDFS 搜到第 k 层时，DFS 只需要存 $2k$ 个节点，这比 BFS 要少多了。搜索树每层的分支扩展越多，比 BFS 节省的空间越多。

如表 3.3 所示，IDDFS 的时间复杂度比 DFS 更优，空间复杂度比 BFS 更优。做题时应根据实际情况选择其中的一种搜索方法。

表 3.3　二叉树情况下的复杂度（二叉树共有 n 层，答案在第 k 层）

搜索方法	时间复杂度	空间复杂度	应 用 场 景
DFS	$O(2^n)$	$O(n)$	n 不是很大，即树的深度不是很大
BFS	$O(2^k)$	$O(2^k)$	k 不是很大，即占用的空间没有超过限制
IDDFS	$O(2^k)$	$O(k)$	k 不是很大，且题目对空间限制较大

3.9.2　IDA*

IDDFS 一般需要升级为 IDA*，IDA* 是用估价函数进行剪枝的 IDDFS。

回顾 A* 算法，它相当于"BFS+估价函数"，估价函数的思想是"前瞻性，能预测"。那么能把估价函数与 DFS 结合起来吗？IDDFS 是一种"盲目"的 DFS 搜索，只是把搜索层次进行了限制。如果在进行 IDDFS 时，能预测出当前继续 DFS 后可能达到的状态，发现不可能到达答案，就直接返回，不再继续深入，从而提高了效率。这个预测是一种剪枝技术。

> **提示**　概括地说，IDA* 是在 IDDFS 中加入估价函数进行剪枝操作的算法。在 IDDFS 的搜索深度限制基础上，用估价函数做**剪枝**操作：如果当前深度＋未来需要的步数＞深度限制，立即返回 false。

下面给出一道 IDA* 例题。

 例 3.24　Power calculus（poj 3134）

问题描述：输入正整数 $n(1 \leqslant n \leqslant 1000)$，问最少需要几次乘除法可以从 x 得到 x^n，计算过程中 x 的指数要求是正的。例如，为得到 x^{31}，最少乘除 6 次：$x^2 = x \times x$，$x^4 = x^2 \times x^2$，$x^8 = x^4 \times x^4$，$x^{16} = x^8 \times x^8$，$x^{32} = x^{16} \times x^{16}$，$x^{31} = x^{32} \div x$。

输入：每行输入一个整数 n，输入 0 表示结束。

输出：对每个 n 输出一个整数。

对 x 的乘除可以变换为指数的加减,如计算 x^{31},等于计算 x 的指数 31,$x^2 = x \times x$ 指数计算为 $2 = 1+1$,$x^4 = x^2 \times x^2$ 为 $4 = 2+2$,等等。问题转换为:从 1 到 n,只能用加减法,经过多少次运算可以得到 n。

从 1 开始计算,分析一种可能的计算过程,得到图 3.18。根节点的数字 1 位于第 0 层,从 1 往下走的一条路径,就是一个最少的计算次数。例如,最左边的路径,$1 \rightarrow 2 \rightarrow 3 \rightarrow 5 \rightarrow \cdots$,表示最少用 3 步得到 5,$5 = 2+3$。对这种路径问题,用 DFS 遍历所有可能的路径,非常合适。本题这种场合非常适合用 IDDFS,答案在较浅的层次。

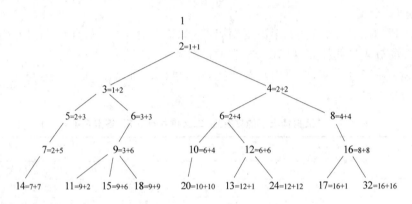

图 3.18 poj 3134 的搜索树(部分)

图 3.18 其实经过了人为极大的简化,节点上很少有重复的数字(只有数字 6 重复了两次)。例如 5,除了走图 3.18 中最左边的路径,还可以走最右边的路径 $1 \rightarrow 2 \rightarrow 4 \rightarrow 5$,但是图 3.18 中没有画出来。

如果没有人为简化,这棵搜索树将是一棵极为复杂的多叉树,必须进行剪枝。下面代码中的第 9 行用到了一个估价函数进行剪枝。例如图 3.18 中,求 $n = 31$,限制搜索深度为 5 层,如果走最左边的路径,走两层后到了"3"这个位置,已经没有必要继续了,因为它最多只能再走 $5-2 = 3$ 层,最大只能得到 $3 \times 2^3 = 24$,比 31 小。

下面的代码是加上了估价函数的标准 IDDFS 写法。

用 num[] 记录 DFS 搜到的一条最短路径,num[i] 是路径上第 i 层的数字。可以在第 8 行 if(now==n)中打印出 num[],观察计算的过程。读者会发现这与图 3.18 有较大不同,因为图 3.18 只画出了部分可能的路径。

```
1   #include< stdio.h>
2   #include< string.h>
3   const int N = 100;               //最大层次
4   int num[N];                      //记录一条路径上的数字,num[i]是路径上第 i 层的数字
5   int n, depth;
6   bool dfs(int now, int d) {       //now 表示当前路径走到的数字,d 表示 now 所在的深度
7       if (d > depth) return false; //当前深度大于层数限制
8       if (now == n)  return true;  //找到目标,注意:这一句不能放在上一句前面
9       if (now << (depth - d) < n)  //剪枝:剩下的层数用最乐观的倍增法也不能达到 n
10          return false;
11      num[d] = now;                //记录这条路径上第 d 层的数字
12      for(int i = 0; i <= d; i++) { //遍历之前算过的数,继续下一层
```

```
13              if (dfs(now + num[i], d + 1))      return true;      //加
14              else if (dfs(now - num[i], d + 1)) return true;      //减
15          }
16      return false;
17  }
18  int main() {
19      while(～scanf("%d", &n) && n) {
20          for(depth = 0;; depth++) {              //IDDFS: 每次限制最大搜索 depth 层
21              memset(num, 0, sizeof(num));
22              if (dfs(1, 0))      break;          //从数字 1 开始,当前层为 0
23          }
24          printf("%d\n", depth);
25      }
26      return 0;
27  }
```

【习题】

（1）hdu 1560/1667/4127。

（2）洛谷 P1032/P2346/P2324/P2534。

小　结

BFS 和 DFS 是很多高级算法的基础,因为它们能遍历出所有状态,从而方便地进行更高级的处理。

本章详解了 BFS、DFS 的原理和各种扩展应用,主要包括以下内容。

（1）连通性判断。

（2）剪枝。使用搜索时,一般都需要剪枝,以减少搜索空间,提高效率。

（3）洪水填充。

（4）BFS 与最短路径。BFS 是最短路径算法的重要技术。

（5）BFS 扩展:双向广搜、优先队列、双端队列。

（6）A* 算法。

（7）IDDFS 和 IDA*。

BFS 的题目简单一些,DFS 的题目麻烦一些,两种搜索方法都需要大量练习,以达到能不假思索地写出代码的熟练程度。初学者往往难以理解 DFS。DFS 的具体实现是递归,有两个主要步骤:前进、回溯,请通过 3.1 节透彻理解,并通过后面几节的例题和习题进行巩固。

第 4 章 高级数据结构

数据结构是数据的组织形式和访问方法,第 1 章介绍了基础数据结构,有栈、队列、链表、二叉树、堆等,在这些基础上发展出了很多高级数据结构,它们原理复杂,编程困难。

为什么需要这么多高级数据结构? 这是在特定应用背景下高效处理数据的需要。基础数据结构不够强大,像数组、栈、队列这样的线性结构,计算复杂度为 $O(n)$,在面对大量数据时力不从心;二叉树、堆、哈希很高效,但是它们过于简单,在处理很多特定问题时操作不便。高级数据结构与某些应用背景紧密结合,能高效地解决问题。例如,集合问题用并查集;区间问题用树状数组、线段树、分块、莫队算法;混合问题用块状链表;动态查询用平衡树,等等。本章介绍算法竞赛涉及的高级数据结构。

4.1　并　查　集

并查集(Disjoint Set)是一种精巧而实用的数据结构,它主要用于处理一些不相交集合的合并问题。经典的应用有连通图、最小生成树 Kruskal 算法、最近公共祖先(Least Common Ancestors,LCA)等。并查集在算法竞赛中极为常见。

通常用"帮派"的例子说明并查集的应用场景。一个城市中有 n 个人,他们分成不同的帮派。同属于一个帮派的人相互之间是朋友,朋友的朋友是朋友。给出一些人的关系,如 1 号和 2 号是朋友,1 号和 3 号也是朋友,那么他们都属于一个帮派。在分析完所有朋友关系之后,问有多少帮派,每人属于哪个帮派。给出的 $n=10^6$。

读者可以先思考暴力法以及复杂度。如果用并查集实现,不仅代码很简单,而且查询的复杂度小于 $O(\log_2 n)$。

并查集的概念:将编号分别为 $1\sim n$ 的 n 个对象划分为不相交集合,在每个集合中,选择其中某个元素代表所在集合。

本节全面介绍并查集的基本操作、并查集的合并优化、并查集的查询优化——路径压缩和带权并查集。

并查集的基本应用是集合问题。在加上权值之后,利用并查集的合并优化和路径压缩,可以对权值所代表的具体应用进行高效的操作。

> **提示**　并查集要发挥威力,必须进行合并优化和路径压缩。合并优化一般可以省略,因为路径压缩附带合并优化的功能。

4.1.1　并查集的基本操作

并查集的基本操作有初始化、合并、查找、统计,下面举例说明。

1.初始化

定义数组 $s[]$,$s[i]$ 是元素 i 所属的并查集,开始时,还没有处理点与点之间的朋友关系,所以每个点属于独立的集,直接以元素 i 的值表示它的集 $s[i]$,如元素 1 的集 $s[1]=1$。

如图 4.1 所示,左图给出了元素与集合的值,右图画出了逻辑关系。为了便于讲解,左图区分了节点 i 和集 s,把集的编号加上了下画线;右图用圆圈表示集,用方块表示元素。

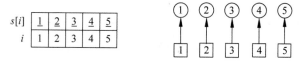

图 4.1　并查集的初始化

2.合并

(1) 加入第 1 个朋友关系(1,2)。在并查集 s 中,把节点 1 合并到节点 2,也就是把节点 1

的集1改为节点2的集2,如图4.2所示。

图 4.2　合并(1,2)

（2）加入第 2 个朋友关系(1,3)。查找节点 1 的集2,再递归查找节点 2 的集2,然后把节点 2 的集2合并到节点 3 的集3。此时,节点 1、2、3 都属于一个集。如图4.3所示,为简化图示,把节点 2 和集2画在了一起。

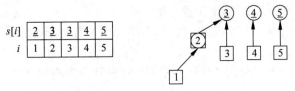

图 4.3　合并(1,3)

（3）加入第 3 个朋友关系(2,4)。结果如图4.4所示,请读者自己分析。

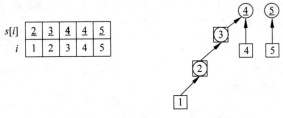

图 4.4　合并(2,4)

3. 查找

上述步骤中已经有查找操作。查找元素的集,是一个递归的过程,直到元素的值和它的集相等,就找到了根节点的集。可以看到,这棵搜索树的高度可能很大,复杂度为 $O(n)$,变成了一个链表,出现了树的“退化”现象。

4. 统计

如果 $s[i]=i$,这是一个根节点,是它所在的集的代表;统计根节点的数量,就是集的数量。下面用一个例题给出并查集基本操作的代码。

 例 4.1　**How many tables（hdu 1213）**

问题描述:有 n 个人一起吃饭,有些人互相认识。认识的人想坐在一起,而不想跟陌生人坐在一起。例如,A 认识 B,B 认识 C,那么 A、B、C 会坐在一张桌子上。给出认识的人,问需要多少张桌子?

输入:第 1 行输入整数 T,表示有 T 个测试。每个测试中,第 1 行输入整数 N 和 M,

$1 \leqslant N, M \leqslant 1000$，$N$ 为朋友人数，编号为 $1 \sim N$。后面 M 行中，每行输入两个整数 A 和 B，表示 A 和 B 认识。两个测试之间空一行。

　　输出：对每个测试，输出一个整数，表示需要多少张桌子。

　　一张桌子是一个集，合并朋友关系，然后统计集的数量即可。以下代码实现并查集基本操作。

```
1   # include < bits/stdc++.h>
2   using namespace std;
3   const int N = 1050;
4   int s[N];
5   void init_set(){                          //初始化
6       for(int i = 1; i <= N; i++)   s[i] = i;
7   }
8   int find_set(int x){                      //查找
9       return x == s[x]? x:find_set(s[x]);
10  }
11  void merge_set(int x, int y){             //合并
12      x = find_set(x);   y = find_set(y);
13      if(x != y)    s[x] = s[y];            //把 x 合并到 y 上,y 的根成为 x 的根
14  }
15  int main (){
16      int t, n, m, x, y;    cin >> t;       //t 个测试
17      while(t--){
18          cin >> n >> m;
19          init_set();
20          for(int i = 1; i <= m; i++){
21              cin >> x >> y;
22              merge_set(x, y);              //合并 x 和 y
23          }
24          int ans = 0;
25          for(int i = 1; i <= n; i++)       //统计有多少个集
26              if(s[i] == i)   ans++;
27          cout << ans << endl;
28      }
29      return 0;
30  }
```

　　并查集的一个简单应用是连通性判断。连通性判断是图论中的一个基本问题，有 3 种方法：BFS、DFS、并查集。在第 3 章中已经介绍了 BFS 和 DFS 的做法。并查集的做法是统计连通的点和边，把连通点放到同一个集中，检查完所有点，统计它们属于几个集合，就找到了图上有几个连通块。请在学习完合并优化和路径压缩后，自己用并查集重做第 3 章的连通性题目。

4.1.2　合并的优化

　　前面介绍的并查集基本操作的性能很差。查找函数 find_set()、合并函数 merge_set() 的搜索深度是树的长度，极端情况下复杂度都为 $O(n)$。

在能应用并查集的题目中,使用并查集能极大提高效率,这是因为利用了并查集的合并和查询优化,使普通并查集 $O(n)$ 的复杂度优化到了小于 $O(\log_2 n)$,约为 $O(1)$。

合并元素 x 和 y 时,先搜索到它们的根节点,然后再合并这两个根节点,即把一个根节点的集改成另一个根节点。这两个根节点的高度不同,如果把高度较小的集合并到较大的集上,能减小树的高度。下面是优化后的合并代码,在初始化时用 height$[i]$ 定义元素 i 的高度,在合并函数 merge_set() 中更改。

```
1   int height[N];
2   void init_set(){
3       for(int i = 1; i <= N; i++){
4           s[i] = i;
5           height[i] = 0;                      //树的高度
6       }
7   }
8   void merge_set(int x, int y){               //优化合并操作
9       x = find_set(x);
10      y = find_set(y);
11      if (height[x] == height[y]) {
12          height[x] = height[x] + 1;          //合并,树的高度加1
13          s[y] = x;
14      }
15      else{                                   //把矮树合并到高树上,高树的高度保持不变
16          if (height[x] < height[y])   s[x] = y;
17          else                         s[y] = x;
18      }
19  }
```

提示 一般不需要合并的优化,因为在做了路径压缩之后,附带着优化了合并。上面的代码仅用于对并查集的深入理解。

4.1.3 查询的优化(路径压缩)

在上面的查询函数 find_set() 中,查询元素 i 所属的集需要搜索路径找到根节点,返回的结果是根节点。这条搜索路径可能很长。如果在返回时顺便把 i 所属的集改为根节点,那么下次再搜时,就能在 $O(1)$ 的时间内得到结果。原理如图 4.5 所示。

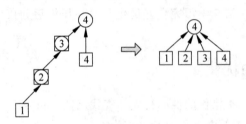

图 4.5　路径压缩原理

这个方法称为路径压缩。下面是路径压缩的代码,由于使用递归处理路径,代码极为简单。

```
1   int find_set(int x){
2       if(x != s[x])   s[x] = find_set(s[x]);        //路径压缩
3       return s[x];
4   }
```

在递归过程中,整个搜索路径上的所有元素(包括所有子节点和根节点)所属的集都被改为根节点。也就是把图 4.5 左边的一条长链压缩成了右边的短链。路径压缩不仅优化了下次查询,而且也优化了合并,因为合并时也用到了查询。

上面的代码用递归实现,如果数据规模太大,有可能爆栈,可以改用下面的非递归代码。虽然几乎用不着,读者可以作为练习。

```
1    int find_set(int x){
2        int r = x;
3        while ( s[r] != r )  r = s[r];               //找到根节点
4        int i = x, j;
5        while(i != r){
6            j = s[i];                                //用临时变量 j 记录
7            s[i] = r ;                               //把路径上元素的集改为根节点
8            i = j;
9        }
10       return r;
11   }
```

4.1.4 带权并查集

前面讲解了并查集的基本应用——处理集合问题。在这些基本应用中,点之间只有简单的归属关系,而没有权值。如果在点之间加上权值,并查集的应用会更广泛。

如果读者联想到树这种数据结构,会发现并查集实际上是在维护若干棵树。并查集的合并和查询优化,实际上是在改变树的形状,把原来“细长”的、操作低效的大量“小树”,变为“粗短”的、操作高效的少量“大树”。如果在原来的“小树”上,点之间有权值,那么经过并查集的优化变成“大树”后,这些权值的操作也变得高效了。

定义一个权值数组 $d[]$,把节点 i 到父节点的权值记为 $d[i]$。下面介绍带权并查集的操作。

1. 带权值的路径压缩

图 4.6 所示为带权值的路径压缩。原来的权值 $d[]$,经过压缩之后,更新为 $d[]'$,如 $d[1]' = d[1] + d[2] + d[3]$。

需要注意的是,这个例子中,权值是相加的关系,比较简单;在具体的题目中,可能有相乘、异或等符合题意的操作。

相应地,在这个权值相加的例子中,将路径压缩的代码修改如下。

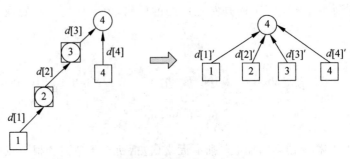

图 4.6　带权值的路径压缩

```
1   int find_set(int x){
2       if(x != s[x]) {
3           int t = s[x];              //记录父节点
4           s[x] = find_set(s[x]);     //路径压缩,递归最后返回的是根节点
5           d[x] += d[t];              //权值更新为 x 到根节点的权值
6       }
7       return s[x];
8   }
```

注意代码中的细节。原来的 $d[x]$ 是点 x 到它的父节点的权值,经过路径压缩后,x 直接指向根节点,$d[x]$ 也更新为 x 到根节点的权值。这是通过递归实现的。

代码中先用 t 记录 x 的原父节点;在递归过程中,最后返回的是根节点;最后将当前节点的权值加上原父节点的权值(注意:经过递归,此时父节点也直接指向根节点,父节点的权值也已经更新为父节点直接到根节点的权值了),就得到当前节点到根节点的权值。

2. 带权值的合并

在合并操作中,把点 x 与点 y 合并,就是把点 x 的根节点 fx 合并到点 y 的根节点 fy。在 fx 和 fy 之间增加权值,这个权值要符合题目的要求。

3. 例题

下面用两道经典例题讲解带权并查集。

1) hdu 3038

例 4.2　How many answers are wrong(hdu 3038)

问题描述:给出区间 $[a,b]$,区间和为 v。输入 m 组数据,每输入一组,判断此组条件是否与前面冲突,最后输出与前面冲突的数据的个数。例如,先给出区间 $[1,5]$,区间和为 100;再给出区间 $[1,2]$,区间和为 200;区间 $[3,5]$,区间和为 -500,肯定有冲突。

输入:第 1 行输入两个整数 n 和 $m(1 \leqslant n \leqslant 200000, 1 \leqslant m \leqslant 40000)$,表示 n 个整数,m 组数据。第 $2 \sim m+1$ 行中,每行输入 3 个整数 a_i、b_i、v_i,表示 $[a_i, b_i]$ 区间和为 v_i,$0 < a_i \leqslant b_i \leqslant n$。

输出:输出一个整数,表示冲突数据的个数。

本题是带权值并查集的直接应用。如果能想到可以把序列建模为并查集,就能直接套用模板了,代码如下。

```
1    # include < bits/stdc++.h >
2    using namespace std;
3    const int N = 200010;
4    int s[N];                                    //集
5    int d[N];                                    //权值,记录当前节点到根节点的距离
6    int ans;
7    void init_set(){                             //初始化
8        for(int i = 0; i <= N; i++) { s[i] = i; d[i] = 0;  }
9    }
10   int find_set(int x){                         //带权值的路径压缩
11       if(x != s[x]) {
12           int t = s[x];                        //记录父节点
13           s[x] = find_set(s[x]);               //路径压缩,递归最后返回的是根节点
14           d[x] += d[t];                        //权值更新为 x 到根节点的权值
15       }
16       return s[x];
17   }
18   void merge_set(int a, int b, int v){         //合并
19       int roota = find_set(a), rootb = find_set(b);
20       if(roota == rootb){
21           if(d[a] - d[b] != v)    ans++;
22       }
23       else{
24           s[roota] = rootb;                    //合并
25           d[roota] = d[b] - d[a] + v;
26       }
27   }
28   int main(){
29       int n, m;
30       while(scanf("% d % d", &n, &m) != EOF){
31           init_set();
32           ans = 0;
33           while(m -- ){
34               int a, b, v;   scanf("% d % d % d", &a, &b, &v);
35               a -- ;
36               merge_set(a, b, v);
37           }
38           printf("% d\n", ans);
39       }
40       return 0;
41   }
```

2) poj 1182[1]

 例 4.3　食物链

问题描述:动物王国中有 3 类动物 A、B、C,这 3 类动物的食物链是:A 吃 B,B 吃 C,C 吃 A。现有 N 个动物,以 1~N 编号。每个动物都是 A、B、C 中的一种,但是我们并不知道它到底是哪一种。有人用两种说法对这 N 个动物所构成的食物链关系进行描述:

第 1 种说法是"1 X Y",表示 X 和 Y 是同类;

第 2 种说法是"2 X Y",表示 X 吃 Y。

此人对 N 个动物,用上述两种说法,一句接一句地说出 K 句话,这 K 句话中有的是真的,有的是假的。当一句话满足下列 3 个条件之一时,这句话就是假话,否则就是真话。

(1) 当前的话与前面的某些真的话冲突,就是假话;

(2) 当前的话中 X 或 Y 比 N 大,就是假话;

(3) 当前的话表示 X 吃 X,就是假话。

你的任务是根据给定的 $N(1 \leqslant N \leqslant 50000)$ 和 K 句话($0 \leqslant K \leqslant 100000$),输出假话的总数。

输入:第 1 行输入两个整数 N 和 K,以一个空格分隔。以下 K 行中,每行输入 3 个正整数 D、X 和 Y,两数之间用一个空格隔开。其中 D 表示说法的种类,若 D=1,则表示 X 和 Y 是同类;若 D=2,则表示 X 吃 Y。

输出:输出一个整数,表示假话的数目。

本题中的权值比较有趣,它不是相加的关系,本题把权值 d[] 记录为两个动物在食物链上的相对关系。下面用 $d(A \rightarrow B)$ 表示 A 和 B 的关系,$d(A \rightarrow B) = 0$ 表示同类,$d(A \rightarrow B) = 1$ 表示 A 吃 B,$d(A \rightarrow B) = 2$ 表示 A 被 B 吃。

本题的难点在于权值的更新。考虑以下 3 个问题。

(1) 路径压缩时,如何更新权值。

若 $d(A \rightarrow B) = 1, d(B \rightarrow C) = 1$,求 $d(A \rightarrow C)$。因为 A 吃 B,B 吃 C,那么 C 应该吃 A,得 $d(A \rightarrow C) = 2$。

若 $d(A \rightarrow B) = 2, d(B \rightarrow C) = 2$,求 $d(A \rightarrow C)$。因为 B 吃 A,C 吃 B,那么 A 应该吃 C,得 $d(A \rightarrow C) = 1$。

若 $d(A \rightarrow B) = 0, d(B \rightarrow C) = 1$,求 $d(A \rightarrow C)$。因为 A、B 同类,B 吃 C,那么 A 应该吃 C,得 $d(A \rightarrow C) = 1$。

找规律可知:$d(A \rightarrow C) = (d(A \rightarrow B) + d(B \rightarrow C)) \% 3$,因此,关系值的更新是累加再模 3。

(2) 合并时,如何更新权值。本题的权值更新是取模操作,内容见下面的代码。

(3) 如何判断矛盾。如果已知 A 与根节点的关系以及 B 与根节点的关系,如何求 A 和

B 之间的关系？见下面的代码。

```
1    # include < iostream >
2    # include < stdio. h >
3    using namespace std;
4    const int N = 50005;
5    int s[N];                                    //集
6    int d[N];                                    // 0: 同类; 1: 吃; 2: 被吃
7    int ans;
8    void init_set(){                             //初始化
9      for(int i = 0; i <= N; i++) { s[i] = i; d[i] = 0;  }
10   }
11   int find_set(int x){                         //带权值的路径压缩
12       if(x != s[x]) {
13           int t = s[x];                        //记录父节点
14           s[x] = find_set(s[x]);               //路径压缩,递归最后返回的是根节点
15           d[x] = (d[x] + d[t]) % 3;            //权值更新为 x 到根节点的权值
16       }
17       return s[x];
18   }
19   void merge_set(int x, int y, int relation){  //合并
20       int rootx = find_set(x);   int rooty = find_set(y);
21       if (rootx == rooty){
22           if ((relation - 1) != ((d[x] - d[y] + 3) % 3))    //判断矛盾
23               ans++;
24       }
25       else {
26           s[rootx] = rooty;                    //合并
27           d[rootx] = (d[y] - d[x] + relation  - 1) % 3;    //更新权值
28       }
29   }
30   int main(){
31       int n, k;   cin >> n >> k;
32       init_set();
33       ans = 0;
34       while (k--){
35           int relation, x, y;    scanf("%d%d%d",&relation,&x,&y);
36           if( x > n || y > n || (relation == 2 && x == y) )   ans++;
37           else       merge_set(x,y,relation);
38       }
39       cout << ans;
40       return 0;
41   }
```

提示
    并查集还有一些更复杂的应用,如可持久化并查集、可撤销并查集等,请查阅资料。

【习题】

(1) poj 2524/1611/1703/2236,2492/1988/1182。

(2) hdu 3635/1856/1272/1325/1198/2586/6109。

(3) 洛谷 P1111/P3958/P1525/P4185/P2024/P1197/P1196/P1955。

4.2　树 状 数 组

和并查集一样,树状数组和线段树也是算法竞赛中常见的高级数据结构,它们结构清晰,操作方便,应用灵活,效率很高。

本节从一个常见问题开始:高效率地**查询和维护前缀和**(或区间和)。所谓前缀和,即给出长度为 n 的数列 $A=\{a_1,a_2,\cdots,a_n\}$ 和一个查询 $x\leqslant n$,求 $\text{sum}(x)=a_1+a_2+\cdots+a_x$。数列 $[i,j]$ 区间和通过前缀和求得,即 $a_i+\cdots+a_j=\text{sum}(j)-\text{sum}(i-1)$。

如果数列 A 是静态不变的,代码很好写,预处理前缀和就好了,一次预处理的复杂度为 $O(n)$,然后每次查询复杂度都为 $O(1)$,见 2.6 节。但是,如果序列是**动态变化**的,如改变其中一个元素 a_k 的值,那么它后面的前缀和都会改变,需要重新计算,如果每次查询前元素都有变化,那么一次查询的复杂度就变为 $O(n)$。

有两种数据结构可以高效地处理这个问题:树状数组、线段树。它们实现的两个功能:查询前缀和、修改元素值,复杂度都为 $O(\log_2 n)$。

在学习树状数组和线段树之前,读者可以自己思考如何实现用 $O(\log_2 n)$ 的复杂度实现查询和维护前缀和。思路并不难得到,根据二分法或分治法,把整个数列分为两半,然后每部分再继续分为两半……这样一来,查询和修改都能以 $O(\log_2 n)$ 的复杂度得到解决。这就是树状数组和线段树的基本思路,线段树差不多重现了这个思路,而树状数组借助一个神奇的 lowbit() 函数简洁地实现。

本节介绍树状数组的概念和基本代码,然后给出它的经典应用:区间修改＋单点查询、区间修改＋区间查询、二维区间修改＋区间查询、区间最值。

4.2.1　树状数组的概念和基本编码

1. 思维导引

树状数组(Binary Indexed Tree,BIT)是利用数的二进制特征进行检索的一种树状的结构。

如何利用二分的思想高效地求前缀和? 如图 4.7 所示,以 $A=\{a_1,a_2,\cdots,a_8\}$ 为例,将二叉树的结构画成树状。这幅图是树状数组的核心,理解了它,就能明白树状数组的一切操作。

图 4.7 圆圈中标记有数字的节点,存储的是称为树状数组的 tree[]。一个节点上的 tree[] 的值就是其树下的**直连的**子节点的和。例如,tree[1]$=a_1$,tree[2]$=$tree[1]$+a_2$,tree[3]$=a_3$,tree[4]$=$tree[2]$+$tree[3]$+a_4$,$\cdots$,tree[8]$=$tree[4]$+$tree[6]$+$tree[7]$+a_8$。

利用 tree[] 可以高效地完成以下两个操作。

(1) 查询,即求前缀和 sum。例如,sum(8)$=$tree[8],sum(7)$=$tree[7]$+$tree[6]$+$tree[4],sum(6)$=$tree[6]$+$tree[4]。如图 4.7 所示,右图中的虚线箭头是计算 sum(7) 的过程。显然,计算复杂度为 $O(\log_2 n)$,这样就达到了快速计算前缀和的目的。

(2) 维护。tree[] 本身的维护也是高效的。当元素 a 发生改变时,能以 $O(\log_2 n)$ 的高

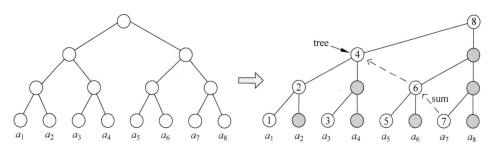

图 4.7 从二叉树到树状数组

效率修改 tree[] 的值。例如，更新了 a_3，那么只需要修改 tree[3]、tree[4]、tree[8]，即修改它和它上面的那些节点：父节点（后文指出，x 的父节点是 $x+$lowbit(x)）以及父节点的父节点。

有了方案，剩下的问题是如何快速计算出 tree[]。观察查询和维护两个操作，发现（读者完全可以自己观察树状数组的原理图，根据二进制的特征得到以下结论）：

(1) 查询的过程是每次去掉二进制的最后的 1。例如，求 sum$(7)=$tree[7]$+$tree[6]$+$tree[4]，步骤如下：

① 7 的二进制是 111，去掉最后的 1，得 110，即 tree[6]；

② 去掉 6 的二进制 110 的最后一个 1，得 100，即 tree[4]；

③ 4 的二进制是 100，去掉 1 之后就没有了。

(2) 维护的过程是每次在二进制的最后的 1 上加 1。例如，更新了 a_3，需要修改 tree[3]、tree[4]、tree[8] 等，步骤如下：

① 3 的二进制是 11，在最后的 1 上加 1 得 100，即 4，修改 tree[4]；

② 4 的二进制是 100，在最后的 1 上加 1，得 1000，即 8，修改 tree[8]；

③ 继续修改 tree[16]、tree[32] 等。

最后，树状数组归结到一个关键问题：如何找到一个数的二进制的最后一个 1。

2. 神奇的 lowbit(x)

lowbit$(x)=x\&-x$，功能是找到 x 的二进制数的最后一个 1。其原理是利用了负数的补码表示，补码是原码取反加 1。例如，$x=6=00000110_2$，$-x=x_{补}=11111010_2$，那么 lowbit$(x)=x\&(-x)=10_2=2$。

lowbit(x) 的结果如表 4.1 所示（$x=1\sim 9$）。

表 4.1 lowbit(x) 的结果

x	x 的二进制	lowbit(x)	tree$[x]$ 数组
1	1	1	tree[1]$=a_1$
2	10	2	tree[2]$=a_1+a_2$
3	11	1	tree[3]$=a_3$
4	100	4	tree[4]$=a_1+a_2+a_3+a_4$
5	101	1	tree[5]$=a_5$
6	110	2	tree[6]$=a_5+a_6$

x	x 的二进制	lowbit(x)	tree$[x]$数组
7	111	1	tree$[7]=a_7$
8	1000	8	tree$[8]=a_1+a_2+\cdots+a_8$
9	1001	1	tree$[9]=a_9$

令 $m=$lowbit(x)，tree$[x]$的值是把 a_x 和它前面共 m 个数相加的结果，如表 4.1 所示。例如，lowbit$(6)=2$，有 tree$[6]=a_5+a_6$。

tree$[\ ]$是通过 lowbit$(\ )$计算出的树状数组，它能够以二分的复杂度存储一个数列的数据。具体地，tree$[x]$中存储的是区间$[x-$lowbit$(x)+1,x]$中每个数的和。

表 4.1 可以画成图 4.8。横条中的黑色部分表示 tree$[x]$，它等于横条上元素相加的和。

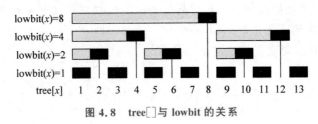

图 4.8　tree$[\ ]$与 lowbit 的关系

3. 树状数组的编码

理解树状数组的原理之后，编码极其简洁，核心是 lowbit$(\ )$操作[①]，计算得到树状数组 tree$[\ ]$，用于实现查询前缀和，以及维护 tree$[\ ]$。

下面给出树状数组的简单应用"单点修改＋区间查询"的代码。

```
1   #include <bits/stdc++.h>
2   using namespace std;
3   const int N = 1000;
4   #define lowbit(x)  ((x) & - (x))
5   int tree[N] = {0};
6   void update(int x, int d) {    //单点修改：修改元素 a[x]，a[x] = a[x] + d
7       while(x <= N) {
8           tree[x] += d;
9           x += lowbit(x);
10      }
11  }
12  int sum(int x) {               //查询前缀和：返回前缀和 sum = a[1] + a[2] + … + a[x]
13      int ans = 0;
14      while(x > 0){
15          ans += tree[x];
16          x -= lowbit(x);
17      }
18      return ans;
```

---

① 《算法竞赛入门到进阶》5.4 节给出了更详细的解释。

```
19   }
20   //以上是树状数组相关
21   int a[11] = {0,4,5,6,7,8,9,10,11,12,13};              //注意：a[0]不用
22   int main (){
23       for(int i = 1;i <= 10;i++)  update(i,a[i]);       //初始化计算 tree[]数组
24       cout << "old: [5,8] = "<< sum(8) - sum(4)<< endl; //查询区间和,如查询[5,8] = 38
25       update(5,100);                                    //模拟一次修改：a[5] = a[5]+100
26       cout << "new: [5,8] = "<< sum(8) - sum(4);        //重新查询区间和[5,8] = 138
27       return 0;
28   }
```

上述代码的执行过程如下。

(1) 初始化。先清空数组 tree[],然后读取 $a_1,a_2,\cdots,a_n$,用 update()函数逐一处理这 n 个数,得到 tree[]数组。

(2) 求前缀和。用 sum()函数计算 $a_1+a_2+\cdots+a_x$。求和是基于数组 tree[]的。

(3) 修改元素。执行 update()函数,即修改数组 tree[]。

从上面的使用方法可以看出,tree[]这个数据结构可以用于记录元素,以及计算前缀和,**复杂度都为 $O(\log_2 n)$**。若执行 n 次修改元素,n 次查询区间和,总复杂度为 $O(n\log_2 n)$。

提示　　在很多题目的代码中并不需要定义和存储数组 a,因为它隐含在 tree[]中,能够用 sum()函数计算得到,即 $a_i=\text{sum}(i)-\text{sum}(i-1)$,计算复杂度为 $O(\log_2 n)$。

下面介绍树状数组的经典应用,前几个应用结合了**差分数组**的概念。

4.2.2　树状数组的基本应用

1. 区间修改+单点查询

一个序列 $A=\{a_1,a_2,\cdots,a_n\}$ 的更新(修改)有以下两种。

(1) 单点修改：一次修改一个数。

(2) 区间修改：一次改变一个区间[L,R]内所有的数,如把每个数统一加上 d。

树状数组的原始功能是"单点修改+区间查询",是否能扩展为"区间修改"？只需一个简单而巧妙的操作(差分数组),就能把单点修改用来处理区间修改问题,实现高效的"区间修改+单点查询",进一步也能做到"区间修改+区间查询"。

例 4.4 是典型的"区间修改+单点查询"。这道题在 2.6 节中曾经讲解过,本节用树状数组重新求解。

 例 4.4　Color the ball(hdu 1556)

问题描述：N 个气球排成一排,从左到右依次编号为 $1,2,\cdots,N$。每次给定两个整数 L 和 $R(L\leqslant R)$,某人从气球 L 开始到气球 R,依次给每个气球涂一次颜色。但是 N 次以后他已经忘记了第 i 个气球已经涂过几次颜色了,你能帮他算出每个气球被涂过几次

颜色吗？

　　输入：每个测试实例，第 1 行输入一个整数 $N(N \leqslant 100000)$。接下来的 N 行中，每行输入两个整数 L 和 $R(1 \leqslant L \leqslant R \leqslant N)$。当 $N = 0$ 时，输入结束。

　　输出：每个测试实例输出一行，包括 N 个整数，第 i 个数代表第 i 个气球总共被涂色的次数。

　　定义数组 $a[i]$ 为气球 i 被涂色的次数。

　　如果用暴力法处理 N 次区间修改，复杂度为 $O(N^2)$。用树状数组，如果只是简单把区间 $[L,R]$ 内的每个数 $a[x]$ 用 update() 函数进行单点修改，复杂度更差，为 $O(N^2 \log_2 N)$。下面把单点修改处理成区间修改，复杂度为 $O(N \log_2 N)$。

　　如何用树状数组处理区间修改？题目要求把 $[L,R]$ 区间内每个数加上 d，此时可以利用差分数组。下面回顾本书 2.6 节前缀和与差分的有关内容。差分数组的定义为 $D[k] = a[k] - a[k-1]$，即原数组相邻元素的差。从定义推出 $a[k] = D[1] + D[2] + \cdots + D[k] = \sum_{i=1}^{k} D[i]$。这个公式揭示了 a 和 D 的关系，即差分是前缀和的逆运算，它把求 $a[k]$ 转换为求 D 的前缀和，前缀和正适合用树状数组来处理。

　　对于区间 $[L,R]$ 的修改问题，对 D 做以下操作：

　　(1) 把 $D[L]$ 加上 d；

　　(2) 把 $D[R+1]$ 减去 d。

　　然后用树状数组 sum() 函数求前缀和 $sum[x] = D[1] + D[2] + \cdots + D[x]$，有：

　　(1) $1 \leqslant x < L$，前缀和 $sum[x]$ 不变；

　　(2) $L \leqslant x \leqslant R$，前缀和 $sum[x]$ 增加了 d；

　　(3) $R < x \leqslant N$，前缀和 $sum[x]$ 不变，因为被 $D[R+1]$ 中减去的 d 抵消了。

　　$sum[x]$ 的值是差分数组 D 的前缀和，等于 $a[x]$。这样，就利用树状数组高效地计算出区间修改后的 $a[x]$。

> **提示** 利用差分，可以把区间问题转换为端点问题。如果区间内每个元素都修改，复杂度为 $O(n)$；用差分转换为只记录两个端点后，复杂度降低到 $O(1)$。这就是差分的重要作用。

```
1  //hdu 1556 代码
2  //tree[N],lowbit(x),update(),sum()的代码在前面已给出
3  const int N = 100010;
4  int main(){
5      int n;
6      while(~scanf("%d",&n)) {
7          memset(tree,0,sizeof(tree));        //只需要一个 tree[]数组
8          for(int i = 1;i <= n;i++) {          //区间修改
9              int L, R;    scanf("%d%d",&L,&R);
```

```
10              update(L,1);                      //本题中 d = 1
11              update(R + 1, - 1);
12          }
13      for(int i = 1;i < = n;i++){               //单点查询
14          if(i!= n)  printf(" % d ",sum(i));    //把 sum(i)看作 a[i]
15          else       printf(" % d\n",sum(i));
16          }
17      }
18      return 0;
19  }
```

代码中的第 1 个 for 循环做了 n 次区间修改,复杂度为 $O(n\log_2 n)$;第 2 个 for 循环做了 n 次单点查询,复杂度为 $O(n\log_2 n)$。总复杂度仍为 $O(n\log_2 n)$。

2. 区间修改＋区间查询

前面完成的是"区间修改＋单点查询",下面考虑把单点查询扩展到区间查询,即查询的不是一个单点 $a[x]$ 的值,而是区间 $[i,j]$ 的和。

仅用一个树状数组无法同时高效地完成区间修改和区间查询,因为这个树状数组的 tree[] 已经用于区间修改,它用 sum() 函数计算了单点 $a[x]$,不能再用于求 $a[i]\sim a[j]$ 的区间和。

读者可能想到再加一个树状数组,也许能接着高效地完成区间查询。但是,如果这两个树状数组只是简单地一个做区间修改,另一个做区间查询,合起来效率并不高。做一次长度为 k 的区间修改,计算区间内每个 $a[x]$ 的复杂度为 $O(\log_2 n)$;如果继续用另一个树状数组处理这 k 个 $a[x]$,复杂度为 $O(k\log_2 n)$;做 n 次修改和询问,总复杂度为 $O(n^2\log_2 n)$。

这两个树状数组需要紧密结合才能高效完成"区间修改＋区间查询",称为**二阶树状数组**,它也是差分数组概念和树状数组的结合。下面给出一道典型例题。

例 4.5　线段树 1(洛谷 P3372)

问题描述:已知一个数列,进行两种操作:①把某区间每个数加 d;②求某区间所有数的和。

输入:第 1 行输入两个整数 n 和 m,分别表示该数列数字的个数和操作的总个数;第 2 行输入 n 个用空格分隔的整数,其中第 i 个数字表示数列第 i 项的初始值;接下来 m 行中,每行输入 3 或 4 个整数,表示一个操作,具体如下。

(1) 1 L R d:将数列区间 $[L,R]$ 内每个数加 d。

(2) 2 L R:输出数列区间 $[L,R]$ 内每个数的和。

输出:输出若干行整数,即为所有操作(2)的结果。

数据范围:$1\leqslant n,m\leqslant 10^5$,元素取值范围为 $[-2^{63},2^{63})$。

操作(1)是区间修改,操作(2)是区间查询。

首先,求区间和 $\text{sum}(L,R)=a[L]+a[L+1]+\cdots+a[R]=\text{sum}(1,R)-\text{sum}(1,L-1)$,问题转换为求 $\text{sum}(1,k)$。

定义一个差分数组 D，它和原数组 a 的关系仍然是 $D[k]=a[k]-a[k-1]$，有 $a[k]=D[1]+D[2]+\cdots+D[k]$。下面推导区间和，看它与求前缀和有没有关系，如果有关系，就能用树状数组。

$$a_1+a_2+\cdots+a_k$$
$$=D_1+(D_1+D_2)+(D_1+D_2+D_3)+\cdots+(D_1+D_2+\cdots+D_k)$$
$$=kD_1+(k-1)D_2+(k-2)D_3+\cdots+(k-(k-1))D_k$$
$$=k(D_1+D_2+\cdots+D_k)-(D_2+2D_3+\cdots+(k-1)D_k)$$
$$=k\sum_{i=1}^{k}D_i-\sum_{i=1}^{k}(i-1)D_i$$

公式最后一行求两个前缀和，用两个树状数组分别处理，一个实现 D_i，另一个实现 $(i-1)D_i$。

下面是"区间修改＋区间查询"的代码，完全重现了上面推导出的结论。

代码的复杂度为 $O(m\log_2 n)$。

```cpp
1   #include<bits/stdc++.h>
2   using namespace std;
3   #define ll long long
4   const int N = 100010;
5   #define lowbit(x)   ((x) & - (x))
6   ll tree1[N],tree2[N];                                        //两个树状数组
7   void update1(ll x,ll d){while(x<=N){tree1[x]+=d;  x+=lowbit(x);}}
8   void update2(ll x,ll d){while(x<=N){tree2[x]+=d;  x+=lowbit(x);}}
9   ll sum1(ll x){ll ans = 0;while(x>0){ans += tree1[x];x-=lowbit(x);}return ans;}
10  ll sum2(ll x){ll ans = 0;while(x>0){ans += tree2[x];x-=lowbit(x);}return ans;}
11  int main(){
12      ll n, m; scanf("%lld%lld",&n,&m);
13      ll old = 0, a;
14      for (int i = 1;i<=n;i++) {
15          scanf("%lld",&a);                                    //输入每个初始值
16          update1(i, a-old);                                   //差分数组原理,初始化
17          update2(i,(i-1) * (a-old));
18          old = a;
19      }
20      while (m--){                                             //m 个操作
21          ll q, L, R, d;    scanf("%lld",&q);
22          if (q==1){                                           //区间修改
23              scanf("%lld%lld%lld",&L, &R, &d);
24              update1(L,d);                                    //第 1 个树状数组
25              update1(R+1,-d);
26              update2(L,d*(L-1));                              //第 2 个树状数组
27              update2(R+1,-d*R);                               //d*R = d*(R+1-1)
28          }
29          else {                                               //区间查询
30              scanf("%lld%lld",&L,&R);
31              printf("%lld\n",R*sum1(R) - sum2(R) - (L-1) * sum1(L-1) + sum2(L-1));
32          }
33      }
34      return 0;
35  }
```

代码中的 update1() 和 update2()、sum1() 和 sum2() 几乎一样。也可以合起来写成 update1(ll x,ll d,int v) 的样子,用变量 v 区分处理 tree1 和 tree2。不过分开写更清晰,编码更快。

4.2.3 树状数组的扩展应用

1. 二维区间修改 + 区间查询

前面的例题都是一维的,下面给出一个二维的“区间修改 + 区间查询”的例题。

> #### 例 4.6 洛谷 P4514
>
> 输入:第 1 行输入 X、n、m,代表矩阵大小为 $n \times m$。从第 2 行开始到文件尾的每行输入以下两种操作之一:
> $L\ a\ b\ c\ d$ delta,代表将 (a,b),(c,d) 为顶点的矩形区域内所有数字加上 delta;
> $k\ a\ b\ c\ d$,代表求以 (a,b),(c,d) 为顶点的矩形区域内所有数字的和。
> 输出:针对每个 k 操作,输出答案。
> 数据范围:$1 \leqslant n \leqslant 2048$,$1 \leqslant m \leqslant 2048$,$-500 \leqslant$ delta $\leqslant 500$,操作不超过 200000 个,保证运算过程中及最终结果均不超过 32 位带符号整数类型的表示范围。

下面介绍二维树状数组的解法[①]。

二维的“区间修改 + 区间查询”是一维“区间修改 + 区间查询”的扩展,方法和推导过程类似。

1) 二维区间修改

如何实现区间修改?需要结合二维差分数组。定义一个二维差分数组 $D[i][j]$,它与矩阵元素 $a[c][d]$ 的关系为

$$D[i][j] = a[i][j] - a[i-1][j] - a[i][j-1] + a[i-1][j-1]$$

对照图 4.9,$D[i][j]$ 就是阴影面积。

$a[c][d] = \sum_{i=1}^{c} \sum_{j=1}^{d} D[i][j]$,可看作对以 $(1,1)$ 和 (c,d) 为顶点的矩阵内的 $D[i][j]$ 求和。

它们同样满足“**差分是前缀和的逆运算**”。

用二维树状数组实现 $D[i][j]$,编码见示例代码中的 update() 和 sum() 函数。进行区间修改时,在 update() 函数中,每次第 i 行减少 lowbit(i),第 j 列减少 lowbit(j),复杂度为 $O(\log_2 n \log_2 m)$。

2) 二维区间查询

查询以 (a,b) 和 (c,d) 为顶点的矩阵区间和,对照图 4.10 的阴影部分,有

$$\sum_{i=a}^{c} \sum_{j=b}^{d} a[i][j] = \sum_{i=1}^{c} \sum_{j=1}^{d} a[i][j] - \sum_{i=1}^{c} \sum_{j=1}^{b-1} a[i][j] - \sum_{i=1}^{a-1} \sum_{j=1}^{d} a[i][j] + \sum_{i=1}^{a-1} \sum_{j=1}^{b-1} a[i][j]$$

---

① 本题用 CDQ 分治更好。

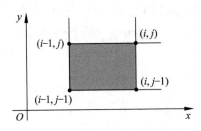

图 4.9　二维差分数组的定义

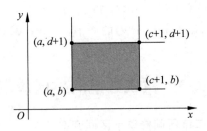

图 4.10　二维区间求和

问题转换为计算 $\sum\limits_{i=1}^{n}\sum\limits_{j=1}^{m}a[i][j]$，根据它与差分数组 D 的关系进行变换[1]，有

$$\sum_{i=1}^{n}\sum_{j=1}^{m}a[i][j]$$

$$=\sum_{i=1}^{n}\sum_{j=1}^{m}\sum_{k=1}^{i}\sum_{l=1}^{j}D[k][l]$$

$$=\sum_{i=1}^{n}\sum_{j=1}^{m}D[i][j]\times(n-i+1)\times(m-j+1)$$

$$=(n+1)(m+1)\sum_{i=1}^{n}\sum_{j=1}^{m}D[i][j]-(m+1)\sum_{i=1}^{n}\sum_{j=1}^{m}D[i][j]\times i-$$

$$(n+1)\sum_{i=1}^{n}\sum_{j=1}^{m}D[i][j]\times j+\sum_{i=1}^{n}\sum_{j=1}^{m}D[i][j]\times i\times j$$

这是 4 个二维树状数组。

下面的代码重现了上面推理的结论。update（）和 sum（）函数复杂度都为 $O(\log_2 n\log_2 n)$。用二维树状数组求解此类问题，缺点是占用空间大。

```
1    # include < bits/stdc++. h >
2    using namespace std;
3    const int N = 2050;
4    int t1[N][N],t2[N][N],t3[N][N],t4[N][N];
5    # define lowbit(x)   ((x) & - (x))
6    int n,m;
7    void update( int x, int y, int d){
8        for(int i = x;i <= n;i += lowbit(i))
9            for(int j = y;j <= m;j += lowbit(j)){
10               t1[i][j] += d;     t2[i][j] += x * d;
11               t3[i][j] += y * d;  t4[i][j] += x * y * d;
12           }
13   }
14   int sum( int x, int y){
15       int ans = 0;
16       for(int i = y;i > 0;i -= lowbit(i))
17           for(int j = y;j > 0;j -= lowbit(j))
```

---

① https://www.cnblogs.com/lindalee/p/11503503.html

```
18              ans += (x+1) * (y+1) * t1[i][j] - (y+1) * t2[i][j] - (x+1) * t3[i][j] +
                t4[i][j];
19          return ans;
20      }
21      int main(){
22          char ch[2]; scanf("%s",ch);
23          scanf("%d%d",&n,&m);
24          while(scanf("%s",ch)!= EOF){
25              int a,b,c,d,delta;  scanf("%d%d%d%d",&a,&b,&c,&d);
26              if(ch[0] == 'L'){
27                  scanf("%d",&delta);
28                  update(a,  b,   delta);  update(c+1,d+1, delta);
29                  update(a,  d+1, -delta); update(c+1,b,  -delta);
30              }
31              else printf("%d\n",sum(c,d) + sum(a-1,b-1) - sum(a-1,d) - sum(c,b-1));
32          }
33          return 0;
34      }
```

2. 偏序问题(逆序对 + 离散化)

关于偏序问题,以一维、二维、三维偏序问题为例,介绍如下。

(1) 一维偏序(逆序对)。给定数列 a,求满足 $i<j$ 且 $a_i>a_j$ 的二元组 (i,j) 的数量。

(2) 二维偏序。给定 n 个点的坐标,求出满足 $x_i<x_j$、$y_i<y_j$ 的二元组 (i,j) 的数量。

(3) 三维偏序。给定 n 个点的坐标,求满足 $x_i<x_j$、$y_i<y_j$、$z_i<z_j$ 的二元组 (i,j) 的数量。

> 提示　逆序对问题有两种标准解法,即归并排序和树状数组。它们的复杂度都为 $O(n\log_2 n)$,不过,归并排序有一个固有的缺点,它需要多次复制数组,所以归并排序比树状数组慢一点。

用树状数组解逆序对又简单又巧妙,是树状数组应用的绝佳例子。

例 4.7　逆序对(洛谷 P1908)

问题描述:对于给定的一段正整数序列 a,逆序对就是序列中 $a_i>a_j$ 且 $i<j$ 的有序对。计算一段正整数序列中逆序对的数目。序列中可能有重复数字。

输入:第 1 行输入一个数 n,表示序列中有 n 个数。第 2 行输入 n 个数,表示给定的序列。序列中每个数不超过 10^9,$n\leqslant 5\times10^5$。

输出:输出序列中逆序对的数目。

输入样例:	输出样例:
6	11
5 4 2 6 3 1	

直接用两重循环暴力搜索,复杂度为 $O(n^2)$;用归并排序和树状数组,复杂度为 $O(n\log_2 n)$。

作为对比,下面先给出用归并排序求解逆序对的代码,解释见 2.9 节。

```
1    //用归并排序求解洛谷 P1908
2    #include<bits/stdc++.h>
3    const int N = 5e5 + 5;
4    int a[N],tmp[N];                    //a[]为原数组,b[]用于合并两半部分
5    long long ans = 0;                  //记录逆序对数量
6    void Merge(int L, int mid, int R){  //合并
7        int i = L, j = mid + 1, t = L;
8        while(i <= mid && j <= R) {
9            if(a[i] > a[j]){
10               ans += mid - i + 1;     //记录逆序对数量,去掉这一行,就是纯的归并排序
11               tmp[t++] = a[j++];
12           }
13           else    tmp[t++] = a[i++];
14       }
15   //其中一半已经处理完,另一半还没有,剩下的都是有序的,直接复制
16       while(i <= mid)      tmp[t++] = a[i++];
17       while(j <= R)        tmp[t++] = a[j++];
18       for(i = L; i <= R; i++)  a[i] = tmp[i]; //把排好序的 b[]复制回去
19   }
20   void Mergesort(int L, int R) {      //分治
21       if(L >= R) return;
22       int mid = L + (R - L)/2;        //比这样写好: int mid = (L + R)/2; 因为 L + R 可能溢出
23       Mergesort(L, mid);             //左半
24       Mergesort(mid + 1, R);         //右半
25       Merge(L, mid, R);             //合并
26   }
27   int main() {
28       int n;   scanf("%d",&n);
29       for(int i = 1; i <= n; i++) scanf("%d",&a[i]);
30       Mergesort(1,n);                //归并排序,并统计逆序对
31       printf("%lld\n",ans);
32       return 0;
33   }
```

下面用树状数组求解。

用树状数组解逆序对需要用到一个技巧:**把数字看作树状数组的下标**。例如,样例中的序列$\{5,4,2,6,3,1\}$,对应 $a[5]$、$a[4]$、$a[2]$、$a[6]$、$a[3]$、$a[1]$。每处理一个数字,树状数组的下标所对应的元素数值加 1,统计前缀和,就是逆序对的数量。倒序或正序处理数据都可以。

(1)倒序。用树状数组倒序处理数列,当前数字的前一个数的前缀和即为以该数为较大数的逆序对的个数。例如,样例中的序列$\{5,4,2,6,3,1\}$,倒序处理数字:

数字 1,把 $a[1]$ 加 1,计算 $a[1]$ 前面的前缀和 $\text{sum}(0)$,逆序对数量 $\text{ans} = \text{ans} + \text{sum}(0) = 0$;

数字 3,把 $a[3]$ 加 1,计算 $a[3]$ 前面的前缀和 $\text{sum}(2)$,逆序对数量 $\text{ans} = \text{ans} + \text{sum}(2) = 1$;

数字 6,把 $a[6]$ 加 1,计算 $a[6]$ 前面的前缀和 $\text{sum}(5)$,逆序对数量 $\text{ans} = \text{ans} + \text{sum}(5) = 1 + 2 = 3$;

...

（2）正序。当前已经处理的数字个数减掉当前数字的前缀和即为以该数为较小数的逆序对个数。例如,样例中的$\{5,4,2,6,3,1\}$,正序处理数字:

数字 5,把 a[5]加 1,当前处理了一个数,ans＝ans＋(1－sum(5))＝0;

数字 4,把 a[4]加 1,当前处理了两个数,ans＝ans＋(2－sum(4))＝0＋1＝1;

数字 2,把 a[2]加 1,ans＝ans＋(3－sum(2))＝1＋2＝3;

数字 6,把 a[6]加 1,ans＝ans＋(4－sum(6))＝3＋0＝3;

...

不过,上面的处理方法有一个问题,如果数字比较大,如 10^9,那么树状数组的空间就远远超过了题目限制的空间。用"离散化"这个小技巧能解决这个问题。

回顾 2.7 节,离散化就是把原来的数字用它们的相对大小替代,而它们的顺序仍然不变,不影响逆序对的计算。例如,$\{1,20000,10,300,890000000\}$,相对大小是$\{1,4,2,3,5\}$,这两个序列的逆序对数量是一样的。前者需要极大的空间,后者占用空间很小。有多少个数字,离散化后的 N 就是多大。

下面是洛谷 P1908 的代码,注意其中的离散化操作。离散化时计算"相对大小"需要用到排序,请仔细分析。

```cpp
1  //lowbit(x),update(),sum()的代码前面已给出
2  const int N = 500010;
3  int tree[N],rank[N],n; //rank 是 C++的保留字,如果加了 using namespace std,编译不通过
4                         //在需要用 C++定义的函数和变量时,如 sort,可写为 std::sort()
5  struct point{ int num,val;}a[N];
6  bool cmp(point x,point y){
7      if(x.val == y.val)   return x.num < y.num;    //如果相等,让先出现的更小
8      return x.val < y.val;
9  }
10 int main(){
11     scanf("%d",&n);
12     for(int i=1;i<=n;i++) {
13         scanf("%d",&a[i].val);
14         a[i].num = i;                              //记录顺序,用于离散化
15     }
16     sort(a+1,a+1+n,cmp);                           //排序
17     for(int i=1;i<=n;i++) rank[a[i].num] = i;      //离散化,得到新的数字序列 rank[]
18     long long ans = 0;
19     /* for(int i=1;i<=n;i++){                      //正序处理
20         update(rank[i],1);
21         ans += i-sum(rank[i]); } */
22     for(int i=n;i>0;--i){                          //倒序处理
23         update(rank[i],1);
24         ans += sum(rank[i]-1);
25     }
26     printf("%lld",ans);
27     return 0;
28 }
```

二维偏序、三维偏序、四维偏序的一般解法是 CDQ 分治,请查阅相关资料。

3. 区间最值

区间最值是常见问题,有 ST 算法、线段树、笛卡儿树等解法。一般不用树状数组求此类问题,不过下面的解析能帮助更好地理解树状数组。树状数组也能高效求解区间最值,但是需要改写树状数组的基本代码。

下面是一道"单点修改,区间最值"的例题。

 例 4.8   I hate it(hdu 1754)

问题描述:求区间内最大值。

输入:第 1 行输入正整数 N 和 $M(0<N\leqslant200000,0<M<5000)$,分别代表数字个数和操作数;第 2 行输入 N 个整数;接下来 M 行中,每行输入代表一个操作,格式为

Q A B   代表一个查询,查询从第 A 个到第 B 个数字中的最大值;

U A B   代表一个更新,把第 A 个数字改为 B。

输出:对每个查询,输出区间最大值。

用暴力法求解,复杂度为 $O(MN)$。下面用树状数组求解。

在标准的前缀和树状数组中,tree[x]中存储的是$[x-\text{lowbit}(x)+1,x]$中每个数的和。在求最值的树状数组中,tree[x]记录$[x-\text{lowbit}(x)+1,x]$内所有数的最大值。阅读下面内容时,请对照树状数组原理图,如图 4.11 所示。

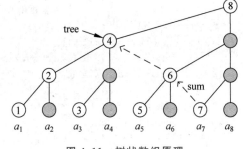

图 4.11   树状数组原理

(1) 单点修改:update1(x,value)。用 value 更新 tree[x]的最大值,并更新树状数组上被它影响的节点。例如,修改 $x=4$,步骤如下。

① 修改 x 子树上直连的 tree[2]、tree[3]。

② 修改 x 的父节点 tree[8],以及 tree[8]的直连子节点 tree[6]、tree[7]等。

每步复杂度为 $O(\log_2 n)$,共 $O(\log_2 n)$ 步,总复杂度为 $O((\log_2 n)^2)$。注意一个特殊情况,初始化时需要修改所有 n 个数,复杂度为 $O(n(\log_2 n)^2)$,符合要求。

```
1   void update1(int x, int value){
2       while(x <= n){
3           tree[x] = value;
4           for(int i = 1; i < lowbit(x); i <<= 1)      //用子节点更新自己
5               tree[x] = max(tree[x], tree[x - i]);
```

```
6            x += lowbit(x);                    //父节点
7        }
8    }
```

（2）区间最值查询：query1()。关于区间 $[L, R]$ 的最值，分两种情况讨论。

① $R-L \geqslant \text{lowbit}(R)$。对照图 4.11，即 $[L, R]$ 区间包含了 tree$[R]$ 直连子节点的个数，此时直接使用 tree$[R]$ 的值：query1$(L, R) = \max(\text{tree}[R], \text{query1}(L, R-\text{lowbit}(R)))$。

② $R-L < \text{lowbit}(R)$。上述包含关系不成立，先使用 $a[R]$ 的值，然后向前递推：query1$(L, R) = \max(a[R], \text{query1}(L, R-1))$。

query1() 的复杂度仍然为 $O((\log_2 n)^2)$。

```
1    int query1(int L, int R){
2        int ans = 0;
3        while(L <= R) {
4            ans = max(ans,a[R]);
5            R--;
6            while(R - L >= lowbit(R)){
7                ans = max(ans,tree[R]);
8                R -= lowbit(R);
9            }
10       }
11       return ans;
12   }
```

下面是 hdu 1754 的完整代码。

```
1    # include < bits/stdc++. h>
2    using namespace std;
3    const int N = 2e5 + 10;
4    int n,m,a[N],tree[N];
5    int lowbit(int x){return x&(-x);}
6    void update1(int x,int value){;}
7    int query1(int L,int R){;}
8    int main(){
9        while(~scanf("%d%d",&n,&m)) {
10           memset(tree,0,sizeof(tree));
11           for(int i = 1; i <= n; i++){ scanf("%d",&a[i]);   update1(i,a[i]); }
12           while(m--){
13               char s[5];int A,B;   scanf("%s%d%d",s,&A,&B);
14               if(s[0] == 'Q')  printf("%d\n",query1(A,B));
15               else{            a[A] = B;  update1(A,B);}
16           }
17       }
18       return 0;
19   }
```

4. 离线处理

下面用经典题 hdu 4630 介绍离线处理技术。

例 4.9   No pain no game(hdu 4630)

问题描述：给出一个序列，这个序列是 $1\sim n$ 这 n 个数字的一个全排列。给出一个区间 $[L,R]$，求区间内任意两个数的最大公约数的最大值。

输入：第 1 行输入一个数 T，表示有 T 个测试。每个测试的第 1 行输入数字 $n(1\leqslant n\leqslant 50000)$，第 2 行输入 n 个数，是 $1\sim n$ 这 n 个数字的一个全排列，第 3 行输入数字 $Q(1\leqslant Q\leqslant 50000)$，表示 Q 个查询。后面 Q 行中每行输入两个整数 L 和 R，$1\leqslant L\leqslant R\leqslant n$，表示一个查询。

输出：每个查询的结果打印一行。

在区间 $[L,R]$ 内，先求出区间内所有数的因子，出现两次的因子是公约数，最大的那个就是答案。

有 Q 个区间查询，而 Q 很大，所以每次查询的复杂度需要达到 $O(\log_2 n)$ 才行。但是，如果对每个查询都单独计算这个区间内的最大公约数，最快也是 $O(n)$，Q 个查询时间复杂度就是 $O(n^2)$，超时。

此时需要用**离线处理**，即先读取所有的查询，然后统一处理，计算结束后一起输出。

前面的标准树状数组的代码，只能求区间和。能否改成求区间最值？把 update() 和 sum() 函数进行如下改写。

```
1   void update2(int x, int d){
2       while(x <= n){
3           tree[x] = max(tree[x],d);          //改为更新最大值
4           x += lowbit(x);
5       }
6   }
7   int query2(int x){
8       int ans = 0;
9       while(x > 0){
10          ans = max(ans,tree[x]);            //改为求最大值
11          x -= lowbit(x);
12      }
13      return ans;
14  }
```

对照图 4.11，执行 update2(x,d) 的结果，是在 $[x,n]$ 区间内把 x 的父节点（即 $x+=$ lowbit(x)，以及父节点的父节点）的 tree[] 值设置为 $a[x]$ 的最大值；执行 query2(x)，返回 $a[1]\sim a[x]$ 的最大值。

上述代码并不能用于"求区间 $[L,R]$ 最值"问题。因为最值没有前缀和的那种线性关系，$[L,R]$ 的最值与 $[1,L-1]$、$[1,R]$ 的最值并没有关系。但是在本题中很有用。

首先将所有的询问 $[L,R]$ 按左端点 L 从大到小排序。从最大的 $L1$ 开始计算，用 update2() 向父节点方向更新最大值，并用 query2(R1) 返回区间 $[L1,R1]$ 的最大值，由于此时比 $L1$ 小的那些询问还没有开始修改树状数组，也就不影响 $[L1,R1]$ 的计算。下一步再从第 2 大的 $L2$ 开始计算。在这个过程中，先计算的区间能用于后计算的区间，从而提高了效率。

【习题】

（1）poj 2299/2481/1195/3321/3264/3368。

（2）hdu 1541/5869/5057/4456。

（3）洛谷 P3374/P3368/P1774/P4479/P1908/P1966/P3605/P1972/P3586/P4054/P4113/
P3960。

4.3　线　段　树

扫一扫

视频讲解

线段树（Segment Tree）可以说是竞赛出题人最喜欢考核的高级数据结构了。线段树是里程碑式的知识点，熟练掌握线段树，标志着脱离了初级学习阶段，进入了中高级学习阶段。

线段树和树状数组都是用于解决区间问题的数据结构。下面举两个基本应用场景的例子。

（1）区间最值问题。有长度为 n 的数列 a，需要以下操作。

- 求最值，给定 $i,j \leqslant n$，求区间 $[i,j]$ 内的最值，即 $a[i] \sim a[j]$ 中的最值。
- 修改元素，给定 k 和 x，把第 k 个元素 $a[k]$ 改为 x。

如果用普通数组存储数列，上述两个操作，求最值的复杂度为 $O(n)$，修改元素的复杂度为 $O(1)$。如果有 m 次"修改元素＋求最值"，那么总复杂度为 $O(mn)$。如果 m 和 n 比较大，如 10^5，那么整个程序的复杂度为 10^{10} 数量级，这个复杂度在算法竞赛中是不可接受的。

（2）区间和问题。给出一个长度为 n 数列 a，先更改某些数的值，然后给定 $i,j \leqslant n$，求数列 $[i,j]$ 区间和，即 $a[i]+a[i+1]+\cdots+a[j]$。如果用数组存储数据，一次求和复杂度为 $O(n)$；如果更改和询问的操作总次数为 m，那么整个程序的复杂度为 $O(mn)$。这样的复杂度也是不可接受的。

对于这两类问题，线段树都能在 $O(m\log_2 n)$ 的时间内解决。在上面两个基本应用场景的基础上，线段树还发展出了各种丰富的应用。

树状数组和线段树各有优点。

（1）逻辑结构。线段树基于二叉树，数据结构非常直观，更清晰易懂。另外，由于二叉树灵活且丰富，能用于更多场合，比树状数组适应面多。

（2）代码长度。线段树的编码需要维护二叉树，而树状数组只需简单地处理一个 Tree 数组，所以线段树的代码更长。不过，二叉树也可以用数组（满二叉树）来写，代码能稍微减少一点。

线段树是一个应用广泛的高级数据结构，本节将详细介绍它的概念、基本操作、基本应用、扩展应用。

4.3.1　线段树的概念

概括地说，线段树可以理解为"**分治法思想＋二叉树结构＋Lazy-Tag 技术**"。

1. 线段树的原理

线段树是分治法和二叉树的结合。它是一棵二叉树，树上的节点是"线段"（或者理解为

"区间"),线段是根据分治法得到的。图4.12所示为一棵包含10个元素的线段树。

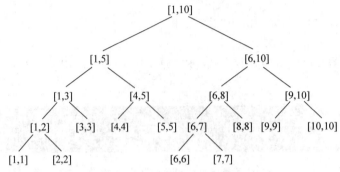

图 4.12　线段[1,10]的线段树结构

观察这棵树,它的基本特征如下。

(1)用分治法自顶向下建立,每次分治,左右子树各一半。

(2)每个节点都表示一个"线段"区间,非叶子节点包含多个元素,叶子节点只有一个元素。

(3)除了最后一层,其他层都是满的,这种结构的二叉树,形态最平衡,层数最少。

考查每个线段$[L,R]$,L是左端,R是右端。

(1)$L=R$,说明这个节点只有一个元素,它是一个叶子节点。

(2)$L<R$,说明这个节点代表的不止一个点,那么它有两个儿子,左儿子区间为$[L,M]$,右儿子区间为$[M+1,R]$,其中$M=(L+R)/2$。例如,$L=1$,$R=5$,$M=3$,左儿子区间是$[1,3]$,右儿子区间是$[4,5]$。

> **提示**　线段树是二叉树,一个区间每次折半向下分,包含n个元素的线段树,最多分$\log_2 n$次就到达最底层。需要查找一个点或区间时,顺着二叉树向下找,最多$\log_2 n$次就能找到。

节点所表示的"线段"的值,可以是区间和、最值或其他根据题目灵活定义的值。这就是线段树高效的原因:每个节点的值,代表了以它为根的子树上所有节点的值(区间和、最值)。那么,查询这棵子树所代表的区间的值时,就不必遍历整棵树,而是直接读取这棵子树的根值就行了。

结合分治法的思想可知,线段树适合解决的问题的特征是:**大区间的解可以从小区间的解合并而来**。

2.线段树的构造

编码时可以定义标准的二叉树数据结构存储线段树。不过,在竞赛中一般使用静态数组实现满二叉树,虽然比较浪费空间,但是编码稍微简单一些。

下面的代码,都用静态分配的数组 tree[]。父节点和子节点之间的访问非常简单,缺点是最后一行有大量节点被浪费。

```
1    //定义根节点是 tree[1],即编号为 1 的节点是根
2    //第 1 种方法: 定义二叉树数据结构
3    struct{
4        int L, R, data;                        //用 tree[i].data 记录线段 i 的最值或区间和
5    }tree[N * 4];                               //分配静态数组,开 4 倍空间
6    //第 2 种方法: 直接用数组表示二叉树,更节省空间
7    int tree[N * 4];                           //用 tree[i]记录线段 i 的最值或区间和
8    //以上两种方法都满足下面的父子关系。p 是父节点,ls(p)是左儿子,rs(p)是右儿子
9    int ls(int p){ return p << 1;  }           //左儿子,编号是 p * 2
10   int rs(int p){ return p << 1|1;}           //右儿子,编号是 p * 2 + 1
```

注意,二叉树的空间需要开 $N \times 4$,即元素数量的 4 倍,下面说明原因。假设有一棵处理 N 个元素(存储元素的节点有 N 个)的线段树,且只有一个元素 t 存储在最后一层,其他层都是满的。如果用满二叉树存储,最后一层约有 $2N$ 个节点,却只有一个节点存元素,其他都浪费了,没有用到。倒数第 2 层是满的,有 N 个点,前面的层也是 N 个点。所有层加起来,共有 $N + N + 2N = 4N$ 个节点。空间的浪费是二叉树的本质决定的——它的每层都按 2 倍递增。

构造线段树的代码如下。

```
1    void push_up(int p){                       //从下向上传递区间值
2        tree[p] = tree[ls(p)] + tree[rs(p)];   //区间和
3      //tree[p] = min(tree[ls(p)], tree[rs(p)]);  //求最小值
4    }
5    void build(int p, int pl, int pr){         //节点编号 p 指向区间[pl,pr]
6        if(pl == pr){tree[p] = a[pl]; return; }   //最底层的叶子节点,存叶子节点的值
7        int mid = (pl + pr) >> 1;              //分治: 折半
8        build(ls(p),pl,mid);                   //递归左儿子
9        build(rs(p),mid + 1,pr);               //递归右儿子
10       push_up(p);                            //从下往上传递区间值
11   }
```

3. 线段树的基本应用

线段树的基本应用是单点修改和区间修改。如果只要修改一个元素(单点修改),直接修改叶子节点上元素的值,然后从下往上更新线段树,操作次数也是 $O(\log_2 n)$。单点修改比较简单,如果修改的是一个区间的元素(区间修改),需要用到 Lazy-Tag 技术。

4.3.2 区间查询

1. 查询区间最值

以数列{1,4,5,8,6,2,3,9,10,7}为例。首先建立一棵用满二叉树实现的线段树,用于查询任意子区间的最小值。如图 4.13 所示,每个节点上圆圈内的数字是这棵子树的最小值。圆圈旁边的数字,如根节点旁的 1:[1,10],1 表示节点的编号,[1,10]是这个节点代表的元素范围,即第 1～10 个元素。

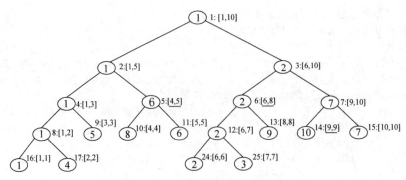

图 4.13　查询最小值的线段树

查询任意区间 $[i,j]$ 的最小值。例如，查询区间 $[4,9]$ 的最小值，递归查询到区间 $[4,5]$、$[6,8]$、$[9,9]$，见图 4.13 中下画线的部分，得最小值 $\min\{6,2,10\}=2$。查询在 $O(\log_2 n)$ 时间内完成。读者可以注意到，在这种情况下，线段树很像一个最小堆。

m 次"单点修改＋区间查询"的总复杂度为 $O(m\log_2 n)$。对规模 $n=10^6$ 的问题，也能轻松解决。

查询区间最值还可使用 ST 算法，它的复杂度与线段树差不多，但是两者有很大区别：线段树用于动态维护的数组，ST 算法用于静态数组。ST 算法用 $O(n\log_2 n)$ 的时间预处理数组，预处理之后每次区间查询时间为 $O(1)$。如果数组是动态改变的，改变一次就需要用 $O(n\log_2 n)$ 时间预处理一次，导致效率很低。而线段树适用于动态维护（添加或删除）的数组，每次维护数组和每次查询区间最值复杂度都为 $O(\log_2 n)$。

2. 查询区间和

首先建立一棵用于查询 $\{1,4,5,8,6,2,3,9,10,7\}$ 区间和的线段树，如图 4.14 所示，每个节点上圆圈内的数字是这棵子树的和。

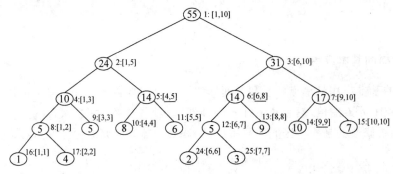

图 4.14　区间和的线段树

例如，查询区间 $[4,9]$ 的和，递归查询到区间 $[4,5]$、$[6,8]$、$[9,9]$，见图 4.14 中下画线的部分，得 $\mathrm{sum}\{14,14,10\}=38$。查询在 $O(\log_2 n)$ 时间内完成。

3. 区间查询代码

下面以查询区间 $[L,R]$ 的和为例，给出代码。查询递归到某个节点 p（p 表示的区间是

[pl,pr])时,有以下两种情况。

(1) [L,R]完全覆盖了[pl,pr],即 $L \leqslant$ pl$\leqslant$pr$\leqslant R$,直接返回 p 的值即可。

(2) [L,R]与[pl,pr]部分重叠,分别搜索左右子节点。$L<$pr,继续递归左子节点,如查询区间[4,9],与第 2 个节点[1,5]有重叠,因为 $4<5$。$R>$pl,继续递归右子节点,如[4,9]与第 3 个节点[6,10]有重叠,因为 $9>6$。

```
1   int query(int L, int R, int p, int pl, int pr){
2       if(L <= pl && pr <= R) return tree[p];            //完全覆盖
3       int mid = (pl + pr)>>1;
4       if(L <= mid) res += query(L,R,ls(p),pl,mid);      //L 与左子节点有重叠
5       if(R > mid)  res += query(L,R,rs(p),mid+1,pr);    //R 与右子节点有重叠
6       return res;
7   }  //调用方式: query(L, R, 1, 1, n)
```

4.3.3　区间操作与 Lazy-Tag

本节介绍线段树的核心技术 Lazy-Tag,并给出"区间修改+区间查询"的模板。

4.2 节曾经以洛谷 P3372 为例,用树状数组求解了"区间修改+区间查询"问题。本节用线段树求解,这是最标准的解法。

在 4.2 节中,已经指出区间修改比单点修改复杂很多。最普通的区间修改,如对一个数列的[L,R]区间内每个元素统一加上 d,如果在线段树上,用单点修改的方法一个个地修改这些元素,那么 m 次区间修改的复杂度为 $O(mn\log_2 n)$。

1. Lazy-Tag 方法

很容易想到解决办法,还是利用线段树的特征:线段树的节点 tree[i]记录了区间 i 的值。那么可以再定义一个 tag[i],用它**统一记录**区间 i 的修改,而不是一个个地修改区间内的每个元素,这个方法称为 Lazy-Tag(懒惰标记或延迟标记)。

使用 Lazy-Tag 方法时,若修改的是一个线段区间,就只对这个线段区间进行整体上的修改,其内部每个元素的内容先不做修改,只有当这个线段区间的一致性被破坏时,才把变化值传递给下一层的子区间。每次区间修改的复杂度为 $O(\log_2 n)$,一共 m 次操作,总复杂度为 $O(m\log_2 n)$。区间 i 的 Lazy 操作,用 tag[i]记录。

2. 区间修改函数 update()

有了 Lazy-Tag 方法,线段树的操作变得十分高效。下面举例说明区间修改函数 update()的具体步骤。例如,把区间[4,9]内的每个元素加 3,执行步骤如下。

(1) 左子树递归到节点 5,即区间[4,5],完全包含在区间[4,9]内,打标记 tag[5]=3,更新 tree[5]为 20,不再继续深入。

(2) 左子树递归返回,更新 tree[2]为 30。

(3) 右子树递归到节点 6,即区间[6,8],完全包含在区间[4,9]内,打标记 tag[6]=3,更新 tree[6]为 23。

(4) 右子树递归到节点 14,即区间[9,9],打标记 tag[14]=3,更新 tree[14]=13。

(5) 右子树递归返回,更新 tree[7]=20;继续返回,更新 tree[3]=43。

(6) 返回到根节点,更新 tree[1]=73。

上述步骤的详情如图 4.15 所示。

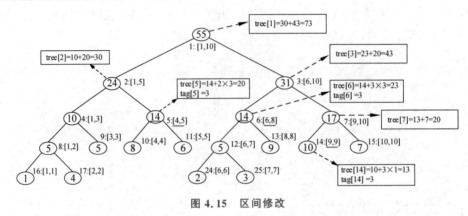

图 4.15 区间修改

3. 传递函数 push_down()

传递函数 push_down()是处理 Lazy-Tag 的一个技巧。在进行多次区间修改时,一个节点需要记录多个区间修改,而这些区间修改往往有冲突。例如,做两次区间修改,一次是[4,9],一次是[5,8],它们都会影响 5:[4,5]这个节点。第 1 次修改区间[4,9]覆盖了节点 5,用 tag[5]做了记录;而第 2 次修改区间[5,8]不能覆盖节点 5,需要再向下搜索到节点 11:[5,5],从而破坏了 tag[5],此时原 tag[5]记录的区间统一修改就不得不向它的子节点传递和执行了,传递后 tag[5]失去了作用,需要清空。所以,Lazy-Tag 的主要操作是解决多次区间修改,用 **push_down()**函数完成。首先检查节点 p 的 tag[p],如果有值,说明前面做区间修改时给 p 打了 tag 标记,接下来就把 tag[p]传给左右子树,然后把 tag[p]清零。

 push_down()函数不仅在区间修改中用到,在区间查询中同样会用到。

4. 模板代码

下面给出洛谷 P3372 的线段树代码,它是"区间修改+区间查询"的模板题。

注意代码中对二叉树的操作,特别是反复用到的变量 pl 和 pr,它们是节点 p 所指向的原数列的区间位置,即[pl,pr]。p 是二叉树的某个节点,范围为 $1 \leqslant p \leqslant N \times 4$;而 pl 和 pr 的范围为 $1 \leqslant \text{pl}, \text{pr} \leqslant n$,$n$ 为数列元素的个数。用满二叉树实现线段树时,一个节点 p 所指向的[pl,pr]是确定的,也就是说,给定 p,可以推算出它的[pl,pr]。

```
1   //洛谷 P3372,线段树,区间修改 + 区间查询
2   # include < bits/stdc++.h>
3   using namespace std;
4   # define ll long long
5   const int N = 1e5 + 10;
6   ll a[N];                          //记录数列的元素,从 a[1]开始
```

```
 7    ll tree[N << 2];          //tree[i]为第 i 个节点的值,表示一个线段区间的值,如最值、区间和
 8    ll tag[N << 2];           //tag[i]为第 i 个节点的 Lazy - Tag,统一记录这个区间的修改
 9    ll ls(ll p){ return p << 1;   }           //定位左儿子:p * 2
10    ll rs(ll p){ return p << 1|1;}            //定位右儿子:p * 2 + 1
11    void push_up(ll p){                       //从下向上传递区间值
12        tree[p] = tree[ls(p)] + tree[rs(p)];
13        //本题是求区间和,如果是求最小值,改为 tree[p] = min(tree[ls(p)], tree[rs(p)]);
14    }
15    void build(ll p,ll pl,ll pr){             //建树。p为节点编号,它指向区间[pl, pr]
16        tag[p] = 0;                           //Lazy - Tag 标记
17        if(pl == pr){tree[p] = a[pl]; return;} //最底层的叶子,赋值
18        ll mid = (pl + pr) >> 1;              //分治:折半
19        build(ls(p),pl,mid);                  //左儿子
20        build(rs(p),mid + 1,pr);              //右儿子
21        push_up(p);                           //从下往上传递区间值
22    }
23    void addtag(ll p,ll pl,ll pr,ll d){       //给节点 p 打 tag 标记,并更新 tree
24        tag[p] += d;                          //打上 tag 标记
25        tree[p] += d * (pr - pl + 1);         //计算新的 tree
26    }
27    void push_down(ll p,ll pl,ll pr){         //不能覆盖时,把 tag 传给子树
28        if(tag[p]){                           //有 tag 标记,这是以前做区间修改时留下的
29            ll mid = (pl + pr)>> 1;
30            addtag(ls(p),pl,mid,tag[p]);      //把 tag 标记传给左子树
31            addtag(rs(p),mid + 1,pr,tag[p]);  //把 tag 标记传给右子树
32            tag[p] = 0;                       //p 自己的 tag 被传走了,归零
33        }
34    }
35    void update(ll L,ll R,ll p,ll pl,ll pr,ll d){ //区间修改:[L, R]内每个元素加 d
36        if(L <= pl && pr <= R){               //完全覆盖,直接返回这个节点,它的子树不用再深入了
37            addtag(p, pl, pr,d);              //给节点 p 打 tag 标记,下一次区间修改到 p 时会用到
38            return;
39        }
40        push_down(p,pl,pr);                   //如果不能覆盖,把 tag 传给子树
41        ll mid = (pl + pr)>> 1;
42        if(L <= mid) update(L,R,ls(p),pl,mid,d);       //递归左子树
43        if(R > mid)  update(L,R,rs(p),mid + 1,pr,d);    //递归右子树
44        push_up(p);                           //更新
45    }
46    ll query(ll L,ll R,ll p,ll pl,ll pr){
47    //查询区间[L,R],p是当前节点(线段)的编号,[pl,pr]是节点 p 表示的线段区间
48        if(pl >= L && R >= pr) return tree[p];        //完全覆盖,直接返回
49        push_down(p,pl,pr);                   //不能覆盖,递归子树
50        ll res = 0;
51        ll mid = (pl + pr)>> 1;
52        if(L <= mid) res += query(L,R,ls(p),pl,mid);       //左子节点有重叠
53        if(R > mid)  res += query(L,R,rs(p),mid + 1,pr);    //右子节点有重叠
54        return res;
55    }
56    int main(){
57        ll n, m;   scanf(" % lld % lld",&n,&m);
58        for(ll i = 1;i <= n;i++)  scanf(" % lld",&a[i]);
59        build(1,1,n);                                      //建树
```

```
60      while(m--){
61          ll q,L,R,d;      scanf("%lld",&q);
62          if (q==1){                          //区间修改:[L,R]的每个元素加d
63              scanf("%lld%lld%lld",&L,&R,&d);
64              update(L,R,1,1,n,d);
65          }
66          else {                              //区间查询:[L,R]区间和
67              scanf("%lld%lld",&L,&R);
68              printf("%lld\n",query(L,R,1,1,n));
69          }
70      }
71      return 0;
72  }
```

5. 树状数组和线段树比较

下面对树状数组和线段树进行对比。

(1) 时间复杂度都为 $O(n\log_2 n)$,若时间限制为 1 秒,能解决 $N=10^6$ 的问题。

(2) 空间复杂度:树状数组定义了 long long tree1[N] 和 tree2[N],空间为 16MB;线段树定义了 long long a[N]、tree[4N] 和 tag[4N],空间为 72MB。

针对具体的题目,可以根据情况选用树状数组或线段树。很多题目只能用线段树,如果两种都能用,建议先考虑用线段树。线段树的代码长很多,但是更容易理解,编码更清晰,做题时间更短。而树状数组的局限性很大,即使能用,也常常需要经过较难的思维转换,区间修改就是一个例子。

4.3.4 线段树的基础应用

本节的例题是基本的"区间修改+区间查询"代码的应用。请在看题解之前,先自己思考和编码,否则会失去建模的乐趣。另外,请读者思考是否能用树状数组解题。

1. 特殊的区间修改

 例 4.10 Can you answer these queries?(hdu 4027)

问题描述:把区间内的每个数开方,输出区间查询。

输入:有很多测试用例。每个用例的第 1 行输入一个整数 N,表示有 N 个数,$1 \leqslant N \leqslant 100000$;第 2 行输入 N 个整数 E_i,$E_i < 2^{63}$;第 3 行输入整数 M,表示 M 个操作,$1 \leqslant M \leqslant 100000$;后面有 M 行,每行输入 3 个整数 T、X、Y。$T=0$ 表示修改,把 $[X,Y]$ 区间的每个数开方(开方结果向下取整);$T=1$ 表示查询,求 $[X,Y]$ 的区间和。

输出:对每个用例,打印用例编号,然后对每个操作打印一行。

标准的线段树区间修改是区间加或求区间最值,本题的修改是把区间内每个数开方。

如果按正规的区间修改,用 Lazy-Tag 标记区间,很难编程。注意本题的关键是开方计算,而一个数最多经过 7 次开方就变为 1,1 继续开方仍保持 1 不变。利用这个特点,再结合线段树编程。

（1）编程：①一个区间内如果有数的开方结果不为1，则单独计算它；②一个区间的所有数减为1后，标记Lazy-Tag＝1，后面不再对这个区间做开方操作。具体编程时，不一定用到Lazy-Tag，直接判断区间即可，如果区间和等于子树的叶子数，说明叶子的值都为1。

（2）复杂度：对N个数中每个数开方7次，共$7N$次；再做M次修改和区间查询，复杂度为$O(M\log_2 N)$。总复杂度符合要求。

2. 同时做多种区间修改和区间查询

标准的线段树模板只有一种区间修改，一种区间查询，而竞赛题中一般同时有多种操作。下面的例题同时有3种区间修改，3种区间查询。

 例 4.11 Transformation（hdu 4578）

问题描述：有n个整数，执行多种区间操作并输出结果。

add 修改：区间内每个数加c；

multi 修改：区间内每个数乘以c；

change 修改：区间内每个数统一改为c；

sum 求和：对区间内每个数的p次方求和。$1 \leq p \leq 3$，即求和（sum1）、平方和（sum2）、立方和（sum3）。

此题有多种操作，每个操作如果单独编程，并不太难。但是，题目要求同时做3种修改，并有3种求和查询，非常麻烦。

add、multi、change这3种修改，在节点上分别使用3个Lazy-Tag标记。3个标记的关系如下。

（1）做change修改时，原有的add和multi标记失效。

（2）做multi修改时，如果原有add标记，将add改为add * multi。

（3）做线段树的pushdown操作时，先执行change，再执行multi，最后执行add。

3种查询标记：求和sum1、平方和sum2、立方和sum3。对于change和multi标记，3种查询都容易计算。对于add标记，求和很容易，而平方和与立方和需要推理。

（1）平方和。$(a+c)^2 = a^2 + c^2 + 2ac$，即$\text{sum2[new]} = \text{sum2[old]} + (R-L+1) \times c \times c + 2 \times \text{sum1} \times c$，其中$[L,R]$是区间，sum2[new]和sum2[old]分别表示sum2的新值和旧值。

（2）立方和。$(a+c)^3 = a^3 + c^3 + 3c(a^2 + ac)$，即$\text{sum3[new]} = \text{sum3[old]} + c \times c \times c + 3 \times c \times (\text{sum2[old]} + \text{sum[old]} \times c)$。

3. 线段树的二分操作

线段树的结构是二分，在线段树上做二分查找很方便。

 例 4.12 Vases and flowers(hdu 4614)

问题描述：Alice 有 N 只花瓶,编号 0～N−1,一只花瓶中只能插一朵花。Alice 经常收到很多花并插到花瓶中,她也经常清理花瓶。

输入：第 1 行输入整数 T,表示测试数。对每个测试,第 1 行输入两个整数 N 和 M,1<N,M<50001,N 表示花瓶数量,M 表示 Alice 的操作次数。后面 M 行中,每行输入 3 个整数,代表两种操作之一：

1 A F 表示收到 F 朵花,从第 A 只花瓶开始插,如果花瓶中原来有花,就跳过去插下一只花瓶,如果插到最后的花瓶花还没插完就丢弃;

2 A B 清理从 A 到 B 的花瓶。

输出：对于操作 1,输出插入花瓶的第 1 个和最后一个位置,如果无法插入,输出"Can not put any one.";对于操作 2,输出丢弃的花的数量。

用线段树,把区间和定义为这个区间内插了花的花瓶数量。

题目的操作 2 是标准的"区间求和＋区间修改",先查询[A,B]的区间和,输出丢弃的花的数量,然后区间更新,即把区间内所有数置零。

操作 1 关键是找到第 1 只和最后一只空花瓶。线段树本身是二分结构,用二分法查找。

(1) 找第 1 只空花瓶。在[A,N−1]区间内二分,找到第 1 个等于 0 的位置 pos1。

(2) 找最后一只空花瓶。在[pos1,N−1]区间内找到第 F 个 0,就是最后一个位置 pos2。

(3) 区间更新[pos1,pos2],全部置 1,表示都插了花(用 Lazy-Tag 标记)。

4. 离散化

4.2 节介绍了离散化的小技巧,线段树中有同样的应用。

例 4.13 Mayor's posters(poj 2528)

问题描述：有一堵海报墙,从左到右共有 10000000 个小块。墙上贴了很多海报,这些海报的高度和墙的高度一样,宽度不同。贴新海报时,它会覆盖原有的一些旧海报。问所有人贴完海报后,最后在海报墙上能看到多少张海报。注意覆盖的方法,如海报总宽度分为 1～4 块,海报[1,4]、[1,2]、[3,4]分别表示覆盖的是 1～4,1～2,3～4 块,后两张海报完全覆盖了第 1 张海报,最后能看到两张海报,如图 4.16 所示。

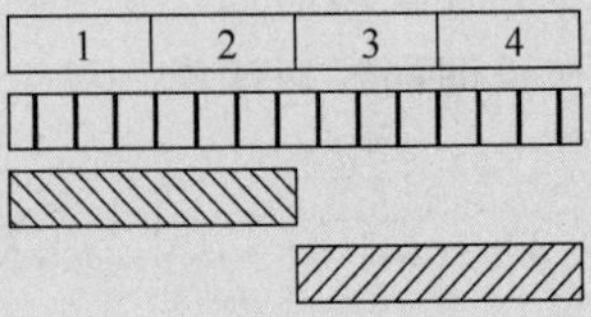

图 4.16 海报覆盖

输入：第 1 行输入数字 c,表示测试数。每个测试的第 1 行输入整数 n(1≤n≤10000)。后面 n 行中,每行表示一张海报,其中第 i 行输入两个整数 L_i 和 R_i,表示海报所贴的左右位置,它覆盖墙上的区间[L_i,R_i]。1≤L_i≤R_i≤10000000。

输出：对每个测试,输出能看到的海报数量。

用线段树求解,是标准的"区间修改＋区间查询"。

区间修改:第 i 次区间修改,把区间 $[L_i, R_i]$ 内的数字改为 i,表示第 i 张海报。如果一个节点表示的区间是同一张海报,用 Lazy-Tag 标记。

区间查询:暴力统计区间内有多少个不同的数字,一个数字表示一张海报。可以用哈希分辨不同的数字:定义 hash[] 数组,过滤相同的数字。

直接用题目给出的 $[L_i, R_i]$ 划分区间,会超出内存。海报墙宽度为 $N = 10000000$,直接定义 tree[4N] 和 tag[4N],内存占用巨大。

观察到题目中最多只有 $n = 10000$ 张海报,这 10000 张海报,只有 20000 个 L_i 和 R_i。用离散化的技巧可以大幅度减少空间,经离散化后 $N = 20000$。

离散化时需要注意本题的海报覆盖方法。例如,先后贴 3 张海报 [1, 10000000]、[1, 500]、[7000, 10000000],最后能看到 3 张海报。其中有 4 个不同数字 1、500、7000、10000000,如果简单地离散化为 1、2、3、4,得到新海报 [1, 4]、[1, 2]、[3, 4],只能看到两张海报。错误的原因是把非连续的 500、7000 离散化成连续的 2、3。

正确的离散化方法是做离散化操作时,如果相邻的数字不是连续的,那么这两个数离散化之后,在它们之间应插入一个数字。前面例子的正确离散化结果是 [1, 7]、[1, 3]、[5, 7],能看到 3 张海报。

离散化常常用到几个 STL 函数:首先用 sort() 函数对所有的 L 和 R 排序,再用 unique() 函数去重,最后用 lower_bound() 函数所确定的相对位置作为离散化后的数字。具体代码见 4.3.7 节的例题。

4.3.5 区间最值和区间历史最值

区间最值和区间历史最值问题也是线段树的常见考题,它考查一种特殊的情况,即同时做两种操作:修改区间最值、查询区间和。

1. 区间最值基本题

修改区间最值是指这样一类操作:有序列 $a = \{a_1, a_2, \cdots, a_n\}$,给出 3 个数 L、R、x,对序列 $[L, R]$ 区间内的每个 $a_i (L \leqslant i \leqslant R)$,修改为 $a_i = \max(a_i, x)$ 或 $a_i = \min(a_i, x)$。

4.3.4 节的基础例题都是对区间进行加减,然后再查询区间和,因为修改和查询是相关的,用 Lazy-Tag 处理起来很便利。但是对于"区间修改最值＋查询区间和",能直接用 Lazy-Tag 吗?

下面是一道模板题。

例 4.14 Gorgeous sequence(hdu 5306)

问题描述:一个长度为 n 的序列 $\{a_1, a_2, \cdots, a_n\}$,做 m 次操作,操作有 3 种:

0 L R x	对于序列 $[L, R]$ 区间内的每个 $a_i (L \leqslant i \leqslant R)$,用 $\min(a_i, x)$ 替换;
1 L R	打印序列 $[L, R]$ 区间的最大值 $a_i (L \leqslant i \leqslant R)$;
2 L R	打印序列 $[L, R]$ 区间内所有 a_i 的和 $(L \leqslant i \leqslant R)$。

> 输入：第 1 行输入整数 T，表示测试个数。每个测试的第 1 行输入两个整数 n 和 m，表示序列长度和操作数量；第 2 行输入 n 个整数 $a_1, a_2, \cdots, a_n$，后面 m 行，每行输入一个操作。
>
> 输出：对于操作 1 和操作 2，输出答案。
>
> 数据范围：$n, m \leqslant 10^6$。

用线段树解题，肯定要用 Lazy-Tag 实现高效的时间复杂度。本题如何设计？如果简单地用 $\text{tag}[i] = x$ 表示节点 i 上的区间最值操作（题目中的 0 操作），但是它与查询区间和没有关系；如果定义一个 $\text{tag2}[i]$ 记录区间和，它又与修改区间最值没有直接关系。总之，修改区间最值与查询区间和没有直接联系，不能这么简单处理。

下面介绍一种区间最值的通用转化方法[①]，复杂度为 $O(m \log_2 n)$。这种方法定义了 4 个标记，把区间最值和区间和结合起来。

对线段树的每个节点，定义 4 个标记：区间和 sum、区间最大值 ma、严格次大值 se（初始值为 -1）、最大值个数 t。下面演示它们是如何结合区间最值与区间和的。

首先做区间最值的修改操作 "0 L R x"，即用 $\min(a_i, x)$ 替换区间 $[L, R]$ 内的每个 a_i。根据 $[L, R]$ 定位到线段树的节点，对区间的每个节点进行暴力搜索，搜到某个节点时，分以下 3 种情况。

(1) 当 $\text{ma} \leqslant x$ 时，这次修改不影响节点，退出。

(2) 当 $\text{se} < x < \text{ma}$ 时，这次修改值影响最大值，更新 $\text{sum} = \text{sum} - t(\text{ma} - x)$，以及 $\text{ma} = x$，然后打上标记后退出。

(3) 当 $\text{se} \geqslant x$ 时，无法直接更新这个节点，递归它的左右儿子。

上述算法的关键是严格次大值 se，它起到了"剪枝"的作用。观察图 4.17 中有 10 个叶子的线段树，圆圈内标记区间的最大值。如果一个节点的标记值和父亲的标记值相同，把标记删去，最后转化为右图。转化之后，线段树中只有 n 个标记，在有标记的节点中，父节点的标记值都大于子树的标记值。维护区间次大值 se，相当于维护子树的最大值。检查到某个节点 i 时，若 x 大于 i 的子节点标记值，不用深入；若小于，则需要深入。

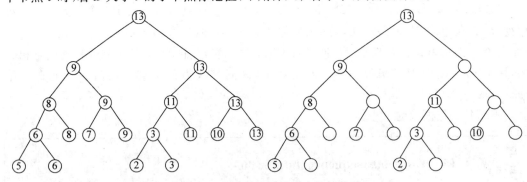

图 4.17　最大值和严格次大值的关系

---

① 参考吉如一的论文《区间最值操作与历史最值问题》（选自 2016 年信息学奥林匹克中国国家队候选队员论文集）。这篇论文详细讲解了区间最值的各种操作和解决办法。本书参考了其中的算法思路和基础题目，扩展内容请阅读这篇论文。

该算法的复杂度是多少？做一次查询最大值操作"$1\ L\ R$"或查询区间和操作"$2\ L\ R$"，显然复杂度为 $O(\log_2 n)$，下面讨论做一次修改区间最值的复杂度。

（1）极端情况 1：x 比所有元素都大。不用做任何修改，复杂度为 $O(1)$，这体现了最大值 ma 的作用。

（2）极端情况 2：x 比所有元素都小，区间就是全局，即 $L=1$，$R=n$。此时需要更新所有节点的 ma$=x$，复杂度为 $O(n\log_2 n)$，然后置所有节点的 se$=-1$。看起来在这种极端情况下复杂度很高，但是如果再做一次更小 x 的全局修改，由于 se$=-1$，不再需要递归子节点，复杂度为 $O(1)$。这体现了严格次大值 se 的作用。

（3）一般情况。一次区间修改搜索到的节点，根据前面对 se 的讨论，平均复杂度为 $O(\log_2 n)$。

m 次操作，总复杂度约为 $O(m\log_2 n)$[①]。下面的代码重现了上述解释。

```
1    //代码改写自 https://blog.csdn.net/nbl97/article/details/76696784
2    #include<bits/stdc++.h>
3    using namespace std;
4    #define ll long long
5    const int N = 1e6 + 10;
6    ll sum[N << 2], ma[N << 2], se[N << 2], num[N << 2];  //num 为区间的最大值个数
7    ll ls(ll p){ return p << 1;   }
8    ll rs(ll p){ return p << 1|1;}
9    void pushup(int p) {                          //从下向上传递
10       sum[p] = sum[ls(p)] + sum[rs(p)];         //传递区间和
11       ma[p] = max(ma[ls(p)], ma[rs(p)]);        //传递区间最大值
12       if (ma[ls(p)] == ma[rs(p)]) {
13           se[p] = max(se[ls(p)], se[rs(p)]);
14           num[p] = num[ls(p)] + num[rs(p)];
15       }
16       else {
17           se[p] = max(se[ls(p)],se[rs(p)]);
18           se[p] = max(se[p],min(ma[ls(p)], ma[rs(p)]));
19           num[p] = ma[ls(p)] > ma[rs(p)] ? num[ls(p)] : num[rs(p)];
20       }
21   }
22   void build(int p, int pl, int pr) {
23       if (pl == pr) {                           //叶子
24           scanf("%lld", &sum[p]);
25           ma[p] = sum[p];   se[p] = -1;   num[p] = 1;
26           return;
27       }
28       ll mid = (pl + pr) >> 1;
29       build(ls(p),pl,mid);
30       build(rs(p),mid + 1,pr);
31       pushup(p);
32   }
33   void addtag(int p, int x) {
34       if (x >= ma[p])     return;
```

[①]　在吉如一的论文《区间最值操作与历史最值问题》中，说明复杂度为 $O(m\log_2 n)$。

```
35        sum[p] -= num[p] * (ma[p] - x);
36        ma[p] = x;
37   }
38   void pushdown(int p) {
39        addtag(ls(p), ma[p]);                                    //把标记传给左子树
40        addtag(rs(p), ma[p]);                                    //把标记传给右子树
41   }
42   void update(int L, int R, int p, int pl, int pr, int x) {
43        if (x >= ma[p])   return;                                //极端情况①
44        if (L <= pl && pr <= R && se[p] < x) { addtag(p, x); return;}  //极端情况②
45        pushdown(p);                                             //一般情况
46        ll mid = (pl + pr) >> 1;
47        if (L <= mid)   update(L, R, ls(p), pl, mid, x);
48        if (R > mid)    update(L, R, rs(p), mid + 1, pr, x);
49        pushup(p);
50   }
51   int queryMax(int L, int R, int p, int pl, int pr) {
52        if (pl >= L && R >= pr)   return ma[p];
53        pushdown(p);
54        int res = 0;
55        ll mid = (pl + pr) >> 1;
56        if (L <= mid)   res = queryMax(L, R, ls(p), pl, mid);
57        if (R > mid)    res = max(res, queryMax(L, R, rs(p), mid + 1, pr));
58        return res;
59   }
60   ll querySum(int L, int R, int p, int pl, int pr) {
61        if (L <= pl && R >= pr)   return sum[p];
62        pushdown(p);
63        ll res = 0;
64        ll mid = (pl + pr) >> 1;
65        if (L <= mid)   res += querySum(L, R, ls(p), pl, mid);
66        if (R > mid)    res += querySum(L, R, rs(p), mid + 1, pr);
67        return res;
68   }
69   int main(){
70        int T;   scanf("%d", &T);
71        while (T--) {
72            int n,m; scanf("%d%d", &n, &m);
73            build(1, 1, n);
74            while (m--) {
75                int q, L, R, x;   scanf("%d%d%d", &q, &L, &R);
76                if (q == 0){ scanf("%d", &x); update(L, R, 1, 1, n, x);}
77                if (q == 1)  printf("%d\n", queryMax(L, R, 1, 1, n));
78                if (q == 2)  printf("%lld\n", querySum(L, R, 1, 1, n));
79            }
80        }
81        return 0;
82   }
```

上面介绍了区间最值的基本题,包括修改区间最值和查询区间和,在这个基础上可以扩

展更多的问题[1],如:

(1) 增加区间修改,把区间统一加 d;

(2) 区间最值修改,包括最小值和最大值;

(3) 给出两个数列 A 和 B,分别修改区间最值,然后求 A 和 B 的区间和。

2. 区间历史最值

区间历史最值问题有如下几类。

(1) 历史最大值。定义一个辅助数组 B,初始值与数组 A 相同。对 A 做的每个操作,都更新 $B_i = \max(B_i, A_i)$,称 B_i 为 i 这个位置的历史最大值,$1 \leqslant i \leqslant n$。

(2) 历史最小值。定义一个辅助数组 B,初始值与数组 A 相同。对 A 做的每个操作,都更新 $B_i = \min(B_i, A_i)$,称 B_i 为 i 这个位置的历史最小值,$1 \leqslant i \leqslant n$。

(3) 历史和。定义一个辅助数组 B,初始值都为 0。对 A 做的每个操作,都更新 $B_i = B_i + A_i$,称 B_i 为 i 这个位置的历史和,$1 \leqslant i \leqslant n$。

下面的习题是历史最大值问题[2]。

例 4.15   线段树 3(洛谷 P6242)

问题描述:给出一个长度为 n 的数列 A,同时定义一个辅助数组 B,B 开始与 A 完全相同。接下来进行 m 次操作,操作有 5 种类型,按以下格式给出:

1 L R k 对所有 $L \leqslant i \leqslant R$,将 A_i 加 k,k 可以为负;

2 L R v 对所有 $L \leqslant i \leqslant R$,将 A_i 替换为 $\min(A_i, v)$;

3 L R 查询 A_i 区间和,$L \leqslant i \leqslant R$;

4 L R 查询 A_i 的区间最大值,$L \leqslant i \leqslant R$;

5 L R 对所有 $L \leqslant i \leqslant R$,查询 B_i 最大值。

每次操作后,都更新 $B_i = \max(B_i, A_i)$。

4.3.6   区间合并

线段树非常适合做区间合并。

线段树的兄弟节点之间有相邻关系,这个特性方便线段树做区间合并操作。观察图 4.12 线段 $[1,10]$ 的线段树结构,发现同一个父节点的左右两个子节点,它们所代表的区间是相邻的。例如,节点 4:$[1,3]$ 和兄弟节点 5:$[4,5]$,它们的区间是相邻的;又如,节点 12:$[6,7]$ 和兄弟节点 13:$[8,8]$ 是相邻的。利用这个特性,在需要合并区间时,只需要从根节点向子树方向深入,就能确定相邻的区间。

下面给出几道例题。

---

① 在吉如一的论文《区间最值操作与历史最值问题》中,详细解释了这些扩展问题。

② 各种历史最值问题的解法,在吉如一的论文中有详细解释。

1. hdu 1540

 例4.16 Tunnel warfare（hdu 1540）

问题描述：在一条线上有连续的 n 个村庄，两个相邻的村庄之间用地道连接。做 m 次操作，$n,m \leqslant 50000$。

操作有3种：

D x 第 x 个村庄被毁，它的地道也一同被毁；

Q x 查询第 x 个村庄所能到达的村庄总数（包括村庄 x）；

R   重建刚才被毁的村庄。

输入：第1行输入整数 n 和 m，后面 m 行中每行输入一种操作。

输出：对每个 Q 查询，输出答案。

这道简单题解释了线段树的区间合并如何实现。

把村庄抽象成一个数，正常值为1，被毁后变为0，题目转换为求最长连续1的个数。第 x 个村庄所连接的村庄，分为两部分：它左边能到达的村庄，以及它右边能到达的村庄。

用线段树的"单点修改＋区间查询"解题。线段树的节点维护以下两个信息。

（1）前缀最长1序列。从区间左端点开始的最大连续个数，用 pre[] 记录。

（2）后缀最长1序列。从区间右端点开始向左的最大连续个数，用 suf[] 记录。

图 4.18 演示了区间合并，左图是线段树的一个父节点和左、右儿子，右图是它们的合并关系。

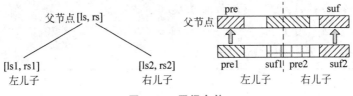

图 4.18　区间合并

图 4.18 中 pre、suf 是父节点的，pre1、suf1 是左儿子的，pre2、suf2 是右儿子的。它们的合并有以下关系：

（1）若左儿子和右儿子都不满1，有 pre＝pre1，suf＝suf2；

（2）若左儿子全是1，那么父节点的 pre＝左儿子长度＋pre2；

（3）若右儿子全是1，那么父节点的 suf＝suf1＋右儿子长度。

代码如下，请对照图 4.18 理解。

```
1    # include< bits/stdc++.h>
2    using namespace std;
3    const int N = 50010;
4    int ls(int p){ return p<< 1;   }
5    int rs(int p){ return p<< 1|1;}
```

```
6    int tree[N << 2], pre[N << 2], suf[N << 2];
                            //tree 记录元素的值; pre 为前缀 1 的个数; suf 为后缀 1 的个数
7    int history[N];                      //记录村庄被毁的历史
8    void push_up(int p, int len){        //len 为节点 p 的长度
9        pre[p] = pre[ls(p)];             //父节点接收子节点的前缀信息
10       suf[p] = suf[rs(p)];
11       if(pre[ls(p)] == (len - (len >> 1)))   pre[p] = pre[ls(p)] + pre[rs(p)]; //左儿子都是 1
12       if(suf[rs(p)] == (len >> 1))           suf[p] = suf[ls(p)] + suf[rs(p)]; //右儿子都是 1
13   }
14   void build(int p, int pl, int pr){
15       if(pl == pr){tree[p] = pre[p] = suf[p] = 1;   return;}
16       int mid = (pl + pr) >> 1;
17       build(ls(p),pl,mid);
18       build(rs(p),mid + 1,pr);
19       push_up(p, pr - pl + 1);
20   }
21   void update(int x, int c, int p, int pl, int pr){
22       if(pl == pr){ tree[p] = suf[p] = pre[p] = c; return; }    //更新叶子节点信息
23       int mid = (pl + pr) >> 1;
24       if(x <= mid)    update(x,c,ls(p),pl,mid);
25       else            update(x,c,rs(p),mid + 1,pr);
26       push_up(p, pr - pl + 1);
27   }
28   int query(int x, int p, int pl, int pr){
29       if(pl == pr)    return tree[p];                           //返回叶子的值
30       int mid = (pl + pr) >> 1;
31       if(x <= mid){                                             //左子树
32           if(x + suf[ls(p)] > mid)   return suf[ls(p)] + pre[rs(p)];
33           else                       return query(x,ls(p),pl,mid);
34       }
35       else{                                                     //右子树
36           if(mid + pre[rs(p)] >= x)   return pre[rs(p)] + suf[ls(p)];
37           else                        return query(x,rs(p),mid + 1,pr);
38       }
39   }
40   int main(){
41       int n,m,x,tot;
42       while(scanf("%d %d",&n,&m) > 0)    {
43           build(1, 1,n);
44           tot = 0;
45           while(m -- ){
46               char op[10]; scanf("%s",op);
47               if(op[0] == 'Q'){scanf("%d",&x);   printf("%d\n",query(x,1,1,n));}
48               else if(op[0] == 'D'){
49                   scanf("%d",&x);
50                   history[++tot] = x;                       //记录毁灭的历史
51                   update(x,0,1,1,n);
52               }
53               else {x = history[tot -- ]; update(x,1,1,1,n); } //重建
54           }
55       }
56   }
```

2. poj 3667

 例 4.17   Hotel(poj 3667)

问题描述:旅馆有 n 间连续的房间,编号为 $1 \sim n$。有 m 个操作,操作有两种:

1 D 入住。查询数量为 D 的连续房间,并且要最靠左,若能找到,则返回这个区间的左端点并占用这些房间,找不到则返回0;

2 X D 退房。从房间 X 开始,退出连续长度为 D 的房间。

本题与 hdu 1540 类似,用线段树维护最大连续区间长度,区间长度就是对应的房间数量,对应区间中最左边的端点是答案。定义 pre 维护前缀区间的最大长度,定义 suf 维护后缀区间的最大长度,定义 sum 维护最大连续区间长度。

3. hdu 3397

 例 4.18   Sequence operation(hdu 3397)

问题描述:一个包含 n 个字符的序列 x,其中字符 $x_i(1 \leqslant i \leqslant n)$ 都是 0 或 1。有以下 5 种操作:

修改操作

0 a b 把序列区间 $[a,b]$ 内所有字符改为 0;

1 a b 把序列区间 $[a,b]$ 内所有字符改为 1;

2 a b 把序列区间 $[a,b]$ 内所有 1 改为 0,0 改为 1。

输出操作

3 a b 输出序列区间 $[a,b]$ 内 1 的个数;

4 a b 输出序列区间 $[a,b]$ 中最长的连续 1 字符串的长度。

(1) 对于修改操作,这样定义第 i 个节点的 Lazy-Tag:

$tag[i][0]=1$:置 0 操作,向下传递时将左、右区间全部赋值为 0;

$tag[i][1]=1$:置 1 操作,向下传递时将左、右区间全部赋值为 1;

$tag[i][2]=1$:取反操作,向下传递时将左、右区间的 0 变为 1,1 变为 0。

比较特殊的是取反操作。在节点 i 上,如果已经有置 0 或置 1 的 tag 标记,说明当前区间是全 0 或全 1 的,但是因为 Lazy-Tag,还没有传递给子孙,则把节点的 $tag[][0]$、$tag[][1]$ 的值取反即可。如果没有置 0 或置 1 标记,只有取反标记,把 $tag[i][2]$ 和 1 异或即可。

(2) 输出操作 3 就是查询区间和;输出操作 4 与 hdu 1540 一样,定义前缀最长 1 序列 pre 和后缀最长 1 序列 suf。

4.3.7　扫描线

扫描线算法是线段树的经典应用,它能解决矩形面积并、矩形周长并、多边形面积等几何问题。

1. 矩形面积并

 例4.19 Atlantis(hdu 1542)

问题描述：平面上有一些矩形，它们的边都平行于坐标轴。求它们的总面积，重叠的部分只计算一次。

输入：有多组测试。每组测试的第 1 行输入整数 n，后面 n 行($1 \leqslant n \leqslant 100$)中，每行输入 4 个实数定义一个矩形：$x_1, y_1, x_2, y_2$($0 \leqslant x_1 < x_2 \leqslant 100000$；$0 \leqslant y_1 < y_2 \leqslant 100000$)，$(x_1, y_1)$ 为矩形左下角，(x_2, y_2) 为右上角。输入以一个单独的 0 结束。

输出：对每个测试，输出矩形总面积。

用暴力法求总面积，一种思路是先单独求每个矩形的面积，然后把所有矩形的面积加起来，最后减去任意两个矩形的交集。求矩形的交集很花时间，需要两两配对，复杂度为 $O(n^2)$。

另一种更简单的暴力法是把平面划分为单位边长为 1(则面积也是 1)的方格。每读入一个矩形，就把它覆盖的方格标注为已覆盖；对所有矩形都这样处理，最后统计被覆盖的方格数量即可。编码非常简单，但是这个方法比上一种更慢，且消耗极大的空间。

下面用新的方法求面积。图 4.19(a)是两个矩形 S、W，按从下到上的顺序(也可以从左到右)，把两个矩形转为 A、B、C 3 个新矩形，总面积为 3 个新矩形的面积之和，这 3 个矩形没有重叠。通过这个转换，把复杂的重叠问题转化为无重叠的求和问题。

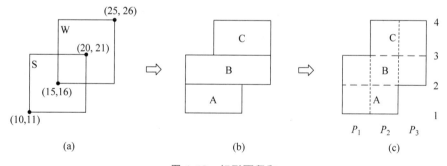

图 4.19 矩形面积和

如何求 A、B、C 的面积？矩形面积＝宽×高，它们的高很容易知道，原来的两个矩形的 4 个顶点，把它们的 4 个 y 坐标依次相减，就是 A、B、C 的高。例如，A 的高是 $16-11=5$，B 的高是 $21-16=5$。

比较麻烦的是求 A、B、C 的宽。能根据原矩形 S、W 的参数进行计算吗？此时需要引进**"入边、出边"**的概念，矩形 S 的"入边"是它下面的边，"出边"是它上面的边。也就是说，遇到一个入边，就进入了一个矩形，遇到一个出边，就离开了一个矩形。对照图 4.19(c)，矩形 S 的入边是第 1 条边，出边是第 3 条边；矩形 W 的入边是第 2 条边，出边是第 4 条边。

在图 4-19(c)中，用 P_1、P_2、P_3 分别表示从左到右的 3 条线段长度，所以 A 的宽＝

$P_1 + P_2$，B 的宽 $= P_1 + P_2 + P_3$，C 的宽 $= P_2 + P_3$。求 A、B、C 的宽，实际上就是判断什么时候用 P_1、P_2、P_3 计算。

定义标志 T_1、T_2、T_3，分别用来判断是否用 P_1、P_2、P_3 计算宽度。T 的初值为 0，遇到入边时，T 加 1；遇到出边时，T 减 1。当 $T > 0$ 时，说明在矩形内部是有效面积，P 应该用于计算宽度。

例如，对于 P_1，从第 1 条边开始向上走：遇到边 1，是入边，$T_1 = 1$，说明 P_1 对计算 A 的宽有效；走到边 2，边 2 不在 P_1 范围内，T_1 不变，P_1 对计算 B 的宽仍然有效；边 3 是出边，$T_1 = 0$，P_1 对计算 C 的宽无效。

再如，对于 P_2，遇到边 1，是入边，$T_2 = 1$，对计算 A 的宽有效；走到边 2，是入边，$T_2 = 2$，对计算 B 的宽有效；走到边 3，是出边，$T_2 = 1$，对计算 C 的宽有效；走到边 4，是出边，$T_2 = 0$，不再用于计算。

得到 T 值，就能计算 A、B、C 的宽。从第 1 条边向上走，逐条判断每条边。

（1）求 A 的宽。到达边 1，是入边，有 $T_1 = T_2 = 1$，则 A 的宽为 $P_1 + P_2$。

（2）求 B 的宽。到达边 2，是入边，有 $T_1 = 1$，$T_2 = 2$，$T_3 = 1$，则 B 的宽为 $P_1 + P_2 + P_3$。

（3）求 C 的宽。到达边 3，是出边，有 $T_1 = 0$，$T_2 = 1$，$T_3 = 1$，则 C 的宽为 $P_2 + P_3$。

（4）到达边 4，是出边，有 $T_1 = 0$，$T_2 = 0$，$T_3 = 0$，说明没有矩形了。

整个算法就是用扫描线从低到高扫过所有矩形，每次扫描都计算其中一层的面积，称为"扫描线算法"。上述矩形的例子比较简单，读者可以画一个更复杂的图验证正确性。

以上模型，如何用线段树实现？线段树的一个节点表示一个区间范围，而图 4.19 的宽度计算是 P_1、P_2、P_3 的组合，相当于是区间和。把它画成如图 4.20 所示的样子。

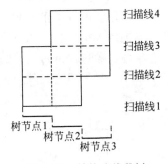

把 P_1、P_2、P_3 看作线段树的叶子节点，从最下面的第 1 条线开始向上扫描。一根扫描线就是线段树的一个节点，节点的值是区间和，就是这条扫描线对应的新矩形的宽度。概括起来，如果扫描到的边是某矩形的入边，则向区间插入这条线段；如果扫描到的边是某矩形的出边，则从区间删除这条线段。

图 4.20　转换为线段树

用线段树解实现扫描线算法需要做离散化。图 4.20 中的树节点是线段树的叶子节点，也就是说，原来的长度 P 在线段树中被处理成了"块"，用 1, 2, … 编号即可。

算法的复杂度为 $O(m \log_2 n)$。

编程时：①读取所有的矩形，记录入边和出边；②对所有边按 y 轴排序，确定扫描的顺序；③对 x 轴做离散化；④按从低到高的顺序，用每条扫描线的线段更新线段树，每个节点的值是这层扫描线确定的新矩形面积；⑤对所有新矩形求和。

下面是 hdu 1542 的代码，它完全重现了上述解释。注意，离散化常用 3 个 STL 函数：sort()、unique() 和 lower_bound()。

```
1   //代码改写自 https://blog.csdn.net/narcissus2_/article/details/88418870
2   # include < bits/stdc++.h>
3   using namespace std;
4   int ls(int p){ return p << 1;   }
```

```
5    int rs(int p){ return p << 1|1;}
6    const int N = 20005;
7    int Tag[N];                                          //标志:线段是否有效,能否用于计算宽度
8    double length[N];                                    //存放区间 i 的总宽度
9    double xx[N];                                        //存放 x 坐标值,下标用 lower_bound()查找
10   struct ScanLine{                                     //定义扫描线
11       double y;                                        //边的 y 坐标
12       double right_x, left_x;                          //边的 x 坐标:右、左
13       int inout;                                       //入边为 1,出边为 - 1
14       ScanLine(){}
15       ScanLine(double y, double x2, double x1, int io):
16               y(y), right_x(x2), left_x(x1), inout(io){}
17   }line[N];
18   bool cmp(ScanLine &a, ScanLine &b) { return a.y < b.y; }    //y 坐标排序
19   void pushup(int p, int pl, int pr){                  //从下往上传递区间值
20       if(Tag[p])    length[p] = xx[pr] - xx[pl];       //节点的标志为正,
21                                                        //这个线段对计算宽度有效,计算宽度
22       else if(pl + 1 == pr)   length[p] = 0;           //叶子节点没有宽度
23       else length[p] = length[ls(p)] + length[rs(p)];
24   }
25   void update(int L, int R, int io, int p, int pl, int pr){
26       if(L <= pl && pr <= R){                          //完全覆盖
27           Tag[p] += io;                                //节点的标志,判断能否用来计算宽度
28           pushup(p, pl, pr);
29           return;
30       }
31       if(pl + 1 == pr)   return;                       //叶子节点
32       int mid = (pl + pr) >> 1;
33       if(L <= mid)   update(L, R, io, ls(p), pl, mid);
34       if(R > mid)    update(L, R, io, rs(p), mid, pr); //注意不是 mid + 1
35       pushup(p, pl, pr);
36   }
37   int main(){
38       int n, t = 0;
39       while(scanf("%d", &n), n){
40           int cnt = 0;                                 //边的数量,包括入边和出边
41           while(n -- ){
42               double x1, x2, y1, y2; scanf("%lf %lf %lf %lf", &x1, &y1, &x2, &y2); //输入矩形
43               line[++cnt] = ScanLine(y1, x2, x1, 1);   //给入边赋值
44               xx[cnt] = x1;                            //记录 x 坐标
45               line[++cnt] = ScanLine(y2, x2, x1, - 1);  //给出边赋值
46               xx[cnt] = x2;                            //记录 x 坐标
47           }
48           sort(xx + 1, xx + cnt + 1);                  //对所有边的 x 坐标排序
49           sort(line + 1, line + cnt + 1, cmp);         //对扫描线按 y 轴方向从低到高排序
50           int num = unique(xx + 1, xx + cnt + 1) - (xx + 1);
51                                                        //离散化:用 unique()函数去重,返回个数
52           memset(Tag, 0, sizeof(Tag));
53           memset(length, 0, sizeof(length));
54           double ans = 0;
55           for(int i = 1; i <= cnt; ++i) {              //扫描所有入边和出边
```

```
56              int L,R;
57              ans += length[1] * (line[i].y - line[i-1].y);
58                                          //累加当前扫描线的面积 = 宽 * 高
59              L = lower_bound(xx + 1,xx + num + 1,line[i].left_x) - xx;
60                                          //x 坐标离散化:用相对位置代替坐标值
61              R = lower_bound(xx + 1,xx + num + 1,line[i].right_x) - xx;
62              update(L,R,line[i].inout,1,1,num);
63          }
64          printf("Test case # % d\nTotal explored area: % .2f\n\n",++t,ans);
65      }
66      return 0;
67  }
```

2. 矩形周长并

下面是"矩形周长并"的模板题。

例 4.20   Picture（hdu1828,洛谷 P1856）

问题描述:在平面上有很多矩形,可以重叠,它们的边都平行于坐标轴。求所有矩形的并集的边界的长度。如图 4.21 所示,左侧是矩形分布,右侧是周长。

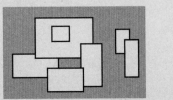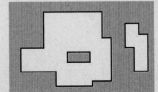

图 4.21   矩形周长并

输入:第 1 行输入整数 n,表示矩形数量;后面 n 行中,每行输入 4 个整数,表示一个矩形的左下角和右上角坐标。$n < 5000$,坐标值范围为 $[-10000,10000]$,矩形面积都是正的。

输出:矩形并的周长。

周长问题和面积问题的思路差不多,但是要复杂一些,下面给出两种方法。

（1）做两次扫描。容易想到:总周长＝横线总长＋竖线总长。然后用扫描线方法,从低到高扫描横线,从左到右扫描竖线,做两次扫描就得到了答案。

以横线为例,将横线保存在一个表中,按 y 坐标排序(升序,从低到高扫描),每条横线带一个标记值,原矩形的入边(下边)为 1,出边(上边)为 −1,分别对应插入边和删除边。

从低到高扫描横线,每扫描到一条横线就计算这部分的横线值。在每条扫描线,横线的长度等于当前总区间被覆盖的长度与上一次总区间被覆盖长度之差的绝对值。因为每添加一条边,如果没有使总区间覆盖长度发生变化,说明这条边在矩形内部,被包含了,不用计算;如果引起总区间长度发生变化,说明这条边不被包含,应该计算。

另外,一个矩的入边(下边)和出边(上边)都应该被计算。上面提到的横线计算方法仍可以用于同一个矩形的入边和出边的计算。当扫描到一条矩形的出边时,要在当前区间中去掉入边,这相当于恢复了出边的计算。如果不能理解,请参考下面的例子。

图 4.22 所示为两个矩形 A、B 求横线的例子。

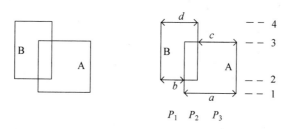

图 4.22 从低到高扫描横线

第 1 条扫描线是矩形 A 的入边,插入这条边,现在的总区间是 P_2+P_3,横线长度 $=|P_2+P_3|=a$。

第 2 条扫描线是矩形 B 的入边,插入这条边,现在的总区间是 $P_1+P_2+P_3$,横线长度 $=|P_1+P_2+P_3-(P_2+P_3)|=P_1=b$。

第 3 条扫描线是矩形 A 的出边,删除这条边,现在的总区间是 P_1+P_2,横线长度 $=|P_1+P_2-(P_1+P_2+P_3)|=P_3=c$。

第 4 条扫描线是矩形 B 的出边,删除这条边,现在的总区间是 0,横线长度 $=|0-(P_1+P_2)|=d$。

横线的长度和 $=a+b+c+d$。

同理可以计算竖线。

(2) 做一次扫描。其实不用做两次扫描,做一次就够了,在扫描横线的同时计算竖线。

把横线保存在一个表中,按 y 坐标排序,然后从下向上扫描所有横线。每扫描一条横线,都计算两种值,一种是横线,一种是竖线。计算横线部分的方法同上。如何计算竖线部分? 首先,一个矩形的一条入边有两条竖线,添加出边不会产生竖线;其次,如果两个矩形的入边是连在一起的(矩形重叠),那么也只会产生两条竖线,而不是 4 条。

这些竖线的长度 $=$ 下一条横线的高度 $-$ 当前横线的高度。

图 4.23 所示的例子给出了详细解释。

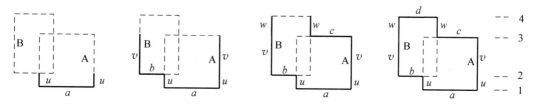

图 4.23 扫描求周长

图 4.23 给出了两个矩形 A、B,从低到高有 4 条横线。定义当前区间有 num 条独立的边,竖线有 2num 条。每增加一条入边,有 num$+=1$;每合并一条入边,有 num$-=1$;每增加一条出边,有 num$-=1$。定义 sum 为总周长。从低到高扫描横线。

第 1 条扫描线,增加了一条入边 a(a 的计算见前面的分析);num$=1$,竖边条数 2num$=2$,竖

边长度 2u。总周长 sum＝a＋2u。

第 2 条扫描线,增加了入边 b,b 和 a 是合在一起的,所以 num＝1 保持不变,新的两条竖边为 v。更新总周长 sum＝sum＋b＋2v。

第 3 条扫描线,增加了出边 c,与入边相减后,还剩下 b 边,所以 num＝1,新的两条竖边为 w。更新周长 sum＝sum＋c＋2w。

第 4 条扫描线,增加出边 d,num＝0。更新周长 sum＝sum＋d。

下面的线段树代码完全重现了上述解释。大部分代码与前面求矩形面积并的代码一样。

```
1   //代码改写自 https://blog.csdn.net/qq3434569/article/details/78220821
2   # include < bits/stdc++.h >
3   using namespace std;
4   int ls(int p){ return p << 1;  }
5   int rs(int p){ return p << 1|1;}
6   const int N = 200005;
7   struct ScanLine {
8       int l, r, h, inout; //inout = 1 下边, inout = -1 上边
9       ScanLine() {}
10      ScanLine(int a, int b, int c, int d) :l(a), r(b), h(c), inout(d) {}
11  }line[N];
12  bool cmp(ScanLine &a, ScanLine &b) { return a.h < b.h || a.h == b.h && a.inout > b.inout; }
    //y 坐标排序
13  bool lbd[N << 2], rbd[N << 2]; //标记这个节点的左、右两个端点是否被覆盖(0 表示没有,1 表示有)
14  int num[N << 2];                //这个区间有多少条独立的边
15  int Tag[N << 2];                //标记这个节点是否有效
16  int length[N << 2];             //这个区间的有效宽度
17  void pushup(int p, int pl, int pr) {
18      if (Tag[p]) {              //节点的标志为正,这个线段对计算宽度有效
19          lbd[p] = rbd[p] = 1;
20          length[p] = pr - pl + 1;
21          num[p] = 1;            //每条边有两个端点
22      }
23      else if (pl == pr) length[p] = num[p] = lbd[p] = rbd[p] = 0;   //叶子节点
24      else {
25          lbd[p] = lbd[ls(p)];                                       //和左儿子共左端点
26          rbd[p] = rbd[rs(p)];                                       //和右儿子共右端点
27          length[p] = length[ls(p)] + length[rs(p)];
28          num[p] = num[ls(p)] + num[rs(p)];
29          if (lbd[rs(p)] && rbd[ls(p)]) num[p] -= 1;                 //合并边
30      }
31  }
32  void update(int L, int R, int io, int p, int pl, int pr) {
33      if(L <= pl && pr <= R){                                        //完全覆盖
34          Tag[p] += io;
35          pushup(p, pl, pr);
36          return;
37      }
38      int mid  = (pl + pr) >> 1;
39      if (L <= mid) update(L, R, io, ls(p), pl, mid);
40      if (mid < R) update(L, R, io, rs(p), mid＋1, pr);
```

```
41          pushup(p, pl, pr);
42      }
43  int main() {
44      int n;
45      while (~scanf("%d", &n)) {
46          int cnt = 0;
47          int lbd = 10000, rbd = -10000;
48          for (int i = 0; i < n; i++) {
49              int x1,y1,x2,y2; scanf("%d%d%d%d", &x1,&y1,&x2,&y2);   //输入矩形
50              lbd = min(lbd, x1);                          //横线最小 x 坐标
51              rbd = max(rbd, x2);                          //横线最大 x 坐标
52              line[++cnt] = ScanLine(x1, x2, y1, 1);    //给入边赋值
53              line[++cnt] = ScanLine(x1, x2, y2, -1);   //给出边赋值
54          }
55          sort(line + 1, line + cnt + 1, cmp);           //排序,数据小,不用离散化
56          int ans = 0, last = 0;                         //last 为上一次总区间被覆盖长度
57          for (int i = 1; i <= cnt ; i++){               //扫描所有入边和出边
58              if (line[i].l < line[i].r)
59                  update(line[i].l, line[i].r-1, line[i].inout, 1, lbd, rbd-1);
60              ans += num[1] * 2 * (line[i + 1].h - line[i].h);       //竖线
61              ans += abs(length[1] - last);                         //横线
62              last = length[1];
63          }
64          printf("%d\n", ans);
65      }
66      return 0;
67  }
```

4.3.8 二维线段树(树套树)

4.2 节介绍了二维的应用,并用平面几何进行了思维导引。本节介绍的二维线段树不是一种平面二维几何的关系,而是"树套树"的结构。第 1 维线段树上的每个节点(代表一个区间)都单独再建立一棵线段树,即第 2 维的线段树。

如图 4.24 所示,中间是第 1 维线段树,有 7 个节点(4 个叶子),每个节点单独扩展一棵线段树(见虚线圆圈),即第 2 维线段树。可以看出,它很耗费空间。设第 1 维有 u 个元素,

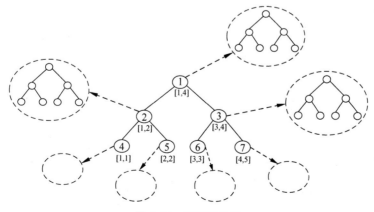

图 4.24 二维线段树

建树需要 $4u$ 个节点；第 2 维有 v 个元素，建树需要 $4v$ 个节点；总节点数为 $16uv$。

如何使用二维线段树？设有两个限制条件 x 和 y，用 x 建立第 1 维线段树，用 y 建立第 2 维线段树。查询同时满足两个区间 $[xL,xR]$、$[yL,yR]$，首先在第 1 维线段树上查询区间 $[xL,xR]$，找到符合条件的第 1 维节点，然后再查询第 2 维线段树，找到 $[yL,yR]$。显然，一次查询的复杂度为 $O(\log_2 u \log_2 v)$。

下面是一道二维线段树的例题。

 例 4.21 Luck and love(hdu 1823)

问题描述：小 w 征婚，收到很多女生报名，小 w 想找到最有缘分的女生。

输入：有多个测试，第 1 个数字 t 表示有 t 个操作，当 $t=0$ 时终止。接下来每行输入一个操作：

操作"I"，后面是一位女生的 3 个参数：整数 H 表示身高，浮点数 A 表示活泼度，浮点数 L 表示缘分；

操作"Q"，后面跟 4 个浮点数，H_1、H_2 表示身高区间，A_1、A_2 表示活泼度区间。

输出：对于每次查询，输出符合身高和活泼度要求的女生中的缘分最高值；若没有合适的，输出 −1。

数据范围：$100 \leqslant H_1, H_2 \leqslant 200, 0.0 \leqslant A_1, A_2, L \leqslant 100.0$。

使用暴力法，一次查询，逐个检查 n 位女生，找出符合身高和活泼度要求的，并记录其中缘分最大值，复杂度为 $O(n)$；m 次查询，复杂度为 $O(mn)$。

用"单点修改+区间查询"的二维线段树求解。二维线段树中，第 1 维线段树是身高，第 2 维线段树是活泼度。另外，定义 $s[\,][\,]$ 记录最大缘分，$s[i][j]$ 表示第 1 维节点 i、第 2 维节点 j 的最大缘分；因为节点 i 和 j 分别是身高区间和活泼度区间，所以查询合适的 $s[\,][\,]$ 就得到了答案。复杂度为 $O(m(\log_2 n)^2)$。

以下代码请结合图 4.24 理解。

```
1   //代码改写自 https://www.cnblogs.com/ftae/p/7739512.html
2   #include<bits/stdc++.h>
3   using namespace std;
4   int ls(int p){ return p<<1;  }
5   int rs(int p){ return p<<1|1;}
6   int n = 1000, s[1005][4005];              //s[i][j]为身高区间 i,活泼区间 j 的最大缘分
7   void subBuild(int xp, int p, int pl, int pr) {     //建立第 2 维线段树:活泼度线段树
8       s[xp][p] = −1;
9       if(pl == pr) return;
10      int mid = (pl + pr)>> 1;
11      subBuild(xp, ls(p), pl, mid);
12      subBuild(xp, rs(p), mid + 1, pr);
13  }
14  void build( int p, int pl, int pr) {               //建立第 1 维线段树:身高线段树
15      subBuild(p, 1, 0, n);
16      if(pl == pr) return;
17      int mid = (pl + pr)>>1;
```

```
18          build(ls(p),pl, mid);
19          build(rs(p),mid + 1, pr);
20  }
21  void subUpdate(int xp, int y, int c, int p, int pl, int pr) {//更新第 2 维线段树
22      if(pl == pr && pl == y) s[xp][p] = max(s[xp][p], c);
23      else {
24          int mid = (pl + pr)>> 1;
25          if(y <= mid) subUpdate(xp, y, c, ls(p), pl, mid);
26          else subUpdate(xp, y, c, rs(p), mid + 1, pr);
27          s[xp][p] = max(s[xp][ls(p)], s[xp][rs(p)]);
28      }
29  }
30  void update(int x, int y, int c, int p, int pl, int pr){     //更新第 1 维线段树:身高 x
31      subUpdate(p, y, c, 1, 0, n);                             //更新第 2 维线段树:活泼度 y
32      if(pl != pr) {
33          int mid = (pl + pr)>> 1;
34          if(x <= mid) update(x, y, c, ls(p), pl, mid);
35          else update(x, y, c, rs(p), mid + 1, pr);
36      }
37  }
38  int subQuery(int xp, int yL, int yR, int p, int pl, int pr) {//查询第 2 维线段树
39      if(yL <= pl && pr <= yR) return s[xp][p];
40      else {
41          int mid = (pl + pr)>> 1;
42          int res = -1;
43          if(yL <= mid) res = subQuery(xp, yL, yR, ls(p), pl, mid);
44          if(yR >  mid) res = max(res, subQuery(xp, yL, yR, rs(p), mid + 1, pr));
45          return res;
46      }
47  }
48  int query(int xL, int xR, int yL, int yR, int p, int pl, int pr) {//查询第 1 维线段树
49      if(xL <= pl && pr <= xR) return subQuery(p, yL, yR, 1, 0, n);
50                                                              //满足身高区间时,查询活泼度区间
51      else {                                                  //当前节点不满足身高区间
52          int mid =  (pl + pr)>> 1;
53          int res = -1;
54          if(xL <= mid) res = query(xL, xR, yL, yR, ls(p), pl, mid);
55          if(xR >  mid) res = max(res, query(xL, xR, yL, yR, rs(p), mid + 1, pr));
56          return res;
57      }
58  }
59  int main(){
60      int t;
61      while(scanf(" %d", &t) && t) {
62          build(1,100, 200);
63          while(t -- ) {
64              char ch[2];        scanf(" %s", ch);
65              if(ch[0] == 'I') {
66                  int h;double c, d; scanf(" %d %lf %lf", &h, &c, &d);
67                  update(h, c * 10, d * 10, 1, 100, 200);
68              } else {
69                  int xL, xR, yL, yR; double c,d;
70                  scanf(" %d %d %lf %lf", &xL, &xR, &c, &d);
```

```
71        yL = c * 10,yR = d * 10;                    //转换为整数
72        if(xL > xR) swap(xL, xR);
73        if(yL > yR) swap(yL, yR);
74        int ans = query(xL, xR, yL, yR, 1,100, 200); //x为身高,y为活泼度
75        if(ans == −1) printf("−1\n");
76        else  printf("%.1f\n", ans / 10.0);
77            }
78        }
79    }
80    return 0;
81 }
```

【习题】

本节介绍了普通的线段树应用。线段树还可以和其他算法技术结合起来解决更复杂的问题,如线段树分治、可持久化线段树等。线段树分治的典型题目,可参考火星商店问题(洛谷 P4585)、时空旅行(洛谷 P5416)。

以下习题是对本节知识点的巩固。

(1) hdu 1166/1698/1394/2795/2871/4553/1542/3642/1255/3265/3255/3974/4718/5756。

(2) poj 2828/2750/2182/3264/3225/1177/2482/2464/1195/2155/2528/2777/2886/2750。

(3) 洛谷 P3373/P5490/P4588/P$_1$502/P2471/P2824/P3722/P4097/P4198/P4513/P4556/P5324/P5327。

4.4　可持久化线段树

有一种应用场景是需要记录"不同时间点(或称为历史)"的数据状态,此时需要创建它的多个历史副本。由于连续的副本之间往往只有少数改动,那么只需要记录这部分改动就可以了。如果一种数据结构在连续的两个时间点之间对应的数据形态变化很少,且容易操作,那么它适合做持久化,常见的有可持久化线段树、可持久化 Trie 等。

本节先介绍可持久化线段树的思想,然后用一些经典题目说明可持久化线段树的建模和编码。

4.4.1　可持久化线段树的思想

可持久化线段树[①]是基本线段树的一个简单扩展,是使用函数式编程思想的线段树,它的特点是支持查询历史版本,并且利用历史版本之间的共用数据减少时间和空间消耗。

下面用动画做比喻,解释可持久化的思路。动画的特点如下。

(1) 1s 动画由 20 帧左右的静态画面连续播放而成,每两幅相邻画面之间的差别很小。

---

①　可持久化线段树(Persistent Segment Tree),或称为函数式线段树。中文网上把类似的算法思路称为"主席树","主席"并没有理论上的含义,而是诙谐的说法。NOIP 选手黄嘉泰(HJT)说:"这种求第 k 大的方法(函数式线段树)应该是我最早开始用的。"函数式编程(Functional Programming)与面向对象编程(Object-oriented Programming)、过程式编程(Procedural Programming)并列。

（2）如果用计算机制作动画，为节省空间，让每帧画面只记录与前一帧的不同处。

（3）如何生成完整的每帧画面？从第 1 帧画面开始播放，后面的每帧用自己的不同处替换前一帧的相同位置，加上相同的画面，就生成了新的画面。

（4）两帧不同时间的画面作"减法"，得到一个局部画面，这个局部画面反映了两个时间点之间的信息。

与动画类似，可持久化线段树的基本思路如下。

（1）有多棵线段树（每棵线段树如同一帧画面）。

（2）相邻两棵线段树之间差别很小，所以每棵线段树在物理上只需要存储与前一棵的不同处，使用时再填补并生成一棵完整的线段树。

（3）任意两棵线段树能"相减"得到一棵新线段树，它往往包含了题目需要的解。

可持久化线段树的基本特点是"多棵线段树"，根据具体情况，每棵线段树可以表示不同的含义。例如，在"区间第 k 大/小问题"中，第 i 棵树是区间 $[1, i]$ 的线段树；在 hdu 4348 "区间更新问题"中，第 i 棵树是第 t 时间的状态。

需要建多少棵树？题目给定包含为 n 个元素的序列，每次用一个新元素建一棵线段树，共 n 棵线段树。

每棵树有多少节点？线段树的叶子节点记录（或者代表）了元素，如果元素没有重复，叶子节点就设为 n 个；如果元素有重复，根据情况，叶子节点可以设为 n 个（见 hdu 5919），也可以设为不重复元素的数量（见洛谷 P3834）。

> **提示**　可持久化线段树用到的技术包括前缀和思想、共用点、离散化、权值线段树（可以相减）、动态开点。

4.4.2　区间第 k 大/小问题

下面用经典的"区间第 k 大/小问题"介绍可持久化线段树的思想，并给出模板。

> **例 4.22　主席树（洛谷 P3834）**
>
> 问题描述：给定 n 个整数构成的序列 a，对指定的序列闭区间 $[L, R]$，查询区间内的第 k 小值。
>
> 输入：第 1 行输入两个整数，分别表示序列长度 n 和查询个数 m。第 2 行输入 n 个整数，第 i 个整数表示序列的第 i 个元素 a_i。下面有 m 行，每行输入 3 个整数 L, R, k，表示查询区间 $[L, R]$ 内的第 k 小值。
>
> 输出：对每个查询，输出一个整数表示答案。
>
> 数据范围：$1 \leq n, m \leq 2 \times 10^5$，$|a_i| \leq 10^9$，$1 \leq L \leq R \leq n$，$1 \leq k \leq R - L + 1$。

如果简单地用暴力法查询，可以先对序列区间 $[L, R]$ 内的元素排序，然后定位到第 k 小的元素，复杂度为 $O(n\log_2 n)$。m 次查询的总复杂度为 $O(mn\log_2 n)$。

能否用线段树求解？线段树特别适合处理区间问题，如求区间和、区间最值的修改和查询，一次操作的复杂度为 $O(\log_2 n)$。在 4.3 节曾指出，这些问题的特征是大区间的解可以从小区间的解合并而来。然而，区间第 k 大/小问题并不满足这种特征，无法直接用线段树。

本题仍可以用线段树，但不是在一棵线段树上操作，而是建立很多棵线段树，其关键是两棵线段树相减得到新线段树，新线段树对应了新区间的解。

下面逐步推出可持久化线段树的解题思路。

以序列 $\{245,112,45322,9898\}$ 为例，序列长度 $n=4$。

（1）离散化。把序列离散化为 $\{2,1,4,3\}$，离散化后的元素值为 $1\sim n$，离散化不影响查找第 k 小元素。执行离散化操作的原因后文有解释。如果有重复元素，见后面的解释。

（2）先思考如何用线段树查询区间 $[1,i]$ 的第 k 小元素，即查询的区间是从 1 个元素到第 i 个元素。

对于一个确定的 i，首先建立一棵包含区间 $[1,i]$ 内所有元素的线段树，然后在这棵树上查询第 k 小元素，复杂度为 $O(\log_2 n)$ 的。

对于每个 i，都建立一棵区间 $[1,i]$ 的线段树，共 n 棵树。查询每个 $[1,i]$ 区间的第 k 小元素，复杂度都为 $O(\log_2 n)$ 的。

图 4.25 所示为区间 $[1,1]$、$[1,2]$、$[1,3]$、$[1,4]$ 的线段树，为了统一，把 4 棵线段树都设计成一样大，即可容纳 $n=4$ 个元素的线段树。圆圈内部的数字表示这个区间内有多少个元素，以及它们在哪些子树上。把圆圈内的值称为节点的权值，整棵树是一棵权值线段树。

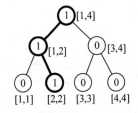

(a) 区间[1,1]，元素{2}的线段树

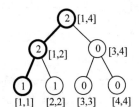

(b) 区间[1,2]，元素{2,1}的线段树

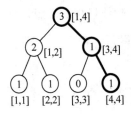

(c) 区间[1,3]，元素{2,1,4}的线段树

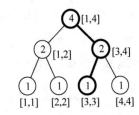

(d) 区间[1,4]，元素{2,1,4,3}的线段树

图 4.25　4 棵线段树

可以观察到，每棵树与上一棵树只有部分节点不同，就是粗线上的节点，它们是从根节点到叶子节点的一条链。

叶子节点的序号实际上就是元素的值，如叶子节点 $[1,1]$ 表示元素 $\{1\}$，叶子节点 $[2,2]$ 表示元素 $\{2\}$，等等。这也是对原序列进行离散化的原因，离散化之后，元素 $1\sim n$ 对应了 n 个叶子节点。一个节点的左子树上保存了较小的元素，右子树上保存较大的元素。

如何查询区间 $[1,i]$ 的第 k 小元素？例如，查询区间 $[1,3]$ 的第 3 小元素，图 4.25(c) 是区间[1,3]的线段树,先查询根节点,等于3,说明区间内有3个数;它的左子节点等于2,右子节点等于1,说明第3小数在右子树上;最后确定第3小的数是最后一个叶子,即数字4。查询路径为[1,4]→[3,4]→[4,4]。

(3) 查询区间[L,R]的第k小元素。

如果能得到区间[L,R]的线段树,就能高效率地查询出第k小元素。根据前缀和的思想,区间[L,R]包含的元素等于区间[1,R]减去区间[1,L-1]。把前缀和思想用于线段树的减法,即在两棵结构完全的树上把所有对应节点的权值相减。线段树R减去线段树L-1,就得到了区间[L,R]的线段树。

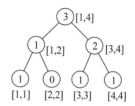

图 4.26 区间[2,4]的线段树

例如,区间[2,4]的线段树,等于把第4个线段树与第1个线段树相减(对应圆圈内的数字相减),得到如图4.26所示的线段树。

观察图4.26中的叶子节点,只有1、3、4这几个叶子节点有值,正好对应区间[2,4]的元素{1,3,4}。

查询区间[2,4]的第k小元素,方法与前面查询区间[1,i]的第k小元素一样。

时间复杂度分析:两棵线段树相减,如果对每个节点作减法,节点数量为$O(n)$,复杂度很高。但是,实际上只需要对查询路径上的节点(以及它们的左右子节点)作减法即可,这些节点只有$O(\log_2 n)$个,所以执行一次"线段树减法+查询第k小"操作,总复杂度为$O(\log_2 n)$。

存储空间:上述算法的时间复杂度很好,但是需要的存储空间非常大,建立n棵线段树,每棵树的空间为$O(n)$,共需$O(n^2)$的空间。

如何减少存储空间?观察这n棵线段树,相邻的两棵线段树,绝大部分节点的值是一样的,只有与新加入元素有关的那部分不同,这部分是从根节点到叶子节点的一条路径,路径上共有$O(\log_2 n)$个节点,只需要存储这部分节点就够了。n棵线段树的总空间复杂度减少到$O(n\log_2 n)$。

图4.27演示了建第1棵树的过程。先建一棵原始空树,它是一棵完整的线段树;然后建第1棵树,第1棵树只在原始空树的基础上修改了图4.27(a)中的3个节点,那么只新建这3个节点即可,然后让这3个节点指向原始空树上其他的子节点,得到图4.27(b)的一棵树,这棵树在逻辑上是完整的。

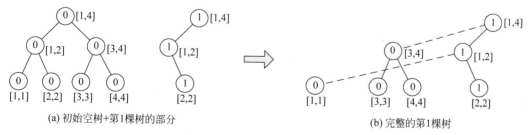

(a) 初始空树+第1棵树的部分   (b) 完整的第1棵树

图 4.27 建初始空树和第 1 棵树

建其他树时,每次也只建与前一棵树不同的$O(\log_2 n)$个节点,并把新建的节点指向前一棵树的子节点,从而在逻辑上仍保持为一棵完整的树。

建树的结果是共建立了 n 棵线段树,每棵树在物理上只有 $O(\log_2 n)$ 个节点,但是在逻辑上是一棵完整的线段树。在这些"残缺"的线段树上操作,与在"完整"的线段树上操作相比,效果是一样的。

以上是算法的基本内容,建树的时间复杂度为 $O(n\log_2 n)$,m 次查询的时间复杂度为 $O(m\log_2 n)$。

编程时,有以下 3 个重要的细节。

(1) 如何定位每棵线段树。建立 n 棵线段树,这 n 棵线段树需要方便地定位到,以计算线段树的减法。可以定义一个 root[] 数组,root[i] 记录第 i 棵线段树的根节点编号。

(2) 初始空树。一般情况下,并不需要真的建一棵初始空树,而是直接从建第 1 棵树开始。因为空树的节点权值都是 0,所以空树与其他线段树作减法是多余的。在没有初始空树的情况下,建立的 n 棵线段树不仅在物理上都是"残缺"的,在逻辑上也不一定完整;不过,后面建立的线段树,形态会逐渐变得完整。在"残缺"的线段树上查询,结果仍然是正确的,因为那些在逻辑上也没有的节点不需要纳入计算,可以看作权值为 0。不用写建初始空树的代码,除了能节省一点空间,更重要的是能节省编码时间。

(3) 原始序列中有重复的元素。重复的数字仍需要统计,如序列 $\{1,2,2,3,4\}$,区间 $[1,5]$ 的第 3 小数是 2,不是 3。编码时对 n 个元素离散化,并用 unique() 函数去重得到 size 个不同的数字。每个线段树的叶子节点有 size 个,用 update() 函数建新的线段树时,若遇到重复的元素,累加对应叶子节点的权值以及上层节点的权值即可。用 update() 函数建的线段树总共仍有 n 棵,不是 size 棵。

下面的代码实现了上述算法。其中,新建线段树的每个节点是动态开点。查询函数query() 可以看作在一棵逻辑上完整的线段树上做查询操作。

代码中还有一个重要的细节是线段树 tree[] 的空间分配。需要分配的空间复杂度为 $O(n\log_2 n)$,具体是多少? 在 4.3 节曾指出,一棵线段树需要分配 $4n$ 个节点,那么总空间约为 $n\log_2(4n)$,题目给定 $n=200000$,$\log_2(4n)\approx 20$,代码中定义的 tree[N << 5] 够用。有时可能需要分配更大的空间,具体情况具体分析。

```
1   //洛谷 P3834 代码,改写自 https://www.luogu.com.cn/problem/solution/P3834
2   #include <bits/stdc++.h>
3   using namespace std ;
4   const int N = 200010;
5   int cnt = 0;          //用 cnt 标记可以使用的新节点
6   int a[N], b[N], root[N]; //a[]为原数组,b[]为排序后数组,root[i]记录第 i 棵线段树的根节点编号
7   struct{              //定义节点
8       int L, R, sum; //L 为左儿子, R 为右儿子,sum[i]为节点 i 的权值(即图中圆圈内的数字)
9   }tree[N<<5];         //  <<4 是乘以 16,不够用; <<5 差不多够用
10  int build(int pl, int pr){              //初始化一棵空树,实际上无必要
11      int rt = ++cnt;                     //cnt 为当前节点编号
12      tree[rt].sum = 0;
13      int mid = (pl+pr)>>1;
14      if (pl < pr){
15          tree[rt].L = build(pl, mid);
16          tree[rt].R = build(mid+1, pr);
```

```
17             }
18             return rt;                                    //返回当前节点的编号
19         }
20    int update(int pre, int pl, int pr, int x){ //建一棵只有 log₂n 个节点的新线段树
21             int rt = ++cnt;                               //新的节点,下面动态开点
22             tree[rt].L = tree[pre].L;       //该节点的左右儿子初始化为前一棵树相同位置节点的左右儿子
23             tree[rt].R = tree[pre].R;
24             tree[rt].sum = tree[pre].sum + 1;       //插入一个数,在前一棵树的相同节点加 1
25             int mid = (pl + pr)>> 1;
26             if (pl < pr){                                 //从根节点向下建 log₂n 个节点
27                 if (x <= mid)                             //x 出现在左子树,修改左子树
28                     tree[rt].L = update(tree[pre].L, pl, mid, x);
29                 else                                      //x 出现在右子树,修改右子树
30                     tree[rt].R = update(tree[pre].R, mid + 1, pr, x);
31             }
32             return rt;                                    //返回当前分配使用的新节点的编号
33    }
34    int query(int u, int v, int pl, int pr, int k){       //查询区间[u,v]中的第 k 小数
35             if (pl == pr) return pl;       //到达叶子节点,找到第 k 小数,pl 是节点编号,答案是 b[pl]
36             int x = tree[tree[v].L].sum - tree[tree[u].L].sum;       //线段树相减
37             int mid = (pl+pr)>> 1;
38             if (x >= k)                                   //左儿子数字大于或等于 k 时,说明第 k 小数在左子树
39                 return query(tree[u].L, tree[v].L, pl, mid, k);
40             else                                          //否则,在右子树找第 k-x 小数
41                 return query(tree[u].R, tree[v].R, mid + 1, pr, k-x);
42    }
43    int main(){
44             int n, m;       scanf("%d%d", &n, &m);
45             for (int i = 1; i <= n; i++){ scanf("%d", &a[i]);   b[i] = a[i]; }
46             sort(b + 1, b + 1 + n);        //对 b 排序
47             int size = unique(b + 1, b + 1 + n) - b - 1; //size 等于 b 数组中不重复的数字的个数
48    //root[0] = build(1, size);       //初始化一棵包含 size 个元素的空树,实际上无必要
49             for (int i = 1; i <= n; i ++){  //建 n 棵线段树
50                 int x = lower_bound(b + 1, b + 1 + size, a[i]) - b;
51                                              //找等于 a[i] 的 b[x],x 为离散化后 a[i] 对应的值
52                 root[i] = update(root[i-1], 1, size, x);
53                                              //建第 i 棵线段树,root[i] 为第 i 棵线段树的根节点
54             }
55             while (m--){
56                 int x, y, k;       scanf("%d%d%d", &x, &y, &k);
57                 int t = query(root[x-1], root[y], 1, size, k);
58                                              //第 y 棵线段树减第 x-1 棵线段树,就是区间[x,y]的线段树
59                 printf("%d\n", b[t]);
60             }
61             return 0;
62    }
```

区间第 k 大/小问题的另一种解法是莫队算法,详见 4.5 节。

4.4.3　其他经典问题

下面再用几个经典问题说明可持久化线段树的应用。

1. 区间内小于或等于 k 的数字有多少个

 例 4.23 Super Mario（hdu 4417）

问题描述：给定一个整数序列 a，有 n 个数。有 m 个查询，查询区间 $[L,R]$ 内小于或等于 k 的整数有多少个。

输入：第 1 行输入整数 T，表示测试个数。对于每个测试，第 1 行输入整数 n 和 m；下一行输入 n 个整数 $a_1,a_2,\cdots,a_n$；后面 m 行中，每行输入 3 个整数 L、R、k。

输出：对于每个测试，输出 m 行，每行是一个查询的答案。

数据范围：$1\leqslant n,m\leqslant 10^5,1\leqslant L\leqslant R\leqslant n,1\leqslant a_i,k\leqslant 10^9$。

这个问题与区间第 k 小问题很相似。

（1）update()函数，建 n 棵线段树，与洛谷 P3834 的代码一样。线段树的每个节点的权值是这棵子树下叶子节点的权值之和。

（2）query()函数，统计区间 $[L,R]$ 内小于或等于 k 的数字有多少个。首先用线段树减法（线段树 R 减去线段树 $L-1$）得到区间 $[L,R]$ 的线段树，然后统计这棵树上小于或等于 k 的数字即可，统计方法就是标准的线段树区间和查询。例如，图 4.26 中的 $\{1,3,4\}$ 的线段树，如果求小于或等于 $k=3$ 的数字有多少个，答案就是求这棵线段树的区间 $[1,3]$ 的区间和，它等于 $[1,2]$ 区间和加 $[3,3]$ 区间和。同样，这里作线段树的减法，并不需要把每个节点相减，只需要对查询路径上的节点作减法（即节点 $[3,3]$ 和节点 $[1,2]$），只涉及 $O(\log_2 n)$ 个节点。

2. 区间内有多少不同的数字

 例 4.24 Sequence II（hdu 5919）

问题描述：一个整数序列有 n 个数 $A[1],A[2],\cdots,A[n]$。做 m 次查询，第 i 个查询给定两个整数 L_i 和 R_i，表示一个区间，区间内是一个子序列，其中不同的整数有 k_i 个，输出第 $k_i/2$ 个整数在这个子序列中第 1 次出现的位置。

输入：第 1 行输入整数 T，表示测试个数。对于每个测试，第 1 行输入两个整数 n 和 m；下面一行输入 n 个整数，表示序列；后面 m 行中，每行输入两个整数 L_i 和 R_i。

输出：对于每个测试，输出一行，包括 m 个回答。

数据范围：$1\leqslant n,m\leqslant 2\times 10^5,0\leqslant A[i]\leqslant 10^5$。

首先求区间内有多少个不同的数字。若按前面建主席树的方法，第 i 棵主席树记录区间 $[1,i]$ 内的数字情况，如何定义叶子节点的权值？考虑两种方案。

（1）叶子节点的权值是这个数字出现的次数。那么，查询区间 $[L,R]$ 内不同数字个数时，用线段树 R 减去线段树 $L-1$，得到区间 $[L,R]$ 的线段树，此时每个叶子节点的权值是这个数字在区间$[L,R]$内出现的次数。在这棵线段树上，无法以$O(\log_2 n)$的复杂度计算不同的数字个数。

（2）叶子节点的权值等于1，表示这个数字在区间$[1,i]$出现过；等于0，表示没有出现过。这样做可以去重，但是无法用线段树减法计算区间的不同数字个数。例如，区间$[1,L-1]$内出现某个数字，区间$[L,R]$内再次出现这个数字，它们对应的叶子节点权值都是1；对线段树R和$L-1$作减法后，得到$[L,R]$区间的线段树，这个叶子节点的权值为0，表示这个数字不存在，而区间$[L,R]$内其实是有这个数字的。

本题仍可以用主席树，但是需要使用新的技巧：倒序建立这n棵线段树。过程如下。

（1）每棵线段树的叶子节点有n个。这与洛谷 P3834 的线段树不同。第i个叶子节点记录第i个元素是否出现。

（2）按倒序建立线段树。一个元素建立一棵线段树，用第n个元素$A[n]$建立第1个线段树，用第$n-1$个元素$A[n-1]$建立第2个线段树，…，共有n棵线段树。用元素$A[n]$建立第1棵线段树时，第n个叶子节点的权值为1，…，建立第$i-1$棵线段树时，若$A[i-1]$在区间$[i,n]$中曾出现过，将第i个叶子节点的权值置为0，然后把第$i-1$个叶子节点的权值记为1。这个操作把重复的元素从第$i-1$棵线段树中剔除，只在第1次出现的叶子节点位置记录权值。如何编程实现？可以定义 mp[ ] 数组，mp[$A[i]$]$=i$，表示元素$A[i]$在第i个线段树的第i个叶子节点出现；建第k棵线段树时，若 mp[$A[k]$]>0，说明$A[k]$这个元素曾出现过，先把第k棵线段树的第 mp[$A[k]$] 个叶子节点权值为0，然后把第k个叶子节点权值置为1。

（3）查询区间$[L,R]$内不同数字个数。第L棵线段树只记录了$A[L]\sim A[n]$内不同数字的情况，而不包括$A[1]\sim A[L-1]$，那么只需要在第L棵线段树上按标准的区间查询操作计算$[1,R]$的区间和，就是答案。

题目要求输出区间$[L,R]$内第$k/2$个整数在这个区间中第1次出现的位置，由于第L棵线段树记录的就是$A[L]\sim A[n]$第1次出现的位置，那么只需要在这棵线段树上查询$[1,R]$的第$k/2$个叶子节点即可。

3. 区间更新

> ### 例 4.25　To the moon（hdu 4348）
>
> 问题描述：给定n个整数$A[1],A[2],\cdots,A[n]$，执行m个操作，有以下几种操作：
> C L R d：区间$[L,R]$中每个$A[i]$加d，时间t加1，注意只有这个操作才会改变t，第1个操作$t=1$；
> Q L R：查询区间和；
> H L R t：查询时间t的历史区间和；
> B t：返回时间t，t以后的操作全部清空。
> 数据范围：$1\leqslant n,m\leqslant 10^5$，$|A[i]|\leqslant 10^9$，$1\leqslant L\leqslant R\leqslant n$，$|d|\leqslant 10^4$。

若没有时间t，只需要建一棵线段树，就是标准的线段树模板题。加上时间t后，每个时

间点建一棵线段树,这正符合主席树的标准应用,按标准的主席树编码即可。

【习题】

洛谷 P2468/P3302/P3168/P4559/P2633/P3293/P4618。

以下是其他可持久化数据结构习题,请参考:

(1) 洛谷 P3919:可持久化数组(可持久化线段树/平衡树);

(2) 洛谷 P3834:可持久化线段树 1(主席树);

(3) 洛谷 P3402:可持久化并查集;

(4) 洛谷 P3835:可持久化平衡树;

(5) 洛谷 P5055:可持久化文艺平衡树。

扫一扫

视频讲解

4.5 分块与莫队算法

莫队算法是基于分块技术的一种优化算法。本节先介绍分块技术,然后详细介绍莫队算法的基本概念和扩展应用。

4.5.1 分块

1. 分块的概念

回顾"区间"问题,前面给出了暴力法、树状数组、线段树等算法。给定一个保存 n 个数据的数列,做 m 次区间修改和区间查询,每次操作只涉及部分区间。暴力法只是简单地从整体上进行修改和查询,复杂度为 $O(mn)$,很低效。树状数组和线段树都用到了二分的思想,以 $O(\log_2 n)$ 的复杂度组织数据结构,每次只处理涉及的区间,从而实现了 $O(m\log_2 n)$ 的高效复杂度。

虽然暴力法只能解决小规模的问题,但是它的代码非常简单。

有一种代码比树状数组和线段树简单,效率比暴力法高的算法,称为"分块",它能以 $O(m\sqrt{n})$ 的复杂度解决区间修改+区间查询问题。简单地说,分块是用线段树的分区思想改良的暴力法,它把数列分成很多"块",对涉及的块做整体性的维护操作(类似于线段树的 Lazy-Tag),而不是像普通暴力法那样处理整个数列,从而提高了效率。

用一个长度为 n 的数组存储 n 个数据,把它分为 t 块,每块长度为 n/t。图 4.28(a)为一个有 10 个元素的数组,共分成 4 块,前 3 块每块有 3 个元素,最后一块有一个元素。

对比块状数组与线段树,线段树是一棵高度为 $\log_2 n$ 的树,块状数组可以看作一棵高度为 3 的树,如图 4.28(b)所示。可以看出,在线段树上做一次操作的复杂度为 $O(\log_2 n)$,因为它有 $\log_2 n$ 层;分块的复杂度为 $O(n/t)$,因为它把数据分为 t 块,处理一块的时间为 n/t。下面介绍分块算法,并详细说明复杂度。

2. 分块操作

分块操作的基本要素如下。

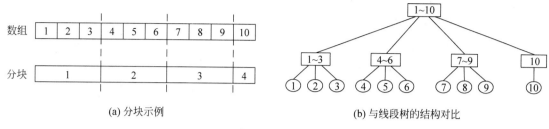

(a) 分块示例　　　　　　　　　　　(b) 与线段树的结构对比

图 4.28　分块

（1）块的大小用 block 表示。

（2）块的数量用 t 表示。

（3）块的左右边界。定义数组 st[] 和 ed[]，用 st[i] 和 ed[i] 表示块 i 的第 1 个和最后一个元素的位置，有 st[1]＝1，ed[1]＝block；st[2]＝block＋1，ed[2]＝2×block；…；st[i]＝(i−1)×block＋1，ed[i]＝i×block…

（4）每个元素所属的块。定义 pos[]，pos[i] 表示第 i 个元素所在的块，pos[i]＝(i−1)/block＋1。

具体见下面的代码。其中，block 的值等于 $\sqrt{n}$ 取整，后面的复杂度分析会说明取这个值的原因。如果 $\sqrt{n}$ 的结果不是整数，那么最后是一个较小的碎块，代码中重要的内容是处理这个问题。

```
1   int block = sqrt(n);        //块的大小：每块有 block 个元素
2   int t = n/block;            //块的数量：共分为 t 块
3   if(n % block) t++;          //sqrt(n)的结果不是整数,最后加一小块
4   for(int i = 1; i <= t; i++){  //遍历块
5       st[i] = (i−1) * block + 1;
6       ed[i] = i * block;
7   }
8   ed[t] = n;                  //sqrt(n)的结果不是整数,最后一块较小
9   for(int i = 1; i <= n; i++)   //遍历所有元素的位置
10      pos[i] = (i−1)/block + 1;
```

用分块解决区间问题很方便，下面以区间修改＋区间查询问题（洛谷 P3372）为例。

首先，定义区间有关的辅助数组，步骤如下。

（1）定义数组 a[] 存储数据，共 n 个元素，读取初值，存储在 $a[1]$，$a[2]$，…，$a[n]$ 中。

（2）定义 sum[]，sum[i] 为第 i 块的区间和，并预处理出初值。

```
1   for(int i = 1; i <= t; i++)       //遍历所有的块
2       for(int j = st[i]; j <= ed[i];j++)   //遍历块 i 内的所有元素
3           sum[i] += a[j];
```

（3）定义 add[]，add[i] 为第 i 块的增量标记，初始值为 0。

然后，对数列 a[] 做"区间修改＋区间查询"操作。

（1）区间修改：将数列区间 $[L, R]$ 内每个数加 d。

情况 1：区间 $[L, R]$ 在某个 i 块之内，即 $[L, R]$ 是一个"碎片"。把 $a[L]$，$a[L+1]$，…，

$a[R]$ 逐个加 d，更新 $\text{sum}[i]=\text{sum}[i]+d(R-L+1)$。计算次数约为 n/t。

情况 2：区间 $[L,R]$ 跨越了多个块。在被 $[L,R]$ 完全包含的那些整块内（设有 k 个块），更新 $\text{add}[i]=\text{add}[i]+d$。对于不能完全包含的那些碎片（它们在 k 个整块的两头），按情况 1 处理。情况 2 的计算次数约为 $n/t+k$，$1\leqslant k\leqslant t$。

总结两种情况，处理碎片时，只更新 $\text{sum}[i]$，不更新 $\text{add}[i]$；处理整块时，只更新 $\text{add}[i]$，不更新 $\text{sum}[i]$。

```
1   //代码参考河南电子音像出版社《算法竞赛进阶指南》,李煜东著,225 页
2   void change( int L, int R, int d){
3       int p = pos[L], q = pos[R];
4       if(p == q){                              //情况 1,计算次数为 n/t
5           for(int i = L; i <= R; i++)   a[i] += d;
6           sum[p] += d * (R-L+1);
7       }
8       else{                                    //情况 2
9           for(int i = p + 1; i <= q - 1; i++)   add[i] += d;
10                                               //整块,有 m = (q-1)-(p+1)+1 个,计算 m 次
11          for(int i = L; i <= ed[p]; i++)   a[i] += d;   //整块前面的碎片,计算 n/t 次
12          sum[p] += d * (ed[p] - L + 1);
13          for( int i = st[q]; i <= R; i++) a[i] += d;    //整块后面的碎片,计算 n/t 次
14          sum[q] += d * (R - st[q] + 1);
15      }
16  }
```

（2）区间查询：输出数列区间 $[L,R]$ 内每个数的和。

情况 1：区间 $[L,R]$ 在某个 i 块之内。暴力累加每个数，最后加上 $\text{add}[i]$，答案是 $\text{ans}=a[L]+a[L+1]+\cdots+a[R]+(R-L+1)\times\text{add}[i]$。计算次数约为 n/t。

情况 2：区间 $[L,R]$ 跨越了多个块。在被 $[L,R]$ 完全包含的那些块内（设有 k 个块），$\text{ans}+=\text{sum}[i]+\text{add}[i]\times\text{len}[i]$，其中 $\text{len}[i]$ 是第 i 段的长度，等于 n/t。对于不能完全包含的那些碎片，按情况 1 处理，然后与 ans 累加。计算次数约为 $n/t+k$，$1\leqslant k\leqslant t$。

```
1   //代码参考河南电子音像出版社《算法竞赛进阶指南》,李煜东著,225 页
2   long long ask(int L, int R) {
3       int p = pos[L], q = pos[R];
4       long long ans = 0;
5       if(p == q){                              //情况 1
6           for(int i = L; i <= R; i++)     ans += a[i];
7           ans += add[p] * (R - L + 1);
8       }
9       else{                                    //情况 2
10          for(int i = p + 1; i <= q - 1; i++)   ans += sum[i] + add[i] * (ed[i] - st[i] + 1); //整块
11          for(int i = L; i <= ed[p]; i++)   ans += a[i];   //整块前面的碎片
12          ans += add[p] * (ed[p] - L + 1);
13          for(int i = st[q]; i <= R; i++)   ans += a[i];   //整块后面的碎片
14          ans += add[q] * (R - st[q] + 1);
15      }
16      return ans;
17  }
```

分块算法的代码简单粗暴,没有复杂数据结构和复杂逻辑,很容易编码。

> **提示** 分块算法的思想可以概括为"**整块打包维护,碎片逐个枚举**"。

3. 分块的复杂度分析

把数列分为 t 块,t 取何值时有最佳效果?

时间复杂度:观察一次操作的计算次数 n/t 和 $n/t+k$,其中 $1\leqslant k\leqslant t$;当 $t=\sqrt{n}$ 时,有较好的时间复杂度 $O(\sqrt{n})$。m 次操作的复杂度为 $O(m\sqrt{n})$,适合求解 $m=n=10^5$ 规模的问题,或 $m\sqrt{n}\approx10^7$ 的问题。对复杂度的直观理解,请参考图 4.28。

空间复杂度:需要分配长度为 $\sqrt{n}$ 的数组 st[]、ed[]、sum[]、add[] 和长度为 n 的数组 pos[]、a[],空间约为 $3n$,比线段树的 $9n$ 好得多。不过,分块只能解决 $m=n=10^5$ 规模的问题,而线段树是 10^6 规模的,应用场景不同,直接对比空间无意义。

4. 例题

有些题目用普通的线段树、树状数组很难编码,但用分块比较容易。下面给出 3 道例题。

1) 区间第 k 大问题

 例 4.26 教主的魔法(洛谷 P2801)

问题描述:有 N 个数,有两种操作:区间修改(加)、区间查询。

输入:第 1 行输入两个整数 n 和 m。第 2 行输入 n 个正整数。第 3~$m+2$ 行中,每行输入一种操作,有两种操作:

M L R W,表示对区间 $[L,R]$ 内每个数加 W;

A L R C,询问区间 $[L,R]$ 内有多少数字大于或等于 C。

输出:对于每个 A 操作输出一行,包含一个整数,表示大于或等于 C 的数的个数。

数据范围:$n\leqslant1000000,m\leqslant3000,1\leqslant W\leqslant1000,1\leqslant C\leqslant1000000000$。

如果用复杂度为 $O(mn)$ 的算法,不能通过测试。

查询区间 $[L,R]$ 内有多少数字大于或等于 C,等同于查询 C 是区间第几大,即求解区间第 k 大问题,标准解法是可持久化线段树(主席树),m 次操作的复杂度为 $O(m\log_2 n)$。

本题的 n 较小,用"分块+二分"算法,复杂度满足要求,而且代码很容易写。容易想到以下分块操作方法。

(1) 首先读取数列 $a[]$,把它分为 $\sqrt{n}$ 块。

(2) 区间修改。每个块维护一个 add 标记,用于记录块内的增量 W;更新时,区间内的整块更新 add,不完整的碎片,用暴力更新其中的每个数。

(3) 区间查询。大于或等于 C 的数有多少个?如果直接暴力搜索每个块,复杂度为 $O(n)$,不能满足要求。如果块中的数是有序的,那么用二分法找大于或等于 C 的数,复杂度为

$O(\log_2 n)$。但是块内的数是无序的,需要先排序再用二分法(可以直接用 lower_bound()函数),复杂度为 $O(n\log_2 n+\log_2 n)$,还不如直接暴力搜索。如果能"**一次排序,多次使用**",就高效了。

下面是改进后的算法。

(1)在区间操作前,对每个块的初始值排序,复杂度为 $O(n\log_2 n)$。不过,排序会改变原来元素的位置,所以定义一个辅助数组 $b[]$,它的初值是数列 $a[]$ 的复制,排序操作在 $b[]$上进行。也就是说,$b[]$ 的每个块内部都是有序的,对 $b[]$ 的某个块统计前 k 个数,就是对 $a[]$ 的对应块统计前 k 个数。

(2)区间修改。如果是整块,维护 add 标记,不用在 $b[]$ 上对整块再排序,因为它仍然保持有序;如果是碎片,暴力修改 $a[]$ 上对应位置的数,然后把碎片所在的整块复制到 $b[]$ 上,对这个块重新排序。复杂度为 $O(\sqrt{n}+\sqrt{n}\log_2(\sqrt{n}))$。

(3)区间查询。对于整块,因为已经是有序的,直接在 $b[]$ 的对应整块上二分查询;对于碎块,暴力搜索 $a[]$ 上的碎块。复杂度 $O(\sqrt{n}\log_2(\sqrt{n})+\sqrt{n})$。

做 m 次区间操作,以上三者相加,总复杂度为 $O(n\log_2 n)+O(m(\sqrt{n}+\sqrt{n}\log_2\sqrt{n}))\approx O(m\sqrt{n}\log_2(\sqrt{n}))$。勉强通过测试。

2)单点修改+区间查询

例 4.27 Argestes and sequence(hdu 5057)

问题描述:给定一个序列,有 n 个非负整数 $a[1],a[2],\cdots,a[n]$。对序列进行"单点修改+区间查询"操作。

输入:第 1 行输入整数 T,表示测试个数。对于每个测试,第 1 行输入两个数字 n 和 m;第 2 行输入 n 个非负整数,用空格分隔;后面 m 行中,每行输入代表一种操作,只有两种操作:

S $x\ y$:修改操作,把 $a[x]$ 的值置为 y,即 $a[x]=y$;

Q $L\ R\ D\ P$:查询操作,查询区间 $[L,R]$ 内有多少个数的第 D 位是 P。

输出:对于每个 Q 操作,输出一行答案。

数据范围:$1\leqslant T\leqslant 50,1\leqslant n,m\leqslant 100000,0\leqslant a[i]\leqslant 2^{31}-1,1\leqslant X\leqslant n,0\leqslant Y\leqslant 2^{31}-1,1\leqslant L\leqslant R\leqslant n,1\leqslant D\leqslant 10,0\leqslant P\leqslant 9$。

首先试试分块,看复杂度是否符合要求。

用分块编码非常容易。把数组分为 $\sqrt{n}$ 块,然后定义 block$[i][D][P]$,表示第 i 块第 D 位是 P 的总个数。

(1)初始化。读取数组 $a[]$ 的初值,根据 $a[]$ 计算出 block$[][][]$ 的初值。复杂度为 $O(n)$。

(2)修改操作。单点修改 $a[x]$,根据 $a[x]$ 更新 block$[][][]$。复杂度为 $O(1)$。

(3)查询操作。在碎片上,暴力计算区间[L,R]内的每个 $a[]$。在整块上,累加所有整块的 block$[][][]$ 即可。复杂度为 $O(\sqrt{n})+O(\sqrt{n})=O(\sqrt{n})$。

共进行初始化和 m 个操作,总复杂度为 $O(n)+O(m\sqrt{n})$,勉强通过测试。

本题也可以用树状数组解答,并且这是一道练习树状数组的好题。树状数组的基础功能是"单点修改+区间查询",符合本题的要求。

一个数据最多有 $D=10$ 位,每位有 $P=0\sim9$ 这 10 个可能的数,所以查询共有 $DP=10\times10=100$ 种情况。

如果所有操作只涉及一种情况,用树状数组很容易编程。例如,所有 $a[i]$ 都只有一位,要么是 0,要么是 1,只须查询区间 $[L,R]$ 内有多少个 1。这是最基本的树状数组。

但是,如果 100 种情况都用树状数组处理,需要定义的树状数组是 int tree[10][10][100000],超内存。所以,必须把 tree 减少一维,即 int tree[10][100000],此时需要使用离线操作的技巧。

(1)先读取并保存所有的修改和查询操作。

(2)用时间换空间,分 10 次处理所有操作,第 1 次处理第 1 位,第 2 次处理第 2 位,以此类推。每次处理时,用 int tree[10][100000] 分别处理 $0\sim9$ 这 10 个数,这相当于使用了 10 个树状数组 tree[10][100000] 记录查询操作的结果。

(3)按顺序输出查询的结果。

计算复杂度是多少?上述步骤等于做了 10 次 $O(m\log_2 n)$ 的操作,注意不是 100 次,请思考原因。树状数组的效率比分块高很多,不过编码的难度也要高很多倍。

3)单点修改+单点查询

例 4.28 弹飞绵羊(洛谷 P3203)

问题描述:一条直线上摆着 n 个弹簧,每个弹簧有弹力系数 k_i,当绵羊走到第 i 个弹簧时,会被弹到第 $i+k_i$ 个弹簧,若不存在第 $i+k_i$ 个弹簧,则绵羊被弹飞。

绵羊想知道当它从第 i 个弹簧起步时,被弹几次后会被弹飞。为了使游戏有趣,允许修改某个弹簧的弹力系数。弹力系数始终为正。

输入:第 1 行输入一个整数 n,表示地上有 n 个弹簧,编号为 $0\sim n-1$。第 2 行输入 n 个正整数,依次为 n 个弹簧的初始弹力系数。第 3 行输入一个正整数 m,表示操作次数。接下来 m 行中,每行至少输入两个数 i 和 j。

若 $i=1$,要输出从 j 出发被弹几次后弹飞。

若 $i=2$,则再输入一个正整数 k,表示第 j 个弹簧的弹力系数被改为 k。

输出:对于每个 $i=1$ 的操作,输出一个整数表示答案。

数据范围:$1\leqslant n\leqslant 2\times10^5$,$1\leqslant m\leqslant10^5$。

本题属于"单点修改+单点查询",如果用暴力法,每次查询复杂度为 $O(n)$,m 次操作,总复杂度为 $O(mn)$,超时。本题的标准解法是动态树 LCT,复杂度为 $O(m\log_2 n)$。下面用分块求解,编码很简单,复杂度为 $O(m\sqrt{n})$,勉强通过测试。

把整个序列分成 $\sqrt{n}$ 块,对于每个点 i,维护两个值:step[i] 表示绵羊从第 i 个点弹出它所在的块所需的次数、to[i] 表示从第 i 个点所在的块弹出后落到其他块的点。先预处理初始值,复杂度为 $O(n)$。

单点查询:从起点出发,根据 to[] 找到下一个点(这个点在其他块内),累加这个过程中

所有 step[] 即得到总次数,大于 n 时跳出。最多经过 $\sqrt{n}$ 个块,每块计算一次,复杂度为 $O(\sqrt{n})$。

单点修改:step$[i]$ 和 to$[i]$ 只与 i 所在的块有关,与其他块无关,所以单点修改只需要维护一个块,复杂度为 $O(\sqrt{n})$。

4.5.2 基础莫队算法

莫队[①]算法＝离线＋暴力＋分块。

在"离线"情况下,可以设计出比"在线"情况下更好的算法。在线是交互式的,一问一答,如果前面的答案用于后面的提问,称为"强制在线"。离线是非交互的,一次性读取所有问题,然后一起回答,即"记录所有步,回头再做"。离线算法因为有条件通盘考虑所有查询,所以能够得到效率更高的方法。

基础莫队算法是一种离线算法,它通常用于不修改只查询的一类区间问题,复杂度为 $O(n\sqrt{n})$,没有在线算法线段树或树状数组好,但是编码很简单。下面给出一道莫队模板题。

 例 4.29　HH 项链(洛谷 P1972)

> 问题描述:给定一个数列,查询数列某个区间内不同的数有多少个。
>
> 输入:第 1 行输入一个正整数 n,表示数列长度。第 2 行输入 n 个正整数。第 3 行输入一个整数 m,表示查询的个数。接下来 m 行中,每行输入两个整数 L 和 R,表示查询的区间。
>
> 输出:输出 m 行,每行一个整数,依次每个查询对应的答案。

题目查询数列区间内不同的数有多少个,即去重后数字的个数,本题的标准解法是线段树或树状数组,莫队算法虽然效率差一些,但是代码容易写。

用几何模型解释莫队算法非常明晰。下面首先用暴力法求解本题;然后分析本题的几何模型,把暴力法和几何模型结合起来;最后根据几何模型引导出莫队算法。

1. 暴力法

洛谷 P1972 可以用 STL 的 unique() 函数去重,一次耗时 $O(n)$,m 次的总复杂度为 $O(mn)$。或者自己编程,使用扫描法统计数字出现的次数,这是一种简单易行的暴力法。

1) 查询一个区间有多少个不同的数字

定义 cnt[],cnt$[x]$ 表示数字 x 出现的次数;定义答案为 ans,即区间内不同的 x 有多少个。

用指针 L、R 单向扫描,从数列的头扫到尾,L 最终落在查询区间的最左端,R 落在区间最右端。L 向右每扫描到一个数 x,就把它出现的次数 cnt$[x]$ 减 1;R 向右每扫描到一个数

---

① 莫队算法是 2010 年信息学国家集训队队员莫涛发明的一种解决区间查询等问题的离线算法。

x,就把它出现的次数 cnt$[x]$加 1。扫描完区间后,cnt$[x]$的值就是 x 在区间内出现的次数。若 cnt$[x]=1$,说明 x 第 1 次出现,ans 加 1;若 cnt$[x]$变为 0,说明它在区间内消失了,ans 减 1。

图 4.29 所示为统计区间[3,7]内有多少不同的数字,初始指针 $L=1$,$R=0$。

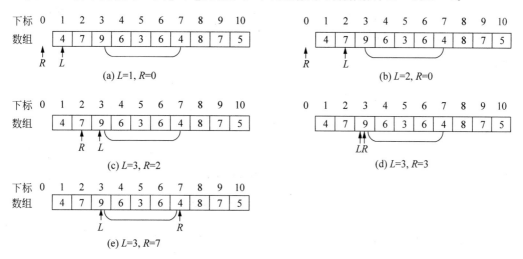

图 4.29 统计一个区间

$L=1$,$R=0$ 时,cnt$[4]=0$,cnt$[7]=0$,cnt$[9]=0$,…,ans$=0$。

$L=2$,$R=0$ 时,cnt$[4]=-1$,cnt$[7]=0$,ans$=0$。

$L=3$,$R=2$ 时,cnt$[4]=0$,cnt$[7]=0$,cnt$[9]=0$,ans$=0$。

$L=3$,$R=3$ 时,cnt$[4]=0$,cnt$[7]=0$,cnt$[9]=1$。出现了一个等于 1 的 cnt$[9]$,ans$=1$。

$L=3$,$R=7$ 时,cnt$[4]=1$,cnt$[7]=0$,cnt$[9]=1$,cnt$[6]=2$,cnt$[3]=1$,…。其中 cnt$[4]$,cnt$[9]$,cnt$[6]$,cnt$[3]$都出现过等于 1 的情况,所以 ans$=4$。

2）统计多个区间

从上面查询一个区间的讨论可以知道,在 L、R 移动过程中,当它们停留在区间$[L,R]$时,就得到了这个区间的答案 ans。那么对 m 个查询,只要不断移动 L、R 并与每个查询的区间匹配,就得到了 m 个区间查询的答案。

为了方便操作,可以把所有查询的区间按左端点排序;如果左端点相同,再按右端点排序。讨论以下情况。

（1）简单情况,区间交错,区间$[x_1,y_1]$、$[x_2,y_2]$的关系是 $x_1 \leqslant x_2$,$y_1 \leqslant y_2$。例如,如图 4.30 所示,查询两个区间$[2,6]$、$[4,8]$。

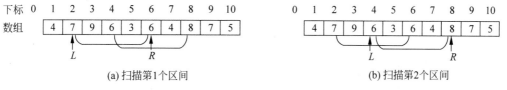

图 4.30 简单情况

图 4.30(a)中 L、R 停留在第 1 个区间上,得到了第 1 个区间的统计结果;图 4.30(b) 中 L、R 停留在第 2 个区间上,得到了第 2 个区间的结果。m 次查询的 m 个区间,L、R 指针只需要从左到右(单向移动)扫描整个数组一次即可,总复杂度为 $O(n)$。

(2) 复杂情况,既有区间交错,又有区间包含。区间 $[x_1, y_1]$、$[x_2, y_2]$ 的包含关系是 $x_1 \leqslant x_2, y_1 \geqslant y_2$。如图 4.31 所示,区间 $[2,9]$ 包含了区间 $[3,5]$。此时,L 从头到尾单向扫描,而 R 却需要来回往复扫描,每次扫描的复杂度为 $O(n)$。m 次查询的总复杂度为 $O(mn)$。

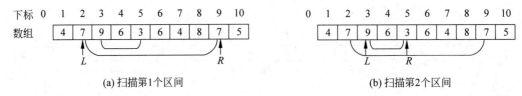

下标 0 1 2 3 4 5 6 7 8 9 10
数组 4 7 9 6 3 6 4 8 7 5

(a) 扫描第1个区间

0 1 2 3 4 5 6 7 8 9 10
4 7 9 6 3 6 4 8 7 5

(b) 扫描第2个区间

图 4.31　复杂情况

R 往复移动时,R 每向左扫描一个数 x,它出现的次数 $\mathrm{cnt}[x]$ 就减 1。

2. 暴力法的几何解释

洛谷 P1972 的区间查询问题可以建模为一种离线的几何模型。

(1) m 个查询对应 m 个区间,区间之间的转移,可以用 L、R 指针扫描,以 $O(1)$ 的复杂度从区间 $[L, R]$ 移动到 $[L \pm 1, R \pm 1]$。

(2) 把一个区间 $[L, R]$ 看作平面上的一个坐标点 (x, y),L 对应 x,R 对应 y,那么区间的转移等同于平面上坐标点的转移,计算量等于坐标点之间的曼哈顿距离。注意,所有坐标点 (x, y) 都满足 $x \leqslant y$,即所有点都分布在上半平面上。

(3) 完成 m 个查询,等于从平面的原点出发,用直线连接这 m 个点,形成一条 Hamilton 路径,路径的长度就是计算量。若能找到一条最短的路径,计算量就最少。

Hamilton 最短路径问题是 NP 难的,没有多项式复杂度的解法。那么,有没有一种较优的算法,能快速得到较好的结果呢?

暴力法是按照坐标点 (x, y) 的 x 值排序而生成的一条路径,它不是好算法。例如图 4.32(a) 的简单情况,暴力法的顺序是好的;但是图 4.32(b) 的复杂情况,暴力法的路径为 $(0,0) \rightarrow (2,9) \rightarrow (3,5)$,曼哈顿距离 $= (2-0)+(9-0)+(3-2)+(9-5)=16$,不如另一条路径 $(0,0) \rightarrow (3,5) \rightarrow (2,9)$,曼哈顿距离为 13。

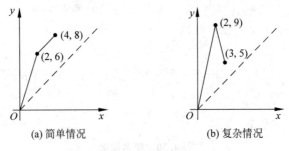

(a) 简单情况　　　　　　　(b) 复杂情况

图 4.32　暴力法的路径

莫队算法提出了一种较好的排序方法。

3. 莫队算法

莫队算法对排序做了简单的修改,就把暴力法的复杂度从 $O(mn)$ 优化到 $O(n\sqrt{n})$。

(1)暴力法的排序:把查询的区间按左端点排序,如果左端点相同,再按右端点排序。

(2)莫队算法的排序:把数组**分块**(分成 $\sqrt{n}$ 块),然后把查询的区间**按左端点所在块的序号排序**,如果左端点的块相同,再按右端点排序(注意不是按右端点所在的块排序,后续"莫队算法的几何解释"部分将说明原因)。

除了排序不一样,莫队算法和暴力法的其他步骤完全一样。

这个简单的修改是否真能提高效率?下面分析多种情况下莫队算法的复杂度。

(1)简单情况。区间交错,设区间 $[P_1,y_1]$、$[P_2,y_2]$ 的关系是 $P_1<P_2$,$y_1\leqslant y_2$,其中 P_1、P_2 是左端点所在的块。L、R 只需从左到右扫描一次,m 次查询的总复杂度为 $O(n)$。

(2)复杂情况。区间包含,设两个区间 $[P_1,y_1]$、$[P_2,y_2]$ 的关系是 $P_1=P_2$,$y_2\leqslant y_1$,如图 4.33 所示。

此时,小区间 $[P_2,y_2]$ 排在大区间 $[P_1,y_1]$ 的前面,与暴力法正好相反。在区间内,右指针 R 从左到右单向移动,不再往复移动。而左指针 L 发生了回退移动,但是被

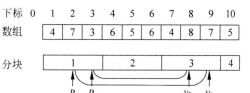

图 4.33 按块排序后的区间包含

限制在一个长为 $\sqrt{n}$ 的块内,每次移动的复杂度为 $O(\sqrt{n})$。m 次查询,每次查询左端点只需要移动 $O(\sqrt{n})$ 次,右端点 R 共单向移动 $O(n)$ 次,总复杂度为 $O(n\sqrt{n})$。

(3)特殊情况:m 次查询,端点都在不同的块上,此时莫队算法和暴力法是一样的。但此时 $m<\sqrt{n}$,总复杂度相当。

以上说法用下面的几何解释来分析,更加清楚明白。

4. 莫队算法的几何解释

莫队算法的几何意义如图 4.34[①] 所示,该图透彻说明了莫队算法的原理,每个黑点代表一个查询。

图 4.34(a)是暴力法排序后的路径,所有点按 x 坐标排序,在复杂情况下,路径沿 y 方向来回往复,**震荡幅度可能非常大**(纵向震荡,幅度为 $O(n)$),导致路径很长。

图 4.34(b)是莫队算法排序后的路径,它把 x 轴分成多个区(分块),每个区内的点按 y 坐标排序,在区内沿 x 方向来回往复,此时**震荡幅度被限制在区内**(横向震荡,幅度为 $O(\sqrt{n})$),形成了一条比较短的路径,从而实现了较低的复杂度。

通过图 4.34(b)可以更清晰地计算莫队算法的复杂度,如下所示。

(1)x 方向的复杂度。在一个区块内,沿着 x 方向一次移动最多 $\sqrt{n}$,所有区块共有 m 次移动,总复杂度为 $O(m\sqrt{n})$。

---

① 致谢:莫涛对本节"莫队算法的几何解释"的文字和图片提出了修改意见。

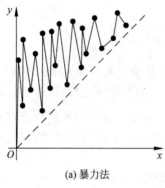 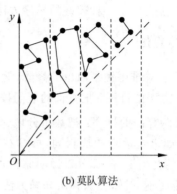

(a) 暴力法   (b) 莫队算法

图 4.34　暴力法和莫队算法的几何对比

（2）y 方向的复杂度。在每个区块内，沿着 y 方向**单向移动**，整个区块的 y 方向长度为 n，有 $\sqrt{n}$ 个区块，总复杂度为 $O(n\sqrt{n})$。

两者相加，总复杂度为 $O(m\sqrt{n}+n\sqrt{n})$，一般情况下题目会给出 $n=m$。

提示　根据上面的几何解释总结出**莫队算法的核心思想**：把暴力法的 y 方向的 $O(n)$ 幅度的震荡改为 x 方向的受限于区间的 $O(\sqrt{n})$ 幅度的震荡，从而缩短了路径的长度，提高了效率。

前面曾提到排序问题，对区间排序是先按左端点所在块排序，再按右端点排序，不是按右端点所在的块排序。原因如下：如果右端点也按块排序，几何图就需要画成一个**方格图**，

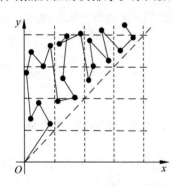

方格中的点无法排序，实际的结果就是乱序。那么，同一个方格内的点，在 y 方向上就不再是一直向上的复杂度为 $O(n)$ 的单向移动，而是忽上忽下地往复移动，导致路径更长，复杂度变高，如图 4.35 所示。

编码时，还可以对排序做一个小优化——**奇偶性排序**，让奇数块和偶数块的排序相反。例如，左端点 L 都在奇数块，则对 R 从大到小排序；若 L 在偶数块，则对 R 从小到大排序（反过来也可以：奇数块从小到大，偶数块从大到小）。

图 4.35　右端点按块排序（错误）

这个小优化对照图 4.34(b) 很容易理解，图中路径在两个区块之间移动时，是从左边区块的最大 y 值点移动到右边区块的最小 y 值点，跨度很大。用奇偶性排序后，奇数块从最大 y 值点到最小 y 值点排序，偶数块从最小 y 值点到最大 y 值点排序，那么奇数块最后遍历的点是最小 y 值点，然后右移到偶数块的最小 y 值点，这样移动的距离是最小的。从偶数块右移到奇数块的情况类似。

下面是洛谷 P1972 的代码。莫队算法和暴力法唯一不同的地方在比较函数 cmp() 中。

```
1   #include<bits/stdc++.h>
2   using namespace std;
```

```cpp
3    const int N = 1e6;
4    struct node{                          //离线记录查询操作
5        int L, R, k;                      //k为查询操作的原始顺序
6    }q[N];
7    int pos[N];
8    int ans[N];
9    int cnt[N];                           //cnt[i]: 统计数字i出现了多少次
10   int a[N];
11   bool cmp(node a, node b){
12   //按块排序,就是莫队算法
13       if(pos[a.L] != pos[b.L])          //按L所在的块排序,如果块相等,再按R排序
14           return pos[a.L] < pos[b.L];
15       if(pos[a.L] & 1)    return a.R > b.R;  //奇偶性优化,如果删除这一句,性能差一点
16       return a.R < b.R;
17   /* 如果不按块排序,而是直接按L、R排序,就是普通暴力法
18       if(a.L == b.L)   return a.R < b.R;
19       return a.L < b.L;    */
20   }
21   int ANS = 0;
22   void add(int x){                      //扩大区间时(L左移或R右移),增加数x出现的次数
23       cnt[a[x]]++;
24       if(cnt[a[x]] == 1)  ANS++;        //这个元素第1次出现
25   }
26   void del(int x){                      //缩小区间时(L右移或R左移),减少数x出现的次数
27       cnt[a[x]]--;
28       if(cnt[a[x]] == 0)  ANS--;        //这个元素消失了
29   }
30   int main(){
31       int n; scanf("%d",&n);
32       int block = sqrt(n);              //每块的大小
33       for(int i = 1;i <= n;i++){
34           scanf("%d",&a[i]);            //读第i个元素
35               pos[i] = (i-1)/block + 1; //第i个元素所在的块
36       }
37       int m; scanf("%d",&m);
38       for(int i = 1;i <= m;i++){        //读取所有m个查询,离线处理
39           scanf("%d %d",&q[i].L, &q[i].R);
40           q[i].k = i;                   //记录查询的原始顺序
41       }
42       sort(q+1, q+1+m, cmp);            //对所有查询排序
43       int L = 1, R = 0;                 //左右指针的初始值,思考为什么
44       for(int i = 1;i <= m;i++){
45           while(L < q[i].L)   del(L++);     //{del(L); L++;}   //缩小区间: L右移
46           while(R > q[i].R)   del(R--);     //{del(R); R--;}   //缩小区间: R左移
47           while(L > q[i].L)   add(--L);     //{L--; add(L);}   //扩大区间: L左移
48           while(R < q[i].R)   add(++R);     //{R++; add(R);}   //扩大区间: R右移
49           ans[q[i].k] = ANS;
50       }
51       for(int i = 1;i <= m;i++)   printf("%d\n",ans[i]);   //按原顺序打印结果
52       return 0;
53   }
```

4.5.3 带修改的莫队算法

基础莫队算法只用于无修改只查询的区间问题,如果是比较简单的单点修改,也能应用莫队算法,得到复杂度为 $O(mn^{\frac{2}{3}})$ 的算法。

下面给出"单点修改+区间查询"的例题。

例 4.30　数颜色(洛谷 P1903)

问题描述:有 n 个数(其中有些数可能相同)摆成一排。有以下操作:

Q L R　　　查询:第 $L\sim R$ 个数中有几个不同的数。

R P Col　　修改:把第 P 个数改成 Col。

输入:第 1 行输入两个整数 n 和 m,分别代表初始数量和操作个数。第 2 行输入 n 个整数,代表初始数列。第 $3\sim 2+m$ 行中,每行输入一种操作。

输出:对于每个查询,输出一个数字,代表第 $L\sim R$ 个数中有几个不同的数。

如果用莫队算法求解,必须离线,先把查询操作和修改操作分别记录下来。记录查询操作时,增加一个变量,记录本次查询前做了多少次修改。

如果没有修改,就是基础莫队算法,一个查询的左右端点是 $[L,R]$。加上修改之后,一个查询表示为 (L,R,t),t 表示在查询区间 $[L,R]$ 前进行了 t 次修改操作。可以把 t 理解为"时间",t 的范围为 $1\leqslant t\leqslant m$,m 是操作次数。

从一个查询移动到另一个查询,除了 L 和 R 发生变化外,还要考虑 t 的变化。如果两个查询的 t 相同,说明它们是基于同样的数列;如果 t 不同,两个查询所对应的数列是不同的,那么就需要补上这个变化(直接用暴力法编程)。两个查询的 t 相差越小,它们对应的数列差别越小,计算量也越小,所以对 t 排序能减少计算量。

与基础莫队算法一样,也可以给出带修改的莫队算法的几何解释。基础莫队算法的左右端点 $[L,R]$ 对应平面上的点 (x,y),带修改的莫队算法 (L,R,t) 对应立体空间的 (x,y,z)。每个查询对应立体空间的一个点,那么从一个查询到另一个查询,就是从一个点 (x_1,y_1,z_1) 到另一个点 (x_2,y_2,z_2)。计算复杂度仍然是两点之间的曼哈顿距离。

模仿基础莫队算法的分块思路。定义带修改的莫队算法的排序,按以下步骤执行。

(1) 按左端点 L 排序。若左端点 L 在同一个块,执行步骤(2)。L 对应 x 轴。

(2) 按右端点 R 排序。若右端点 R 在同一个块,执行步骤(3)。R 对应 y 轴。

(3) 按时间 t 排序。t 对应 z 轴。

左端点 L 所在的块是第 1 关键字,右端点 R 所在的块是第 2 关键字,时间 t 是第 3 关键字。

x 方向和 y 方向的分块,把 x-y 平面分成了**方格**,代表查询的点在方格内、方格间移动。

根据带修改的莫队算法的几何意义计算算法的复杂度。这里先不采用 $\sqrt{n}$ 的分块方法,而是设一个分块的大小为 B,共有 n/B 个分块。计算 3 个方向上的复杂度,如下。

(1) x 方向的复杂度(左端点指针 L)。在一个区块内,沿着 x 方向一次最多移动 B,所

有的区块共有 m 次移动,总计算量为 mB。

(2) y 方向的复杂度(右端点指针 R)。在一个区块内,沿着 y 方向一次最多移动 B,所有的区块共有 m 次移动,总计算量为 mB。

(3) z 方向的复杂度(时间 t)。每个被 x 和 y 区块限制的方格内,沿着 z 方向**单向移动**,最多移动 m 次,共 n^2/B^2 个方格,总计算量为 mn^2/B^2。

三者相加,总计算量为 $mB+mB+mn^2/B^2$。当 $B=n^{\frac{2}{3}}$ 时有较好的复杂度 $O(mn^{\frac{2}{3}})$。

作为对照,如果分块 $B=\sqrt{n}$,复杂度为 $O(mn)$,退化成为暴力法的复杂度。

4.5.4 树上莫队

基础莫队算法和带修改的莫队算法操作的都是一维数组。基于其他数据结构的问题,如果能转换为一维数组而且是区间问题,那么也能应用莫队算法。

典型的例子是树形结构上的路径问题,可以利用"欧拉序"把整棵树的节点顺序转换为一个一维数组,路径问题也变成区间问题,就能利用莫队算法求解。下面的例题体现了这个思路。

 例 4.31   Count on a tree Ⅱ(洛谷 SP10707)

问题描述:给定有 n 个节点的树,每个节点有一种颜色。有 m 次查询,每次查询给出两个节点 u、v,回答从 u 到 v 的路径上有多少个不同颜色的节点。

输入:第 1 行输入 n 和 m;第 2 行输入 n 个整数,第 i 个整数表示第 i 个节点的颜色;下面 $n-1$ 行中,每行输入两个整数 u 和 v,表示一条边 (u,v);下面 m 行中,每行输入两个整数 u 和 v,表示一个查询,回答从节点 u 到 v 的路径上有多少个不同颜色的节点。

输出:对于每个查询,输出一个整数。

数据范围:$1\leqslant n\leqslant 4\times10^4,1\leqslant m\leqslant10^5$。

首先把树的节点用欧拉序转换为一维数组。

欧拉序指从根节点出发,按 DFS 的顺序再绕回根节点所经过所有点的顺序。用 DFS 遍历树的节点,有两种遍历方式,得到两种欧拉序。

(1) 在每个节点第 1 次进和最后一次出时,加入序列,每个点加两遍。图 4.36 所示树的欧拉序为 $\{1,2,2,3,5,5,6,6,7,7,3,4,8,8,4,1\}$。

(2) 每遇到一个节点,就把它加入序列。图 4.36 所示树的欧拉序为 $\{1,2,1,3,5,3,6,3,7,3,1,4,8,4,1\}$。

这里用第 1 种形式的欧拉序。

(u,v) 上的路径有哪些节点?首先计算出 u、v 的最近公共祖先 $\text{lca}(u,v)$,然后讨论以下两种情况。

(1) $\text{lca}(u,v)=u$ 或 $\text{lca}(u,v)=v$,即 u 在 v 的子树中,或者 v 在 u 的子树中。例如,$u=1,v=6$,区间是 $\{1,2,2,3,5,5,6\}$,出现两次的节点 $\{2,5\}$ 不属于这条路径,因为它进来又出

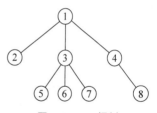

图 4.36   一棵树

去了。只出现一次的节点属于这条路径,即 $\{1,3,6\}$。

（2）$\mathrm{lca}(u,v)\neq u$ 且 $\mathrm{lca}(u,v)\neq v$,即 u 和 v 都不在对方的子树上。此时 u 和 v 之间的路径需要通过它们的 LCA,但是 LCA 没有出现在 u 和 v 的欧拉序区间内,需要添上。例如,$u=5$,$v=8$,区间是 $\{5,6,6,7,7,3,4,8\}$,去掉出现两次的节点 $\{6,7\}$,剩下 $\{5,3,4,8\}$,再加上它们的 $\mathrm{lca}=1$,得到路径 $\{5,3,4,8,1\}$。再如,$u=5$,$v=7$,区间是 $\{5,6,6,7\}$,去掉节点 6,剩下 $\{5,7\}$,再加上它们的 $\mathrm{lca}=3$,得到路径 $\{5,7,3\}$。

本题的求解步骤如下。

（1）求树的欧拉序,得到一维数组;求任意两个节点的 LCA。编码时用树链剖分（做两次 DFS）求欧拉序和 LCA。

（2）把题目的查询 (u,v) 看作一维数组上的查询。题目要求查询 (u,v) 内不同的颜色,首先查询区间 (u,v) 内只出现一次的节点,并加上 u、v 的 LCA,得到路径上的所有节点,然后在这些节点中统计只出现一次的数字（颜色）。

（3）用莫队算法离线处理所有的查询,然后一起输出。注意分块时,本题的规模是 $2n$,因为每个节点在欧拉序中出现两次;另外,每个节点的颜色数值很大,需要离散化。

【习题】

（1）hdu 4417/4366/4391。

（2）洛谷 P3870/P3396/P3863/P1975/P3710/P3992/P4168/P4119/P2325/P1494/P1903/P5906/P4887/P2709/P3674/P3709/P4074/P5501。

4.6 块状链表

顾名思义,块状链表＝分块＋链表,或者理解为用链表串起来的分块。块状链表结合了数组和链表的优势,优化了计算复杂度。块状链表的结构如图 4.37 所示。从整体上看,它是一个链表;从局部上看,每个节点是用数组表示的一个块。根据前面对分块最优性的讨论,应该把整个数据空间分为 $\sqrt{n}$ 块,每块包含 $\sqrt{n}$ 个数据。

图 4.37　块状链表的结构

> **提示** 块状链表和莫队算法都基于分块,但是应用场景不同。莫队算法是把一个连续数组进行分块,解决的是整个数组的区间查询问题,数组规模本身不会增大或缩小;块状链表适用于数据空间发生改变的情况。

下面用一个基本应用场景介绍块状链表的操作,并用代码实现。

例 4.32　文本编辑器（洛谷 P4008）

问题描述：

文本：由 0 个或多个 ASCII 码在区间 [32,126] 内的字符构成的序列。

光标：在一段文本中用于指示位置的标记，可以位于文本首部、文本尾部或文本的某两个字符之间。

文本编辑器：由一段文本和该文本中的一个光标组成，支持如下操作。

　　MOVE k：将光标移动到第 k 个字符之后，如果 $k=0$，将光标移动到文本开头；

　　INSERT $n\ s$：在光标处插入长度为 n 的字符串 s，光标位置不变，$n \geqslant 1$；

　　DELETE n：删除光标后的 n 个字符，光标位置不变，$n \geqslant 1$；

　　GET n：输出光标后的 n 字符，光标位置不变，$n \geqslant 1$；

　　PREV：光标前移一个字符；

　　NEXT：光标后移一个字符。

数据范围：MOVE 操作总个数不超过 50000，INSERT 和 DELETE 操作总个数不超过 4000，PREV 和 NEXT 操作总个数不超过 200000。所有 INSERT 插入的字符数之和不超过 2MB，正确的输出文件长度不超过 3MB。

文本中的字符串操作有插入、删除、移动、块操作、查询等。首先分析用数组或链表实现的复杂度。

（1）数组。插入、删除一个字符或一个串之后，需要移动它后面的所有字符，复杂度为 $O(n)$。移动光标，复杂度为 $O(1)$。

（2）链表。插入、删除一个字符或一个串之后，不用移动其他字符，复杂度为 $O(1)$。移动光标要遍历链表，复杂度为 $O(n)$。

下面分析块状链表的复杂度。

（1）常规操作。把整个编辑空间分为 $\sqrt{n}$ 块，每块长度为 $\sqrt{n}$，块与块之间用链表连接。移动光标、插入和删除字符串，在块上操作，复杂度都为 $O(\sqrt{n})$。

（2）维护操作。常规操作之后，块的大小会发生变化，需要维护以保持每个块的长度仍为 $\sqrt{n}$。有分割和合并两种维护操作，把长度超过 $\sqrt{n}$ 的大块分割，把长度小于 $\sqrt{n}$ 的小块合并，对一个块进行分割或合并，复杂度为 $O(\sqrt{n})$。在最恶劣的情况下，插入和删除之后需要维护每个块，共维护 $O(\sqrt{n} \times \sqrt{n}) = O(n)$ 次。不过，平均维护次数要远少于 $O(n)$。

综合起来，块状链表的每个操作复杂度约为 $O(\sqrt{n})$，比数组和链表好一些。

块状链表的优点是效率尚可、代码好写。下面用洛谷 P4008 的代码演示块状链表的典型操作。块状链表用 list < vector < char >> 形式的 List 存储数据，是"链表套数组"的形式，整体上是一个链表 List，链表的每个节点是用 vector < char > 数组表示的一个块。

（1）查找和定位。it Find(int &pos)，查找并返回文本的第 pos 个字符所在的块，并把 pos 更新为在这个块的位置。

（2）分割一个块。Split(it x, int pos)，把第 x 个块在它的 pos 位置分割为两个块。

（3）合并两个块。Merge(it x)，合并第 x 和 $x+1$ 个块。

（4）维护。Update()，把每个块重新维护成 $\sqrt{n}$ 长度。在插入和删除后进行维护，维护时用到分割和合并。

（5）插入。Insert(int pos, const vector < char > & ch)，把字符串 ch 插入文本的 pos 位置。插入分为 3 步：查找、分割、维护。图 4.38(a) 所示为在 pos 位置把第 1 块分割成两个块；图 4.38 所示为在第 2 块前插入 ch，插入之后前两个块的长度不再是 $\sqrt{n}$，需要维护。

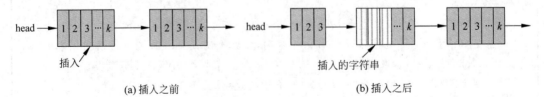

(a) 插入之前   （b) 插入之后

图 4.38 插入一个字符串

（6）删除。Delete(int L, int R)，删除文本 $[L,R]$ 区间的字符。分为 4 步：查找、分割、删除、维护。首先把 L 所在的块从 L 处分割成两块，把 R 所在的块从 R 处分割成两块，然后把 L 和 R 中间的块删除，删除之后进行维护。

```
1   //改写自 https://www.luogu.com.cn/blog/EndSaH/solution-p4008
2   #include<bits/stdc++.h>
3   using namespace std;
4   int block = 2500;                                  //一个块的标准大小,sqrt(n)
5   list<vector<char>> List;                           //整体是链表,链表的每个元素是一个块
6   typedef list<vector<char>>::iterator it;
7   it Find(int &pos) {                                //返回块,并更新 x 为这个块中的位置
8       for (it i = List.begin(); ;i++) {              //逐个找链表上的每个块
9           if(i == List.end() || pos <= i->size())  return i;
10          pos -= i->size();                          //每经过一个块,就更新 x
11      }
12  }
13  void Output(int L, int R)  {                       // [L, R)
14      it L_block = Find(L), R_block = Find(R);
15      for (it it1 = L_block;  ; it1++){               //打印每个块
16          int a;   it1 == L_block ? a=L : a=0;        //一个块的起点
17          int b;   it1 == R_block ? b=R : b=it1->size();   //块的终点
18          for (int i = a; i < b; i++)   putchar(it1->at(i));
19          if(it1 == R_block) break;                  //迭代器 it 不能用 <= ,只能用 == 和 !=
20      }
21      putchar('\n');
22  }
23  it Next(it x){return ++x; }                        //返回下一个块
24  void Merge(it x) {                                 //合并块 x 和块 x+1
25      x->insert(x->end(), Next(x)->begin(), Next(x)->end());
26      List.erase(Next(x));
27  }
28  void Split(it x, int pos){                         //把第 x 个块在这个块的 pos 处分成两块
29      if (pos == x->size())  return;                 //pos 在这个块的末尾
30      List.insert(Next(x), vector<char>(x->begin() + pos, x->end()));
31                                                     //把 pos 后面的部分划给下一个块
32      x->erase(x->begin() + pos, x->end()); //删除划出的部分
```

```
33  }
34  void Update(){                              //把每个块重新划分为等长的块
35      for (it i = List.begin(); i != List.end(); i++){
36          while (i->size() >= (block << 1))   //如果块大于两个block,分开
37              Split(i, i->size() - block);
38          while (Next(i) != List.end() && i->size() + Next(i)->size() <= block)
39              Merge(i);                        //如果块+下一个块小于block,合并
40          while (Next(i) != List.end() && Next(i)->empty()) //删除最后的空块
41              List.erase(Next(i));
42      }
43  }
44  void Insert(int pos, const vector<char>& ch){
45      it curr = Find(pos);
46      if (!List.empty())   Split(curr, pos);   //把一个块拆分为两个
47      List.insert(Next(curr), ch);             //把字符串插到两个块中间
48      Update();
49  }
50  void Delete(int L, int R) {                  // [L, R)
51      it L_block, R_block;
52      L_block = Find(L); Split(L_block, L);
53      R_block = Find(R); Split(R_block, R);
54      R_block++;
55      while(Next(L_block) != R_block)  List.erase(Next(L_block));
56      Update();
57  }
58  int main(){
59      vector<char> ch; int len, pos, n;
60      cin >> n;
61      while (n--) {
62          char opt[7];   cin >> opt;
63          if(opt[0] == 'M') cin >> pos;
64          if(opt[0] == 'I'){
65              ch.clear();  cin >> len;  ch.resize(len);
66              for (int i = 0; i < len; i++){
67                  ch[i] = getchar();
68                  while(ch[i]< 32||ch[i]>126)  ch[i] = getchar();
69              }                                //读一个合法字符
70              Insert(pos, ch);                 //把字符串插入链表中
71          }
72          if(opt[0] == 'D'){  cin >> len;    Delete(pos, pos + len); }
73          if(opt[0] == 'G'){  cin >> len;    Output(pos, pos + len); }
74          if(opt[0] == 'P')  pos--;
75          if(opt[0] == 'N')  pos++;
76      }
77      return 0;
78  }
```

这一题更好的做法是 FHQ Treap 树、Splay 树,后面将重新编码实现。

凡是涉及区间增删的题目,如果数据规模小,可以选用块状链表,容易编码。

4.7 简单树上问题

从本节开始的内容都是与树有关的高级数据结构。

树是一种特殊的图,简单地说,树是"没有圈的连通图"。满足以下条件的图是一棵树。

(1) 树根。一棵树可以基于无向图、有向图,它们的最大差异在于树根。基于有向图的树有且只有一个树根,称为有根树;基于无向图的树,每个节点都可以作为树根,称为无根树。

(2) 父节点和子节点。除了树根,每个节点都必须**有且只有**一个父节点。从根开始遍历时,必须从父节点到达子节点。

(3) 连通性。从根出发,能够遍历整棵树。

从以上条件可以推导出树的几个性质,如下所示。

(1) 一棵有 n 个节点的树,有 $n-1$ 条边。

(2) 去掉一条边,树被分成不连通的两棵树;去掉一个节点,树被分成不连通的两棵树或更多树。

(3) 在树中添加一条边后,出现一个圈。

(4) 从根出发到一个节点,有且仅有一条路径。

请注意,有根树和常见的概念"有向无环图"不同。在图论中,如果一个有向图不能从某个顶点出发经过若干点和边回到该点,称这个图是一个有向无环图(Directed Acyclic Graph,DAG)。有根树都是DAG,但是DAG不一定是有根树。例如,DAG 中一个点 u 可能经过两条路线到达另一个点 v,v 就有了两个父亲,不符合树的概念。请读者参考10.9 节"最小生成树",了解从图转化到一棵树的过程。

关于树,有以下常见基本问题。

(1) 树的判断。判断一个图是否为树的基本方法是用 DFS 遍历,如表 4.2 所示。

表 4.2　判断一个图是否为树[①]

判断步骤	有　向　图	无　向　图
找树根	计算出每个节点的入边和出边数量。树根是只有出边没有入边的点。基于有向图的树只有一个树根,如果找不到树根,或者找到了多个树根,说明这不是一棵树	任何节点都可以当作树根
检查父子关系	从根开始 DFS 遍历图,要求每个节点被访问一次,且只访问一次。这说明每个节点只有一个父节点	相同
检查连通性	在上一步骤的 DFS 遍历时,检查是否所有节点被访问到。若有节点未被访问到,说明图不连通,这不是一棵树	相同
时间复杂度	$(n+m)$,n 为点数量,m 为边数量	相同

(2) 树的存储。和图的存储一样,见 10.1 节"图的存储"。

(3) 距离问题,求树上点与点之间的路径长度。由于两点之间只有一条路径,无须使用

---

① 判断步骤可参考 https://www.baeldung.com/cs/determine-graph-is-tree。

图论中的 Dijkstra 等复杂寻路算法。

① 求某个节点 u 到所有其他点的距离,以 u 为起点,用 DFS 或 BFS 对整棵树搜索一次,复杂度为 $O(n)$。

② 求所有点对之间的距离,对每个点进行一次 DFS 或 BFS,复杂度为 $O(n^2)$。用点分治更快。

③ 求两个节点之间的距离,可以利用最近公共祖先(LCA),有复杂度为 $O(\log_2 n)$ 的高级算法。

(4) 公共祖先和最近公共祖先(LCA),见 4.8 节。

(5) 树的直径、树的重心。本节有详细解释。

(6) 多叉树和二叉树,见 5.6 节中的解析。

(7) 树上前缀和、树上差分。树上前缀和是指从根出发到某点的路径上的点(或者边)的权值之和。用 DFS 从根开始搜索到某点,逐个累加点或边的权值即可。树上差分,见 4.8 节中的应用。

下面详细解释两个常用的树上问题:树的重心、树的直径。

4.7.1 树的重心

树的重心也称为树的质心,它是无根树上的一个应用,一棵无根树是一个不含回路的无向图。树的重心 u 是这样一个节点:以树上任意节点为根计算它的子树的节点数,如果节点 u 的最大子树的节点数最少,那么 u 就是树的重心。换句话说,删除节点 u 后得到两棵或更多棵互不连通的子树,其中最大子树的节点数最少。u 是树上最平衡的点。

> **提示** 很容易证明,删去重心后得到的所有互不连通的子树,它们的节点数量都小于或等于 $n/2$ 个。这个结论在树上点分治中有应用。

例 4.33 Godfather(poj 3107)

问题描述:城里有一个黑手党组织。把黑手党的人员关系用一棵树来描述,教父是树的根,每个节点是一个组织成员。为了保密,每人只和他的父节点和他的子节点联系。警察知道哪些人互相来往,但是不知他们的关系。警察想找出谁是教父。

警察假设教父是一个聪明人:教父懂得制衡手下的权力,所以他直属的几个小头目,每个人的属下的人数差不多。也就是说,删除根之后,剩下几棵互不连通的子树(连通块),其中最大的连通块应该尽可能小。请帮助警察找到哪些人可能是教父。

输入:第 1 行输入 n,表示组织人数,$2 \leqslant n \leqslant 50000$。组织成员的编号为 $1 \sim n$。下面 $n-1$ 行中,每行输入两个整数,即有联系的两个人的编号。

输出:输出疑似教父的节点编号,从小到大输出。

本题中的教父就是树的重心。

首先考虑一个基本问题:如何计算以节点 i 为根的子树的节点数量?对 i 做 DFS 即

可,从 i 出发,递归到最底层后返回,每返回一个节点,节点数加 1,直到所有节点都返回,就得到了子树上节点总数。因为每个节点只返回一次,所以这个方法是对的。

回到本题,先考虑暴力法。删除树上的一个节点 u,得到几个孤立的连通块,可以对每个连通块做一次 DFS,分别计算节点数量。对整棵树逐一删除节点,重复上述计算过程,就得到了每个节点的最大连通块。

暴力法过于笨拙,其实并不需要真的一个个删除每个节点,更不需要对每个连通块分别做 DFS。只需要一次 DFS,就能得到每个节点的最大连通块。图 4.39 解释了这个过程。

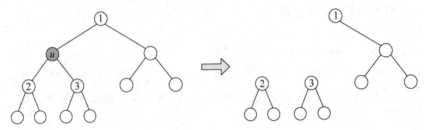

图 4.39 删除节点 u 得到 3 个连通块

观察节点 u。删除 u 后,得到 3 个连通块:①包含节点 1 的连通块;②包含节点 2 的连通块;③包含节点 3 的连通块。这 3 个连通块的数量如何计算?

对树做 DFS。可以从任意点开始 DFS,假设从节点 1 开始,1 是 u 的父节点。DFS 到节点 u 后,从 u 开始继续 DFS,得到它的子树 2 和子树 3 的节点数量 d_2 和 d_3,设以 u 为根的子树的节点数量为 $d[u]$,则 $d[u]=d_2+d_3+1$。那么子树 1 的节点数量 d_1 等于 $n-d[u]$,n 为节点总数。记录 d_1、d_2、d_3 的最大值,就得到了 u 的最大连通块。

这样通过一次 DFS,每个节点的最大连通块都得到了计算,总复杂度为 $O(n)$。

 本题的 n 很大,用链式前向星存树能有效节省空间。

```
1   // poj 3107 的代码(链式前向星存树)
2   # include < cstdio >
3   # include < algorithm >
4   using namespace std;
5   const int N = 50005;                        //最大节点数
6   struct Edge{ int to, next;} edge[N << 1];    //2 倍: u-v, v-u
7   int head[N], cnt = 0;
8   void init(){                                 //链式前向星:初始化
9       for(int i = 0; i < N; ++i){
10          edge[i].next = -1;
11          head[i] = -1;
12      }
13      cnt = 0;
14  }
15  void addedge(int u, int v){                  //链式前向星:加边 u-v
16      edge[cnt].to = v;
17      edge[cnt].next = head[u];
18      head[u] = cnt++;
19  }
```

```
20    int n;
21    int d[N], ans[N], num = 0, maxnum = 1e9;              //d[u]是以u为根的子树的节点数量
22    void dfs(int u,int fa){
23        d[u] = 1;                                          //递归到最底层时,节点数加1
24        int tmp = 0;
25        for(int i = head[u]; ~i; i = edge[i].next){//遍历u的子节点,~i也可以写成i!= - 1
26            int v = edge[i].to;                           //v是一个子节点
27            if(v == fa) continue;                         //不递归父亲
28            dfs(v,u);                                      //递归子节点,计算v这个子树的节点数量
29            d[u] += d[v];                                 //计算以u为根的节点数量
30            tmp = max(tmp,d[v]);                          //记录u的最大子树的节点数量
31        }
32        tmp = max(tmp, n - d[u]);                         //tmp = u的最大连通块的节点数
33        //以上计算出了u的最大连通块
34        //下面统计疑似教父,如果一个节点的最大连通块比其他节点的都小,它是疑似教父
35        if(tmp < maxnum){                                 //一个疑似教父
36            maxnum = tmp;                                 //更新"最小的"最大连通块
37            num = 0;
38            ans[++num] = u;                               //把教父记录在第1个位置
39        }
40        else if(tmp == maxnum)  ans[++num] = u; //疑似教父有多个,记录在后面
41    }
42    int main(){
43        scanf("%d",&n);
44        init();
45        for(int i = 1; i < n; i++){
46            int u, v;        scanf("%d %d", &u, &v);
47            addedge(u,v);   addedge(v,u);
48        }
49        dfs(1,0);
50        sort(ans + 1, ans + 1 + num);
51        for(int i = 1;i <= num;i++)   printf("%d ",ans[i]);
52    }
```

4.7.2 树的直径

树的直径是指树上最远的两点间的距离,又称为树的最远点对。有两种方法求树的直径:①做两次 DFS(或 BFS);②树形 DP。这两种方法的复杂度都为 $O(n)$。

两种方法有各自的优点和缺点。

做两次 DFS(或 BFS)方法的优点是能得到完整的路径。因为它用搜索的原理,从起点 u 出发一步一步求 u 到其他所有点的距离,能记录路径经过了哪些点。缺点是不能用于有负权边的树。

树形 DP 方法的优点是允许树上有负权边。缺点是只能求直径的长度,无法得到这条直径的完整路径。

下面用例 4.34 详细介绍两种方法的原理和代码。

例 4.34 树的直径

输入：第 1 行输入整数 n，表示树的 n 个点。点的编号从 1 开始。后面 $n-1$ 行中，每行输入 3 个整数 a、b、w，表示点 a 和 b 之间有一条边，边长为 w。

输出：一个整数，表示树的直径。

1. 做两次 DFS（或 BFS）

当边权没有负值时，计算树的直径可以通过做两次 DFS 解决，步骤如下。

（1）从树上的任意点 r 出发，用 DFS 求距离它最远的点 s。s 肯定是直径的两个端点之一。

（2）从 s 出发，用 DFS 求距离 s 最远的点 t。t 是直径的另一个端点。

s 和 t 就是距离最远的两个点，即树的直径的两个端点。

读者可以自己证明这个方法是对的，证明过程是分析各种情况下是否能确定 s 和 t 点。下面简单证明：把这棵树所有边想象成不同长度的柔性绳子，并假设已经找到了直径的两个端点 s 和 t。双手抓住 s 和 t，然后水平拉直成一条长线，这是这棵树能拉出来的最长线。这时，其他的绳子和点会下垂。可以想象到，任选一个除 s 和 t 以外的点 r，它到 s（或 t）的距离肯定是最远的。如果不是最远的，那么下垂的某个点就能替代 s，这与假设 s 是直径的端点矛盾。

为什么这个方法不能用于有负权边的树呢？以图 4.40 为例，第 1 次 DFS，若从点 1 出发，得到的最远端点 s 为点 2；第 2 次 DFS 从点 2 出发，得 t 为点 4。但是，实际上这棵树的直径的两个端点应该是 3 和 4。

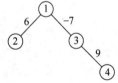

图 4.40 一棵有负权边的树

这个例子说明，以贪心原理进行路径长度搜索的 DFS，当树上有负权边时，只能在获得局部最优，而无法获得全局最优。用树形 DP 方法求树的直径，能处理负权边，是因为使用了能获得全局最优的动态规划。这与图论中的 Dijkstra 算法不能用于负权边是同样的道理，因为 Dijkstra 算法是基于贪心思想的；而图论中的 Floyd 算法能处理负权边，因为 Floyd 算法基于动态规划。

下面给出代码，用邻接表存储树，用 STL vector 实现。树的存储内容详见 10.1 节。

```
1   # include<bits/stdc++.h>
2   using namespace std;
3   const int N = 1e5 + 10;
4   struct edge{ int to,w;};              //to: 边的终点,w:权值
5   vector<edge> e[N];                     //用邻接表存储边
6   int dist[N];                           //记录距离
7   void dfs(int u,int father,int d){      //用 dfs() 函数计算从 u 到每个子节点的距离
8       dist[u] = d;
9       for(int i = 0;i < e[u].size();i++)
10          if(e[u][i].to != father)       //很关键,这一句保证不回头搜索父节点
11              dfs(e[u][i].to, u, d + e[u][i].w);
12  }
```

```
13   int main(void){
14       int n;    cin >> n;
15       for( int i = 0;i < n − 1;i++){
16           int a,b,w; cin >> a >> b >> w;
17           e[a].push_back({b,w});        //a的邻居是b,边长为w
18           e[b].push_back({a,w});        //b的邻居是a
19       }
20       dfs(1, −1,0);                      //计算从任意点(这里用点1)到树上每个节点的距离
21       int s = 1;
22       for( int i = 1;i <= n;i++)         //找最远的节点s,s是直径的一个端点
23           if(dist[i] > dist[s])   s = i;
24       dfs(s, −1,0);                      //从s出发,计算以s为起点,到树上每个节点的距离
25       int t = 1;
26       for( int i = 1;i <= n;i++)         //找直径的另一个端点t
27           if(dist[i] > dist[t])   t = i;
28       cout << dist[t] << endl;           //打印树的直径的长度
29       return 0;
30   }
```

2. 树形 DP

求树的直径是树形 DP 的一个简单应用,请在学习过第 5 章"动态规划"后再回头看本节内容。

定义状态 dp[]。dp[u] 表示以 u 为根节点的子树上,从 u 出发能到达的最远路径长度,这个路径的终点是 u 的一个叶子节点。

状态转移。设 u 有 t 个直连的邻居子节点 $v_1, v_2, \cdots, v_t$,那么 dp[u] 的值为

$$\mathrm{dp}[u] = \max\{\mathrm{dp}[v_i] + \mathrm{edge}(u,v_i)\}, \quad 1 \leqslant i \leqslant t$$

dp[] 和整棵树的直径有什么关系?

这里再引入一个状态——经过任意点 u 的最长路径长度 $f[u]$。显然,在所有的 $f[u]$ 中,最大值就是树的直径长度。

如何计算 $f[u]$? 仍然用 DP 来处理。把 u 看作树的根,u 有 t 个直连的邻居子节点 $v_1, v_2, \cdots, v_t$,那么 $f[u]$ 的状态转移方程为

$$f[u] = \max\{\mathrm{dp}[u] + \mathrm{dp}[v_i] + \mathrm{edge}(u,v_i)\}, \quad 1 \leqslant i \leqslant t$$

其中,dp[u] 不包括 v_i 这棵子树。怎样才能让此时的 dp[u] 不包括 v_i? 详见本部分代码第 15~17 行的实现。

计算出所有的 $f[u]$ 后,整棵树的直径长度 maxlen 为

$$\mathrm{maxlen} = \max\{f[u]\}, \quad 1 \leqslant u \leqslant n$$

以上步骤虽然涉及两个 DP 的计算,但是可以在一次 DFS 中完成,代码如下。

```
1   # include < bits/stdc++.h >
2   using namespace std;
3   const int N = 1e5 + 10;
4   struct edge{int to,w; };              //to: 边的终点,w:权值
5   vector < edge > e[N];
6   int dp[N];
7   int maxlen = 0;
```

```
 8  bool vis[N];
 9  void dfs(int u){
10      vis[u] = true;
11      for(int i = 0; i < e[u].size(); ++i){
12          int v = e[u][i].to,  edge = e[u][i].w;
13          if(vis[v])   continue;                      //v 已经算过
14          dfs(v);
15          maxlen = max(maxlen, dp[u] + dp[v] + edge);
16              //计算 max{f[u]},注意此时 dp[u]不包括 v 这棵子树,下一行才包括
17          dp[u] = max(dp[u], dp[v] + edge);            //计算 dp[u],此时包括了 v 这棵子树
18      }
19      return ;
20  }
21  int main(){
22      int n;    cin >> n;
23      for(int i = 0; i < n-1; i++){
24          int a, b, w;    cin >> a >> b >> w;
25          e[a].push_back({b,w});                       //a 的邻居是 b,路的长度为 w
26          e[b].push_back({a,w});                       //b 的邻居是 a
27      }
28      dfs(1);                                          //从点 1 开始 DFS
29      cout << maxlen << endl;
30      return 0;
31  }
```

【习题】

洛谷:P3629(巡逻)/P1099(树网的核)。

4.8 LCA

在 4.1 节中提到并查集的一个应用是求最近公共祖先(LCA)。求 LCA 是一个基本的树上问题,本节介绍包括并查集在内的多种解法。

首先给出一些定义。

公共祖先:在一棵有根树上,若节点 F 是节点 x 的祖先,也是节点 y 的祖先,那么称 F 是 x 和 y 的公共祖先。

最近公共祖先(LCA):在 x 和 y 的所有公共祖先中,深度最大的称为最近公共祖先,记为 $\text{LCA}(x,y)$。

如图 4.41 所示,根节点 a 的深度为 1,每向下一层,深度加 1。求一棵树上的所有节点的深度,只需要用 DFS 遍历一次即可。图 4.41 中 e、g 的公共祖先有 a、c,其中 c 的深度为 2,a 的深度为 1,c 的深度更大,所以 $c = \text{LCA}(e,g)$。

LCA 显然有以下性质。

(1) 在所有公共祖先中,$\text{LCA}(x,y)$ 到 x 和 y 的距离都最短。例如,在 e、g 的所有祖先中,c 距离 e、g 最短。

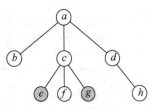

图 4.41 一棵树

（2）x、y 之间最短的路径经过 LCA(x,y)。例如，从 e 到 g 的最短路径经过 c。

（3）x、y 本身也可以是它们自己的公共祖先。若 y 是 x 的祖先，则有 LCA$(x,y)=y$，如图 4.41 中 $d=$ LCA(d,h)。

如何求 LCA？根据 LCA 的定义，很容易想到一个简单直接的方法：分别从 x 和 y 出发，一直向根节点走，第 1 次相遇的节点就是 LCA(x,y)。具体实现时，可以用标记法：首先从 x 出发一直向根节点走，沿路标记所有经过的祖先节点；把 x 的祖先标记完之后，然后再从 y 出发向根节点走，走到第 1 个被 x 标记的节点，就是 LCA(x,y)。标记法的复杂度较高，在有 n 个节点的树上求一次 LCA(x,y) 的计算量为 $O(n)$。若有 m 次查询，总复杂度为 $O(mn)$，效率太低。

经典的算法有倍增法、Tarjan 算法（DFS＋并查集），都能高效求得 LCA，适合做大量的查询。倍增法的复杂度为 $O(n\log_2 n + m\log_2 n)$，相当好。Tarjan 算法的复杂度为 $O(m+n)$，是最优的算法，不可能更好了。不过，Tarjan 算法有它的局限性。

> **提示** 倍增法是在线算法，能单独处理每个查询；Tarjan 算法是离线算法，需要统一处理所有查询。

另外，树链剖分也是求 LCA 的常用方法，将在 4.10 节讲解。

4.8.1 倍增法求 LCA

前面提到的标记法可以换一个方式实现，具体来说，有以下两个步骤。

（1）先把 x 和 y 提到相同的深度。例如，x 比 y 深，就把 x 提到 y 的高度（即让 x 走到 y 的同一高度），如果发现 y 就是 x 的祖先，那么 LCA$(x,y)=y$，停止查找，否则继续下一步。

（2）让 x 和 y 同步向上走，每走一步就判断是否相遇，相遇点就是 LCA(x,y)，停止。

上述两个步骤，由于 x 和 y 都是一步一步向上走，复杂度都为 $O(n)$。如何改进？如果不是一步步走，而是跳着走，就能加快速度。如何跳？可以按 2 的倍数向上跳，即跳 1，2，4，8，…步，这就是倍增法。倍增法是常见的思路，应用很广，树上倍增求 LCA 是一个典型的应用。

倍增法用"跳"的方法加快了上述两个步骤，下面仍然按照这两个步骤解释具体算法。注意，已知条件是每个节点知道它的子节点和父节点，并通过 DFS 计算出了每个节点在树上的深度。

1. 步骤（1）

把 x 和 y 提到相同的深度。具体任务是：给定两个节点 x 和 y，设 x 比 y 深，让 x"跳"到与 y 相同的深度。注意，x 和 y 都是随机给定的，它们不是树上的特殊节点。

因为已知条件是只知道每个节点的父节点，所以如果没有其他辅助条件，x 只能一步步向上走，没办法"跳"。要实现"跳"的动作，必须提前计算出一些 x 的祖先节点，作为 x 的"跳板"。然而，应该提前计算出哪些祖先节点呢？通过这些预计算出的节点，真能准确地跳

到一个任意给定的 y 的深度吗？最关键的是,这些预计算是高效的吗？这就是倍增法的精妙之处:预计算出每个节点的第 $1,2,4,8,16,\cdots$ 个祖先,即按 2 倍增的那些祖先。

有了预计算出的这些祖先做跳板,能从 x 快速跳到任何一个给定的目标深度。注意,跳时先用大数再用小数。以从 x 跳到它的第 27 个祖先为例:

(1) 从 x 跳 16 步,到达 x 的第 16 个祖先 fa1;

(2) 从 fa1 跳 8 步,到达 fa1 的第 8 个祖先 fa2;

(3) 从 fa2 跳 2 步到达祖先 fa3;

(4) 从 fa3 跳 1 步到达祖先 fa4。

共跳了 $16+8+2+1=27$ 步。这个方法利用了二进制的特征:任何一个数都可以由 2 的倍数相加得到。27 的二进制是 11011,其中的 4 个"1"的权值就是 $16\text{、}8\text{、}2\text{、}1$。把一个数转换为二进制数时,是从最高位向最低位转换的,这就是为什么先用大数再用小数的原因。

显然,用倍增法从 x 跳到某个 y 的复杂度为 $O(\log_2 n)$。

剩下的问题是如何快速预计算每个节点的"倍增"的祖先。定义 $\text{fa}[x][i]$ 为 x 的第 2^i 个祖先,有以下非常巧妙的递推关系。

$$\text{fa}[x][i]=\text{fa}[\text{fa}[x][i-1]][i-1]$$

递推式的右边分步理解。$\text{fa}[x][i-1]$:从 x 起跳,先跳 2^{i-1} 步到了祖先 $z=\text{fa}[x][i-1]$;$\text{fa}[\text{fa}[x][i-1]][i-1]=\text{fa}[z][i-1]$:再从 z 跳 2^{i-1} 步到了祖先 $\text{fa}[z][i-1]$。

一共跳了 $2^{i-1}+2^{i-1}=2^i$ 步。递推式右边实现了从 x 起跳,跳到了 x 的第 2^i 个祖先,这就是递推式左边的 $\text{fa}[x][i]$。

特别地,$\text{fa}[x][0]$ 是 x 的第 $2^0=1$ 个祖先,就是 x 的父节点。$\text{fa}[x][0]$ 是递推式的初始条件,从它递推出了所有 $\text{fa}[x][i]$。递推的计算量有多大？从任意节点 x 到根节点,最多只有 $\log_2 n$ 个 $\text{fa}[x][]$,所以只需要递推 $O(\log_2 n)$ 次。计算 n 个节点的 $\text{fa}[][]$,共计算 $O(n\log_2 n)$ 次。

2. 步骤(2)

x 和 y 同步向上跳,找到 LCA。

经过步骤(1),x 和 y 现在位于同一深度,让它们同步向上跳,就能找到它们的公共祖先。x 和 y 的公共祖先有很多,$\text{LCA}(x,y)$ 是距离 x 和 y 最近的那个,其他祖先都更远。以下讨论都假设 x 和 y 深度相同。

能利用 $\text{fa}[][]$ 找 $\text{LCA}(x,y)$ 吗？显然,$\text{LCA}(x,y)$ 并不一定正好位于 $\text{fa}[x][]$ 和 $\text{fa}[y][]$ 上,那么还能利用 $\text{fa}[][]$ 数组吗？答案是肯定的,其原理也用到了二进制的特征。下面介绍的方法称为"逼近法"。

从一个节点跳到根节点,最多跳 $\log_2 n$ 次。现在从 x、y 出发,从最大的 $i\approx\log_2 n$ 开始,跳 2^i 步,跳到了祖先 $\text{fa}[x][i]$、$\text{fa}[y][i]$,它们位于非常靠近根节点的位置($2^i\approx 2^{\log_2 n}\approx n$)。有以下两种情况。

(1) $\text{fa}[x][i]=\text{fa}[y][i]$,这是一个公共祖先,它的深度小于或等于 $\text{LCA}(x,y)$,这说明跳过头了,退回去换一个小的 $i-1$ 重新跳一次。

(2) $\text{fa}[x][i]\neq\text{fa}[y][i]$,说明还没跳到公共祖先,那么更新 $x=\text{fa}[x][i],y=\text{fa}[y][i]$,从新的起点 x、y 继续开始跳。由于新的 x、y 的深度比原来位置的深度减少超过一半,再

跳时就不用再跳 2^i 步,跳 2^{i-1} 步就够了。

以上两种情况,分别是比 $\text{LCA}(x,y)$ 浅和深的两种位置。用 i 循环判断以上两种情况,就是从深浅两侧逐渐逼近 $\text{LCA}(x,y)$。每循环一次,i 减 1,当 i 减为 0 时,x 和 y 正好位于 LCA 的下一层,父节点 $\text{fa}[x][0]$ 就是 $\text{LCA}(x,y)$。

细节见例 4.35 代码 LCA() 函数。

如果读者疑惑这个过程,可以模拟一个特例:假设 $\text{LCA}(x,y)$ 就是 x 和 y 的父节点;执行 i 循环(i 从大到小),会发现一直有 $\text{fa}[x][i]=\text{fa}[y][i]$,即一直跳过头;循环时 i 逐渐减小,而 x 和 y 一直停在原位置不动;最后 i 减到 0,循环结束,LCA 就是 $\text{fa}[x][0]$。例如,x 和 y 的深度为 27,i 会从 4 开始循环,按照 $2^4=16,2^3=8,2^2=4,2^1=2,2^0=1$ 的跳幅,从 $\text{fa}[x][4]$ 退到 $\text{fa}[x][0]$。

另一个特例是 $\text{LCA}(x,y)$ 为整棵树的根,那么 i 循环时(i 从大到小),一直有 $\text{fa}[x][i]\neq\text{fa}[y][i]$,$x$ 和 y 会持续向上跳;最后 $i=0$ 时,就停在根节点的下一层,仍然满足 $\text{LCA}=\text{fa}[x][0]$。例如,$x$、$y$ 与根节点距离 27,会按照 $27=2^4+2^3+2^1+2^0=16+8+2+1$ 的跳跃顺序,跳到根节点的下一层,这仍然是二进制的特征。

查询一次 LCA 的复杂度是多少?执行一次 i 循环,i 从 $\log_2 n$ 递减到 0,只循环 $O(\log_2 n)$ 次。

 倍增法的总计算量包括预计算 $\text{fa}[][]$ 和查询 m 次 LCA,**总复杂度**为 $O(n\log_2 n + m\log_2 n)$。

以上分析,在 2.5 节中有非常相似的解释,两者对倍增的应用实质上一样,请对照学习。

下面用一道模板题给出代码。

 例 4.35　　最近公共祖先(洛谷 P3379)

问题描述:给定一棵有根多叉树,求出指定两个点直接最近的公共祖先。

输入:第 1 行输入 3 个正整数 N、M、S,分别表示树的节点个数、查询的个数、树根节点的序号。接下来 $N-1$ 行中,每行输入两个正整数 x 和 y,表示节点 x 和节点 y 之间有一条直连的边(数据保证可以构成树)。接下来 M 行中,每行输入两个正整数 a 和 b,表示查询节点 a 和节点 b 的最近公共祖先。

输出:输出 M 行,每行包含一个正整数,表示每个查询的结果。

数据范围:$N\leqslant 500000,M\leqslant 500000$。

题目中树的规模很大,需要用链式前向星存储。

倍增法的代码非常简洁。代码中与倍增法有关的函数是 dfs() 和 LCA(),前者计算节点的深度并预处理 $\text{fa}[][]$ 数组,后者查询 LCA。

```
1  //洛谷 P3379 的倍增代码
2  #include <bits/stdc++.h>
3  using namespace std;
4  const int N = 500005;
```

```
5    struct Edge{int to, next;}edge[2 * N];      //链式前向星
6    int head[2 * N], cnt;
7    void init(){                                 //链式前向星：初始化
8        for(int i = 0; i < 2 * N; ++i){ edge[i].next = -1;   head[i] = -1; }
9        cnt = 0;
10   }
11   void addedge(int u, int v){                  //链式前向星：加边
12       edge[cnt].to = v;   edge[cnt].next = head[u];   head[u] = cnt++;
13   } //以上是链式前向星
14   int fa[N][20], deep[N];
15   void dfs(int x, int father){                 //求 x 的深度 deep[x]和 fa[x][],father 是 x 的父节点
16       deep[x] = deep[father] + 1;              //深度：比父节点深度多 1
17       fa[x][0] = father;                       //记录父节点
18       for(int i = 1; (1 << i) <= deep[x]; i++)  //求 fa[][]数组，它最多到根节点
19           fa[x][i] = fa[fa[x][i-1]][i-1];
20       for(int i = head[x]; ~i; i = edge[i].next)  //遍历节点 i 的所有孩子,~i 可写为 i!= -1
21           if(edge[i].to != father)             //邻居：除了父亲,都是孩子
22               dfs(edge[i].to, x);
23   }
24   int LCA(int x, int y){
25       if(deep[x] < deep[y])   swap(x,y);        //让 x 位于更底层,即 x 的深度值更大
26       //(1)把 x 和 y 提到相同的深度
27       for(int i = 19; i >= 0; i--)              //x 最多跳 19 次: 2^19 > 500005
28           if(deep[x] - (1 << i) >= deep[y])     //如果 x 跳过头了,就换一个小的 i 重跳
29               x = fa[x][i];                     //如果 x 还没跳到 y 的层,就更新 x 继续跳
30       if(x == y)   return x;                    //y 就是 x 的祖先
31       //(2)x 和 y 同步往上跳,找到 LCA
32       for(int i = 19; i >= 0; i--)              //如果祖先相等,说明跳过头了,换一个小的 i 重跳
33           if(fa[x][i]!= fa[y][i]){              //如果祖先不相等,就更新 x 和 y 继续跳
34               x = fa[x][i];   y = fa[y][i];
35           }
36       return fa[x][0];                          //最后 x 位于 LCA 的下一层,父节点 fa[x][0]就是 LCA
37   }
38   int main(){
39       init();                                   //初始化链式前向星
40       int n,m,root;   scanf("%d%d%d",&n,&m,&root);
41       for(int i = 1; i < n; i++){               //读一棵树,用链式前向星存储
42           int u,v;        scanf("%d%d",&u,&v);
43           addedge(u,v);   addedge(v,u);
44       }
45       dfs(root,0);                              //计算每个节点的深度并预处理 fa[][]数组
46       while(m--){
47           int a,b;   scanf("%d%d",&a,&b);
48           printf("%d\n", LCA(a,b));
49       }
50       return 0;
51   }
```

4.8.2　Tarjan 算法求 LCA

各种求 LCA 的算法,都是尽快向上"跳"到祖先。用倍增法求 LCA,是利用二进制的倍增,直接沿着树枝向根"跳"。本节的 Tarjan 算法,利用并查集合并子树,子树上的节点都以

子树的根为集,查询 LCA 时,子树上的节点都直接跳到子树的根,从而实现了快速"跳"的目的。

> **提示** LCA 的 Tarjan 算法可以理解为"DFS＋并查集",是二者既简单又绝妙的组合。如果读者非常熟悉 DFS 和并查集,完全能自己推理出 Tarjan 算法。

Tarjan 算法是一种离线算法,它把所有 m 个查询一次全部读入,统一计算,最后一起输出。Tarjan 算法的效率极高,在 n 个节点的树上做 m 次 LCA 查询,总复杂度为 $O(m+n)$,是可能达到的最优复杂度。

如何设计一种高效的离线算法?它与在线算法不一样,不一定要单独处理每个查询,而是有条件通盘考虑所有查询。如果把这些查询进行某种排序之后再计算,在整体上应该能得到较好的效率。如何排序?把一个查询 (x,y) 看作一对节点,那么就按 x 排序。在这种情况下,用 DFS 遍历树时,按 x 出现的先后为序,每处理一个 x 节点,就查找与 x 有关的节点对 (x,y),计算 $\text{LCA}(x,y)$。

有多种 DFS 遍历方法,如先序、中序、后序等,哪种适合用于计算 LCA?再次回顾标记法,它是从底层的 x、y 节点出发,逐步向高层的根节点走,直到第 1 次相遇,就是 $\text{LCA}(x,y)$。DFS 后序遍历应该很适合这种情况,后序 DFS 先返回最底层的叶子节点,而且是从底层节点逐层回溯到根节点,符合标记法的计算顺序。

现在以 x 为主,以 y 为辅,计算 $\text{LCA}(x,y)$。

假设现在遍历到了一个节点 x,下面考虑节点对 (x,y) 中的 y。x 和 y 只有两种关系:y 在 x 的子树上;y 不在 x 的子树上,如图 4.42 所示。

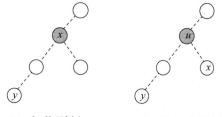

(a) y 在 x 的子树上   (b) y 不在 x 的子树上

图 4.42 $\text{LCA}(x,y)$ 的 x、y 位置

(1) y 在 x 的子树上,即 y 的祖先是 x,有 $\text{LCA}(x,y)=x$。具体编程时,以 x 为 DFS 的入口,因为 y 在 x 的子树上,所以 DFS 后序遍历回溯先返回 y,标记 y 为已经访问过,记 $\text{vis}[y]=$ True;后面回溯到 x 时,查询节点对 (x,y),若 $\text{vis}[y]$ 为 True,那么显然有 $\text{LCA}(x,y)=x$。

(2) y 不在 x 的子树上。设它们的公共祖先是 u,以 u 为 DFS 的入口,DFS 先访问到 y,标记 $\text{vis}[y]=$ True,并在从 y 回溯到 u 的过程中,记录 y 的祖先节点为 u,记为 $\text{fa}[y]=u$。访问到 x 时,查询节点对 (x,y),若 $\text{vis}[y]$ 为 True,那么有 $\text{LCA}(x,y)=\text{LCA}(x,u)=u$。读者可能注意到,若 DFS 先访问到 x,而不是 y,如何处理?忽略即可,因为 x 和 y 是成对的,后面访问到 y 时,再以 y 为主,x 为辅即可。

这两种情况可以合并。在第 1 种情况中,从 y 回溯到 x 时,记录 y 的祖先为 x,即 $\text{fa}[y]=x$,这是情况 2 的特例。

上面的讨论是以某个 x 为根,或者以某个 u 为根进行子树的遍历,计算出 $\text{LCA}(x,y)$。能否扩展到整棵树,用一个 DFS 解决所有的 LCA 查询?这就是 Tarjan 算法的基本思路:以树的根节点为 DFS 入口,遍历整棵树,每遍历到一个节点,就把它看作一个 x,检查 x 的所有节点对 (x,y) 的 y,若 $\text{vis}[y]=$ True 且 $\text{fa}[y]=u$,那么 $\text{LCA}(x,y)=u$。

最后,还有一个关键问题没有解决:如何计算 $fa[y]=u$?即如何在回溯过程中,把以节点 u 为根的子树上的所有子节点的祖先都设置为 u?如果读者非常熟悉并查集,就能发现,一棵以 u 为根的子树,刚好是以 u 为集合的一个并查集。那么就容易编程了,从子树的一个节点 y 回溯时,把父节点 $fa[y]$ 看作 y 的集。逐级回溯到根 u 的过程中,每个节点的集都记录为它的父节点。当查询 y 的集时,通过查找函数 find_set(),最终查找到 y 的集为 u。

Tarjan 算法的复杂度很好。每个节点只访问一次,每个查询也只处理一次,总复杂度为 $O(m+n)$,是能达到的最优复杂度,不可能更好了。下面是用 Tarjan 算法求 LCA 的代码。

```cpp
1   //洛谷 P3379 的 Tarjan 代码,改写自 blog.csdn.net/Harington/article/details/105901338
2   # include < bits/stdc++.h>
3   using namespace std;
4   const int N = 500005;
5   int fa[N], head[N], cnt, head_query[N], cnt_query, ans[N];
6   bool vis[N];
7   struct Edge{ int to, next, num;}edge[2 * N], query[2 * N];   //链式前向星
8   void init(){                                        //链式前向星:初始化
9       for(int i = 0;i < 2 * N;++i){
10          edge[i].next = -1;   head[i] = -1;
11          query[i].next = -1; head_query[i] = -1;
12      }
13      cnt = 0; cnt_query = 0;
14  }
15  void addedge(int u, int v){                         //链式前向星:加边
16      edge[cnt].to = v;
17      edge[cnt].next = head[u];
18      head[u] = cnt++;
19  }
20  void add_query(int x, int y, int num) {             //num 为第几个查询
21      query[cnt_query].to = y;
22      query[cnt_query].num = num;                     //第几个查询
23      query[cnt_query].next = head_query[x];
24      head_query[x] = cnt_query++;
25  }
26  int find_set(int x) {                               //并查集查询
27      return fa[x] == x ? x : find_set(fa[x]);
28  }
29  void tarjan(int x){                                 //tarjan()函数是一个 DFS
30      vis[x] = true;
31      for(int i = head[x]; ~i; i = edge[i].next){     // ~i 可以写为 i!= -1
32          int y = edge[i].to;
33          if( !vis[y] ) {                             //遍历子节点
34              tarjan(y);
35              fa[y] = x;                              //合并并查集:把子节点 y 合并到父节点 x 上
36          }
37      }
38      for(int i = head_query[x]; ~i; i = query[i].next){  //查询所有与 x 有查询关系的 y
39          int y = query[i].to;
40          if( vis[y])                                 //如果 to 被访问过
```

```
41              ans[query[i].num] = find_set(y);          //LCA 就是 find(y)
42          }
43  }
44  int main () {
45      init();
46      memset(vis, 0, sizeof(vis));
47      int n,m,root;   scanf("%d%d%d",&n,&m,&root);
48      for(int i=1;i<n;i++){                              //读 n 个节点
49          fa[i] = i;                                     //并查集初始化
50          int u,v;   scanf("%d%d",&u,&v);
51          addedge(u,v);   addedge(v,u);                  //存边
52      }
53      fa[n] = n;                                          //并查集的节点 n
54      for(int i = 1; i <= m; ++i) {                       //读 m 个询问
55          int a, b; scanf("%d%d",&a,&b);
56          add_query(a, b, i); add_query(b, a, i);         //存查询
57      }
58      tarjan(root);
59      for(int i = 1; i <= m; ++i) printf("%d\n",ans[i]);
60  }
```

4.8.3　LCA 的应用

1. 树上两点之间的最短距离

LCA 的最基本应用是求树上两点之间的最短距离,它等于两点深度之和减去两倍的 LCA 深度,即

$$dist(x,y)=deep[x]+deep[y]-2*deep[LCA(x,y)]$$

2. 树上差分

例 4.36　Max flow P(洛谷 P3128)

问题描述:有 n 个节点,用 $n-1$ 条边连接,所有节点都连通了。给出 m 条路径,第 i 条路径为从节点 s_i 到 t_i。每给出一条路径,路径上所有节点的权值加 1。输出最大权值点的权值。

输入:第 1 行输入 n 和 m。后面 $n-1$ 行中,每行输入两个整数 x 和 y,表示一条边。后面 m 行中,每行输入两个整数 s 和 t,表示一条路径的起点和终点。

输出:输出一个整数,表示最大权值。

数据范围:$2\leqslant n\leqslant50000,1\leqslant k\leqslant100000$。

树上两点 u、v 的路径是最短路径。把 $u\to v$ 路径分为两部分:$u\to LCA(u,v)$ 和 $LCA(u,v)\to v$。

先考虑简单的思路。首先对每条路径求 LCA,分别以 u 和 v 为起点到 LCA,把路径上每个节点的权值加 1;然后对所有 m 条路径进行类似操作。把路径上每个节点加 1 的操作

的复杂度为 $O(n)$，共 m 次操作，求 LCA 的时间，会超时。

本题的关键是如何记录路径上每个节点的修改。显然，如果真的对每个节点都记录修改，肯定会超时。此时可以利用差分，差分的重要用途是**"把区间问题转换为端点问题"**，正适合这种情况。

给定数组 $a[\ ]$，定义差分数组 $D[k]=a[k]-a[k-1]$，即数组相邻元素的差。下面先回顾 2.6 节的有关内容。

从差分数组的定义可以推出

$$a[k]=D[1]+D[2]+\cdots+D[k]=\sum_{i=1}^{k}D[i]=\text{sum}[k]$$

这个公式描述了 a 和 D 的关系，即**"差分是前缀和的逆运算"**，它把求 $a[k]$ 转换为求 D 的前缀和。

对于区间 $[L,R]$ 的修改问题，如把区间内每个元素加上 d。如图 4.43 所示，对区间的两个端点 L、$R+1$ 做以下操作：

(1) 把 $D[L]$ 加上 d；

(2) 把 $D[R+1]$ 减去 d。

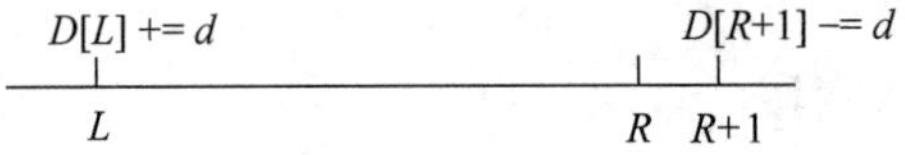

图 4.43　区间 $[L,R]$ 上的差分数组

然后求前缀和 $\text{sum}[x]=D[1]+D[2]+\cdots+D[x]$，有：

(1) $1\leqslant x<L$，前缀和 $\text{sum}[x]$ 不变；

(2) $L\leqslant x\leqslant R$，前缀和 $\text{sum}[x]$ 增加了 d；

(3) $R<x\leqslant N$，前缀和 $\text{sum}[x]$ 不变，因为被 $D[R+1]$ 中减去的 d 抵消了。

$\text{sum}[x]$ 等于 $a[x]$，这样就利用差分数组计算出了区间修改后的 $a[x]$。

从以上讨论得到一个关键的结论：利用差分能够把区间修改问题转换为只用端点做记录。如果不用差分数组，区间内每个元素都需要修改，复杂度为 $O(n)$；转换为只记录两个端点后，复杂度降低到 $O(1)$。这就是差分的重要作用。

把上述差分概念应用到树上，只需要把树上路径转换为区间即可。把一条路径 $u\to v$ 分为两部分：$u\to\text{LCA}(u,v)$ 和 $\text{LCA}(u,v)\to v$，这样每条路径都可以当成一个区间处理。

记 $\text{LCA}(u,v)=R$，并记 R 的父节点为 $F=\text{fa}[R]$，本题是把路径上每个节点权值加 1，有：

(1) 路径 $u\to R$ 这个区间上，$D[u]++$，$D[F]--$；

(2) 路径 $v\to R$ 这个区间上，$D[v]++$，$D[F]--$。

经过以上操作，能通过 $D[\ ]$ 计算出 $u\to v$ 上每个节点的权值。不过，由于两条路径在 R 和 F 这里重合了，上述两个步骤把 $D[R]$ 加了两次，把 $D[F]$ 减了两次，需要调整为 $D[R]--$ 和 $D[F]--$，如图 4.44 所示。

在本题中，对每条路径都用倍增法求一次 LCA，并做一次差分操作。当所有路径都计算完之后，再做一次 DFS，求出每个节点的 $\text{sum}[\ ]$，即求得每个节点的权值。所有权值中的最大值即为答案。

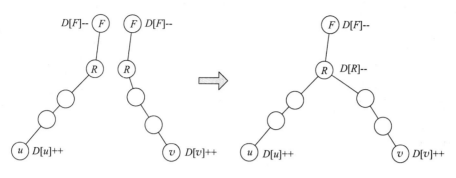

(a) 两个线形差分　　　　　　　　　　(b) 合并为树上差分

图 4.44　树上差分

m 次 LCA 复杂度为 $O(n\log_2 n + m\log_2 n)$；最后做一次 DFS，复杂度为 $O(n)$；总复杂度约为 $O(m\log_2 n)$。

```
1   //洛谷 P3128,LCA + 树上差分
2   # include < bits/stdc++.h>
3   using namespace std;
4   # define N 50010
5   struct Edge{int to,next;}edge[2 * N]; //链式前向星
6   int head[2 * N],D[N],deep[N],fa[N][20],ans,cnt;
7   void init();
8   void addedge(int u,int v);
9   void dfs1(int x,int father);
10  int LCA(int x,int y);              //以上 4 个函数和洛谷 P3379 的倍增代码完全一样
11  void dfs2(int u,int fath){
12      for (int i = head[u];~i;i = edge[i].next){ //遍历节点 i 的所有孩子.~i 可以写为 i!= -1
13          int e = edge[i].to;
14          if (e == fath) continue;
15          dfs2(e,u);
16          D[u] += D[e];
17      }
18      Ans = max(ans,D[u]);
19  }
20  int main(){
21      init();                        //链式前向星初始化
22      int n,m;  scanf(" % d % d",&n,&m);
23      for (int i = 1;i < n;++i){
24          int u,v; scanf(" % d % d",&u,&v);
25          addedge(u,v); addedge(v,u);
26      }
27      dfs1(1,0);                      //计算每个节点的深度并预处理 fa[][]数组
28      for (int i = 1; i <= m; ++i){
29          int a,b; scanf(" % d % d",&a,&b);
30          int lca = LCA(a,b);
31          D[a]++;  D[b]++;  D[lca] -- ;  D[fa[lca][0]] -- ;    //树上差分
32      }
33      dfs2(1,0);                      //用差分数组求每个节点的权值
```

```
34        printf(" % d\n",ans);
35        return 0;
36    }
```

本题的树上修改比较简单，一次修改只涉及一条链路。如果有更复杂的修改，如一次修改整棵子树，需要用到树链剖分。

【习题】

(1) hdu 2586/874/4912。

(2) 洛谷 P1967/P2680/P1600/P3379/P3938/P4281。

扫一扫

视频讲解

4.9   树上的分治

第 2 章介绍了分治法，第 2 章的例题是基于线性结构的，而树这种非线性结构也非常适合应用分治法。

分治法将一个问题分割成一些规模较小的相互独立的子问题，"分而治之"。为了提高分治的效率，这些子问题的规模应该大致相同。把分法思想应用在树上，分别处理点和边两种情况。

(1) 点分治。找到一个点 v，把一棵树分为两棵或更多棵子树，子树再继续分治，直到结束。为了提高分治的效率，应该让这些子树的节点数接近，也就是说，使最大子树的节点数最少。根据树的重心的定义，这个点 v 实际上就是树的重心，所以点分治都基于树的重心。

基于树的重心的点分治，计算复杂度如何？4.7.1 节指出，删除重心后所有子树的节点数量都不会超过 $n/2$，其中 n 为点的数量。所以，最多只需 $O(\log_2 n)$ 步就完成了整棵树的点分治，点分治非常高效。

(2) 边分治。找到一条边，一棵树被分成两棵子树，尽量让这两棵子树的大小接近。

边分治的复杂度如何？在最好的情况下，这棵树呈"链条"状，每次分治，删去中间的边，把树分成两棵大小几乎相同的子树，一共只需 $O(\log_2 n)$ 或 $O(\log_2 m)$ 次分治即可。其中，n 为点的数量，m 为边的数量，$n = m + 1$。这种情况实际上就是线性结构的分治，如图 4.45(a) 所示。

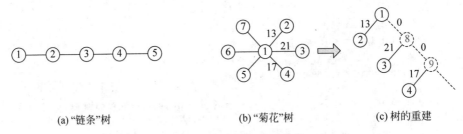

(a)"链条"树   (b)"菊花"树   (c)树的重建

图 4.45   边分治中特殊的树

在最坏的情况下，树呈"菊花"状，如图 4.45(b) 所示，此时分治的删边操作需要 m 次，复杂度退化到了 $O(m)$ 或 $O(n)$。为了高效地进行分治操作，需要改变树的形态，把"菊化"

树重建为一棵链状的树。图 4.45(c)是一种重建的方法,从一个点开始,为它所有儿子增加一个虚兄弟,然后用权值为 0 的虚边串起来;继续重建孙子,直到完成,得到一棵链状的二叉树。这样的重建不会改变原树的点和边的关系和权值。重建树是边分治的必要操作。

一般情况下,分治可以把暴力的 $O(n^2)$ 复杂度优化到 $O(n\log n)$,点分治和边分治也是这样。

本节介绍点分治的原理和应用,请读者自行了解边分治。

4.9.1 静态点分治

点分治是一种能高效统计树上路径信息的算法。树上的点分治有两种常见题型:一种基于静态树,只查询不修改;一种是带修改的查询,称为动态点分治或点分树。本节介绍静态树上的点分治,4.9.2 节介绍动态点分治。

下面的两道例题,都给定了一棵树或多棵树、点和点权、边和边长,然后查询树上路径问题。每道题目都需要计算树的重心 u,然后按重心 u 把树分治为两棵或多棵子树。

> ### 例 4.37 Tree(poj 1741)
>
> 问题描述:一棵树有 n 个点,$n-1$ 条边,所有边长都为 1。给出一个距离 k,查询有多少对节点之间的距离不超过 k。$n \leqslant 10000$。

点对距离就是树上两点之间的路径长度。如果用暴力法,需要求出每个节点到其他点的路径长度。共 n 个点,每个点做一次 DFS 求路径,总复杂度为 $O(n^2)$,超时。下面用点分治解题。

根据分治法,把路径分为两种:经过重心 u 的路径(包括以 u 为端点的路径)、不经过重心的路径。不经过重心的路径肯定在 u 的某棵子树上,只要在删除重心后得到的子树上,继续分治即可。注意题目中的树是多叉树,如果删除一个点,树将被分为多棵互不连通的子树。

本题的关键是如何计算经过重心的、长度不超过 k 的路径数量。

首先求出树的重心 u,并计算出 u 到其他点的距离。对这些距离进行排序得到一个距离数组,这样就把题目的树上问题转换为线性数组上的问题;求树上长度不超过 k 的路径问题,转化为求数组上区间点对和不大于 k 的问题。

图 4.46 是一个例子,圆圈内部是节点名,圆圈外的数字是点到重心 u 的距离。给定 $k=4$。

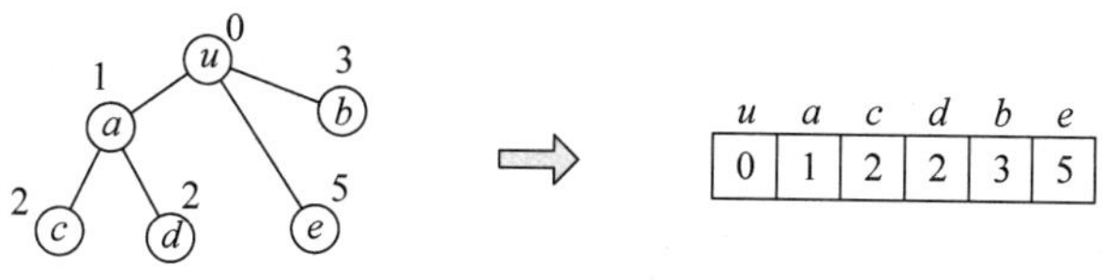

图 4.46 树上路径问题转换为数组的区间点对问题

求线性数组上的区间点对问题是尺取法的典型应用。用左、右指针 L、R 进行反向扫描，用 $d[i]$ 表示点 i 到 u 的路径长度。步骤如图 4.47 所示。

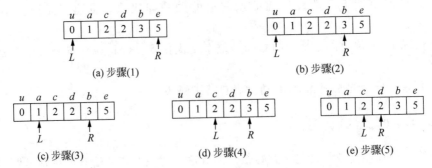

图 4.47　尺取法求区间点对

(1) 左指针 L 和右指针 R 位于初始位置，此时 $d[u]+d[e]>4$，不符合，下一步 R 左移。

(2) $d[u]+d[b]\leqslant 4$，符合。此时 $[u,b]$ 区间的点 a、c、d 到 u 的路径长度都小于或等于 4，所以都符合，新增路径：u-a，u-c，u-d，u-b。下一步 L 右移。

(3) $d[a]+d[b]\leqslant 4$，符合。而且 $[a,b]$ 区间的点都是符合的，新增路径：a-u-a-c，a-u-a-d，a-u-b。但是，路径 a-u-a-c 的两个端点 a 和 c 位于同一棵子树上，后面分治到这棵子树时，会重复统计这条路径，需要去重。同样，a-u-a-d 也重复了。

如何去重？路径 a-u-a-c 是路径 a-u 和 u-a-c 拼成的，它又可以分成 a-c、a-u、u-a 3 段，即子树 a 内部的路径 a-c，和 a 到 u 的边 a-u、u-a。也就是说，以 u 为根的长度小于或等于 k 的路径 a-u-a-c，等价于以 a 为根的长度小于或等于 $k-2\text{edge}(a,u)$ 的路径 a-c。这里 $\text{edge}(a,u)$ 表示 a-u 的边长。像 a-c 这样的重复路径有多少条？只要计算以 a 为根的子树，统计长度小于或等于 $k-2\text{edge}(a,u)$ 的路径数量即可。

下一步 L 右移。

(4) $d[c]+d[b]>4$，没有新增路径，R 左移。

(5) $d[c]+d[d]\leqslant 4$，新增路径 c-a-u-a-d，但是这条路径上的点 c 和 d 位于同一棵子树，重复了。L 右移，$L=R$ 停止。

经过以上步骤，得到 5 条符合要求的路径。

分析复杂度：计算经过重心的路径，需要求树的重心（$O(n)$）、排序（$O(n\log_2 n)$）、做一次尺取法（$O(n)$），复杂度为 $O(n\log_2 n)$；共 $\log_2 n$ 次分治；总复杂度为 $O(n\log_2 n)$。

 例 4.38　点分治（洛谷 P3806、poj 2114）

问题描述：给定一棵有 n 个点的树，查询树上距离为 k 的点对是否存在。

如果用暴力法，计算出所有节点之间的距离，共 n 个点，每个点用 DFS 计算到其他点的距离，总复杂度为 $O(n^2)$，共 m 次查询，总复杂度为 $O(mn^2)$，超时。

本题用分治法解决，和例 4.37 大部分相似。首先找到重心 u，把路径分为两种：经过

重心 u 的路径、不经过重心的路径。对于不经过重心的路径,继续分治。对于经过重心 u 的路径,计算 u 到其他所有点的距离。仍然用排序、尺取法求距离等于 k 的点对,去重方法也一样。总复杂度为 $O(mn\log_2 n)$。

4.9.2　动态点分治

有一些树上路径问题需要进行多次"修改＋查询"。为了提高效率,可以把树分治为多个区块,在每个区块上标记一些关键节点,这些关键点负责内部、区块间的计算,这就是动态点分治的思路。动态点分治也称为"点分树",点分树是以原树的重心为关键点重新建立的一棵树。

前面的静态点分治,每次查询都要找子树的重心。在有很多查询的情况下,可以把原树上所有重心预计算出来,并且用这些重心建一棵树,把这棵"重心树"称为"点分树",它能用于有大量查询的、带修改的、强制在线的问题。如图 4.48(a)所示的一棵树,图 4.48(b)是从原树建的点分树,第 1 级重心是根节点 2,第 2 级重心是节点 4、6、10,等等。注意图 4.48(b)边上的箭头只是表示从根开始的分治的过程,不是指单向边。

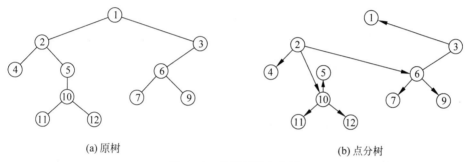

(a)原树　　　　　　　　(b)点分树

图 4.48　从原树到点分树

点分树为什么能提高查询的效率?它有两个重要性质。

(1)点分树的高度为 $O(\log_2 n)$,这保证了点分树上的操作复杂度为 $O(\log_2 n)$。由于每次按重心对原树进行分治,根据重心建的点分树的高度为 $O(\log_2 n)$。不管原树的形态多么不平衡,点分树都是平衡的。

(2)点分树上两个点的 LCA 在原树上两点之间的路径上。这是因为点分树是用重心建立的,而重心是必经之路。例如图 4.48 中的两个点 6、10,LCA(6,10)是 2,对应到原树,点 2 在从 6 到 10 的路径上。这个性质使点分树上的重心成为"跳板",原树上和路径有关的计算,可以通过在点分树上跳重心加快。为了实现"跳板"的功能,点分树的题目一般需要在节点上维护两个数据结构:一个存储所有子树对自己的贡献,另一个存储所有子树对父亲的贡献。

下面是一道典型的点分树题目。

例 4.39　震波(洛谷 P6329)

问题描述:一棵树有 n 个点,$n-1$ 条无向边,边长都为 1,第 i 个点的权值为 $value_i$。做 m 次操作,操作有以下两种:

$0\ x\ k$　　与点 x 距离不超过 k 的点，输出所有这些点的价值之和；

$1\ x\ y$　　修改 $value_x = y$。

为了体现程序的在线性，操作中的 x、y、k 都需要异或程序上一次的输出进行解密，如果之前没有输出，则默认上一次的输出为 0。

输入：第 1 行输入整数 n 和 m。第 2 行输入 n 个正整数，其中第 i 个数表示 $value_i$。后面 $n-1$ 行中，每行输入两个正整数 u 和 v，表示 u 和 v 之间有一条无向边。后面 m 行中，每行输入 3 个数，表示 m 次操作。

输出：对每个查询，输出一行，包含一个正整数。

数据范围：$1 \leqslant n, m \leqslant 10^5$。

题目大意是查询到点 x 的距离不超过 k 的所有点的权值之和，题目要求强制在线，并支持修改。

这是典型的路径问题，利用点分树可以加快查找。例如，图 4.48 中查找距离 $x=10$ 的点，在点分树上查找它的父节点是 2，相当于在原树上直接跳到了点 2，这样就加快了搜索。

在点分树上，让 x 向上走，设当前走到了祖父 u。设当前枚举到点 y，如果 $dis(x,u)+dis(y,u) \leqslant k$，那么点 y 满足要求。所以，只要查询到 u 的距离小于或等于 $k-dis(x,u)$ 的点即可。例如，图 4.48 中 x 是点 10，$k=4$，$u=2$，$dis(x,u)=dis(10,2)=2$，$k-dis(x,u)=2$，那么点 4 符合。

把满足距离要求的点分为两种情况：

(1) 一种在以 x 为根的子树内。例如，图 4.48 中，$x=10$，当走到父节点 2 时，在以 10 为根的子树内满足距离要求的有 5、11、12 这 3 个点。

(2) 一种在以 u 为根的子树内但不在以 x 为根的子树内。$u=2$ 时，包括 4，以及以 6 为根的子树。

为了简化计算，可以用容斥的原理，当 x 走到祖父 u 时，统计 u 的符合要求的点的权值和，减去 x 的权值和。

点分树的编码相当麻烦。本题需要计算重心、求点分树、用树状数组（或线段树）维护修改、查询等。进一步的分析和代码实现，本书不做解析，请读者查找资料自己完成。

【习题】

洛谷 P2056/P3345/P4183/P5306/P3806/P2634/P2664/P3714/P4149/P3241/P4075/P4292。

4.10　　　　　　树链剖分

树链剖分有两种：重链剖分、长链剖分。重链剖分的特征是把"最大的"儿子称为重儿子，把树分为若干条重链；长链剖分的特征是把"最长的"儿子称为长儿子，把树分为若干条长链。重链剖分的应用多，树链剖分一般默认为重链剖分。

重链剖分是提高树上搜索效率的一个巧妙办法。它按一定规则把树"剖分"成一条条**线性**的**不相交的链**,对整棵树的操作就转换为对链的操作。而从根到任何一条链只需经过 $O(\log_2 n)$ 条链,从而使操作的复杂度为 $O(\log_2 n)$。

重链剖分的一个特别之处是每条链的 DFS 序是有序的,可以使用线段树处理,从而高效地解决一些树上的修改和查询问题。

4.10.1　树链剖分的概念与 LCA

首先通过求最近公共祖先(LCA)介绍树链剖分的基本概念。而且进行树链剖分时,求 LCA 也是必需的步骤。

求 LCA 的各种算法都是快速向上"跳"到祖先节点。回顾求 LCA 的两种方法,其思想可以概括为:①倍增法,用二进制递增直接向祖先"跳";②Tarjan 算法,用并查集合并子树,子树内的节点都指向子树的根,查询 LCA 时,可以从节点直接跳到它所在的子树的根,从而实现快速跳的目的。

树链剖分也是"跳"到祖先节点,它的跳法比较巧妙。它把树"剖"为从根到叶子的一条条链路,链路之间不相交;每条链上的任意两个相邻节点都是父子关系;每条链路内的节点可以看作一个集合,并以"链头"为集;链路上的节点查询 LCA 时,都指向链头,从而实现快速跳的目的。特别关键的是,从根到叶子只需要经过 $O(\log_2 n)$ 条链,那么从一个节点跳到它的 LCA,只需要跳 $O(\log_2 n)$ 条链。

如何把树剖成链,使从根到叶子经过的链更少?注意每个节点只能属于一条链。很自然的思路是观察树上节点的分布情况,如果选择那些有更多节点的分支建链,链会更长一些,从而使链的数量更少。

如图 4.49 所示,图 4.49(a)从根节点 a 开始,每次选择有更多子节点的分支建链,最后形成了粗线条所示的 3 条链。从叶子节点到根,最多经过两条链。例如,从 h 到 a,先经过以 d 为头的链,然后就到了以 a 为头的链。

图 4.49(b)为随意建链,最后得到 4 条链。从叶子节点到根,最多经过了 4 条链。例如,从 q 到 a,经过了 j 链、e 链、b 链、a 链。

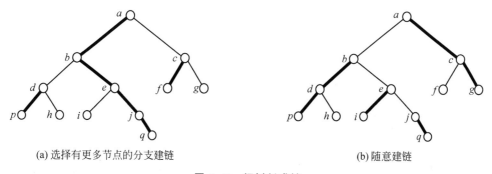

(a) 选择有更多节点的分支建链　　　　　　　(b) 随意建链

图 4.49　把树剖成链

下面详细解释剖链的过程。图 4.49(a)是剖好的链的例子。首先定义以下概念。

(1) 重儿子:对一个非叶子节点,它最大的儿子是重儿子。所谓"最大",是指以这个儿子为根的子树上的节点数量最多(包括这个儿子)。例如,a 的重儿子是 b,因为以 b 为根的子树有 8 个节点，比另一个儿子 c 大，以 c 为根的子树只有 3 个节点。又如，e 的重儿子是 j。

(2) 轻儿子：除了重儿子以外的儿子。例如，a 的轻儿子是 c，b 的轻儿子是 d。

(3) 重边：连接两个重儿子的边，如边 (a,b)、(b,e) 等。定义重边的目的是得到重链。

(4) 重链：连续的重边连接而成的链，或者说连续的重儿子形成的链。重链上的任意两个相邻节点都是父子关系。例如，a、b、e、j、q 形成了一条重链。每条重链以轻儿子为起点。可以把单独的叶子节点看作一条重链，如 h。

(5) 轻边：除重边以外的边。任意两条重链之间由一条轻边连接。

(6) 链头：一条重链上深度最小的点。链头必然是一个轻儿子。如果把一条重链看作一个集合，链头就是这个集合的集。与并查集类比，链头就是并查集的集。设 $top[x]$ 是节点 x 所在重链的链头，如在图 4.49(a) 中，$top[e]=top[j]=a$，$top[f]=top[c]=c$。树链剖分就是通过链头的快速跳跃实现高效率操作的。

利用以上定义剖好的链，最关键的一个性质是从任意点出发，到根节点的路径上经过的重链不会超过 $\log_2 n$ 条。由于每两条重链之间是一条轻边，这个性质等价于：经过的轻边不会超过 $\log_2 n$ 条。

下面证明：经过的轻边不会超过 $\log_2 n$ 条。以二叉树为例，x 的一个轻儿子 y，y 的子树大小必然小于 x 的子树大小的一半。从根节点向任意节点走，设 size 为当前节点的子树大小，那么每经过一条轻边，size 至少除以 2。所以，最后到达叶子节点时，最多经过了 $\log_2 n$ 条轻边。如果是多叉树，每经过一条轻边，size 减少得更快，经过的轻边也少于 $\log_2 n$ 条。

经过剖分得到重链之后，如何求两个节点 x、y 的 $LCA(x,y)$？分析以下两种情况。

(1) x 和 y 位于同一条重链上。重链上的节点都是祖先和后代的关系，设 y 的深度比 x 浅，那么 $LCA(x,y)=y$。

(2) x 和 y 位于不同的重链上。让 x 和 y 沿着重链向上跳，直到位于同一条重链为止。重链的定义可以保证 x 和 y 最后能到达同一条重链。

例如，图 4.49(a) 中，求 p 和 q 的 $LCA(p,q)$。先从 p 开始跳，跳到链头 $top[p]=d$，然后穿过轻边 (b,d) 到达上一个重链的节点 b，此时发现 $top[b]=top[q]=a$，说明 b 和 q 在同一条重链上，由于 b 的深度比 q 浅，得 $LCA[p,q]=b$。注意不能先从 q 开始跳，请分析原因。

仍然以洛谷 P3379 为例给出树链剖分求 LCA 的代码，代码的主体是以下 3 个函数。

(1) dfs1()。在树上做一次 DFS，求以下数组。

- deep[]：deep[x] 为节点 x 的深度。
- fa[]：fa[x] 为节点 x 的父节点。当需要穿过一条轻边时，跳到链头的父节点即可。
- siz[]：siz[x] 为节点 x 为根的子树上节点的数量。
- son[]：son[x] 为非叶子节点 x 的重儿子。

(2) dfs2()。在树上做一次 DFS 计算 top[]，top[x] 为节点 x 所在重链的链头。

(3) LCA()。

复杂度分析：dfs1() 和 dfs2() 函数都只遍历树的每个节点一次，复杂度为 $O(n)$；LCA() 函数查询一次复杂度为 $O(\log_2 n)$，m 次查询复杂度为 $O(m\log_2 n)$。树链剖分的复杂度和倍增法的复杂度差不多，略优一点。

```
1    //洛谷 P3379 的树链剖分代码
2    # include < bits/stdc++.h >
3    using namespace std;
4    const int N = 500005;
5    struct Edge{int to, next;}edge[2 * N];          //链式前向星
6    int head[2 * N], cnt;
7    void init(){                                    //链式前向星：初始化
8        for(int i = 0;i < 2 * N;++i){ edge[i].next = -1;  head[i] = -1; }
9        cnt = 0;
10   }
11   void addedge(int u, int v){                     //链式前向星：加边
12       edge[cnt].to = v;  edge[cnt].next = head[u];  head[u] = cnt++;
13   }//以上是链式前向星
14   int deep[N],siz[N],son[N],top[N],fa[N];
15   void dfs1(int x, int father){
16       deep[x] = deep[father] + 1;                 //深度：比父节点深度多 1
17       fa[x] = father;                             //标记 x 的父亲
18       siz[x] = 1;                                 //标记每个节点的子树大小(包括自己)
19       for(int i = head[x];~i;i = edge[i].next){
20           int y = edge[i].to;
21           if(y!= father){                         //邻居：除了父亲,都是孩子
22               fa[y] = x;
23               dfs1(y,x);
24               siz[x] += siz[y];                   //回溯后,把 x 的儿子数加到 x 身上
25               if(!son[x] || siz[son[x]]< siz[y])  //标记每个非叶子节点的重儿子
26                   son[x] = y;                     //x 的重儿子是 y
27   }
28       }
29   }
30   void dfs2(int x, int topx){
31     //id[x] = ++num;                              //对每个节点新编号,后续会用到
32       top[x] = topx;                              //x 所在链的链头
33       if(!son[x]) return;                         //x 是叶子,没有儿子,返回
34       dfs2(son[x],topx);                          //先 DFS 重儿子,所有重儿子的链头都是 topx
35       for(int i = head[x];~i;i = edge[i].next){   //再 DFS 轻儿子
36           int y = edge[i].to;
37           if(y!= fa[x] && y!= son[x])
38               dfs2(y,y);                          //每个轻儿子都有一条以它为链头的重链
39       }
40   }
41   int LCA(int x, int y){
42       while(top[x]!= top[y]){                     //持续向上跳,直到 x 和 y 属于同一条重链
43           if(deep[top[x]] < deep[top[y]])  swap(x,y);   //让 x 为链头更深的重链
44           x = fa[top[x]];                         //x 穿过轻边,跳到上一条重链
45       }
46       return deep[x]< deep[y] ? x : y;}
47   int main(){
48       init();
49       int n,m,root;   scanf("%d%d%d",&n,&m,&root);
50       for(int i = 1;i < n;i++){
51           int u,v;          scanf("%d%d",&u,&v);
52           addedge(u,v);     addedge(v,u);
53       }
```

```
54    dfs1(root,0);
55    dfs2(root,root);
56    while(m--){
57        int a,b;    scanf("%d%d",&a,&b);
58        printf("%d\n", LCA(a,b));
59    }
60 }
```

4.10.2 树链剖分的典型应用

关于重链,还有一个重要特征没有提到:一条重链内部节点的 DFS 序(时间戳)是连续的。也就是说,如果用 DFS 序标记这条重链上的节点,那么这条重链就变成一段连续的数字。把这段连续的数字看作"线段",线段内的区间问题用线段树处理正合适。

根据上述讨论,能够用数据结构(一般是线段树)维护重链,从而高效解决一些树上的问题,如以下问题。

(1) 修改点 x 到点 y 的路径上各点的权值。

(2) 查询点 x 到点 y 的路径上节点权值之和。

(3) 修改点 x 子树上各点的权值。

(4) 查询点 x 子树上所有节点的权值之和。

其中,问题(1)是"树上差分"问题,详见前面的"倍增+差分"解法。树上差分只能解决简单的修改问题,对问题(3)这样的修改整棵子树的问题,树上差分就行不通了。

1. 重链的 DFS 序(时间戳)

前面给出的 dfs2() 函数,是先 DFS 重儿子,再 DFS 轻儿子。如果在 dfs2() 函数的第 1 句用编号 $id[x]$ 记录节点 x 的 DFS 序,即 $id[x]=$ ++num,对每个节点重新编号的结果如图 4.50 所示。

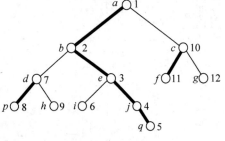

容易观察到以下现象。

(1) 每条重链内部节点的编号是有序的。重链 $\{a,b,e,j,q\}$ 的 DFS 序是 $\{1,2,3,4,5\}$;重链 $\{d,p\}$ 的 DFS 序是 $\{7,8\}$;重链 $\{c,f\}$ 的 DFS 序是 $\{10,11\}$。

图 4.50 重链的 DFS 序

(2) 每棵子树上的所有节点的编号也是有序的。例如,以 e 为根的子树 $\{e,i,j,q\}$,其 DFS 序是 $\{3,4,5,6\}$。

下面是关键内容——用线段树处理重链。由于每条重链内部的节点是有序的,可以按 DFS 序把它们安排在一棵线段树上。把每条重链看作一个连续的区间,对一条重链内部的修改和查询,用线段树处理;若一条路径跨越了多条重链,简单地跳过两条重链之间的轻边即可。

 重链内部用线段树,重链之间跳过。

如图 4.51 所示,先建一棵线段树,然后把线段树的节点看作 DFS 序(时间戳)。DFS 序对应了原来那棵树的节点。同一条重链的节点,在线段树上是连续的。

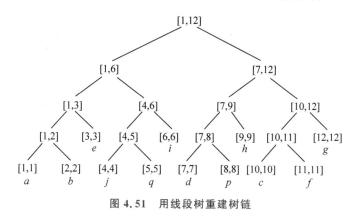

图 4.51   用线段树重建树链

2. 修改 x 到 y 的最短路径上的节点权值

x 到 y 的最短路径经过 $\text{LCA}(x,y)$,这实际上是一个查找 $\text{LCA}(x,y)$ 的过程。可以借助重链修改路径上的节点权值,步骤如下。

(1) 令 x 的链头的深度更深,即 $\text{top}[x] \geqslant \text{top}[y]$。从 x 开始向上走,先沿着 x 所在的重链向上走,修改这一段路径上的节点。

(2) 到达 x 的链头后,跳过一条轻边,到达上一条重链。

(3) 继续执行步骤(1)和步骤(2),直到 x 和 y 位于同一条重链上,再修改此时两点之间的节点。

例如,修改从 p 到 q 的路径上所有节点权值之和,步骤如下。

(1) 从 p 走到它的链头 $\text{top}[p] = d$,修改 p 和 d 的权值。

(2) 跳到 b。

(3) b 和 q 在同一条重链上,修改从 b 到 q 的权值。

用线段树处理上述过程,仍以修改从 p 到 q 的路径上节点权值之和为例。

(1) 从 p 跳到链头 d,p 和 d 属于同一条重链,用线段树修改对应的 $[7,8]$ 区间。

(2) 从 d 穿过轻边 (b,d),到达 b 所在的重链。

(3) b 和 q 在同一条重链上,用线段树修改对应区间 $[2,5]$。

3. 查询 x 到 y 的路径上所有节点权值之和

查询与修改的过程几乎一样,以查询 p 到 q 的路径上节点权值之和为例。

(1) 从 p 跳到链头 d,p 和 d 属于同一条重链,用线段树查询对应的 $[7,8]$ 区间;

(2) 从 d 穿过轻边 (b,d),到达 b 所在的重链;

(3) b 和 q 在同一条重链上,用线段树查询对应区间 $[2,5]$。

4. 修改 x 的子树上各点的权值,查询 x 的子树上节点权值之和

每棵子树上的所有节点的 DFS 序是连续的,也就是说,每棵子树对应了一个连续的区

间。那么,修改和查询子树与线段树对区间的修改和查询操作完全一样。

下面用一道模板题给出代码。

 例 4.40 轻重链剖分（洛谷 P3384）

问题描述：已知一棵包含 n 个节点的树（连通且无环），每个节点上包含一个数值,有以下 4 种操作。

$1\ x\ y\ z$ 修改操作 1：将树从 x 到 y 节点最短路径上所有节点的值都加 z。

$2\ x\ y$ 查询操作 2：求树从 x 到 y 节点最短路径上所有节点值之和。

$3\ x\ z$ 修改操作 3：将以 x 为根节点的子树内所有节点值都加 z。

$4\ x$ 查询操作 4：求以 x 为根节点的子树内所有节点值之和。

输入：

第 1 行输入 4 个正整数 n、m、r、p,分别表示树的节点个数、操作个数、根节点序号、取模数（即所有的输出结果均对此取模）。

第 2 行输入 n 个非负整数,表示各节点上初始的数值。

接下来 $n-1$ 行中,每行输入两个整数 x 和 y,表示点 x 和点 y 之间连有一条边（保证无环且连通）。

接下来 m 行中,每行输入若干个正整数,每行表示一个操作。

输出：输出若干行,表示每个操作 2 或操作 4 所得的结果（对 p 取模）。

数据范围：$1 \leqslant n \leqslant 10^5, 1 \leqslant m \leqslant 10^5, 1 \leqslant r \leqslant n, 1 \leqslant p \leqslant 2^{31}-1$。

首先用链式前向星存树,然后用 dfs1()、dfs2() 函数剖链。这部分内容与 4.10.1 节“树链剖分求 LCA”的内容几乎一样。唯一不同的地方在 dfs2() 函数中,加了 id[x],对节点重新编号,这些编号是重链的 DFS 序,准备用线段树处理它们。

接下来是线段树。建线段树函数 build()、打 Lazy 标记函数 addtag()、上传标记函数 push_up()、下传标记函数 push_down()、更新线段树函数 update()、查询线段树函数 query(),这些代码直接套用了第 4 章的“线段树”这一节的模板,内容几乎一样,只是把线段树内的节点看作重链的 DFS 序。

最后是本题的 4 个操作,具体函数如下。

(1) update_range()：修改操作 1。与求 LCA(x, y) 的过程相似,让 x 和 y 沿着各自的重链向上跳,直到最后 x 和 y 处于同一条重链上。当 x 或 y 在重链内部时,把这条重链看作线段树的一个区间,用线段树的 update() 函数处理;在重链之间的轻边上,简单地穿过轻边即可。

(2) query_range()：查询操作 2。与操作 1 的步骤相似,不同的地方是用线段树的查询函数 query()。

(3) update_tree()：修改操作 3,就是线段树的 update() 函数。

(4) query_tree()：查询操作 4,就是线段树的 query() 函数。

下面给出代码,基本上是链式前向星、线段树、树链部分的简单堆砌,虽然编码有点长,但是不难。

```
1    # include < bits/stdc++.h >
2    using namespace std;
3    const int N = 100000 + 10;
4    int n, m, r, mod;
5    //以下是链式前向星
6    struct Edge{int to, next;}edge[2 * N];
7    int head[2 * N], cnt;
8    void init();                              //与洛谷 P3379 树链剖分的 init()函数一样
9    void addedge(int u, int v);               //与洛谷 P3379 树链剖分的 addedge()函数一样
10                                             //以下是线段树
11   int ls(int x){ return x << 1;  }          //定位左儿子: x * 2
12   int rs(int x){ return x << 1|1;}          //定位右儿子: x * 2 + 1
13   int w[N], w_new[N];                       //w[ ]、w_new[]初始点权
14   int tree[N << 2], tag[N << 2];            //线段树数组、Lazy - Tag 操作
15   void addtag(int p, int pl, int pr, int d){    //给节点 p 打 tag 标记,并更新 tree
16       tag[p]   += d;                        //打上 tag 标记
17       tree[p] += d * (pr - pl + 1); tree[p] % = mod; //计算新的 tree
18   }
19   void push_up(int p){                      //从下向上传递区间值
20       tree[p] = tree[ls(p)] + tree[rs(p)];   tree[p] % = mod;
21   }
22   void push_down(int p, int pl, int pr){
23       if(tag[p]){
24           int mid = (pl + pr)>> 1;
25           addtag(ls(p), pl, mid, tag[p]);       //把 tag 标记传给左子树
26           addtag(rs(p), mid + 1, pr, tag[p]);   //把 tag 标记传给右子树
27           tag[p] = 0;
28       }
29   }
30   void build(int p, int pl, int pr){        //建线段树
31       tag[p] = 0;
32       if(pl == pr){
33           tree[p] = w_new[pl];    tree[p] % = mod;
34           return;
35       }
36       int mid = (pl + pr) >> 1;
37       build(ls(p), pl, mid);
38       build(rs(p), mid + 1, pr);
39       push_up(p);
40   }
41   void update(int L, int R, int p, int pl, int pr, int d){
42       if(L <= pl && pr <= R){   addtag(p, pl, pr, d);   return; }
43       push_down(p, pl, pr);
44       int mid = (pl + pr) >> 1;
45       if(L <= mid)   update(L, R, ls(p), pl, mid, d);
46       if(R > mid)    update(L, R, rs(p), mid + 1, pr, d);
47       push_up(p);
48   }
49   int query(int L, int R, int p, int pl, int pr){
50       if(pl >= L && R >= pr)   return tree[p] % = mod;
51       push_down(p, pl, pr);
52       int res = 0;
53       int mid = (pl + pr) >> 1;
```

```
54        if(L<=mid)   res += query(L,R,ls(p),pl,mid);
55        if(R>mid)    res += query(L,R,rs(p),mid+1,pr);
56        return res;
57 }
58 //以下是树链剖分
59 int son[N],id[N],fa[N],deep[N],siz[N],top[N];
60 void dfs1(int x, int father);              //与洛谷 P3379 树链剖分 dfs1()函数一样
61 int num = 0;
62 void dfs2(int x,int topx){                  //x 为当前节点,topx 为当前链的最顶端的节点
63     id[x] = ++num;                          //对每个节点新编号
64     w_new[num] = w[x];                      //把每个点的初始值赋给新编号
65     top[x] = topx;                          //记录 x 的链头
66     if(!son[x])    return;                  //x 是叶子,没有儿子,返回
67     dfs2(son[x],topx);                      //先 DFS 重儿子
68     for(int i=head[x];~i;i=edge[i].next){   //再 DFS 轻儿子
69         int y = edge[i].to;
70         if(y!=fa[x] && y!=son[x]) dfs2(y,y); //每个轻儿子都有一条从它自己开始的链
71     }
72 }
73 void update_range(int x,int y,int z){       //与求 LCA(x,y)的过程相似
74     while(top[x]!=top[y]){
75         if(deep[top[x]]<deep[top[y]])   swap(x,y);
76         update(id[top[x]],id[x],1,1,n,z);   //修改一条重链的内部
77         x = fa[top[x]];
78     }
79     if(deep[x]>deep[y])    swap(x,y);
80     update(id[x],id[y],1,1,n,z);            //修改一条重链的内部
81 }
82 int query_range(int x,int y){               //与求 LCA(x,y)的过程相似
83     int ans = 0;
84     while(top[x]!=top[y]){                  //持续向上跳,直到 x 和 y 属于同一条重链
85         if(deep[top[x]]<deep[top[y]]) swap(x,y); //让 x 为链头更深的重链
86         ans += query(id[top[x]],id[x],1,1,n); //加上 x 到 x 的链头这一段区间
87         ans %= mod;
88         x = fa[top[x]];                     //x 穿过轻边,跳到上一条重链
89     }
90     if(deep[x]>deep[y])   swap(x,y);
91                                             //若 LCA(x,y) = y,交换 x 和 y,让 x 更浅,使 id[x]<= id[y]
92     ans += query(id[x],id[y],1,1,n);        //再加上 x, y 的区间和
93     return ans % mod;
94 }
95 void update_tree(int x,int k){  update(id[x],id[x]+siz[x]-1,1,1,n,k); }
96 int query_tree(int x){   return query(id[x],id[x]+siz[x]-1,1,1,n) % mod; }
97 int main(){
98     init();                                 //链式前向星初始化
99     scanf("%d%d%d%d",&n,&m,&r,&mod);
100    for(int i=1;i<=n;i++)   scanf("%d",&w[i]);
101    for(int i=1;i<n;i++){
102        int u,v;                            scanf("%d%d",&u,&v);
103        addedge(u,v);        addedge(v,u);
104    }
105    dfs1(r,0);
106    dfs2(r,r);
```

```
107        build(1,1,n);                        //建线段树
108        while(m--){
109            int k,x,y,z;    scanf("%d",&k);
110            switch(k){
111                case 1:scanf("%d%d%d",&x,&y,&z);update_range(x,y,z);           break;
112                case 2:scanf("%d%d",&x,&y);        printf("%d\n",query_range(x,y)); break;
113                case 3: scanf("%d%d",&x,&y);       update_tree(x,y);              break;
114                case 4: scanf("%d",&x);            printf("%d\n",query_tree(x));   break;
115            }
116        }
117    }
```

5. 把边权转换为点权

上面处理的是节点权值问题,有的树是边权问题,如一棵树有 n 个节点,由 $n-1$ 条边连接,给出边的权值,做两种操作:①查询两个节点之间的路径长度;②修改第 i 条路径的权值。

如果把边权转换为点权,就能按前面给出的"树链剖分+线段树"解决。

如图 4.52(a)所示,若把边权转换为点权,显然只能把每条边上的边权赋给这条边下层的节点,得到图 4.52(b)。编程操作是比较边 (u,v) 的两点的 $deep[u]$ 和 $deep[v]$,把边权赋给更深的那个节点。

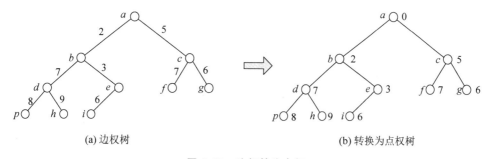

(a) 边权树　　　　　　　　　　　　　　(b) 转换为点权树

图 4.52　边权转为点权

转换为点权后,树链剖分的操作基本上一样。但是,区间求和和区间更新操作都有一点问题。

(1) 区间求和。例如,图 4.52(a)求从 d 到 e 的路径,d-b-e 的长度为 $7+3=10$;但是图 4.52(b)变成了 $7+2+3=12$,多算了 b 点的权值。

(2) 区间修改。例如,图 4.52(a)中把从 d 到 e 的路径上的边 d-b、b-e 都减 1,此时边 b-a 并没有被影响到;但是在图 4.52(b)中,把 d、b、e 3 个节点的值都减 1,而 b 点的值是不该被减的。

观察到 $b=LCA(d,e)$,所以解决方法是不要处理 LCA:区间 $[L,R]$ 求和时,不计算 $LCA(L,R)$ 的值;区间 $[L,R]$ 更新时,不更新 $LCA(L,R)$ 的值。

【习题】

(1) 洛谷 P2486/P2146/P2590/P3178/P3038/P3384/P3313/P2590/P1505/P2486/P3258/

P4069/P4211/P4592/P5305/P5354/P5499。

(2) hdu 3966/4897/5029/6547。

(3) poj 2763/3237。

扫一扫

视频讲解

4.11 二叉查找树

如果一棵二叉树能用于"查找",说明每个节点有一个能区分大小的"键值"。这些节点最好按键值有序排列,才能进行高效查找,这就是二叉查找树(Binary Search Tree,BST)。

1. BST 的特征

BST 有以下特征。

(1) 每个节点有唯一的键值,这些键值可以比较大小。

(2) 在 BST 上,以任意节点为根的一棵子树,仍然是 BST。任意节点的键值比它的左子树所有节点的键值大,比它的右子树所有节点的键值小。键值最大的节点,没有右儿子;键值最小的节点,没有左儿子。

根据特征(2),用中序遍历能够得到有序排列。中序遍历的原理请参考 3.1.4 节。如图 4.53 所示,中序遍历的结果是"123456"。

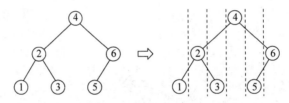

图 4.53 二叉查找树

如图 4.53 所示,画一些虚线,把每个节点隔开,节点正好按从小到大的顺序被虚线隔开了。有了虚线的帮助,很容易理解后文 Treap 树和 Splay 树中提到的"旋转"技术。

在 BST 上查找一个数,查找次数是二叉树的深度。例如,查找 3,从根节点开始,沿着 4-2-3 查找两次就确定了。在建立一棵二叉查找树时,如果每层差不多都是满的,此时 BST 的层次最少,最能发挥 BST 的威力。

2. BST 的形态

BST 的形态是否唯一? 根据特征(2)模拟建树的过程,从第 1 个数据 a 开始,以 a 为根节点,然后逐个插入其他数据。先插入第 2 个数据 b,如果 $b < a$,就往 a 的左子树插,否则就往右子树插;然后插入第 3 个数据 b,仍然从根节点 a 开始比较,如果比 a 小,就向左子树走,如果左子树为空,就插到空位上,如果左子树为 b,就与 b 比较…

从建树的过程可知,如果按给定序列的顺序进行插入,最后建成的 BST 是唯一的。形成的 BST 可能很好,也可能很坏。例如序列{1,2,3,4,5,6,7},若按顺序插入,会全部插到右子树上,BST 退化成一条只包含右子树的链,导致访问一个节点要走 $O(n)$ 层。若把序列打乱成{4,2,1,3,6,5,7},得到的 BST 是完全平衡的,访问一个节点只需要走 $O(\log_2 n)$ 层,如图 4.54 所示。

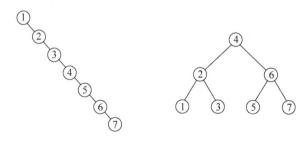

图 4.54 退化的 BST 和平衡 BST

一棵平衡的二叉树,可以理解成用分治法对一个数字序列按树的形态进行划分:根节点是整棵树的中间数字,树上的每棵子树的根是这棵子树的中间数字。

删除一个节点会改变 BST 的形态。模拟删除的过程,首先找到被删节点 x,如果 x 是最底层的叶子节点,直接删除;如果 x 只有左子树 L,或者只有右子树 R,直接删除 x,原位置由 L 或 R 代替。如果 x 的左、右子树都有,情况就复杂了,此时,原来以 x 为根节点的子树需要重新建树。一种做法是搜索 x 左子树中的最大元素 y,移动到 x 的位置;这相当于原来以 y 为根节点的子树删除了 y,然后继续对 y 的左子树进行类似的操作,但是这样的删除操作,可能导致 BST 的形态不再平衡。

所以,使用 BST 的基本问题是如何建立和维护一棵"平衡"的 BST。常见的 BST 有替罪羊树、Treap 树、Splay 树、AVL 树、红黑树、SBT 树等,它们的重要内容就是维护二叉树的平衡性。

> **提示** 一棵平衡的二叉树从它的任何一个节点出发,到其他任意节点的距离都是 $O(\log_2 n)$。

后面几节将介绍算法竞赛中常用的 BST,它们的学习难度从小到大是替罪羊树、笛卡儿树、Treap 树、FHQ Treap 树、K-D 树、Splay 树、LCT。章节的安排不是按难度,而是按相互的逻辑关系。

扫一扫

视频讲解

4.12 替罪羊树

在所有能维护二叉树平衡的 BST 中,最简单的一种是替罪羊树。

替罪羊树(Scapegoat[①] Tree)用一种非常简单而暴力的方法维护二叉树的平衡:如果发现树上有一棵子树不平衡了,就摧毁它(先用中序遍历出子树上所有元素,再删除整棵子树),然后以中间元素为根,重新建一棵平衡的子树。"替罪羊树"的名称与它的原理有关。如果插入或删除树上的一个节点后,导致这个点所在的子树不再平衡,称这棵子树的根节点

---

① 替罪羊来自神话故事,原意是用山羊代替人献祭,引申为代人受过。在替罪羊树中,一个节点的变化可能导致它所在的子树被摧毁并重建,这棵"倒霉"的子树就是"替罪羊"。

为替罪羊,因为这棵"倒霉"的子树将被摧毁和重建。

把摧毁子树形象地形容为"拍平",把用中间元素为根重建平衡树形容为"拎起来"。插入和删除节点后,如果发现 BST 不平衡,就进行拍平和拎起来两步操作,如图 4.55 所示。图 4.55(c)的重建,以中间元素 4 为根,然后递归它的左右元素进行同样的"拎起来"操作,最后得到一棵平衡二叉树。

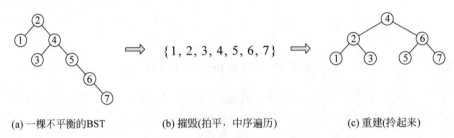

(a) 一棵不平衡的BST   (b) 摧毁(拍平,中序遍历)   (c) 重建(拎起来)

图 4.55   替罪羊树的摧毁和重建

与其他 BST 对比,替罪羊树调整平衡的方法没有任何技巧,它不像 Treap 树有"随机键值、左右旋"、Splay 树有"单双旋"等高明技术。替罪羊树调整平衡的计算效率不如 Treap 树和 Splay 树等高级方法,不过它检索、插入、删除的平摊复杂度也为 $O(\log_2 n)$。替罪羊树的优点是非常简单,效果也不错。

替罪羊树的计算复杂度和维护二叉树平衡的效果取决于设定的不平衡率 alpha。

4.12.1   不平衡率

显然,如果每加入或删除一个节点,就立刻"摧毁、重建"整棵树,代价太大,只要维护一棵"差不多平衡"的二叉树就可以了。那么,需要对二叉树的不平衡性进行评估,什么形状的二叉树是不平衡的? 这个评估参数是不平衡率。

不平衡率 alpha 的定义:一棵以 u 为根的子树,如果它的左子树或右子树占比大于 alpha,就认为不平衡。alpha 的取值范围为 $0.5 \leqslant alpha \leqslant 1$,alpha 越大,树越不平衡。例如,alpha=0.5 时,二叉树是绝对平衡的,表现为一棵满二叉树,每个节点的左右子树的数量几乎相同;alpha=1 时,二叉树完全不平衡,退化成一条链。

设定一个 alpha 值,用暴力法维持二叉树的不平衡率在 alpha 内,这就是替罪羊树的思想。

4.12.3 节中例题的代码第 48 行,用 bool notbalance(int u) 函数判断以节点 u 为根的子树的平衡性,直接使用了 alpha 的定义,t[u]. size * alpha <= max(t[t[u]. ls]. size, t[t[u]. rs]. size)。

根据 alpha 可以推导出树的高度。若整棵树上所有子树都满足 alpha,那么这棵二叉树的高度为 $h = \log_{1/alpha} n$。例如,alpha=0.5 时,$h = \log_2 n$;alpha 接近 1 时[1],$h \approx n$。

替罪羊树的计算复杂度取决于不平衡率的设定。如果设定 alpha=0.5,意味着要保证树的绝对平衡,此时每动态加入或删除一个点,二叉树就不是绝对平衡了,需要对二叉树进行摧毁和重建,计算量最大。如果设定 alpha=1,意味着任何形态的二叉树都满足这一要求,完全不需要进行摧毁和重建。概括起来,设定 alpha=0.5,二叉树能绝对平衡,但是调整

---

①   不能计算以 1 为底的对数,$h = \log_1 n$ 不合法。

的计算量最大;设定 alpha=1,完全不用调整,但是二叉树的形态也会彻底失控。所以,需要设置一个合理的 alpha,既能保证一定的平衡性,也不需要太大计算量。

在 4.12.3 节中例题的代码中做了一个测试,以逐个插入 1~1000 这 1000 个数字为例,统计了替罪羊树在重建过程中,不同 alpha 值对应的重建次数、曾经出现过的树的最大深度(不是最后插入 1000 时对应的深度)如表 4.3 所示。

表 4.3 不同 alpha 值对应的重建次数和树的深度

alpha	0.5	0.55	0.6	0.65	0.7	0.75	0.8	0.85	0.9	0.95	1
重建次数	1003045	42642	24178	16960	13985	14196	7740	6640	5160	3380	0
树的深度	10	11	12	13	15	18	19	22	27	39	1000

当 alpha=0.5 时,要求左右子树达到完全平衡,每次插入都要重建二叉树。每次重建时,所建的树都非常接近一棵满二叉树。树的最大深度是 $\log_2 n = \log_2 1000 \approx 10$。

当 alpha=1 时,表示对二叉树的平衡不做任何要求,此时重建次数为 0,二叉树呈现一条链状,最大深度为 1000。

从表 4.3 可以看出,alpha=0.7 时,重建次数较少,树的深度也较小,是一个较好的不平衡率。读者可以试试其他测试数据,看结果是否不同。

 一般把不平衡率设置为 0.7 左右。4.12.3 节中例题设置为 0.75。

4.12.2 替罪羊树的操作

下面介绍替罪羊树的插入、删除操作。

1. 插入和重建

4.12.3 节中例题代码中用 void Insert(int &u,int x) 函数实现插入和重建功能。插入时按 BST 的规则,把元素 x 插入以 u 为根的子树的一个空节点上;然后用 notbalance() 函数判断子树 u 是否平衡,如果不平衡,就用 rebuild() 函数重建。

Insert() 是一个递归函数,重建是自底向上逐步进行的。

图 4.56 演示了 alpha=0.75 时的插入和重建的结果,其中插入 4、6、8 时发生了重建。

作为对比,图 4.57 演示了 alpha=0.5 时的插入和重建结果,几乎每次插入后都需要摧毁原二叉树再重建为一棵近似满二叉树,计算量很大。

2. 删除和重建

删除比插入要复杂一些,插入只需要插入空节点然后重建即可,而删除一个节点会涉及与它有关的很多节点。为了减少计算量,使用一个"**标记删除、保留位置**"的重要小技巧。在删除树上的一个元素时,不将它所在的存储节点删除,而是标记这个节点的元素已被删除(用 struct Node 的 del 做标记),并在计算它所在子树大小时将实际大小减 1(struct Node 的 size 参数)。具体实现见下面定义的结构体。

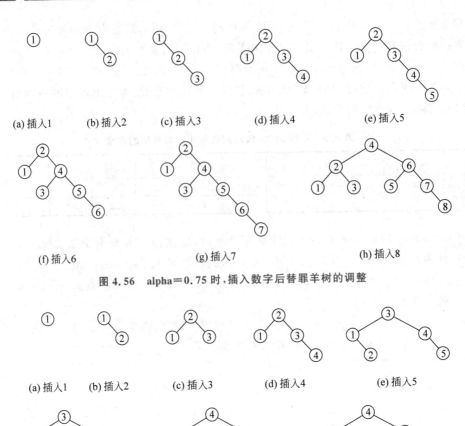

(a) 插入1　(b) 插入2　(c) 插入3　(d) 插入4　(e) 插入5

(f) 插入6　　　　(g) 插入7　　　　(h) 插入8

图 4.56　alpha＝0.75 时,插入数字后替罪羊树的调整

(a) 插入1　(b) 插入2　(c) 插入3　(d) 插入4　(e) 插入5

(f) 插入6　　　　(g) 插入7　　　　(h) 插入8

图 4.57　alpha＝0.5 时,插入数字后替罪羊树的调整

```
1   struct Node{
2       int ls,rs;    //左右儿子
3       int val;      //节点存的数字
4       int tot;      //当前子树占用的空间,包括实际存储的节点和被删除的节点
5       int size;     //子树上实际存储数字的数量
6       int del;      //del=1 表示这个节点存有数字,del=0 表示这个节点存的数字被删除
7   }
```

　　如果一棵子树上标记被删除的节点太多,不平衡了,就重构它。重构时,先回收那些标记被删除的节点,然后对未标记删除的、存有元素的节点进行"拍平、重建"。为了简化回收,后续例题代码中用 tree_stack[N]模拟了一个栈,管理可分配使用的空节点。

4.12.3　例题

　　本节用模板题洛谷 P3369 的代码说明替罪羊树的操作。后面在 4.13.2 节和 4.14.1 节中分别用 Treap 树和 FHQ Treap 树再次实现这道题。

例 4.41　普通平衡树(洛谷 P3369)

问题描述:写一种数据结构(可参考题目标题)维护一些数,需要提供以下操作:

1. 插入数字 x;
2. 删除数字 x(若有多个相同的数,只删除一个);
3. 查询数字 x 的排名(排名定义为比当前数小的数的个数加 1);
4. 查询排名为 k 的数,即第 k 大问题;
5. 求 x 的前驱(前驱定义为小于 x 且最大的数);
6. 求 x 的后继(后继定义为大于 x 且最小的数)。

在使用替罪羊树之前,先给出 STL 代码作为参考。

```
1   # include < bits/stdc++.h>
2   using namespace std;
3   vector < int > v;
4   int main(){
5       int n;  cin >> n;
6       while(n -- ){
7           int opt,x; cin >> opt >> x;
8           if(opt == 1) v.insert(lower_bound(v.begin(),v.end(),x),x);
9           if(opt == 2) v.erase (lower_bound(v.begin(),v.end(),x));
10          if(opt == 3) cout << lower_bound(v.begin(),v.end(),x) - v.begin() + 1 << endl;
11          if(opt == 4) cout << v[ x - 1] << endl;
12          if(opt == 5) cout << v[lower_bound(v.begin(),v.end(),x) - v.begin() - 1] << endl;
13          if(opt == 6) cout << v[upper_bound(v.begin(),v.end(),x) - v.begin()] << endl;
14      }
15      return 0;
16  }
```

下面给出替罪羊树的代码。代码虽然比较长,但是逻辑比较简单。注意体会栈 tree_stack[N]对存储空间的管理。代码的结构如下。

(1) 初始化。代码第 116 行,向栈内存入所有 N 个可用空节点。

(2) 使用。插入一个元素后需要使用一个节点,代码第 55 行,从栈顶拿出一个空节点使用。

(3) 回收。代码第 20 行,在 inorder()函数做拍平操作时回收,向栈内放入一个回收的节点供后面再次分配使用。

代码中注释有测试的部分,用于帮助读者理解替罪羊树的执行过程、不平衡率对计算量的影响。

```
1   //洛谷 P3369  替罪羊树
2   # include < bits/stdc++.h>
3   using namespace std;
4   const int N = 1e6 + 10;
5   const double alpha = 0.75;              //不平衡率,一般用 alpha 表示
```

```
6   struct Node{
7       int ls,rs;            //左右儿子
8       int val;              //节点存的数字
9       int tot;              //当前子树占用的空间数量,包括实际存储的节点和被标记删除的节点
10      int size;             //子树上实际存储数字的数量
11      int del;              //del = 1 表示这个节点存有数字,del = 0 表示这个节点存的数字被删除
12  }t[N];
13  int order[N],cnt;         //order[]记录拍平后的结果,即那些存有数字的节点,cnt 为数量
14  int tree_stack[N],top = 0;                    //用一个栈回收和分配可用的节点
15  int root = 0;                                 //根节点,注意重建过程中根节点会变化
16  void inorder(int u){                          //中序遍历,"拍平"摧毁这棵子树
17      if(!u)   return;                          //已经到达叶子,退出
18      inorder(t[u].ls);                         //先遍历左子树
19      if(t[u].del)  order[++cnt] = u;           //如果该节点存有数字,读取它
20      else          tree_stack[++top] = u;      //回收该节点,等待重新分配使用
21      inorder(t[u].rs);                         //再遍历右子树
22  }
23  void Initnode(int u){                         //重置节点的参数
24      t[u].ls = t[u].rs = 0;
25      t[u].size = t[u].tot = t[u].del = 1;
26  }
27  void Update(int u){
28      t[u].size = t[t[u].ls].size + t[t[u].rs].size + 1;
29      t[u].tot = t[t[u].ls].tot + t[t[u].rs].tot + 1;
30  }
31  //int rebuild_num = 0;                         //测试:统计重建次数
32  void build(int l,int r,int &u){               //把拍平的子树拎起来,重建
33  //rebuild_num++;                               //测试:统计重建次数
34      int mid = (l + r) >> 1;                   //新的根设为中点,使重构出的树尽量平衡
35      u = order[mid];
36      if(l == r){Initnode(u); return;}          //如果是叶子,重置后返回
37      if(l < mid)  build(l,mid - 1,t[u].ls);    //重构左子树
38      if(l == mid) t[u].ls = 0;                 //注意这里,不要遗漏
39      build(mid + 1,r,t[u].rs);                 //重构右子树
40      Update(u);                                //更新
41  }
42  void rebuild(int &u){                         //重建,注意是 &u
43      cnt = 0;
44      inorder(u);                               //先拍平摧毁
45      if(cnt)  build(1,cnt,u);                  //再拎起,重建树
46      else     u = 0;                           //特判该子树为空的情况
47  }
48  bool notbalance(int u){                       //判断子树 u 是否平衡
49      if((double)t[u].size * alpha <= (double)max(t[t[u].ls].size,t[t[u].rs].size))
50          return true;                          //不平衡
51      return false;                             //还是平衡的
52  }
53  void Insert(int &u,int x){                    //插入数字 x,注意是 &u,传回了新的 u
54      if(!u){                                   //如果节点 u 为空,直接将 x 插到这里
55          u = tree_stack[top --];              //从栈顶拿出可用的空节点
56          t[u].val = x;                         //节点赋值
```

```
57          Initnode(u);                        //其他参数初始化
58          return;
59      }
60      t[u].size++;
61      t[u].tot++;
62      if(t[u].val >= x)  Insert(t[u].ls,x);  //插到右子树
63      else               Insert(t[u].rs,x);  //插到左子树
64      if(notbalance(u))  rebuild(u);          //如果不平衡了,重建这棵子树
65  }
66  int Rank(int u,int x){                      //排名,x是第几名
67      if(u == 0)     return 0;
68      if(x > t[u].val) return t[t[u].ls].size + t[u].del + Rank(t[u].rs, x);
69      return Rank(t[u].ls,x);
70  }
71  int kth(int k){                             //第k大数是多少
72      int u = root;
73      while(u){
74          if(t[u].del && t[t[u].ls].size + 1 == k) return t[u].val;
75          else if(t[t[u].ls].size >= k)  u = t[u].ls;
76          else{
77              k -= t[t[u].ls].size + t[u].del;
78              u = t[u].rs;
79          }
80      }
81      return t[u].val;
82  }
83  void Del_k(int &u,int k){                    //删除排名为k的数
84      t[u].size -- ;                           //要删除的数肯定在这棵子树中,size减1
85      if(t[u].del && t[t[u].ls].size + 1 == k){
86          t[u].del = 0;                        //del = 0表示这个点u被删除,但是还保留位置
87          return;
88      }
89      if(t[t[u].ls].size + t[u].del >= k)  Del_k(t[u].ls,k); //在左子树上
90      else   Del_k(t[u].rs,k - t[t[u].ls].size - t[u].del);  //在右子树上
91  }
92  void Del(int x){                            //删除值为k的数
93      Del_k(root,Rank(root,x) + 1);           //先查询x的排名,然后用Del_k()函数删除
94      if(t[root].tot * alpha >= t[root].size)
95          rebuild(root);                      //如果子树上被删除的节点太多,就重构
96  }
97  /*
98  void print_tree(int u){                     //测试:打印二叉树,观察
99      if(u){
100         cout <<"v = "<< t[u].val <<",l = "<< t[u].ls <<",r = "<< t[u].rs << endl;
101         print_tree(t[u].ls);
102         print_tree(t[u].rs);
103     }
104 }
105 int tree_deep[N] = {0},deep_timer = 0,max_deep = 0;    //测试
106 void cnt_deep(int u){                       //测试:计算二叉树的深度
107     if(u){
108         tree_deep[u] = ++deep_timer;         //节点u的深度
109         max_deep = max(max_deep,tree_deep[u]);   //记录曾经的最大深度
```

```
110             cnt_deep(t[u].ls);
111             cnt_deep(t[u].rs);
112             deep_timer -- ;
113        }
114    }    */
115    int main(){
116        for(int i = N-1;i >= 1;i-- ) tree_stack[++top] = i;//把所有可用的 t[]记录在这个栈中
117        int q; cin >> q;
118 //  rebuild_num = 0;deep_timer = 0;max_deep = 0;          //测试
119        while(q--){
120            int opt,x; cin >> opt >> x;
121            switch (opt){
122                case 1: Insert(root,x);        break;
123                case 2: Del(x);                break;
124                case 3: printf(" % d\n",Rank(root,x) + 1);          break;
125                case 4: printf(" % d\n",kth(x));                     break;
126                case 5: printf(" % d\n",kth(Rank(root,x)));          break;
127                case 6: printf(" % d\n",kth(Rank(root,x + 1) + 1)); break;
128            }
129 //        cout <<">>"<< endl;print_tree(root);cout << endl <<"<<"<< endl;
130                                                    //测试:打印二叉树
131 //        cnt_deep(root);                          //测试:计算曾经的最大深度
132        }
133 // cout <<"rebuild num = "<< rebuild_num << endl;   //测试:打印重建次数
134 // cout <<"deep = "<< max_deep << endl;             //测试:打印替罪羊树的最大深度
135        return 0;
136    }
```

 替罪羊树常用于维护 K-D 树的平衡。

4.13   Treap 树

扫一扫
视频讲解

    Treap 树也是一种原理比较简单的 BST。Treap 是一个合成词,把 Tree 和 Heap 各取一半组合而成,Treap 是树和堆的结合,通常翻译成树堆。

    Treap 树的操作基于“键值＋优先级”。BST 的每个节点上存有一个元素,把元素的值称为“键值”,这是所有 BST 都有的。除此之外,Treap 树为每个节点人为添加了一个称为优先级的权值。对于键值,这棵树是一棵 BST;对于优先级,这棵树是一个堆。堆的特征是在这棵树的任意子树上,根节点的优先级最大。对于树上的任意一组节点:父亲 fa、左孩子 ls、右孩子 rs,满足以下两个条件。

    (1) 键值(key)满足 BST 的要求:ls. key≤fa. key≤rs. key。

    (2) 优先级(pri)满足堆的要求:fa. pri≥max{ls. pri,rs. pri}。

提示 Treap 树的核心思想是用优先级维护二叉树的平衡性。

4.13.1 Treap 树的性质

Treap 树的重要性质：若每个节点的键值、优先级已经事先确定而且不同，那么建立的 BST 的形态是唯一的，与节点的插入顺序没有关系。可以把每个点的（键值，优先级）看作它在平面上的坐标 (x, y)，坐标确定了它的位置。可简单地概括为节点的键值 x 限定了它在二叉树上的横向位置，优先级 y 限定了它的纵向位置。若优先级是随机产生的，那么在概率上就实现了二叉树的平衡。

下面用 7 个节点举例说明建树过程和 Treap 树的形态唯一性，如图 4.58 所示。节点的键值分别为 $\{a, b, c, d, e, f, g\}$，优先级分别为 $\{6, 5, 2, 7, 3, 4, 1\}$。图 4.58(a) 的纵向是优先级，横向是键值；图 4.58(b) 按 BST 的规则建了一棵树，从堆的角度看，它是一个最大堆（也可以用小根堆）；图 4.58(c) 是形成的 Treap 树。显然，由于每个节点被键值和优先级确定了位置，Treap 树的形态是唯一的。

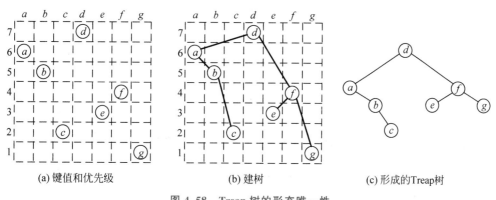

(a) 键值和优先级　　　　　(b) 建树　　　　　(c) 形成的 Treap 树

图 4.58　Treap 树的形态唯一性

需要注意，所谓"Treap 树的形态唯一性"，是指已经提前确定所有节点的键值、优先级之后，建的树的形态是唯一的。但是在一般情况下，建 Treap 树是逐个点加入树上的，每个点的优先级是动态分配的，所以 Treap 树的最后形态并不能提前预知。不过，当处理完毕之后，这棵 Treap 树的新形态是确定唯一的。

给节点加上优先级是 Treap 树解决二叉树平衡的核心思想，合适的优先级能产生一个平衡的 BST。如何产生优先级？最简单的方法是对每个节点的优先级进行随机赋值，那么生成的 Treap 树的形态也是随机的。虽然不能保证生成的 Treap 树是完美的平衡，但是从概率期望上看，它的插入、删除、查找的时间复杂度都为 $O(\log_2 n)$。

如果预先知道所有节点的键值，那么建树很简单：先按键值排序，然后从键值最小的开始，从左到右逐个向树上加入节点，加入时按优先级（或者已知，或者随机生成）在纵向上调整形态。这就是笛卡儿树，它的建树复杂度为 $O(n)$。

更常见的情况是需要动态加入新的节点，并不能预先知道键值和优先级。做法是每读入一个新键值，为它分配一个随机的优先级，插入树中，插入时动态调整树的结构，使它仍然

是一棵 Treap 树。此时建一棵 n 个节点的树,复杂度为 $O(n\log_2 n)$。

如何调整和维护 Treap 树?有两种方法:①旋转法;②FHQ。两种方法的计算复杂度都为 $O(\log_2 n)$。旋转法是经典方法,FHQ 是近几年开始流行的新技术,FHQ 不仅比旋转法编码简单,而且能用于区间翻转、移动、持久化等场合。

4.13.2 基于旋转法的 Treap 树操作

下面用旋转法实现几个基本操作:插入节点、删除节点、排名、第 k 大、前驱和后继。

1. 插入节点

把新节点 k 插入 Treap 树的过程有两步。

(1) 用朴素的插入方法,把 k 按键值大小插入一个空的叶子节点。

(2) 为 k 随机分配一个优先级,如果 k 的优先级违反了堆的性质,即它的优先级比父节点 o 高,那么让 k 向上走代替父节点 o,得到一棵新的 Treap 树。

步骤(2)中的调整过程用到了一种技巧——旋转,包括左旋和右旋。观察图 4.59,新节点 k 刚插入时,它有父节点 o 和子节点 x、b。当 k 旋转到 o 的上面时,其他节点 a、x、b 保存原来的相对位置不变,以 a、x、b 为根的子树也随之同步移动。注意,不管是左旋还是右旋,树的中序遍历保持不变,这是 BST 的特征。

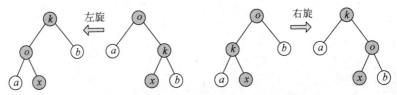

图 4.59 Treap 树的旋转(把 k 旋转到根)

旋转法插入节点的代码如下,代码中定义的节点名称 o、k 与图 4.59 的节点名称对应。

```
1   void rotate(int &o, int d){      // d = 0 右旋,d = 1 左旋
2       int k;
3       if(d == 1) {                  //左旋,把 o 的右儿子 k 旋到根部
4           k = t[o].rs;              //rs 即 rson,右儿子
5           t[o].rs = t[k].ls;        //图 4.59 中的 x
6           t[k].ls = o;
7       }
8       else {                        //右旋,把 o 的左儿子 k 旋到根部
9           k = t[o].ls;
10          t[o].ls = t[k].rs;        //图 4.59 中的 x
11          t[k].rs = o;
12      }
13      t[k].size = t[o].size;
14      Update(o);
15      o = k;                        //新的根是 k
16  }
```

下面用一个例子说明插入的过程。设初始 BST 是 $\{a,b,c\}$,插入新节点 d。图 4.60(a) 是初始 BST;图 4.60(b)按键值找到空叶子,插入 d;图 4.60(c)中 d 的优先级比父节点 c

高,把 c 左旋,上升;图 4.60(d)中 d 的优先级比新的父节点 b 高,继续左旋上升;图 4.60(e)再次左旋上升,完成了新的 Treap 树。注意在旋转的过程中,原来的节点 a、b、c 的相对位置保持不变。

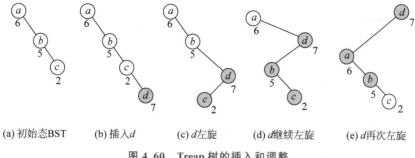

| (a) 初始态BST | (b) 插入 d | (c) d左旋 | (d) d继续左旋 | (e) d再次左旋 |

图 4.60　Treap 树的插入和调整

2. 删除节点

如果待删除的节点 x 是叶子节点,直接删除。如果待删除的节点 x 有两个子节点,那么找到优先级最大的子节点,把 x 向相反的方向旋转,也就是把 x 向树的下层调整,直到 x 被旋转到叶子节点,然后直接删除。

用旋转法处理 Treap 树的插入和删除,会不会导致出现一棵不平衡的 Treap 树?答案是不会,因为 Treap 的形态完全由留在树上的节点的键值和优先级决定,在概率上它仍然是平衡的。

3. 排名

"排名"和"求第 k 大数"一般被称为"名次树问题",是 BST 的典型应用,在任何一种BST 上都容易用递归遍历得到,Treap 树也常用来求名次。它们都用到了节点的 size 值,即以这个节点为根的子树上的节点总数。

求数字 x 的排名。从根节点开始递归查找,递归到节点 u 时:若 u 的键值大于或等于 x,x 在 u 的左子树上,继续递归 u 的左子树;若 u 的键值小于 x,x 在 u 的右子树上,递归 u 的右子树,并加上 u 的左子树的 size 值。

4. 求第 k 大数

根据节点的 size 值不断递归整棵树,求得第 k 大数。

5. 前驱和后继

前驱是求比 x 小的数,后继是求比 x 大的数,计算过程与排名的过程类似。
用例 4.41 洛谷 P3369 给出 Treap 树代码,实现上述操作。

```
1   //洛谷 P3369,用旋转法实现 Treap 树
2   #include<bits/stdc++.h>
3   using namespace std;
4   const int M = 1e6 + 10;
5   int cnt = 0;                        //t[cnt]:最新节点的存储位置
```

```
6   struct Node{
7       int ls,rs;            //左右儿子
8       int key,pri;          // key: 键值; pri: 随机的优先级
9       int size;             //当前节点为根的子树的节点数量,用于求第 k 大和排名
10  }t[M];                    //tree[],存树
11  void newNode(int x){      //初始化一个新节点
12      cnt++;                //从 t[1]开始存储节点,t[0]被放弃,若子节点是 0,表示没有子节点
13      t[cnt].size = 1;
14      t[cnt].ls = t[cnt].rs = 0;          //0 表示没有子节点
15      t[cnt].key = x;                     //key: 键值
16      t[cnt].pri = rand();                //pri: 随机产生,优先级
17  }
18  void Update(int u){                     //更新以 u 为根的子树的 size
19      t[u].size = t[t[u].ls].size + t[t[u].rs].size + 1;
20  }
21  void rotate(int &o,int d){              //旋转,d = 0 右旋,d = 1 左旋
22      int k;
23      if(d == 1) {                        //左旋,把 o 的右儿子 k 旋到根部
24        k = t[o].rs;
25        t[o].rs = t[k].ls;
26        t[k].ls = o;
27      }
28      else {                              //右旋,把 o 的左儿子 k 旋到根部
29        k = t[o].ls;
30        t[o].ls = t[k].rs
31        t[k].rs = o;
32      }
33      t[k].size = t[o].size;
34      Update(o);
35      o = k;                              //新的根是 k
36  }
37  void Insert(int &u,int x){
38      if(u == 0){newNode(x);u = cnt;return;}   //递归到了一个空叶子,新建节点
39      t[u].size++;
40      if(x >= t[u].key)      Insert(t[u].rs,x); //递归右子树找空叶子,直到插入
41      else                   Insert(t[u].ls,x); //递归左子树找空叶子,直到插入
42      if(t[u].ls!= 0 && t[u].pri > t[t[u].ls].pri) rotate(u,0);
43      if(t[u].rs!= 0 && t[u].pri > t[t[u].rs].pri) rotate(u,1);
44      Update(u);
45  }
46  void Del(int &u,int x){
47      t[u].size -- ;
48      if(t[u].key == x){
49          if(t[u].ls == 0&&t[u].rs == 0){u = 0; return;}
50          if(t[u].ls == 0||t[u].rs == 0){u = t[u].ls + t[u].rs; return;}
51          if(t[t[u].ls].pri < t[t[u].rs].pri)
52          {    rotate(u,0); Del(t[u].rs, x); return;}
53          else{ rotate(u,1); Del(t[u].ls, x); return;}
54      }
55      if(t[u].key >= x) Del(t[u].ls,x);
56      else              Del(t[u].rs,x);
57      Update(u);
58  }
```

```
59   int Rank(int u,int x){                                            //排名,x 是第几名
60       if(u == 0) return 0;
61       if(x > t[u].key) return t[t[u].ls].size + 1 + Rank(t[u].rs, x);
62       return Rank(t[u].ls,x);
63   }
64   int kth(int u,int k){                                             //第 k 大数是多少
65       if(k == t[t[u].ls].size + 1) return t[u].key;                 //这个数为根
66       if(k > t[t[u].ls].size + 1) return kth(t[u].rs,k - t[t[u].ls].size - 1);  //右子树
67       if(k <= t[t[u].ls].size)   kth(t[u].ls,k);                    //左子树
68   }
69   int Precursor(int u,int x){
70       if(u == 0)   return 0;
71       if(t[u].key >= x) return Precursor(t[u].ls,x);
72       int tmp = Precursor(t[u].rs,x);
73       if(tmp == 0) return t[u].key;
74       return tmp;
75   }
76   int Successor(int u,int x){
77       if(u == 0)   return 0;
78       if(t[u].key <= x) return Successor(t[u].rs,x);
79       int tmp = Successor(t[u].ls,x);
80       if(tmp == 0)   return t[u].key;
81       return tmp;
82   }
83   int main(){
84       srand(time(NULL));
85       int root = 0;                                                 //root 是整棵树的树根,0 表示初始为空
86       int n; cin >> n;
87       while(n -- ){
88           int opt,x; cin >> opt >> x;
89           switch (opt){
90               case 1: Insert(root,x);        break;
91               case 2: Del(root,x);           break;
92               case 3: printf(" % d\n",Rank(root,x) + 1);   break;
93               case 4: printf(" % d\n",kth(root,x));        break;
94               case 5: printf(" % d\n",Precursor(root,x)); break;
95               case 6: printf(" % d\n",Successor(root,x)); break;
96           }
97       }
98       return 0;
99   }
```

4.14   FHQ Treap 树

扫一扫

视频讲解

4.13 节提到,Treap 树有两种调整方法:旋转法、FHQ。FHQ 不仅比旋转法编码简单,而且能用于区间翻转、移动、持久化等场合。

注意,不管是旋转法还是 FHQ,它们所维护的都是 Treap 树,Treap 树的最后形态由键值和优先级决定。旋转法和 FHQ 的区别是维护的方法不同,但结果是一样的。

4.14.1 FHQ 的基本操作

FHQ Treap[①] 的高明之处是所有的操作都只用到了分裂和合并这两个基本操作,这两个操作的复杂度都为 $O(\log_2 n)$。

(1) 分裂:void Split(int u,int x,int &L,int &R),其中 &L 和 &R 是引用传递,函数返回 L 和 R 的值。把一棵以 u 为根的 Treap 树按键值分裂,返回分别以 L、R 为根的两棵树,其中左树 L 上所有节点的键值都小于或等于 x,右树 R 上所有节点的键值都大于 x。

(2) 合并: int Merge(int L,int R)。把树 L 和树 R 按优先级合并,合并的隐含前提是 L 上所有节点的键值都小于 R 上节点的键值。合并后返回新树的根,显然,新树的根是 L 和 R 中优先级最大的那个。

因为分裂和合并的最多操作次数就是从根到叶子节点,而 Treap 树的高度的期望值为 $O(\log_2 n)$,所以算法的复杂度也为 $O(\log_2 n)$。

下面介绍 FHQ Treap 树的插入节点、删除节点、排名、求第 k 大数、前驱和后继等功能的实现。

1. 插入节点

插入一个新节点的步骤:按新节点 x 的键值把树分裂为 L 和 R 两棵,如图 4.61(b)所示;合并 L 和 x,如图 4.61(c)所示;继续与 R 合并,得到一棵新树,如图 4.61(d)所示。

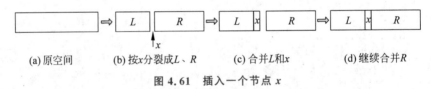

(a)原空间　　　(b)按x分裂成L、R　　　(c)合并L和x　　　(d)继续合并R

图 4.61　插入一个节点 x

下面举例说明分裂和合并的具体实现,如图 4.62 所示。

如图 4.62(a)所示,原 Treap 树包含节点$\{1,2,4,7,8\}$,优先级分别为$\{4,19,7,13,9\}$,准备加入新节点 $x=5$。

如图 4.62(b)所示,把 Treap 树按节点值 $x=5$ 分裂成两棵,小于或等于 5 的节点在左边的树上,大于 5 的节点在右边的树上。分裂后的两棵树应该仍是 Treap 树。

分裂如何实现?以下代码完成分裂操作,十分巧妙。执行完毕后,返回两棵树的根 L 和 R,后续操作通过 L 和 R 访问这两棵树。分裂只用到了节点的键值 key,没有用到节点的优先级,因为分裂的过程不会破坏优先级。代码最关键的是第 5 行和第 9 行,通过递归继续分裂,并在回溯时改变 rs 和 ls。例如,图 4.62(b)中节点 4 在分裂前是节点 7 的左子树,分裂后变为节点 2 的右子树,请仔细理解是如何在递归时实现的。

```
1   void Split(int u, int x, int &L, int &R) {    //分裂,返回以 L 和 R 为根的两棵树
2       if(u == 0){L = R = 0; return;}            //0 表示没有孩子.到达叶子,返回
3       if(tree[u].key <= x){                      //本节点的键值比 x 小,那么到右子树上找 x
```

---

① FHQ Treap 的发明者范浩强(FHQ)是著名的 OI 选手,目前在旷视公司工作。

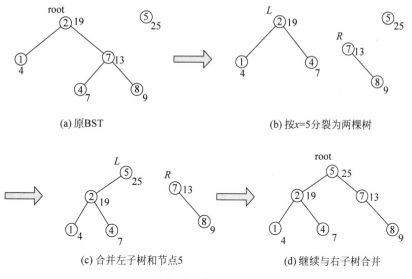

(a) 原BST

(b) 按x=5分裂为两棵树

(c) 合并左子树和节点5

(d) 继续与右子树合并

图 4.62 分裂和合并

```
4          L = u;                              //左树的根是本节点
5          Split(tree[u].rs, x, tree[u].rs, R);   //通过 rs 传回新的子节点
6      }
7      else{                                   //本节点比 x 大,继续到左子树找 x
8          R = u;                              //右树的根是本节点
9          Split(tree[u].ls,x,L,tree[u].ls);
10     }
11 }
```

注意,此处的分裂是按键值进行分裂,称为"权值分裂"。分裂后,左树上所有节点的键值 key 都小于右树。

有时需要按排名顺序 x 进行分裂,称为"排名分裂",就是把整棵树的中序遍历的前 x 个节点放在 L 上,其他节点放在 R 上,代码见例 4.42。可以把按排名进行计算的树称为"区间树",把按权值进行计算的树称为"权值树"。

如图 4.62(c)和图 4.62(d)所示,首先把左树与节点 5 合并,然后继续与右树合并。

下面是合并的代码,合并树 L 和 R。因为有 L 上所有节点键值 key 都小于 R 的节点的隐含条件,所以合并时只需要考虑节点的优先级 pri。合并后的新树,左边是原 L 的节点,右边是原 R 的节点。代码中最重要的是第 4 行和第 8 行,其含义见注释。

```
1  int Merge(int L,int R){              //合并以 L 和 R 为根的两棵树,返回一棵树的根
2      if(L==0 || R==0)   return L+R;   //到达叶子,如 L==0 就是返回 L+R=R
3      if(tree[L].pri > tree[R].pri){   //左树 L 优先级大于右树 R,则 L 节点是父节点
4          tree[L].rs = Merge(tree[L].rs,R); //合并 R 和 L 的右儿子,并更新 L 的右儿子
5          return L;                    //合并后的根是 L
6      }
7      else{                            //合并后 R 是父节点
8          tree[R].ls = Merge(L,tree[R].ls); //合并 L 和 R 的左儿子,并更新 R 的左儿子
9          return R;                    //合并后的根是 R
10     }
11 }
```

2. 删除节点

删除一个节点 x，先通过分裂剥离出 x，然后合并。删除步骤：把树按 x 分裂为根小于或等于 x 的树 A 和根大于 x 的树 B；再把 A 分裂为根小于 x 的树 C 和根等于 x 的树 D；合并 D 的左右儿子得树 E，也就是删除了 x；最后合并 C、E、B。

注意，上述是"权值分裂"的删除，而"排名分裂"的删除操作略有不同。

3. 排名

求数字 x 的排名。代码可以和旋转法的代码一样，这里给出一种新方法。在每个节点上，用 size 记录以它为根的子树的数量。求数字 x 的排名，把树按 $x-1$ 分裂成 A 和 B，A 中包含了所有小于 x 的数，那么 x 的排名等于 A 的 size 加 1。排名之后合并 A 和 B 恢复成原来的树。

4. 求第 k 大数

代码与旋转法一样，不需要分裂和合并操作。

5. 前驱

求比 x 小的数。把树按 $x-1$ 分裂成 A 和 B，在 A 中找最大的数（利用求第 k 大数操作）。找到后，合并 A 和 B 恢复成原来的树。

6. 后继

求比 x 大的数。把树按 x 分裂成 A 和 B，在 B 中找最小的数（利用求第 k 大数操作）。找到后，合并 A 和 B 恢复成原来的树。

下面给出例 4.41 洛谷 P3369 的 FHQ 代码，简单清晰，易于编码。FHQ Treap 树的分裂和合并操作，由于最大的计算次数是树的层数，复杂度为 $O(\log_2 n)$，效率很高。

```
1   //洛谷 P3369,FHQ Treap
2   #include<bits/stdc++.h>
3   using namespace std;
4   const int M = 1e6 + 10;
5   int cnt = 0, root = 0;          //t[cnt]为最新节点的存储位置；root 为整棵树的根,用于访问树
6   struct Node{
7       int ls,rs;                 //左儿子 ls,右儿子 rs
8       int key,pri;               //key: 键值; pri: 随机的优先级
9       int size;                  //当前节点为根的子树的节点数量,用于求第 k 大和排名
10  }t[M];                         //tree[],存树
11  void newNode(int x){           //建立只有一个点的树
12      cnt++;                     //从 t[1]开始存储节点,t[0]被放弃
13      t[cnt].size = 1;
14      t[cnt].ls = t[cnt].rs = 0;     //0 表示没有子节点
15      t[cnt].key = x;
16      t[cnt].pri = rand();
17  }
18  void Update(int u){                    //更新以 u 为根的子树的 size
```

```
19      t[u].size = t[t[u].ls].size + t[t[u].rs].size + 1;
20  }
21  void Split(int u, int x, int &L, int &R) {      //权值分裂.返回以 L 和 R 为根的两棵树
22      if(u == 0){L = R = 0; return;}              //到达叶子,递归返回
23      if(t[u].key <= x){                          //本节点比 x 小,那么到右子树上找 x
24          L = u;                                  //左树的根是本节点
25          Split(t[u].rs, x, t[u].rs, R);          //通过 rs 传回新的子节点
26      }
27      else{                                       //本节点比 x 大,继续到左子树找 x
28          R = u;                                  //右数的根是本节点
29          Split(t[u].ls,x,L,t[u].ls);
30      }
31      Update(u);                                  //更新当前节点的 size
32  }
33  int Merge(int L, int R){                        //合并以 L 和 R 为根的两棵树,返回一棵树的根
34      if(L == 0 || R == 0)   return L + R;        //到达叶子,若 L == 0,就是返回 L + R = R
35      if(t[L].pri > t[R].pri){                     //左树 L 优先级大于右树 R,则 L 节点是父节点
36          t[L].rs = Merge(t[L].rs,R);             //合并 R 和 L 的右儿子,并更新 L 的右儿子
37          Update(L);
38          return L;                               //合并后的根是 L
39      }
40      else{                                       //合并后 R 是父节点
41          t[R].ls = Merge(L,t[R].ls);             //合并 L 和 R 的左儿子,并更新 R 的左儿子
42          Update(R);
43          return R;                               //合并后的根是 R
44      }
45  }
46  int Insert(int x){                              //插入数字 x
47      int L,R;
48      Split(root,x,L,R);
49      newNode(x);                                 //新建一棵只有一个点的树 t[cnt]
50      int aa = Merge(L,cnt);
51      root = Merge(aa,R);
52  }
53  int Del(int x){                                 //删除数字 x,请对比后面洛谷 P5055 的排名分裂的删除操作
54      int L,R,p;
55      Split(root,x,L,R);                          //<= x 的树和 > x 的树
56      Split(L,x-1,L,p);                           //< x 的树和 == x 的树
57      p = Merge(t[p].ls,t[p].rs);                 //合并 x = p 的左右子树,也就是删除了 x
58      root = Merge(Merge(L,p),R);
59  }
60  void Rank(int x){                               //查询 x 的排名
61      int L,R;
62      Split(root,x-1,L,R);                        // < x 的树和 >= x 的树
63      printf("%d\n",t[L].size+1);
64      root = Merge(L,R);                          //恢复
65  }
66  int kth(int u, int k){                          //求排名第 k 的数
67      if(k == t[t[u].ls].size + 1) return u;          //这个数为根
68      if(k <= t[t[u].ls].size)    return kth(t[u].ls,k);  //在左子树
69      if(k > t[t[u].ls].size)    return kth(t[u].rs,k-t[t[u].ls].size-1); //在右子树
70  }
71  void Precursor(int x){                          //求 x 的前驱
```

```
72        int L,R;
73        Split(root,x-1,L,R);
74        printf("%d\n",t[kth(L,t[L].size)].key);
75        root = Merge(L,R);                                    //恢复
76   }
77   void Successor(int x){                                      //求 x 的后继
78        int L,R;
79        Split(root,x,L,R);                                     //<= x 的树和> x 的树
80        printf("%d\n",t[kth(R,1)].key);
81        root = Merge(L,R);                                    //恢复
82   }
83   int main(){
84        srand(time(NULL));
85        int n; cin >> n;
86        while(n--){
87            int opt,x; cin >> opt >> x;
88            switch (opt){
89                case 1: Insert(x);        break;
90                case 2: Del(x);           break;
91                case 3: Rank(x);          break;
92                case 4: printf("%d\n",t[kth(root,x)].key); break;    //排名 x 的节点
93                case 5: Precursor(x);     break;
94                case 6: Successor(x);     break;
95            }
96        }
97        return 0;
98   }
```

4.14.2　FHQ Treap 树的应用

FHQ Treap 树在大部分应用场合能替代 Splay 树,且更容易编写,如块操作、区间最值、区间和、区间翻转、区间移动、可持久化等。下面给出几个应用例子。

1. 文本编辑器和排名分裂

由于 FHQ Treap 树能简便地进行分裂合并,所以能应用于文本编辑器。在 4.6 节曾以例 4.32 洛谷 P4008 为例求解了文本编辑器问题,这里用 FHQ Treap 树重写,不仅代码更容易写,而且效率更高。

注意这里的分裂是"排名分裂",代码中的 void Split(int u,int x,int &L,int &R)函数把树 u 分裂成包含前 x 个数的 L 和包含其他数的 R。

其他代码中的定义和函数与基本的 FHQ Treap 树几乎一样,不再解释。

```
1    //洛谷 P4008 的 FHQ treap 代码
2    #include<bits/stdc++.h>
3    using namespace std;
4    const int M = 2e6+10;
5    int root = 0,cnt = 0;
6    struct Node{int ls,rs; char val; int pri; int size;}t[M];        //tree[]存树
7    void Update(int u){t[u].size = t[t[u].ls].size + t[t[u].rs].size+1;} //用于排名分裂
```

```
 8    int newNode(char x){                                    //建立只有一个点的树
 9        cnt++;
10        t[cnt].size = 1;   t[cnt].pri = rand();   t[cnt].ls = t[cnt].rs = 0;
11        t[cnt].val = x;                                      //一个字符
12        return cnt;
13    }
14    void Split(int u, int x, int &L, int &R){                //排名分裂,不是权值分裂
15        if(u == 0){L = R = 0; return ;}
16        if(t[t[u].ls].size + 1 <= x){                        //第 x 个数在 u 的右子树上
17            L = u;    Split(t[u].rs, x - t[t[u].ls].size - 1, t[u].rs, R);
18        }
19        else{R = u; Split(t[u].ls,x,L,t[u].ls); }            //第 x 个数在左子树上
20        Update(u);
21    }
22    int Merge(int L, int R){                                 //合并
23        if(L == 0 || R == 0)   return L + R;
24        if(t[L].pri > t[R].pri){ t[L].rs = Merge(t[L].rs,R); Update(L);   return L; }
25        else{ t[R].ls = Merge(L,t[R].ls);   Update(R); return R;}
26    }
27    void inorder(int u){                                     //中序遍历,打印结果
28        if(u == 0) return;
29        inorder(t[u].ls);      cout << t[u].val;   inorder(t[u].rs);
30    }
31    int main(){
32        srand(time(NULL));
33        int len, L, p, R, pos = 0;                           //pos 是光标的当前位置
34        int n;   cin >> n;
35        while(n -- ){
36            char opt[10];   cin >> opt;
37            if(opt[0] == 'M')  cin >> pos;                   //移动光标
38            if(opt[0] == 'I'){                               //插入 len 个字符
39                cin >> len;
40                Split(root,pos,L,R);
41                for(int i = 1;i <= len;i++)  {               //逐个读入字符
42                    char ch = getchar();   while(ch < 32||ch > 126)   ch = getchar();
43                    L = Merge(L,newNode(ch));                //把字符加到树中
44                }
45                root = Merge(L,R);
46            }
47            if(opt[0] == 'D'){                               //删除光标后 len 个字符
48                cin >> len;      Split(root,pos + len,L,R); Split(L,pos,L,p);
49                root = Merge(L,R);
50            }
51            if(opt[0] == 'G'){                               //打印 len 个字符
52                cin >> len;      Split(root,pos + len,L,R); Split(L,pos,L,p);
53                inorder(p); cout <<"\n";                     //打印
54                root = Merge(Merge(L,p),R);
55            }
56            if(opt[0] == 'P') pos -- ;
57            if(opt[0] == 'N') pos++;
58        }
59        return 0;
60    }
```

2. 区间翻转

 例 4.42   文艺平衡树（洛谷 P3391）

问题描述：写一种数据结构，用来维护一个有序数列。需要提供以下操作：翻转一个区间，如原有序列为{5 4 3 2 1}，翻转区间为[2,4]，数据结果为{5 2 3 4 1}。数列中有 n 个数，翻转 m 次，$1 \leqslant n, m \leqslant 100000$。

本题是一种区间问题。如果用暴力法，复杂度为 $O(nm)$，超时。

如何提高效率？一般的做法是使用线段树中的 Lazy-Tag 方法。当修改一个区间时，只对这个区间进行整体上的修改，即打上 Lazy-Tag 标记，其内部先不做修改，只有当这个区间的一致性被破坏时，才把变化值传递给下一层的子区间。Lazy-Tag 方法用二叉树处理是最方便的。

本题的区间翻转，为了能利用二叉树处理，需要使用这样一种翻转方法：对一个区间做翻转操作，可以以区间中任意数为轴，左右交换，然后对左、右两部分继续递归这个操作，直到结束，最后得到翻转的结果。例如，对{5 4 3 2 1}做翻转，以 2 为轴翻转它的左、右两部分得{(1) 2(5 4 3)}，继续翻转(5 4 3)得(3 4 5)，最后结果是{1 2 3 4 5}。读者可以自己证明这个方法的正确性。这个方法很容易借助二叉树实现，在前面的例子中，用{5 4 3 2 1}建二叉树，2 是根，(5 4 3)是它的左子树，1 是它的右子树。

Lazy-Tag 方法结合二叉树，是区间翻转问题的一种很好的实现。为了在二叉树上操作区间，需要进行分裂、合并等。本题的经典做法是 Splay 树，但是 Splay 树的旋转、分裂、合并相当难写。

FHQ 的编码很简单。首先把题目给的序列建成一棵 Treap 树。如果用中序遍历这棵树，结果是初始序列。操作结束后，也用中序遍历打印出最后的结果。执行一次区间 $[x, y]$ 翻转，包括分裂、Lazy 标记、合并 3 个操作。

(1) 分裂。把树分裂为 3 棵树 L、p、R，其中的 p 树包含区间 $[x, y]$ 的节点，而 L 树包含 $[1, x-1]$ 区间的节点，R 树包含 $[y+1, n]$ 区间的节点。注意这里的分裂操作是"排名分裂"。

(2) 把 p 树打上 Lazy 标记，当 Lazy=1 时，表示 p 树代表的区间需要翻转。

(3) 合并。把打过标记的 p 和 L、R 合并，还原成一棵树。

上述 3 个步骤中的重要内容是对 Lazy 标记的维护。下面的代码中，用 pushdown() 函数向子树下传 Lazy 标记。如果读者熟悉线段树的 pushdown() 函数，这部分代码几乎是一样的。其他代码是标准的 FHQ Treap 树。

```
1   #include<bits/stdc++.h>
2   using namespace std;
3   const int M = 1e5+10;
4   int cnt = 0, root = 0;
5   struct Node{int ls,rs,num,pri,size,lazy;}t[M]; //Lazy标记参考线段树
6   void newNode(int x){
7       cnt++;
8       t[cnt].size = 1; t[cnt].ls = t[cnt].rs = 0;   t[cnt].pri = rand();
```

```
 9      t[cnt].num = x;                       //本题不是按权值分裂,是按排名分裂
10  }
11  void Update(int u){t[u].size = t[t[u].ls].size + t[t[u].rs].size + 1;}
12  void pushdown(int u){                     //下传 Lazy 标记,如果用 splay 实现,也是这样做
13      if(t[u].lazy) {
14          swap(t[u].ls, t[u].rs);           //翻转 u 的左右部分,翻转不会破坏优先级 pri
15          t[t[u].ls].lazy ^ = 1;  t[t[u].rs].lazy ^ = 1;   //向左右子树下传 Lazy 标记
16          t[u].lazy = 0;                                   //清除标记
17      }
18  }
19  void Split(int u, int x, int &L, int &R){  //排名分裂,返回:L,前 x 个数; R,其他数
20      if(u == 0){L = R = 0; return ;}        //到达叶子,递归返回
21      pushdown(u);                           //处理 Lazy 标记
22      if(t[t[u].ls].size + 1 < = x){         //第 x 个数在 u 的右子树上
23          L = u;   Split(t[u].rs, x - t[t[u].ls].size - 1, t[u].rs, R);
24      }
25      else{ R = u; Split(t[u].ls,x,L,t[u].ls);}  //第 x 个数在左子树上
26      Update(u);
27  }
28  int Merge(int L, int R){                   //合并
29      if(L == 0 || R == 0)    return L + R;
30      if(t[L].pri > t[R].pri){               //左树 L 优先级大于右树 R,则 L 节点是父节点
31          pushdown(L);                       //处理 Lazy 标记
32          t[L].rs = Merge(t[L].rs,R);  Update(L);   return L;
33      }
34      else{                                  //合并后 R 是父节点
35          pushdown(R);
36          t[R].ls = Merge(L,t[R].ls);  Update(R);   return R;
37      }
38  }
39  void inorder(int u){                       //中序遍历,打印结果
40      if(u == 0) return;
41      pushdown(u);                           //处理 Lazy 标记
42      inorder(t[u].ls);   cout << t[u].num <<" ";   inorder(t[u].rs);   //中序遍历
43  }
44  int main(){
45      srand(time(NULL));
46      int n,m;   cin >> n >> m;
47      for(int i = 1;i < = n;i++){newNode(i); root = Merge(root,cnt);} //建树,本题比较简单
48      while(m -- ){
49          int x,y;   cin >> x >> y;
50          int L,R,p;                         //3 棵树,分别指向 3 棵树的根节点
51          Split(root,y,L,R);                 //分裂成 L,p,R 3 棵树,p 是[x,y]区间
52          Split(L,x - 1,L,p);
53          t[p].lazy ^ = 1;                   //对 p 用 Lazy 记录翻转
54          root = Merge(Merge(L,p),R);        //合并,还原成一棵树
55      }
56      inorder (root);                        //输出
57      return 0;
58  }
```

3. 可持久化平衡树

可持久化的含义见 4.4 节。做可持久化操作时,需要在每个时间点复制一棵树的副本,记录这个时间点的树的形态。可持久化最重要的是减少存储空间,由于存储完整的副本很浪费空间,所以只存储变化的部分。像线段树这样的数据结构适合做持久化,FHQ Treap 树也适合做持久化。FHQ Treap 树的可持久化操作的原理和可持久化线段树的原理基本一样,请回顾前面的章节。

FHQ Treap 树的基本操作是分裂和合并,由于这两个操作对树的形态改变较小,所以符合可持久化的要求。只需要在分裂和合并中记录树的变化就可以了。在下面的例题中,由于每个合并操作之前都要分裂,所以合并不用再重复记录。

 例 4.43　可持久化文艺平衡树(洛谷 P5055)

问题描述:写一种数据结构,用来维护一个序列。需要提供以下操作(对于各个以往的历史版本):

1. 在第 p 个数后插入数字 x;
2. 删除第 p 个数;
3. 翻转区间 $[l,r]$,如原序列为 $\{5,4,3,2,1\}$,翻转区间为 $[2,4]$,结果为 $\{5,2,3,4,1\}$;
4. 查询区间 $[l,r]$ 中所有数的和。

和原本平衡树不同的一点是,每次的任何操作都是基于某一个历史版本,同时生成一个新的版本(操作 4 保持原版本无变化),新版本即编号为此次操作的序号。

本题强制在线。操作次数 $n \leqslant 200000$,内存限制为 1GB。

在分裂中如何记录树的变化? 分裂是一个从根到叶子的递归过程,每次递归返回 L 和 R 两棵树。若 L 和 R 有变化,则需要复制它们。注意只复制 L 和 R 的根即可,不用复制整棵树,细节见下面的代码。

存储副本需要多少空间? 在可持久化线段树中,每个新副本只需要存储发生变化的 $O(\log_2 n)$ 个节点,共存储 $O(n\log_2 n)$ 个。FHQ Treap 树的分裂可能导致较大的变化,所以需要更大的空间,不妨设置为题目允许的最大空间,本题内存限制为 1GB,则能设置到 $n \ll 7$,即 $128 \times n$。

```
1   //改写自 https://www.luogu.com.cn/blog/105496/solution-p5055
2   #include<bits/stdc++.h>
3   using namespace std;
4   #define ll long long
5   const int N = 2e5 + 10;
6   struct node{int ls,rs,val,pri,size,lazy; ll sum;}t[(N<<7)];
7   int cnt = 0;
8   int new_node(int x){
9       cnt++;
10      t[cnt].size = 1;    t[cnt].ls = t[cnt].rs = 0;
```

```
11        t[cnt].val = x;     t[cnt].sum = x;     t[cnt].pri = rand();
12        t[cnt].lazy = 0;
13        return cnt;
14    }
15    int clone(int u){                        //复制树 u,不需要复制整棵树,只复制根就行
16        int ret = new_node(0);
17        t[ret] = t[u];
18        return ret;
19    }
20    void Update(int u){
21        t[u].size = t[t[u].ls].size + t[t[u].rs].size + 1;
22        t[u].sum = t[t[u].ls].sum + t[t[u].rs].sum + t[u].val;
23    }
24    void push_down(int u){
25        if(!t[u].lazy) return;
26        if(t[u].ls != 0) t[u].ls = clone(t[u].ls);
27        if(t[u].rs != 0) t[u].rs = clone(t[u].rs);
28        swap(t[u].ls,t[u].rs);
29        t[t[u].ls].lazy^= 1;        t[t[u].rs].lazy^= 1;
30        t[u].lazy = 0;
31    }
32    void Split(int u,int x,int &L,int &R){        //排名分裂
33        if(u == 0){L = R = 0; return ;}
34        push_down(u);
35        if(t[t[u].ls].size + 1 <= x){              //第 x 个数在 u 的右子树上
36            L = clone(u);                          //这个时间点的 L 是这个时间点的 u 的副本
37            Split(t[L].rs, x - t[t[u].ls].size - 1, t[L].rs,R);
38            Update(L);
39        }
40        else{
41            R = clone(u);                          //这个时间点的 R 是这个时间点的 u 的副本
42            Split(t[R].ls,x,L,t[R].ls);
43            Update(R);
44        }
45    }
46    int Merge(int L,int R){
47        if(L == 0 || R == 0)    return L + R;
48        push_down(L);   push_down(R);
49        if(t[L].pri > t[R].pri){ t[L].rs = Merge(t[L].rs,R); Update(L); return L;}
50        else    { t[R].ls = Merge(L,t[R].ls); Update(R); return R;}
51    }
52    int root[N];
53    int main(){
54        srand(time(NULL));
55        int version = 0; int L,p,R;   ll x,y;
56        for(int i = 0;i < N;i++)    root[i] = 0;
57        ll lastans = 0;
58        int n; cin >> n;
59        while(n--){
60            int v,op;   cin >> v >> op;
61            if(op == 1){                           //在第 x 个数后插入 y
62                cin >> x >> y; x^= lastans;y^= lastans;
63                Split(root[v],x,L,p);
```

```
64              root[++version] = Merge(Merge(L,new_node(y)),p);     //记录在新的时间点上
65          }
66          if(op == 2){                                             //删除第 x 个数
67              cin >> x; x^ = lastans;
68              Split(root[v],x,L,R);   Split(L,x-1,L,p);
69              root[++version] = Merge(L,R);                        //记录在新的时间点上
70          }
71          if(op == 3){                                             //翻转区间[x,y]
72              cin >> x >> y;   x^ = lastans;   y^ = lastans;
73              Split(root[v],y,L,R);   Split(L,x-1,L,p);
74              t[p].lazy ^ = 1;
75              root[++version] = Merge(Merge(L,p),R);               //记录在新的时间点上
76          }
77          if(op == 4){                                             //查询区间和[x, y]
78              cin >> x >> y;   x^ = lastans;   y^ = lastans;
79              Split(root[v],y,L,R);   Split(L,x-1,L,p);            //p树是区间[x,y]
80              lastans = t[p].sum;
81              cout << lastans << endl;
82              root[++version] = Merge(Merge(L,p),R);               //记录在新的时间点上
83          }
84      }
85      return 0;
86  }
```

请读者自行练习例 4.44。

 例 4.44 可持久化平衡树(洛谷 P3835)

问题描述:写一种数据结构,用来维护一个可重整数集合,需要提供以下操作(对于各个以往的历史版本):

1. 插入 x;

2. 删除 x(若有多个相同的数,应只删除一个,如果没有请忽略该操作);

3. 查询 x 的排名(排名定义为比当前数小的数的个数加 1);

4. 查询排名为 x 的数;

5. 求 x 的前驱(前驱定义为小于 x,且最大的数);

6. 求 x 的后继(后继定义为大于 x,且最小的数)。

和原本平衡树不同的是,每次的任何操作都是基于某一个历史版本,同时生成一个新的版本(操作 3～6 保持原版本无变化)。每个版本的编号即为操作的序号(版本 0 即为初始状态,空树)。

4.15 **笛 卡 儿 树**

本节详细介绍笛卡儿树的概念、实现方法和应用。

4.15.1　笛卡儿树的概念

Treap 树的每个节点有两个属性：键值、随机的优先级。笛卡儿树（Cartesian Tree[①]）是一种特殊的、简化的 Treap 树，它的每个节点的键值预先给定，但是优先级或者预先给定，或者随机生成。

笛卡儿树主要用于处理一个确定的数列。数列中的一个数有两个属性：在数列中的位置、数值。把位置看作键值，数值看作优先级，根据这个数列构造出来的笛卡儿树符合 Treap 树的两个特征如下。

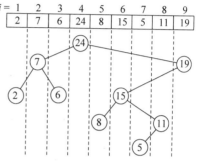

图 4.63　用笛卡儿树存储数列

（1）以每个数的位置为键值，它是一棵 BST。也就是说，对这棵树做中序遍历，返回的就是数列。

（2）把数值看作 Treap 树的优先级，把数列建成一个堆。如果按大根堆建这棵树，那么在每个子树上，子树的根的权值是整棵子树上最大的。

图 4.63 给出一个用数列{2,7,6,24,8,15,5,11,19}建笛卡儿树的例子。

4.15.2　用单调栈建笛卡儿树

前面介绍的 Treap 树，若给定了每个节点的键值和优先级，那么 Treap 树的形态是唯一的。与之类似，笛卡儿树的形态也是唯一的。如何把数列建成一棵笛卡儿树？如果用前面 Treap 建树的做法，逐一加入节点，然后根据临时分配的优先级用旋转、分裂等操作调整形态，复杂度为 $O(n\log_2 n)$。

笛卡儿树比普通 Treap 树简单，建树也更简单，有 $O(n)$ 复杂度的建树方法。例如图 4.64 的例子，数列有 5 个数，从图 4.64(a)到图 4.64(d)，逐一插入树上。

每次插入新的节点，横向的位置是固定的，新的点总是插入最右边，而且需要调整的是纵向位置，所以只需要考虑"最右链"，即从根开始一直沿着右儿子向下走的那条链。在最右链上，从上一个插入的点开始，按最大堆的要求寻找合适的纵向位置。新插入的节点，在插入结束之后，一定位于最右链的末端。

这个过程的实现用单调栈很容易操作。以大根堆为例，用栈维护从根开始的最右链，栈底最大，栈顶最小。例如，图 4.64(c)中栈为{11,15,24}，它是树上的右链，栈底是根 24，栈顶是右链的末端 11。

下面解释建树的步骤，从左到右把数字逐个插入树，并与栈中存储的右链节点比较。

（1）插入第 1 个点 6，6 入栈。

（2）插入第 2 个点 24。24 比栈顶的 6（位于当前的右链上）大，弹出 6,24 入栈。6 是 24 的左儿子。

[①]　笛卡儿树（Cartesian Tree）来源于 Jean Vuillemin 于 1980 年在 *Communications of the ACM* 发表的论文 *A unifying look at data structure*。Jean Vuillemin 提出了这个数据结构，并依据笛卡儿坐标系（Cartesian Coordinate System）命名。

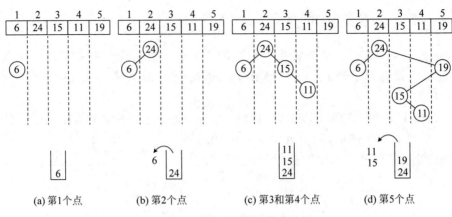

(a) 第1个点　　　(b) 第2个点　　　(c) 第3和第4个点　　　(d) 第5个点

图 4.64　借助单调栈建笛卡儿树

（3）插入第 3 个点 15,15 比栈顶 24 小,15 入栈,15 插入 24 的右子树；插入第 4 个点 11,11 比栈顶的 15 小,11 入栈,11 插入 15 的右子树。

（4）插入第 5 个点 19,19 比栈顶 11 和 15 大,弹出 11 和 15,然后 19 入栈,15 是 19 的左儿子,19 是 24 的右儿子。后面没有新的节点,结束。

在建树过程中,每个点入栈一次,出栈一次或不出栈,所以总复杂度为 $O(n)$,是最快的建树方法。

下面给出一道建树的例题。

 例 4.45　Binary search heap construction(poj 1785)

问题描述:建一棵笛卡儿树。给出 n 个点,每个点包括两个数据:标签 label、优先级 pri。把这 n 个点建成一棵笛卡儿树,并打印树。

输入:每行是一个测试,输入的第 1 个数是节点数量 n,后面有 n 个点,每个点包括标签和优先级。

输出:打印树,每个节点的打印格式为($<$ left sub-treap $>$ $<$ label $>$/$<$ priority $>$ $<$ right sub-treap $>$),中序打印。

输入样例:	输出样例:
7 a/3 b/6 c/4 d/7 e/2 f/5 g/1	(((a/3)b/6(c/4))d/7((e/2)f/5(g/1)))

下面给出了两种代码:buildtree()函数没有用栈,直接查最右链;buildtree2()函数用栈处理最右链。

第 55 行代码对标签（Treap 树的键值）先排序,非常重要。排序之后,所有节点按从左到右的顺序插入树,插入时只需要在 buildtree()函数中根据优先级调整。从这里也能认识到,笛卡儿树需要预先给出所有节点的键值,而优先级则不必,在建树时临时分配优先级也可以。当然,本题的优先级 pri 就是数列的数字本身,不需要临时分配。

```
1   //改写自 https://blog.csdn.net/qq_40679299/article/details/80395824
2   # include < cstdio >
3   # include < algorithm >
```

```cpp
4    # include < cstring >
5    # include < stack >
6    using namespace std;
7    const int N = 50005;
8    const int INF = 0x7fffffff;
9    struct Node{
10       char s[100];    int ls,rs,fa,pri;
11       friend bool operator <(const Node& a,const Node& b){
12           return strcmp(a.s,b.s)< 0;}
13   }t[N];
14   void buildtree(int n){              //不用栈,直接查询最右链
15       for(int i=1;i<=n;i++){
16           int pos = i-1;              //从前一个节点开始比较,前一个节点在最右链的末端
17           while(t[pos].pri < t[i].pri)
18               pos = t[pos].fa;        //沿着最右链一直找,直到 pos 的优先级比 i 大
19           t[i].ls = t[pos].rs;        //图 4.64(d): i 是 19,pos 是 24, 15 调整为 19 的左儿子
20           t[t[i].ls].fa = i;          //图 4.64(d): 15 的父亲是 19
21           t[pos].rs = i;              //图 4.64(d): 24 的右儿子是 19
22           t[i].fa = pos;              //图 4.64(d): 19 的父亲是 24
23       }
24   }
25   void buildtree2(int n){             //用栈辅助建树
26       stack < int > ST;   ST.push(0); //t[0]入栈,它一直在栈底
27       for(int i=1;i<=n;i++){
28           int pos = ST.top();
29           while(!ST.empty() && t[pos].pri < t[i].pri){
30               pos = t[ST.top()].fa;
31               ST.pop();               //把比 i 优先级小的弹出栈
32           }
33           t[i].ls = t[pos].rs;
34           t[t[i].ls].fa = i;
35           t[pos].rs = i;
36           t[i].fa = pos;
37           ST.push(i);                 //每个节点都一定要入栈
38       }
39   }
40   void inorder(int x){                //中序遍历打印
41       if(x==0)        return;
42       printf("(");
43       inorder(t[x].ls);  printf("%s/%d",t[x].s,t[x].pri);  inorder(t[x].rs);
44       printf(")");
45   }
46   int main(){
47       int n;
48       while(scanf("%d",&n),n){
49           for(int i=1;i<=n;i++){
50               t[i].ls = t[i].rs = t[i].fa = 0;        //有多组测试,每次要清零
51               scanf(" %[^/]/%d", t[i].s, &t[i].pri);  //注意输入的写法
52           }
53           t[0].ls = t[0].rs = t[0].fa = 0;     //t[0]不用,从 t[1]开始插入节点
54           t[0].pri = INF;                      //t[0]的优先级无穷大
55           sort(t+1,t+1+n); //对标签先排序,非常关键。这样建树时就只需要考虑优先级 pri
```

285

```
56              buildtree(n);          //buildtree2(n);  //两种建树方法
57              inorder(t[0].rs);      //t[0]在树的最左端,第1个点是t[0].rs
58              printf("\n");
59         }
60         return 0;
61    }
```

4.15.3 笛卡儿树和 RMQ 问题

笛卡儿树的最直接应用是 RMQ 问题。在 2.5 节曾经比较了两种求 RMQ 问题的方法:线段树、ST 算法。"笛卡儿树+LCA"也是一种求 RMQ 的方法。

建好笛卡儿树后,若查询区间 $[L,R]$ 的 RMQ,首先在树上找到 L 和 R,L 和 R 的 LCA 即为区间 $[L,R]$ 的 RMQ。建笛卡儿树的复杂度为 $O(n)$,在树上查找 L 和 R 复杂度约为 $O(\log_2 n)$,然后用倍增法或 Tarjan 算法求 LCA,总复杂度与 ST 算法、线段树差不多。不过,在笛卡儿树上查找 L 和 R 可能很耗时,因为笛卡儿树并不一定是一棵平衡的 BST。

【习题】

(1) poj 2201。

(2) 洛谷 P5854/P1377/P5044/P3793/P1440。

(3) hdu 6305。

扫一扫

视频讲解

4.16　　Splay 树

Treap 树解决平衡的办法是给每个节点加上一个随机的优先级,实现概率上的平衡。不过,读者也许会想到,其实不需要额外加一个优先级,而是通过观察树的形态,发现不平衡就直接调整成平衡态。最简单的直接调整方法是替罪羊树,但是它过于简单,计算量比较大。本节的 Splay 树直接用旋转调整形态,计算量小,效果好,这是 Splay 树的关键所在。读者在阅读本节时,请把重心放在理解 Splay 树如何通过旋转改善树的平衡性上。当然,平衡性只是一个基本需求,Splay 树还有更多的用途。

> **提示**　　在以前的算法竞赛中,Splay 树曾经是最常使用的 BST,它的高效率分裂、合并功能使其在众多复杂场合下得到应用。不过,很多传统的 Splay 树题目现在可以使用 FHQ Treap 树实现,FHQ Treap 树很灵活,效率也很高,代码也更容易写。

FHQ Treap 树和 Splay 树的相同之处是它们都很适合做分裂、合并,从而方便地解决某些区间问题。

(1) FHQ Treap 树的基本操作是分裂和合并。分裂操作为把树按权值 x(或排名)分裂为 L 和 R 两棵树,L 上节点的键值(或排名)小于或等于 x,R 上节点的键值(或排名)大于 x。合并操作为把两棵树 L 和 R 按节点的优先级合并,合并的默认条件是 L 的键值(或排名)都小于 R 的键值(或排名)。

(2) Splay 树的基本操作是把某个节点通过旋转提升为根节点,即"提根"。分裂:先把 x 旋转到根,然后分为两棵树 L 和 R,L 上节点的键值小于 R 上节点的键值。合并:把 R 的最小节点 x 旋转到根,此时 x 的左儿子为空,然后把 L 挂到 x 的左儿子上。

FHQ Treap 树和 Splay 树的不同如下。

(1) Splay 树和 FHQ Treap 树的效率与维护 BST 的平衡性有关,复杂度都为 $O(\log_2 n)$。Treap 树通过给节点随机分配优先级实现平衡性,在概率期望上为 $O(\log_2 n)$;Splay 树在旋转过程中隐含地达到了平衡,可以用平摊分析证明它的性能也为 $O(\log_2 n)$。

(2) 有些场合必须使用 Splay 树,如动态树(Link Cut Tree,LCT),因为 LCT 的复杂度证明要用 Splay 树证明的势能法。

(3) FHQ Treap 树能做可持久化,而 Splay 树不适合做持久化。可持久化的关键是用较小的空间存储相邻时间点的两棵树的变化,避免空间爆炸。FHQ Treap 树是"无旋"的,相邻时间点的两棵树的形态差异较小。而 Splay 树的基本操作是旋转,导致相邻时间点的两棵树差异很大。

4.16.1 Splay 旋转

Splay 树是一种高效率的 BST,它的基本操作是把节点旋转到二叉树的根部,旋转操作能有效改善树的平衡性。这个操作附带实现了一个重要应用——高效率访问"热数据"。例如,在计算机网络中,交换机上的路由表的某些 IP 地址是"热"地址,需要被频繁查询。若用 Splay 树存储路由表,可以把这些热地址旋转到二叉树的根部,从而尽快被查询到。

Splay 树的整体效率也很高,它的平摊操作次数为 $O(\log_2 n)$,也就是说,在一棵有 n 个节点的 BST 上做 M 次 Splay 操作,时间复杂度为 $O(M\log_2 n)$。

如何设计把一个节点 x 旋转到根的方法?需要达到以下两个目的。

(1) 每次旋转,节点 x 就上升一层,从而能在有限次操作后到达根部。

(2) 旋转能改善 BST 的平衡性,即尽量使二叉树层次变少,从根到叶子节点的路径变短,平均的层数和路径长度为 $O(\log_2 n)$。

如果只考虑目的(1),那么使用 Treap 树的旋转法即可,每次 x 与它的父节点交换位置,上升一层。称这种旋转为"单旋",单旋不会减少二叉树的层数,对改善平衡性没有帮助。Splay 树主要使用"双旋",即两次单旋,同时旋转 3 个节点:x、父亲 f、祖父 g。双旋分为两种:一字旋、之字旋,能改善平衡性。

下面介绍 Splay 树的旋转操作,观察它是如何改善 BST 的形态的。按旋转方向,把单旋分为左旋和右旋,左旋记为 zag,右旋记为 zig。

(1) 单旋,做一次 zig 或 zag。此时,x 已经旋转上升到距离根只有一层的位置,父节点 f 就是根,只需要做一次单旋即可,和 Treap 树中的旋转法完全一样,如图 4.65 所示。

(2) 一字旋。此时,x、f、g 在一条线上,做双旋 zig-zig 或 zag-zag。若 x 是 f 的左儿子,f 是 g 的左儿子,做两次 zig;若都是右儿子,做两次 zag。注意,应该先旋转 f 和 g,再旋转 x。图 4.66 演示了一次 zig-zig 双旋过程,另一种 zag-zag 双旋请读者自行练习。

图 4.66 中,先旋转 f 和 g,再旋转 x,能减少二叉树的层数,从而改善 BST 的平衡性。

极端例子如图 4.67 的链状 BST 所示,通过两次双旋 zig-zig1 和 zig-zig2,把节点 1 旋到根,二叉树的总层数减少了一层。

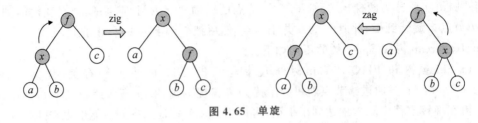

图 4.65　单旋

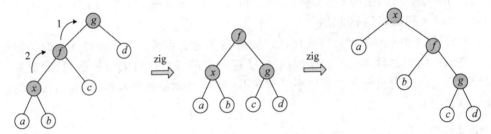

图 4.66　zig-zig 双旋过程

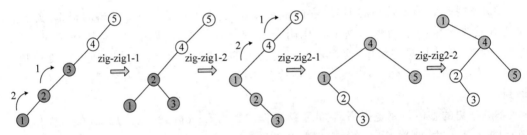

图 4.67　两次 zig-zig 把节点 1 旋到根,改善了平衡性

　　如果简单地一层一层地做单旋,并不能改善平衡性。如图 4.68 所示,BST 树的层数不变。

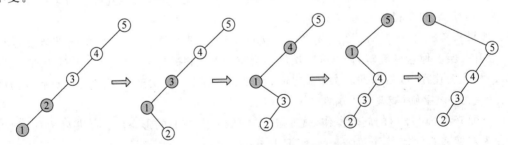

图 4.68　4 次单旋把节点 1 旋到根,不能改善平衡性

　　(3) 之字旋。此时,x、f、g 不在一条线上,做双旋 zig-zag 或 zag-zig。若 x 是 f 的左儿子,f 是 g 的右儿子,做 zig-zag;否则做 zag-zig。注意:先旋转 x 和 f,再旋转 x 和 g。图 4.69 演示了一次 zig-zag 过程。之字旋也能减少二叉树的层数。

　　不能先旋转 f 和 g,再旋转 x。如图 4.70 所示,先旋转 f 和 g,只是把图转了方向,x 的层次并未上升,是无用功。

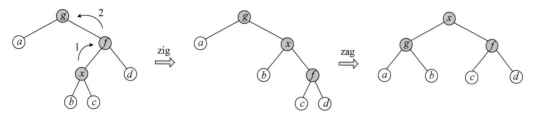

图 4.69 zig-zag 过程

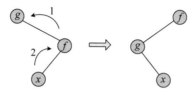

图 4.70 先旋转 f 和 g，结果无效

4.16.2 Splay 树的平摊分析

前面提到 Splay 树的每个操作的复杂度都为 $O(\log_2 n)$，下面用平摊分析的势能方法来证明。

平摊分析(Amortized Analysis)[1]是指执行一系列数据结构操作所需要的时间，通过对执行的所有操作平均而得出。平摊分析可以用来证明在一系列操作中，通过对所有操作求平均之后，即使其中的单一操作有较大代价，但是平均代价较小。平摊分析和概率无关，平摊分析保证在最坏情况下，每个操作有平均性能。

有 3 种常用的平摊分析技术。

(1) 聚集分析(Aggregate Analysis)。证明对所有 n，由 n 个操作构成的序列的总时间在最坏情况下为 $T(n)$。在最坏情况下，每个操作的平摊代价为 $T(n)/n$。注意，在这种分析方法中，每个操作的平摊代价是相同的。

(2) 记账方法。对不同的操作赋予不同的费用，某些操作的费用比它们的实际代价或多或少。当一个操作的平摊代价超过它的实际代价时，把两者的差当作存款，可以用于补偿那些平摊代价少于实际代价的操作。这与聚集分析的平摊代价不同，聚集分析的平摊代价都是相同的。

(3) 势能方法(Potential Method)。不是将已预付的工作作为存储在数据结构特定对象的存款，而是表示成一种"势能"，在需要时释放出来，以支付后面的操作。势能与整个数据结构而不是其中的个别对象发生联系。

可以用记账方法、势能方法分析 Splay 树，用势能方法更容易理解。下面给出 Splay 树势能分析的定义和证明。

定义[2]如下：

---

① 详细内容请学习《算法导论》(Thomas H. Cormen 等著,潘金贵等译,机械工业出版社出版)第 17 章"平摊分析"。

② https://ocw.mit.edu/courses/electrical-engineering-and-computer-science/6-854j-advanced-algorithms-fall-2005/lecture-notes/dzhang_splaytree.pdf

（1）$w(u)$ 表示节点 u 的权值，根据题目需要可以自定义。

（2）$s(u) = \sum\limits_{j \in \text{subtree}(u)} w(j)$，表示以 u 为根的子树的总权值，包括 u。

（3）$r(u) = \log_2 s(u)$ 表示节点 u 的势能。

（4）$\phi(i) = \sum\limits_{u \in \text{tree}} r(u)$ 为势能函数，表示第 i 次操作后所有节点的总势能。很显然，BST 越平衡，总势能越小。

定理 4.16.1 在一个节点 x 上做一次 Splay 旋转的平摊费用 $\text{cost} \leq 3(r'(x) - r(x)) + 1$，其中 r 和 r' 分别表示旋转前后的势能。

证明 如图 4.71 所示，以一字旋 zig-zig 为例，做了两次旋转操作，旋转只影响了 x、f、g 3 个节点的势能，其他节点的势能不变。有 $r'(x) = r(g)$，$r(f) \geq r(x)$，$r'(f) \leq r'(x)$。

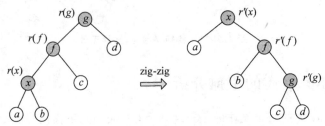

图 4.71　zig-zig 操作前后势能变化

做 Splay 旋转时的费用 cost 包括以下两部分。

（1）旋转的费用，定义一次旋转的计算量为 1。做一次 zig-zig，有两次旋转，费用为 2。

（2）树的形状调整的额外费用，即总势能的变化。做一次 zig-zig，总势能的变化是第 $i+1$ 次操作减去第 i 次操作的势能之差。

在这两种费用中，旋转的费用是正值，而总势能的变化可能为负值，因为当 BST 在旋转后变得更加平衡时，总势能是减小的，这体现了 Splay 树操作改善 BST 的优势。也就是说，树的形状调整的额外费用弥补了旋转的费用。能弥补多少？下面计算 cost。

$$
\begin{aligned}
\text{cost} &= 2 + \phi(i+1) - \phi(i) \\
&= 2 + [r'(x) + r'(f) + r'(g)] - [r(x) + r(f) + r(g)] \\
&= 2 + [r'(x) - r(g)] + r'(f) + r'(g) - r(x) - r(f) \\
&\leq 2 + 0 + r'(x) + r'(g) - r(x) - r(x) \\
&= 2 + r'(x) + r'(g) - 2r(x)
\end{aligned}
$$

对数函数有性质 $\dfrac{\log_2 a + \log_2 b}{2} \leq \log_2 \dfrac{a+b}{2}$，那么有

$$
\frac{\log_2 s(x) + \log_2 s'(g)}{2} \leq \log_2 \frac{s(x) + s'(g)}{2}
$$

$$
\frac{r(x) + r'(g)}{2} \leq \log_2 \frac{s(x) + s'(g)}{2}
$$

$$
\leq \log_2 \frac{s'(x)}{2}
$$

$$
= r'(x) - 1
$$

注意有 $s(x) + s'(g) \leq s'(x)$，得

$$r'(g) \leqslant 2r'(x) - r(x) - 2$$

所以平摊费用为

$$\text{cost} \leqslant 2 + r'(x) + r'(g) - 2r(x) \leqslant 3[r'(x) - r(x)]$$

以上分析了一字旋,同理可以分析之字旋。在单旋情况下,即 x 的父节点是根时只做一次单旋,有 $\text{cost} \leqslant 3[r'(x) - r(x)] + 1$。

推论 4.16.1 对节点 x 做一次 Splay 树操作(旋转到根或其他节点)的平摊费用为 $O(\log_2 n)$。

证明 把 x 旋转到根的平摊费用是做多次旋转的费用之和,即

$$\text{cost} = \sum_i \text{cost}(\text{splay\_step}_i)$$

$$\leqslant \sum_i 3[r^{i+1}(x) - r^i(x)] + 1$$

$$= 3[r(\text{root}) - r(x)] + 1$$

$$\leqslant 3\log_2 n + 1 = O(\log_2 n)$$

公式中的 $+1$ 是最后一步旋转到根时的单旋。

同理,可以证明插入、删除等操作的平摊费用都为 $O(\log_2 n)$。

4.16.3 Splay 树的常用操作和代码

1. Splay 树常用操作

Splay 树常用于区间分裂和合并问题,旋转到根的功能使分裂和合并很容易实现。作为对比,读者可以回顾 FHQ Treap 树的分裂和合并。

例如,一个常见的区间操作,修改或查询区间 $[L, R]$,用 Splay 树很容易实现:先把节点 $L-1$ 旋转到根;然后把节点 $R+1$ 旋转到 $L-1$ 的右子树上,此时 $R+1$ 的左子树就是区间 $[L, R]$。

Splay 树的常见操作如下。

(1) 旋转:splay(x, p),把节点 x 旋转到位置 p。p=0 表示把 x 旋转到根,x 是整棵树的根;p≠0 表示把 x 旋转到 p 的子树上,p 成为 x 的父亲。

(2) 分裂:split(p, &L, &R),p 为排名或键值,按 p 把树分裂为两棵树 L 和 R。例如,p 是排名,把第 p 个节点 x 旋转到根,然后断开 x 和右子树,以 x 为根的是 L,右子树是 R。

(3) 合并:Merge(L, R),合并两棵树 L、R。默认条件是 L 的所有节点比 R 小。首先把 R 的最小节点 x 旋转到根,此时 x 没有左儿子,然后让 L 做 x 的左儿子,就合并了两棵树。也可以把 L 的最大节点旋转到根,后续操作类似。

(4) 插入节点:Insert()。先把新节点按 BST 的规则插入一个空的叶子节点上,然后旋转到根。

(5) 删除节点:del()。把要删除的节点旋到根,删除它,然后合并它的左右儿子。

另外,还有求最大值/最小值、前驱、后继等操作。

2. Splay 树代码

仍然以 4.6 节的例 4.32 文本编辑器为例给出部分 Splay 树操作的代码。

（1）旋转。splay(int x,int qoal)函数把节点 x 旋转到 goal 位置。若 goal＝0，表示把 x 旋转到根，新的根是 x；若 goal！＝0，把 x 旋转为 goal 的儿子。

rotate(int x)函数对节点 x 做一次单旋，若 x 是一个右儿子，左旋；若 x 是一个左儿子，右旋。

（2）分裂与合并。Insert()、del()函数中包含了分裂与合并，详情见代码注释。利用 splay()函数实现分裂和合并，编码很简单。

（3）块操作。每读入一个字符串，先用 build()函数把它建成一棵平衡树，然后再挂到 Splay 树上。对比 FHQ Treap 树的做法，只能一个一个地把字符添加到 Treap 树上，原因是每个节点都有一个不同的优先级，需要单独处理，不能像 Splay 树一样对字符串做整体处理。

```
1   //改写自 https://www.luogu.com.cn/blog/dedicatus545/solution-p4008
2   # include < bits/stdc++.h>
3   using namespace std;
4   const int M = 2e6 + 10;
5   int cnt, root;
6   struct Node{int fa,ls,rs,size; char val;}t[M];  //tree[]存树;
7   void Update(int u){t[u].size = t[t[u].ls].size + t[t[u].rs].size + 1;}   //用于排名
8   char str[M] = {0};                        //一次输入的字符串
9   int build(int L, int R, int f){           //把字符串 str[]建成平衡树
10      if(L > R) return 0;
11      int mid = (L + R)>> 1;
12      int cur = ++cnt;
13      t[cur].fa = f;
14      t[cur].val = str[mid];
15      t[cur].ls = build(L, mid-1, cur);
16      t[cur].rs = build(mid + 1, R, cur);
17      Update(cur);
18      return cur;                           //返回新树的根
19  }
20  int get(int x){return t[t[x].fa].rs == x;}  //如果 u 是右儿子,返回 1; 左儿子返回 0
21  void rotate(int x){                         //单旋一次
22      int f = t[x].fa, g = t[f].fa, son = get(x);  //f:父亲; g: 祖父
23      if(son == 1) {                          //x 是右儿子,左旋 zag
24          t[f].rs = t[x].ls;
25          if(t[f].rs)   t[t[f].rs].fa = f;
26      }
27      else {                                  //x 是左儿子,右旋 zig
28          t[f].ls = t[x].rs;
29          if(t[f].ls)   t[t[f].ls].fa = f;
30      }
31      t[f].fa = x;                            //x 旋为 f 的父节点
32      if(son == 1) t[x].ls = f;               //左旋,f 变为 x 的左儿子
33      else t[x].rs = f;                       //右旋,f 变为 x 的右儿子
34      t[x].fa = g;                            //x 现在是祖父的儿子
35      if(g){                                  //更新祖父的儿子
36          if(t[g].rs == f)   t[g].rs = x;
37          else   t[g].ls = x;
38      }
39      Update(f);    Update(x);
```

```
40    }
41    void splay(int x, int goal){              //goal = 0,新的根是 x; goal!= 0,把 x 旋至为 goal 的儿子
42        if(goal == 0) root = x;
43        while(1){
44            int f = t[x].fa, g = t[f].fa;     //一次处理 x,f,g 3 个点
45            if(f == goal) break;
46            if(g != goal) {                   //有祖父,分为一字旋和之字旋两种情况
47                if(get(x) == get(f)) rotate(f);  //一字旋,先旋转 f、g
48                else rotate(x);}              //之字旋,直接旋转 x
49            rotate(x);
50        }
51        Update(x);
52    }
53    int kth(int k, int u){                    //第 k 大数的位置
54        if( k == t[t[u].ls].size + 1) return u;
55        if( k <= t[t[u].ls].size )    return kth(k,t[u].ls);
56        if( k >= t[t[u].ls].size + 1) return kth(k - t[t[u].ls].size - 1,t[u].rs);
57    }
58    void Insert(int L, int len){              //插入一段区间
59        int x = kth(L,root), y = kth(L + 1,root); //x 为第 L 个数的位置,y 为第 L + 1 个数的位置
60        splay(x,0);    splay(y,x);            //分裂
61        //先把 x 旋转到根,然后把 y 旋转到 x 的儿子,此时 y 是 x 的右儿子,且 y 的左儿子为空
62        t[y].ls = build(1,len,y);             //合并:建一棵树,挂到 y 的左儿子上
63        Update(y);      Update(x);
64    }
65    void del(int L, int R){                   //删除区间[L + 1,R]
66        int x = kth(L,root), y = kth(R + 1,root);
67        splay(x,0); splay(y,x);    //y 是 x 的右儿子,y 的左儿子是待删除的区间
68        t[y].ls = 0;               //剪断左子树,等于直接删除,这里为了简单,没有释放空间
69        Update(y);      Update(x);
70    }
71    void inorder(int u){          //中序遍历
72        if(u == 0) return;
73        inorder(t[u].ls);cout << t[u].val;inorder(t[u].rs);
74    }
75    int main(){
76        t[1].size = 2;    t[1].ls = 2;     //小技巧:虚拟祖父,防止旋转时越界而出错
77        t[2].size = 1;    t[2].fa = 1;     //小技巧:虚拟父亲
78        root = 1; cnt = 2;                 //在操作过程中,root 将指向字符串的根
79        int pos = 1;                       //光标位置
80        int n;    cin >> n;
81        while(n -- ){
82            int len;  char opt[10];  cin >> opt;
83            if(opt[0] == 'I'){
84                cin >> len;
85                for(int i = 1;i <= len;i++){
86                    char ch = getchar();    while(ch < 32||ch > 126)  ch = getchar();
87                    str[i] = ch;
88                }
89                Insert(pos,len);
90            }
91            if(opt[0] == 'D'){ cin >> len; del(pos,pos + len);}   //删除区间[pos + 1,pos + len]
92            if(opt[0] == 'G'){
```

```
93          cin >> len;      int x = kth(pos, root), y = kth(pos + len + 1, root);
94          splay(x, 0);    splay(y, x);
95          inorder(t[y].ls);      cout << "\n";
96        }
97        if(opt[0] == 'M'){ cin >> len; pos = len + 1;}
98        if(opt[0] == 'P') pos --;
99        if(opt[0] == 'N') pos++;
100     }
101  }
```

【习题】

洛谷 P2042/P4567/P3391/P3850/P5338/P2042/P1110/P3644/P1486/P2710/P3224/P3285/P5321。

扫一扫

视频讲解

4.17   K-D 树

前面的二叉树,每个节点只能表示一个数据,如果需要在一个节点上表示多个数据,可以用 K-D 树。K-D 树用"几何+二分"的思路建立二叉树,如果把 K-D 树维护为一棵平衡的二叉树,就能完成多维数据的高效率检索,如最近邻居检索、区间检索等。

4.17.1 从空间到二叉树的转换

本节说明如何从空间坐标转换到二叉树,这个转换是 K-D 树概念的基本原理。

用下面两个问题说明转换的背景。

(1) 给定平面上 n 个点的坐标,然后做 m 次查询,每次查询输入一个的坐标 (x,y),求距离 (x,y) 最近的点。

(2) 给定平面上 n 个点的坐标,每个点有一个权值,然后做 m 次查询,每次查询输入一个矩形范围,求矩形内部的点的权值之和。

这两个问题如果用暴力法直接计算,复杂度分别为 $O(mn)$ 和 $O(mn^2)$。若 m 和 n 较大,暴力法超时。这两个问题还比较简单,因为 n 个点是静态的,预先全部给定。如果把 n 个点改成动态的,如一边查询一边加入点,或者一边查询一边修改点的权值,问题就复杂了。

另外,这两个问题是二维平面的,经常需要推广到三维甚至更高维的情况。

有没有高效的数据结构或算法?下面先退回到一维情况,回顾高效的解决方法。

问题(1)在一维情况下的高效解决方法是二分法和线段树。如果是静态的 n 个数,先排序,然后每次查询输入一个数,用二分法查找它的在序列中的最接近数字即可。m 次查询的复杂度为 $O(m\log_2 n)$。如果是动态的 n 个数,可以用线段树,动态插入线段树上,插入复杂度为 $O(\log_2 n)$,一次查询复杂度也是 $O(\log_2 n)$,仍然很高效。线段树是二叉树结构和二分法思想的结合。

问题(2)在一维情况下的高效解决方法是差分和线段树。

从一维情况得到启发,二维和多维情况的解决,是否仍能使用"二分法思想+二叉树结构"的老办法？首先,如何用二叉树表示二维甚至多维的坐标点？其次,能实现高效的插入、删除、查询吗？

下面以二维坐标为例,用"二分法＋二叉树"方法实现。

平面用二分法划分的操作步骤如下。

如图 4.72(a)所示,第 1 次划分,按 n 个点的 x 坐标的中值进行二分,分为左右两部分; a 为根节点。

如图 4.72(b)所示,第 2 次划分,左、右两部分再按 y 坐标的中值进行二分;得到 b 和 c 为子树根节点。

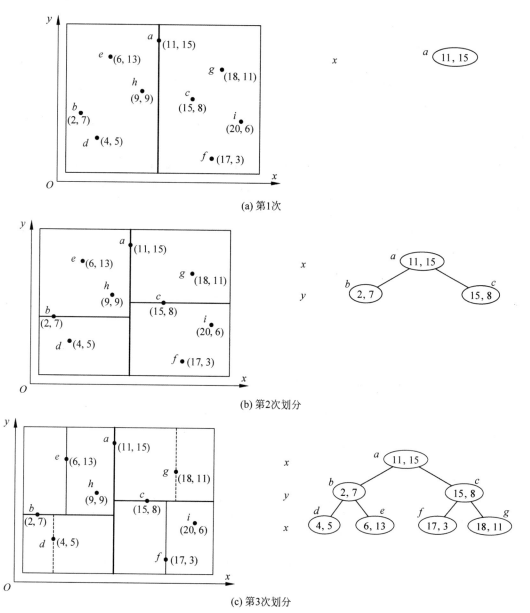

图 4.72 从二维坐标到二叉树

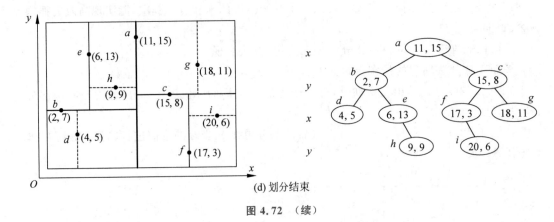

(d) 划分结束

图 4.72 （续）

继续按 x 和 y 中值进行交替二分和建树,直到最小的部分只包含一个点,二叉树也到达了叶子节点,结果如图 4.72(d)所示。

图 4.72 也说明了从 n 个点建二叉树的过程。图 4.72 所示的二维平面坐标和二叉树,它们的关系如下。

(1) 二叉树的每棵子树对应二维平面上的一个区域。例如,以 a 为根节点的整棵树,包括了所有点;以 b 为根节点的子树,包含了节点 a 左半部分的所有点;以 e 为根节点的子树,包含了节点 b 上半部分的所有点,等等。

(2) 平面被划分出来的小区域内的点,可以通过搜索二叉树得到,它是从根到叶子的一条路径。例如,a 左边、b 上面的区域,可以通过遍历二叉树 a-b-e 得到;c 下面,f 右边的区域,可以通过遍历 a-c-f 得到。

 对二维平面上点的搜索,转换为对二叉树从根到叶子的搜索。

4.17.2　K-D 树的概念和基本操作

前面用二维平面介绍了从二维空间到二叉树的转换,简单概况它的思想:利用二分法划分平面,用二叉树记录划分过程。把二维扩展到 K 维,用二叉树表示这些划分,就是 K-D 树。

K-D 树(K-Dimensional Tree[①])是一棵二叉树,它的每个节点上存储的是多维数据。$K=2$ 时,存储的是二维平面坐标 (x,y),二叉树的每层按 x、y 轮流划分;$K=3$ 时,存储的是立体坐标 (x,y,z),二叉树的每层按 x、y、z 轮流划分;更大的 K 对应超空间坐标 $(x,y,z,\cdots)$。

把 K-D 树维护为一棵平衡的二叉树,就能完成超空间的 $O(\log_2 n)$ 的搜索,如最近邻居检索、区间检索等。

---

① Bentley J L. Multidimensional Binary Search Trees Used for Associative Searching[J]. Communications of the ACM,1975,18(9):509-517.

但是,并不是所有情况下都能建一棵平衡的二叉树。如果只能建一棵不平衡的二叉树,效率会大大降低。二叉树的形态与数据的分布、K 的大小都有关系,4.17.3节讨论了这一问题。

下面介绍 K-D 树的基本操作:维度划分、建树、插入新节点、删除节点、寻找第 i 维的最小值等。

1. 维度划分

维度划分是指按某一维进行二分,二叉树的每层按一个维度划分,有两种划分方法。

(1) 轮转法,即按维度交替划分。4.17.1节二维平面的例子按 x、y 交替划分,奇数层按 x 划分,偶数层按 y 划分,称为"奇偶轮转法"。对于一般的 K 维轮转,从第 1 层向下,用求余的方法,第 dep 层按 dep%K 划分,第 dep+1 层按(dep+1)%K 划分,实现了 K 维的交替划分。在 4.17.3节的例题中,用了一般性的交替轮转;在 4.17.4节的例题中,用了奇偶轮转。轮转法的应用背景是所有维度的数据分布都比较平均。

(2) 最大方差法,适用于某些维度的值变化不大的情况。例如,二维平面的 n 个点,其中 x 值分布均匀,y 值相差很小,n 个点在平面上呈现为一条横线,此时按 y 划分没有太大用处,可以把二叉树的每层都按 x 划分。具体操作方法:每次划分时,选方差最大的维度进行划分。方差反映了数据分布的波动程度,方差越大,波动越大,划分越容易。方差的定义为 $s^2 = \dfrac{1}{n} \sum\limits_{i=0}^{n-1} (x_i - \mu)^2$,其中 μ 为 x 的均值。

无论用哪种划分方法,具体对某个维度的值划分时,一般取这个维度的中位数作为划分点,这个中位数将成为二叉树上一棵子树的根。STL 的 nth_element()函数可以直接得到这个中位数,详情见本节例题的代码。

2. 建树

如果预先给定了全部 n 个数据,那么简单地按 K-D 树的"轮流划分"建树即可,得到一棵平衡二叉树。图 4.72 说明了建树的过程。最后得到的二叉树基本上是平衡的。

不过,大多数情况下,n 个点不是预先全部给定,而是逐个动态插入二叉树上,二叉树的建树是动态的。

3. 插入新节点

插入新节点时,按 K-D 树的属性,逐层向下找到合适的位置插入。在第 i 层,按这一层的维度,沿着左子树或右子树向下走,直到找到一个空节点可以插入。

多次插入新节点,可能导致二叉树不平衡。不平衡性达到一定程度,需进行再平衡。在竞赛中,使用替罪羊树是简单有效的维护平衡的方法。

4. 删除节点

删除节点最简单的方法仍然是使用替罪羊树,把待删节点的全部子节点"拍平",然后重建。整棵树不平衡时,全部拍平重建。

5. 寻找第 i 维的最小值

寻找第 i 维的最小值,从根节点出发,逐层搜索。若这一层的维度就是第 i 维,则第 i 维最小值在左子树,继续检索左子树;若这一层的维度不是 i,则左右子树都需要需要检索。图 4.73 演示了在二维 (x,y) 树上寻找 x 最小值和 y 最小值的过程。

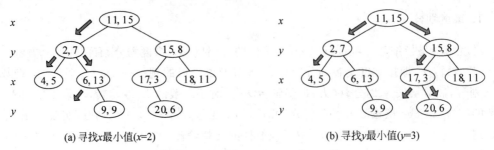

(a) 寻找 x 最小值(x=2)　　　　　　(b) 寻找 y 最小值(y=3)

图 4.73　寻找最小值

4.17.3　寻找最近点

回到 4.17.1 节的问题(1):输入一个坐标,距离它最近的点是哪个?用这个问题详解 $K\text{-}D$ 树的基本操作和编码。

1. 距离的定义

距离的定义一般有两种:欧氏距离、曼哈顿距离。设 $p(p_1,p_2,\cdots,p_k)$ 和 $q(q_1,q_2,\cdots,q_k)$ 是 K 维空间中的两点,两种距离定义如下。

欧氏距离:$d(p,q)=\sqrt{(p_1-q_1)^2+(p_2-q_2)^2+\cdots+(p_k-q_k)^2}$

曼哈顿距离:$d(p,q)=|p_1-q_1|+|p_2-q_2|+\cdots+|p_k-q_k|$

欧氏距离需要开方,为避免开方,题目中一般按距离的平方处理。

2. 寻找最近点的方法

下面讨论快速寻找最近点的方法。如图 4.74 所示,给定一个点 p,问距离它最近的点是哪个。

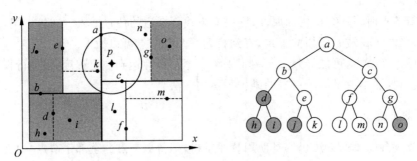

图 4.74　从根节点 a 开始寻找 p 的最近邻居点

根据前面的讨论,坐标区域内的每个小矩形区域都对应了二叉树的一棵子树。

先从根节点 a 开始判断搜索范围。以 p 为圆心,以点 p 到点 a 的距离为半径画圆,那么距离 p 最近的点肯定在圆圈上或内部。这个圆圈与 4 个白色矩形相交,那么只需要搜索这 4 个白色矩形内的点即可。这 4 个白色矩形内的点在二叉树上分别对应 4 条路径:a-b-e-k、a-c-f-l、a-c-f-m、a-c-g-n。灰色矩形不用搜索,对应二叉树中灰色的点。

3. 编程实现

如何编程实现?从根节点 a 出发,这一层的维度为 x,下一步的搜索过程如下。

(1) a 的右子树。由于 $p.x > a.x$,距离 p 更近的点很可能在 a 的右侧,下一步搜索 a 的右侧,也就是搜索二叉树中 a 的右子树。

(2) a 的左子树。由于以 p 为圆心、以 p 到 c 的距离为半径的圆与 a 左侧区域有交集,下一步也需要搜索 a 的左侧,也就是搜索二叉树中 a 的左子树。判断是否有交集,就是判断 $p.x - a.x$ 是否大于圆的半径。

在每层都按上述步骤执行,直到叶子节点。

注意,由于上述步骤是逐层进行的,在二叉树的每层,都有一个对应的新的更小的圆,从而能逐层缩小搜索范围。例如,c 到 p 的距离比 a 更近,二叉树搜索到 c 时,再以 p 为圆心,以 p 到 c 的距离为半径画圆,相交的矩形数量更少。如图 4.75 所示,白色矩形减少为 3 个,原来需要搜索的节点 m 不用再搜索。

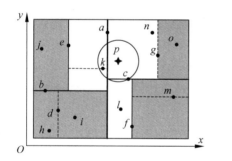 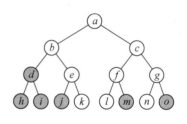

图 4.75 节点 c 对应的矩形

4. 复杂度分析

上述算法的计算复杂度如何?在 K-D 树上的搜索的计算复杂度取决于二叉树的形态,而二叉树的形态与数据的分布、K 的大小都有关系。另外,最近点问题的计算量和 p 值也有关系,即使是一棵平衡的二叉树,很差的 p 值也会导致低效的计算。

1) 数据的分布对搜索的影响

若 n 个点随机均匀分布在整个平面上,且 $n \gg K$,那么能建一棵比较完美的平衡树。如果给定的 p 值也不错,以 p 为圆心的圆能排除大量不用搜索的灰色矩形,那么搜索复杂度为 $O(\log_2 n)$。如果 p 距离所有点都很遥远,那么所有圆都几乎会包含所有的矩形区域,对应的二叉树的每个节点都要搜索,此时复杂度为 $O(n)$,和暴力法的复杂度差不多。

若 n 个点分布在四周,且给定的 p 点位于中心,很显然,以 p 为圆心的所有圆几乎都包含了所有的矩形区域,此时复杂度为 $O(n)$。

2）n 与 K 的关系

若维度 K 值很大，比 n 小不了多少，那么建成的 K-D 树的深度比 K 还小，树上的每个点都会搜索到，搜索复杂度也为 $O(n)$。

5. 例题

 例 4.46　In case of failure（hdu2966）

> 问题描述：平面最近邻居问题。已知平面上 n 个点的坐标，求每个点的最近邻居。
> 输入：有多个测试。第 1 行输入正整数 T，表示 T 个测试，$T \leqslant 15$。每个测试的第 1 行输入整数 n，$2 \leqslant n \leqslant 10^5$；后面 n 行中，每行输入两个整数，表示坐标。n 个点不重合。
> 输出：对每个测试输出 n 行，其中第 i 行输出第 i 个点到最近邻居的距离的平方。

（1）建树。本题的 n 个点预先全部给定，而且不用删除，那么用最简单的建树方法即可。代码中用数组 Point t[N]存储二叉树。用数组表示二叉树的原理和编程见 1.4.1 节。

（2）用轮转法处理二叉树的维度。K-D 树从第 1 层开始，每层轮流按不同的维度进行划分。每层的维度 d 在 $0 \sim K-1$ 轮转。在二维情况下，有更简单的奇偶轮转法，因为它的维度是 0、1 交替的，用异或计算就实现了奇偶交替，如将代码第 21 行写成 build(L,mid,d^1)。4.17.4 节的例题使用了奇偶轮转。

（3）最近点查询函数 query()。按前面介绍的原理，在二叉树上搜索与以 p 为圆心的圆相交的子树。细节见代码注释。

（4）STL 的 nth_element(first,nth,last,compare)函数。求[first,last]区间内第 n 小的元素，如果定义了 compare()函数，按 compare()函数比较。nth_element()函数非常适合用于 K-D 树查找中值。

```
1   # include < bits/stdc++.h>
2   using namespace std;
3   const int N = 100005;
4   const int K = 2;
5   # define ll long long
6   struct Point{int dim[K];};          //K维数据,本题是二维坐标,x = dim[0],y = dim[1]
7   Point q[N];                         //记录输入的 n 个坐标点
8   Point t[N];                         //存储二叉树,用最简单的方法:数组存储二叉树
9   int   now;                          //当前处于第几维,用于 cmp()函数的比较
10  bool cmp(Point a,Point b){return a.dim[now] < b.dim[now];} //第 now 维的比较
11  ll square(int x){return (ll)x * x;}
12  ll dis(Point a,Point b){            //a、b 点距离的平方
13      return square(a.dim[0] - b.dim[0]) + square(a.dim[1] - b.dim[1]);
14  }
15  void build(int L, int R, int dep){  //建树
16      if(L > = R) return;
17      int d = dep % K;                //轮转法,dep 为当前层的深度,d 为当前层的维度
18      int mid = (L+R) >> 1;
```

```
19        now = d;
20        nth_element(t + L,t + mid,t + R,cmp);        //找中值
21        build(L,mid,dep + 1);                        //继续建二叉树的下一层
22        build(mid + 1,R,dep + 1);
23    }
24    ll ans;                                          //答案：到最近点距离的平方值
25    void query(int L,int R,int dep,Point p){         //查找点 p 的最近点
26        if(L >= R)return;
27        int mid = (L + R)>> 1;
28        int d = dep % K;                             //轮转法
29        ll mindis = dis(t[mid],p);                   //这棵子树的根到 p 的最小距离
30        if(ans == 0)  ans = mindis;                  //赋初值
31        if(mindis!= 0 && ans > mindis) ans = mindis; //需要特判 t[mid]和 p 重合的情况
32        if(p.dim[d] > t[mid].dim[d]) {               //在这个维度，p 大于子树的根，接下来查右子树
33            query(mid + 1,R,dep + 1,p);
34            if(ans > square(t[mid].dim[d] - p.dim[d])) query(L,mid,dep + 1,p);
35                    //如果以 ans 为半径的圆与左子树相交，那么左子树也要查
36        }
37        else{
38            query(L,mid,dep + 1,p);                  //在这个维度，p 小于子树的根，接下来查左子树
39            if(ans > square(t[mid].dim[d] - p.dim[d]))    //右子树也要查
40                query(mid + 1,R,dep + 1,p);
41        }
42    }
43    int main(){
44        int T; scanf("%d",&T);
45        while(T--){
46            int n; scanf("%d",&n);
47            for(int i = 0;i < n;i++)
48                scanf("%d%d",&(q[i].dim[0]),&(q[i].dim[1])), t[i] = q[i];
49            build(0,n,0);                             //建树
50            for(int i = 0;i < n;i++){
51                ans = 0;
52                query(0,n,0,q[i]);
53                printf("%lld\n",ans);
54            }
55        }
56        return 0;
57    }
```

4.17.4　区间查询

回到 4.17.1 节的问题(2)：输入一个矩形范围，矩形内部的点的权值之和是多少？
这是一个区间查询问题，用下面的例题讲解。

例 4.47　简单题（洛谷 P4148）

问题描述：有一个 $N \times N$ 的棋盘，每个格子内有一个整数，初始全部为 0。维护 3 种
操作：

1 x y A　　　　　$1 \leqslant x,y \leqslant N$，$A$ 是正整数，把格子 (x,y) 内的数字加 A；

$2\ x_1\ y_1\ x_2\ y_2$　　　$1\leqslant x_1\leqslant x_2\leqslant N, 1\leqslant y_1\leqslant y_2\leqslant N$，输出$(x_1,y_1)$和$(x_2,y_2)$确定的矩形内的数字和；

3　　　　　　　终止程序。

输入：第 1 行输入正整数 N。接下来每行输入代表一个操作，每条操作命令除了第 1 个数字外，均要异或上一次输出的答案 last_ans，初始时 last_ans＝0。

输出：对每个 2 操作，输出一个对应的答案。

数据范围：$1\leqslant N\leqslant 5\times 10^5$，操作数 m 不超过 2×10^5 个，内存限制为 20MB，保证答案在 int 型数值范围内并且解码之后数据仍合法。

如果用暴力法，复杂度为 $O(mN^2)$，超时。下面用 K-D 树求解。

（1）建树，插入。

本题需要逐点插入 K-D 树，容易造成不平衡。前面已经提到，可以用替罪羊树维护二叉树的平衡。代码中替罪羊树部分与 4.16 节代码基本一样。

（2）区间查询。

K-D 树能高效地处理区间查询。根据 K-D 树的原理，它把二维空间按二分法分为一个个小矩形，转换成二叉树，每个小矩形对应一棵子树。现在给定一个矩形范围，问矩形内部所有点的数字和，那么只要统计这个矩形范围包含了哪些小矩形，计算这些小矩形的数字和即可。搜索这些小矩形的复杂度为 $O(\log_2 n)$。

矩形范围内包含的小矩形分为两类：①完全包含，全部统计；②部分包含，需要继续深入小矩形，直到叶子节点。下面代码中的 query() 函数实现了这一功能。

```
1   #include<bits/stdc++.h>
2   using namespace std;
3   const int  N = 200010;
4   const double alpha = 0.75;    //替罪羊树的不平衡率
5   #define lc t[u].ls
6   #define rc t[u].rs
7   struct Point{
8       int dim[2],val;           //dim[0]即为 x,dim[1]即为 y
9       Point(){};
10      Point(int x,int y,int vall){dim[0]=x,dim[1]=y,val=vall;}
11  };
12  Point order[N]; int cnt;      //替罪羊树：用于拍平后存储数据
13  struct kd_tree{
14      int ls,rs;
15      int mi[2],ma[2];          //min[i]为第 i 维上区间的下界；max[i]为第 i 维上区间的上界
16      int sum;                  //以该点为根的子树权值之和
17      int size;
18      Point p;
19  }t[N];
20  int tot,root;
21  int top,tree_stack[N];        //替罪羊树：回收
22  int now;
23  bool cmp(Point a,Point b){return a.dim[now]<b.dim[now];}
24  void update(int u){
```

```
25      for(int i = 0;i < 2;i++){
26          t[u].mi[i] = t[u].ma[i] = t[u].p.dim[i];
27          if(lc){
28              t[u].mi[i] = min(t[u].mi[i],t[lc].mi[i]);
29              t[u].ma[i] = max(t[u].ma[i],t[lc].ma[i]);
30          }
31          if(rc){
32              t[u].mi[i] = min(t[u].mi[i],t[rc].mi[i]);
33              t[u].ma[i] = max(t[u].ma[i],t[rc].ma[i]);
34          }
35      }
36      t[u].sum = t[lc].sum + t[u].p.val + t[rc].sum;
37      t[u].size = t[lc].size + t[rc].size + 1;
38  }
39  void slap(int u)   {                    //替罪羊树:拍平
40      if(!u) return;
41      slap(lc);                           //这里用中序遍历,其实用先序遍历、后序遍历都可以
42      order[++cnt] = t[u].p;
43      tree_stack[++top] = u;              //回收节点
44      slap(rc);
45  }
46  int build(int l,int r,int d) {          //替罪羊树:建树
47      if(l > r) return 0;
48      int u;
49      if(top)   u = tree_stack[top -- ];
50      else      u = ++tot;
51      int mid = (l + r)>> 1;
52      now = d;
53      nth_element(order + l, order + mid, order + r + 1, cmp);
54      t[u].p = order[mid];
55      lc = build(l,mid - 1,d^1);          //奇偶轮转法,没有用 hdu2966 的一般轮转法
56      rc = build(mid + 1,r,d^1);
57      update(u);
58      return u;
59  }
60  bool notbalance(int u){                 //替罪羊树:判断子树 u 是否平衡
61      if(t[lc].size > alpha * t[u].size || t[rc].size > alpha * t[u].size)
62          return true;                    //不平衡
63      return false;                       //平衡
64  }
65  void Insert(int &u, Point now, int d){
66      if(!u) {
67          if(top)   u = tree_stack[top -- ];
68          else      u = ++tot;
69          lc = rc = 0,t[u].p = now;
70          update(u);
71          return;
72      }
73      if(now.dim[d] <= t[u].p.dim[d])  Insert(lc,now,d^1);    //按第 d 维的坐标比较
74      else                             Insert(rc,now,d^1);
75      update(u);
76      if(notbalance(u)){                  //不平衡
```

```
77          cnt = 0;
78          slap(u);                              //拍平
79          u = build(1,t[u].size,d);             //重建
80      }
81  }
82  int query(int u,int x1,int y1,int x2,int y2){
83      if(!u) return 0;
84      int X1 = t[u].mi[0], Y1 = t[u].mi[1], X2 = t[u].ma[0], Y2 = t[u].ma[1];
85      if(x1<=X1 && x2>=X2 && y1<=Y1 && y2>=Y2)   return t[u].sum;
86                                //子树表示的矩形完全在查询矩形范围内
87      if(x1>X2 || x2<X1 || y1>Y2 || y2<Y1)  return 0;
88                                //子树表示的矩形完全在查询矩形范围外
89      int ans = 0;
90      X1 = t[u].p.dim[0], Y1 = t[u].p.dim[1], X2 = t[u].p.dim[0], Y2 = t[u].p.dim[1];
91      if(x1<=X1 && x2>=X2 && y1<=Y1 && y2>=Y2) ans += t[u].p.val; //根在查询矩形内
92      ans += query(lc,x1,y1,x2,y2) + query(rc,x1,y1,x2,y2);       //递归左右子树
93      return ans;
94  }
95  int main(){
96      int n; cin >> n;
97      int ans = 0;
98      while(1){
99          int opt;scanf("%d",&opt);
100         if(opt == 1){
101             int x,y,val; scanf("%d%d%d",&x,&y,&val);
102             x^= ans, y^= ans, val^= ans;
103             Insert(root,Point(x,y,val),0);
104         }
105         if(opt == 2){
106             int x1,y1,x2,y2; scanf("%d%d%d%d",&x1,&y1,&x2,&y2);
107             x1^= ans, y1^= ans, x2^= ans, y2^= ans;
108            ans = query(root,x1,y1,x2,y2);
109             printf("%d\n",ans);
110         }
111         if(opt == 3) break;
112     }
113  }
```

【习题】

(1) hdu 5992：平面最近邻居问题。已知平面上 n 个点的坐标，且每个点有一个权值，做 m 次查询，每次查询给出一个坐标点 u 和一个 k 值，求距离 u 最近的权值小于 k 的点。

(2) hdu 4347：k 维空间最近邻居问题。k 维空间上，有 n 个点，给出一个坐标点 u，求距离 u 最近的 M 个点。

(3) 洛谷 P4169。平面上 n 个点，两点之间的距离定义为曼哈顿距离。有 m 次查询，每次查询给定两个点，问两点的距离有多远。

(4) 洛谷 P4357：第 k 远点对问题。已知平面上 n 个点的坐标，求第 k 远点对。

(5) 洛谷 P3769。有 n 个四维空间中的点，求出一条最长的路径，满足任意维坐标都是单调不降的。

（6）洛谷 P7883/P2479/P3769/P4390/P4475/P2093/P5471。

扫一扫

视频讲解

4.18　动态树与 LCT

本章前面与树有关的数据结构和算法,基本上是对一棵完整的静态树进行操作。如果是动态变化的树或森林,是否有高效的算法? 例如有以下场景。

（1）连接。连接位于不同树上的两个点,同时保证连接后的点和边仍然是一棵树。

（2）断开。删去一条边,断开这条边连接的两个点,把一棵树分为两棵;断开更多边,产生多棵树。

（3）修改。修改某些边或某些点的权值。

（4）查询。查询和统计树上的信息,如两点间的路径信息、距离信息、连通性等。

如果用暴力的 DFS 或 BFS 进行这些操作,复杂度为 $O(mn)$,其中 n 为点的数量,m 为查询数量。如果没有动态地连接和删除,前面提到的数据结构和算法可以做到 $O(m\log_2 n)$ 甚至 $O(m+n)$ 的复杂度,如 LCA 问题中的倍增法和 Tarjan 算法、树链剖分等。

在动态树上能实现 $O(m\log_2 n)$ 的高效操作吗? 动态树是一些森林,由于动态地连接和断开,它们的形态可能非常不平衡。在这些不平衡的森林上做查询操作,需要一些复杂而高明的手段,才能得到高效的解决方案。

其中一种方法是 LCT(Link Cut Tree[①]),用于处理一个有根的森林中各棵树之间的动态操作。LCT 能维护动态树的平衡性,以 $O(\log_2 n)$ 的平摊复杂度进行合并、删除、查询等操作。

提示

在学习 LCT 之前,请先学习树链剖分和 Splay 树。

4.18.1　LCT 的思想

LCT 结合了树链剖分和 Splay 树的思路。经过下面的解析,本书把 LCT 的核心思想概况为"**原树实链从上到下,对应 Splay 树从左到右**"。

（1）把树分为多条链,这是从树链剖分受到的启发。在轻重链剖分这种方法中,把一棵树分为不相交的多条重链,重链之间用轻边连接。对树的查询转化为对重链的查询,从而实现了高效率。LCT 基本上借用了这个思路,也把树剖分成链。树链剖分有"重链",对应 LCT 有"首选路径(Preferred Path)";树链剖分有"轻边",对应 LCT 有"认父指针(Path-Parent Pointer)"。为方便描述,本书把 LCT 的"首选路径"称为"实链",把实链上的边称为"实边",把"认父指针"称为"虚边"。

（2）把原树转换为辅助树(Auxiliary Trees)。这个转换非常精妙,在树链剖分中,重链是静态不变的。但是 LCT 处理动态树,实链可能断开、合并,不可能保持不变。LCT 把原

---

① Sleator D D,Tarjan R E. A Data Structure for Dynamic Trees[J]. Journal of Computer and System Sciences,1983,26(3):362-391.

树的实链和虚边提取出来,重建了一棵辅助树。这棵辅助树看起来与原树差别很大,但是从这棵辅助树可以还原出原树的路径特征,所以在代码中只需要存储和处理辅助树即可。对辅助树的操作等同于对原树的操作。

(3)实链与 Splay 树。实链是动态变化的,有一系列复杂操作:动态增减、合并、断开、改善平衡性等。LCT 借用了 Splay 树的操作方法处理实链,主要是 Splay 树的"提根"和"动态平衡"功能。

下面详细介绍 LCT 的建模步骤和操作方法。虽然 LCT 的概念很多,操作也比较复杂,但是 LCT 从原理到细节层次分明,读者可以提纲挈领地学习,理解起来不太困难。

4.18.2 从原树到辅助树

把静态的原树转换为动态的辅助树,转换步骤如下。

1. 把原树剖分为实链和虚边

在原树中,从一个节点到任意节点,可以标识出一条"首选路径",这条路径就是实链。一条实链是一条从上到下的路径,实链之间通过虚边连接。每个节点最多只能有一条连接自己和儿子的实边。原树由若干实链和虚边组成,不在实链上的边都是虚边。实链上的实边可以转化为虚边,虚边也可以转化为实边,从而连接到某条实链。为了保证实链是一条路径,实链上的节点只能有一个孩子。图 4.76(a)所示为一棵树,图 4.76(b)所示为一种剖分方法,其中实线表示实链,虚线表示虚边。

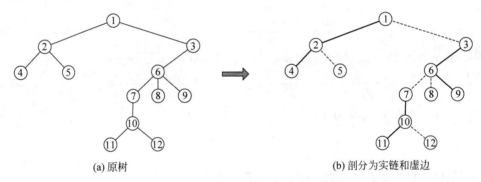

(a)原树   (b)剖分为实链和虚边

图 4.76 原树的剖分

LCT 的实链和树链剖分中的重链有很大区别:①LCT 中的实链不一定要覆盖整棵原树,即使所有链都是虚链也是允许的,虚链足够还原出原树的路径形态;②LCT 的实链并不需要按最长的路径安排,而树链剖分的重链要求沿着重儿子建一条长链。这些区别的原因是 LCT 的实链是动态的,能根据需要不停改变实链的形态,这是 LCT 的优势。

2. 把原树转换为辅助树,包括实链和虚边

首先是实链的转换。实链是从上到下的一条路径,路径上的点在树上的深度从小到大。把点的深度看作它的权值,这样可以把一条实链转换为一棵 BST。例如,图 4.77(a)的实链 A 是路径 1-2-4,对应图 7.77(b)中的 BST 树 A。图 4.77(a)中的 3 条实链 A、B、C 转换成图 4.77(b)中的 3 棵 BST。注意有多种转化方法,图示只是其中一种。

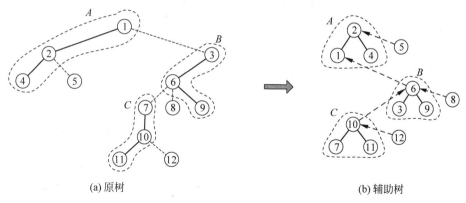

(a) 原树   (b) 辅助树

图 4.77 把原树转换为辅助树

根据 BST 的特征,对图 4.77(b) 的树 A 进行从左到右的中序遍历,输出的点序列是深度从小到大的有序排列 $\{1, 2, 4\}$。也就是说,图 4.77(b) 中 A 的最左节点 1 在原树上是实链 A 的链头,最右节点 4 在原树上是实链 A 的链尾。不管图 4.77(b) 中的 A 如何旋转变化,它始终能保持 BST 的有序特征,从而保持了原树的特征。

其次是虚边的转化。虚边是"认父指针",它是单向的,指向父节点,不能从父节点指向子节点,即"认父不认子"。例如,图 4.77(a) 中 1、3 点之间的边,在图 4.77(b) 中变成了从 6 指向 1 的虚边,父节点 1 没有变,但是子节点从 3 变成了 6,因为 6 是图 4.77(b) 中实链 B 的根节点。这种转换是否会影响 LCT 和原树的对应关系?答案是不会。在原树中,指向节点 1 的节点 3 是 B 的链头,对应图 4.77(b),虽然看起来是 B 的根节点 6 指向了节点 1,但实际上隐含了 B 的最左点指向节点 1。同理,图 4.77(a) 的 C 的链头 7 指向节点 6,对应图 4.77(b) 是 C 的根 10 指向节点 6。

由上面对实链和虚边的讨论可知,虽然原树可以转换为多种形态的辅助树,但是从任意辅助树都能还原出原树的路径特征(当然并不一定能完全还原出原树的形态,只是还原出路径的情况)。那么,编码时不需要存储原树,只存储和处理辅助树即可。

如果题目查询路径信息,可以利用实链。如果查询两点之间的路径,可以在这两点之间建立实链。这条实链对应在辅助树上是一棵 BST,这棵 BST 上所有的边合起来就是路径。

3. 用 Splay 树处理实链

LCT 灵活而高效的操作通过 Splay 树实现,所以在 LCT 中直接把辅助树上的 BST 称为 Splay 树,也就是说,辅助树是由很多 Splay 树和虚边组成的。通过 Splay 树的旋转改变树的形态,可以改善平衡性。另外,通过 Splay 树的提根作用能实现很多关键的操作。

4.18.3 LCT 的存储和性质

LCT 的辅助树该如何存储?用最简单的 struct node{ int fa,ch[2];}即可,fa 指向父节点,ch[0]、ch[1]指向左右孩子。

首先,无论节点是在虚边上还是在实边上,每个节点都有父节点,用 fa 指向父节点;其次,表示实链的 Splay 树是二叉树,每个节点可以有左右两个孩子。如果一个节点有左孩子,左孩子就在实边上;如果有右孩子,右孩子也在实边上。如果一个节点没有孩子,那么它就是 Splay 树的叶子节点。可以把实边看作双向边,把虚边看作单向边。

总结 LCT 的性质如下。

(1)辅助树表达的是原树的路径形态。动态的树上路径问题,用 LCT 的辅助树能高效处理。

(2)原树的一条路径(实链),对应辅助树上的一棵 Splay 树。

(3)实链上的节点从上到下深度递增,对应 Splay 树从左到右递增。概括为**"原树实链从上到下,对应 Splay 树从左到右"**,这是 LCT 树的核心思想。

(4)辅助树由很多 Splay 树组成,Splay 树之间用虚边连接。每个节点包含且仅被包含在一棵 Splay 树内。

4.18.4 LCT 的操作

经过前面的建模,得到了辅助树,那么如何操作才能实现连接、断开、修改、查询操作?下面介绍 LCT 的主要操作,阅读这部分内容时,注意区分这些操作的目的是原树还是辅助树。虽然操作都是在辅助树上,但是大多数操作都是为了改变原树上的形态。

在这些操作中,**最重要的是 access()和 makeroot()**。access()是所有操作的基本步骤,makeroot()的作用为上下颠倒原树的形态。

下面介绍一些常用函数。

(1)splay(x):提根,在辅助树上把节点 x 旋转为它所在的 Splay 树的根。这个操作不会影响原树。splay()函数还有改善二叉树形态的作用。

(2)access(x):在原树上建一条实链,起点是原树的根,终点是节点 x。对应到辅助树,重建一条从原树的根出发的 Splay 树。由于 x 是实链的上最深的终点,执行 access(x)后,x 位于 Splay 树的最右点。

图 4.78 演示了对节点 7 做 access(7)的步骤,请对照例 4.48 的 access(x)函数代码进行理解。基本过程是沿着虚边从下向上走,建立一条实链。图 4.78(f)是结果,建立了一棵包含{1,3,6,7}的 Splay 树,节点 7 位于最右端,对应原树路径 1-3-6-7 的末尾。

读者可以用图 4.78 帮助理解原树和辅助树的对应关系,图 4.78(a)~图 4.78(f)是原树的一种辅助树实现,表示了原树的一种实链剖分方法。可以看出,LCT 非常灵活,实边和虚边可以根据需要随意改变。

access(x)函数的复杂度取决于 Splay 树的旋转和平衡,在 4.16 节中曾指出 Splay 树的平摊复杂度为 $O(\log_2 n)$。

(3)makeroot(x):把 x 在原树上旋转到根的位置。注意,它的操作目标是原树,不是辅助树。makeroot()函数改变了原树的形态,是 LCT 的重要技巧。如果没有 makeroot()函数,就无法真正实现从原树的路径到 Splay 树的转换。

在原树上查询某些路径时,这些路径上的节点深度不是递增的,如原树中的路径 2-1-3,这种路径不能出现在辅助树上的同一棵 Splay 树中。为了能够在辅助树上处理 2-1-3 这种路径,可以在原树上把节点 2 旋转到根,使 2-1-3 变成按深度递增,就能用辅助树的同一棵 Splay 树处理这条路径了,如图 4.79 所示。

makeroot(x)函数有 3 步操作:access(x)→splay(x)→reverse(x)。

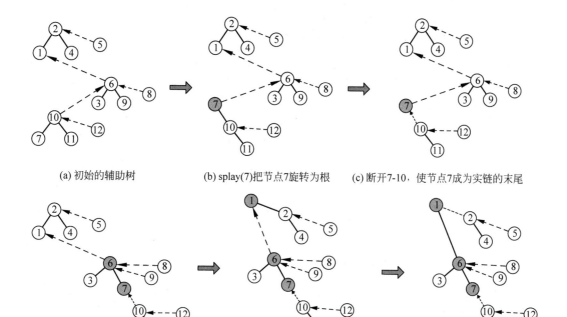

(a) 初始的辅助树　　　(b) splay(7)把节点7旋转为根　　(c) 断开7-10，使节点7成为实链的末尾

(d) 断开6-9，置节点6的右孩子为节点7　　(e) splay(1)把节点1旋转为根　　(f) 断开1-2，置节点1的右孩子为节点6

图 4.78　执行 access(7)

图 4.79　在原树上把节点 2 翻转为根

第 1 步，用 access(x)函数把 x 放到从根出发的实链上，图 4.80(a)所示为 access(7)的结果。

第 2 步，用 splay(x)函数把 x 旋转为根，如图 4.80(b)所示，把节点 7 旋转为根。节点 7 在辅助树上是最上面的根，但是它在原树中仍然是一个底层的点，所以并没有真正实现在原树上把 7 旋转为根。

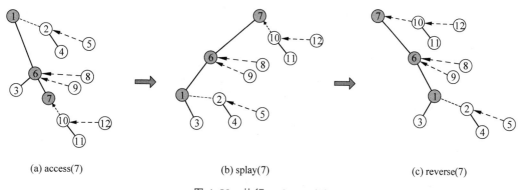

(a) access(7)　　　　(b) splay(7)　　　　(c) reverse(7)

图 4.80　执行 makeroot(7)

第 3 步,如图 4.80(c)所示,用 reverse(7) 函数把 Splay 树{1-3-6-7}以 7 为根左右翻转,这是 makeroot() 函数的关键。根据"原树实链从上到下,对应 Splay 树从左到右"的原则,把 Splay 树左右翻转,对应了原树实链的上下颠倒。把 Splay 树{1-3-6-7}左右翻转为{7-6-3-1},相当于把原树的路径{1-3-6-7}上下颠倒为{7-6-3-1},节点 7 就从原树的底层颠倒到了最顶层的根位置。

Splay 树的整体左右翻转操作,在后面的模板题中用 reverse() 函数实现。

(4) findroot(x):查找 x 在原树上的根,用于判断两个节点是否连通。如果 findroot(a)= findroot(b),那么 a 和 b 在同一棵树上。首先,调用 access(x) 函数使 x 和原树的根位于一条实链上,这条实链在辅助树上位于同一棵 Splay 树。然后调用 splay(x) 函数把 x 翻转到 Splay 树上的根位置,此时原树的根由于深度最浅,肯定位于 Splay 树最左端位置,查找即可。

(5) split(x,y):把在原树上以 x 为起点,以 y 为终点的路径生成一条实链,对应在辅助树上是一棵 Splay 树。执行 split(x,y) 后,就能统计路径 x-y 的信息了。

split(x,y) 的执行分 3 步:makeroot(x)→access(y)→splay(y)。第 1 步,调用 makeroot(x) 函数使 x 成为原树的根;第 2 步,调用 access(y) 函数在原树上建立一条从起点 x 到终点 y 的实链;第 3 步,调用 splay(y) 函数把 y 旋转为根,这个根在 Splay 树上的最右边,没有右儿子。

为什么最后要执行第 3 步的 splay(y)?如果只是生成从 x 到 y 的实链,确实没有必要再执行 splay(y)。不过,让 y 成为根且没有右儿子,在其他操作中有用。例如,把 x 和 y 断开的操作 cut(x,y),先执行 split(x,y),y 只有左儿子,只要把 y 的左儿子剪短即可。

(6) link(x,y):在节点 x 和 y 之间连接一条边。先调用 makeroot(x) 函数把 x 变成原树的根,然后让 y 成为父亲即可。

(7) cut(x,y):断开 x 和 y 之间的边。在上面的 split() 函数中已经解释。

(8) isRoot(x):判断 x 是否为它所在的 Splay 树的根。

LCT 的复杂度如何?上述操作基本上都基于 access(x),而 access(x) 复杂度为 $O(\log_2 n)$,所以 LCT 的每种操作的复杂度也为 $O(\log_2 n)$。

下面给出 LCT 的模板题。

 例 4.48　动态树(洛谷 P3690)

问题描述:给定 n 个点(编号为 $1\sim n$)以及每个点的权值,处理接下来的 m 个操作。操作有以下 4 种,操作编号为 0~3。

0 x y 代表查询从 x 到 y 的路径上的点的权值的异或和。保证 x 到 y 是联通的。

1 x y 代表加边,加 x 到 y 的边,若 x 到 y 已经联通,则无须连接。

2 x y 代表删除边(x,y),不保证边(x,y)存在。

3 x y 代表将点 x 上的权值变成 y。

输入:第 1 行输入两个整数 n 和 m,代表点数和操作数。接下来 n 行中,每行输入一个整数,第 $i+1$ 行的整数 a_i 表示节点 i 的权值。接下来 m 行中,每行输入 3 个整数,分别代表操作类型和操作所需的量。

　　输出：对每个 0 号操作，输出一个整数，表示 x 到 y 的路径上点权的异或和。

　　数据范围：$1\leqslant n\leqslant 10^{5}$，$1\leqslant m\leqslant 3\times 10^{5}$，$1\leqslant a_{i}\leqslant 10^{9}$，对于操作 0～2，保证 $1\leqslant x$，$y\leqslant n$。对于操作 3，保证　$1\leqslant x\leqslant n$，$1\leqslant y\leqslant 10^{9}$。

　　加边"1 x y"和删边"2 x y"操作在前面已经解释，修改"3 x y"操作直接修改即可。查询异或和"0 x y"操作，用 split(x,y) 得到从 x 到 y 的路径，y 是 Splay 树的根；在旋转过程中通过 pushup() 函数上传更新异或值，最后返回根 y 的异或值就是答案。

　　Splay 树的整体左右翻转操作用 reverse() 函数实现。为了提高效率，reverse(x) 函数只翻转了 x 的左右儿子，没有继续翻转儿子的后代。然后，为 x 打上一个 Lazy 标记，在需要时用 pushdown(x) 函数再翻转 x 的儿子的后代。pushdown() 是一个递归函数，递归翻转整棵 Splay 树。Lazy 标记这个技巧与线段树的 Lazy-Tag 相似。

```
1   //代码改写自 https://www.luogu.com.cn/blog/ecnerwaIa/dai-ma-jiang-xie
2   #include<bits/stdc++.h>
3   using namespace std;
4   const int N = 3e5 + 5;
5   struct node{ int fa,ch[2],sum,val,lazy; }t[N];   //lazy用来标记reverse()的左右翻转
6   #define lc t[x].ch[0]                             //左儿子
7   #define rc t[x].ch[1]                             //右儿子
8   bool isRoot(int x){                               //判断是否是 Splay 根节点
9       int g = t[x].fa;
10      return t[g].ch[0]!= x && t[g].ch[1]!= x;      //若为根，则父节点不应该有这个儿子
11  }
12  void pushup(int x){                               //本题求路径异或和.上传信息
13      t[x].sum = t[x].val^t[lc].sum^t[rc].sum;
14  }
15  void reverse(int x){
16      if(!x)return;
17      swap(lc,rc);                                  //翻转 x 的左右儿子
18      t[x].lazy^ = 1;                               //Lazy 标记,先不翻转儿子的后代,后面再翻转
19  }
20  void pushdown(int x){                             //递归翻转 x 的儿子的后代,并释放 Lazy 标记
21      if(t[x].lazy){
22          reverse(lc);
23          reverse(rc);
24          t[x].lazy = 0;
25      }
26  }
27  void push(int x){
28      if(!isRoot(x))  push(t[x].fa);                //从根到 x 全部翻转
29      pushdown(x);
30  }
31  void rotate(int x){
32      int y = t[x].fa;
33      int z = t[y].fa;
34      int k = t[y].ch[1] == x;
```

```
35        if(!isRoot(y)) t[z].ch[t[z].ch[1] == y] = x;
36        t[x].fa = z;
37        t[y].ch[k] = t[x].ch[k^1];
38        if(t[x].ch[k^1])t[t[x].ch[k^1]].fa = y;
39        t[y].fa = x;
40        t[x].ch[k^1] = y;
41        pushup(y);
42    }
43    void splay(int x){                       //提根：把 x 旋转为它所在的 Splay 树的根
44        int y,z;
45        push(x);                             //先翻转处理 x 的所有子孙的 Lazy 标记
46        while(!isRoot(x)){
47            y = t[x].fa, z = t[y].fa;
48            if(!isRoot(y))
49                (t[z].ch[0] == y)^(t[y].ch[0] == x)?rotate(x):rotate(y);
50            rotate(x);
51        }
52        pushup(x);
53    }
54    void access(int x){                      //在原树上建一条实链,起点是根,终点是 x
55        for(int child = 0; x; child = x, x = t[x].fa){     //从 x 向上走,沿着虚边走到根
56            splay(x);
57            rc = child;                       //右孩子是 child,建立了一条实边
58            pushup(x);
59        }
60    }
61    void makeroot(int x){                    //把 x 在原树上旋转到根的位置
62        access(x);    splay(x);    reverse(x);
63    }
64    void split(int x,int y){                 //把原树上以 x 为起点,以 y 为终点的路径,生成一条实链
65        makeroot(x);
66        access(y);
67        splay(y);
68    }
69    void link(int x,int y){                  //在节点 x 和 y 之间连接一条边
70        makeroot(x);    t[x].fa = y;
71    }
72    void cut(int x,int y){                   //将 x,y 的边切断
73        split(x,y);
74        if(t[y].ch[0]!= x||rc)  return;
75        t[x].fa = t[y].ch[0] = 0;
76        pushup(x);
77    }
78    int findroot(int x){                     //查找 x 在原树上的根
79        access(x);    splay(x);
80        while(lc)   pushdown(x),x = lc;//找 Splay 树最左端的节点
81        return x;
82    }
83    int main(){
84        int n,m; scanf("%d%d",&n,&m);
85        for(int i=1;i<=n;++i){ scanf("%d",&t[i].val); t[i].sum = t[i].val; }
86        while(m--){
```

```
87              int opt,a,b;   scanf("%d%d%d",&opt,&a,&b);
88              switch(opt){
89                  case 0:  split(a,b);   printf("%d\n",t[b].sum);   break;
90                  case 1:  if(findroot(a) != findroot(b))link(a,b);   break;
91                  case 2:  cut(a,b);   break;
92                  case 3:  splay(a);   t[a].val = b;   break;
93              }
94          }
95      return 0;
96  }
```

4.18.5　LCT 的基本应用

下面介绍 LCT 的 3 个基本应用。

（1）判断连通性。判断两节点 a 和 b 是否连通，如果 findroot(a)=findroot(b)，那么 a 和 b 在同一棵树上。习题：洛谷 P2147/P4312。

（2）求两点间距离。先执行 split(x,y)，然后累加这棵 Splay 树的边权。与洛谷 P3690 模板题一样使用 Lazy 标记提高效率。

（3）求 LCA。根据 LCA 的定义，在一棵树上求 x 和 y 的 LCA，首先让 x 向根走，记录从 x 到根的路径 p；然后让 y 向根走，第 1 次遇到路径 p 的点 v 就是 v=LCA(x,y)。

用 LCT 求 LCA(x,y)，只需要利用 access() 函数。

首先利用 access(x)建立一条从根到 x 的实链，就是从 x 到根的路径 p。此时在原树上从根出发的实链只有 p，因为一个点只能属于一条实链。这条实链上必然有一个点是 LCA(x,y)。

然后对 y 执行 access(y)操作。在 access(y)的过程中，沿着原树向根走，肯定会遇到一个点 v 属于已经建立好的实链 p，这个点 v 就是 LCA(x,y)。这个过程在辅助树上看其实更简单：如果走到了根所在的 Splay 树，就找到了 v。例如，图 4.81 所示的求 LCA(7,9)，先执行 access(7)得到图 4.81(b)，然后执行 access(9)。

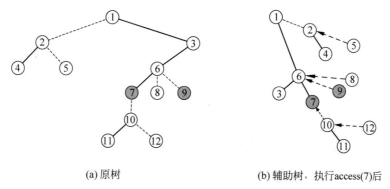

(a) 原树　　　　　　　　(b) 辅助树，执行access(7)后

图 4.81　求 LCA(7,9)

access(9)的过程是这样的：①从 9 走到 6；②下一步执行 splay(6)，把 6 提为 Splay 树的根，此时立刻发现 6 已经没有父亲（如果 t[y].fa=0，表示 y 没有父亲），这说明 6 就在从根出发的实链上，所以 6 就是 LCA。具体看下面的代码。

洛谷 P3379 模板题是求动态树的 LCA，下面给出部分代码，其他代码与洛谷 P3690 模板题一样。

```
1   //洛谷 P3379 的部分代码
2   const int N = 500000 + 5;
3   int query_lca(int x, int y) {                              //求 LCA(x, y)
4       access(x);
5       int ans;
6       for (int child = 0; y; child = y, y = t[y].fa) {  //模拟 access(), y == 0 时退出
7           splay(y);  //若 y 在从根出发的路径 p 上，执行 splay(y)后，y 是 Splay 树的根，y 没有
8                      //父节点，t[y].fa = 0
9           t[y].ch[1] = child;
10          ans = y;
11      }
12      return ans;
13  }
14  int main() {
15      int n, m, rt;   scanf("%d %d %d", &n, &m, &rt);
16      for (int i = 1; i < n; ++i) { int x, y; scanf("%d %d", &x, &y); link(x, y); }
17      makeroot(rt);                                  //定义根节点为 rt
18      for (int i = 1; i <= m; ++i)
19      { int x, y; scanf("%d %d", &x, &y); printf("%d\n", query_lca(x, y)); }
20      return 0;
21  }
```

【习题】

洛谷 P3203/P4338/P1501/P3348/P3703/P4172/P4219/P5489/P2387。

小　结

高级数据结构是本书中篇幅最大的一个专题，而且大部分内容原理难懂，编程复杂。这些高级数据结构结合了基本数据结构和递归、分治、倍增等基本算法，应用在树和复杂序列上。

大部分高级数据结构与二叉树有关。一棵平衡的二叉树，具有极高的查询、合并、删除等操作效率。维护二叉树的平衡是基本问题。

学习高级数据结构，标志着从初级学习阶段进入中高级学习阶段，进入了算法和编程学习的荆棘或沼泽地带。

本章共有 18 节，几乎覆盖了所有算法竞赛高级数据结构考点。还有一些高级数据结构，因为过于复杂，代码冗长，不适合在算法竞赛这种短时竞赛中出题，请感兴趣的读者扩展阅读，进一步深入对算法的理解。

第 **5** 章 动态规划

动态规划（Dynamic Programming，DP）是算法竞赛的必考题型，内容丰富多变[①]。本章将全面介绍动态规划的思想、模板、应用场景和优化等内容。

动态规划是地道的"计算思维"，非常适合用计算机实现，可以说是独属于计算机学科的基础理论。与贪心法、分治一样，动态规划是一种解题的思路，而不是一个具体的算法知识点。动态规划是一种需要学习才能获得的思维方法。像贪心法、分治这样的方法，在生活中和其他学科中有很多类似的例子，很容易联想和理解。但是动态规划不同，它是一种生活中没有的抽象计算方法，没有学过的人很难自发产生这种思路。

本章详解竞赛相关的大部分 DP 知识点，具体如下。

（1）DP 的基本概念和编程方法。

（2）常见的线性 DP 问题。

（3）特殊场景的 DP 应用，包括数位统计 DP、状态压缩 DP、区间 DP、树形 DP 等。

（4）DP 优化，包括一般优化、单调队列优化、斜率优化、四边形不等式优化等。

[①] 1950 年，Richard Bellman 把多阶段决策过程命名为 Dynamic Programming。闫学灿在网上发布的算法指导视频中提出"闫氏 DP 分析法"，用画图辅助 DP 的建模过程，受到网友的推崇。

5.1 DP 概念和编程方法

动态规划(DP)是一种算法技术,它将大问题分解为更简单的子问题,对整体问题的最优解决方案取决于子问题的最优解决方案。动态规划常用于求解计数问题(求方案数)和最值问题(最大价值、最小花费)等。

本节介绍 DP 的基础知识,包括 DP 的特征、DP 的编程方法、DP 状态的设计和状态方程的推导,以及 DP 的空间优化滚动数组。

5.1.1 DP 的概念

DP 是求解多阶段决策问题最优化的一种算法思想,它用于解决具有重叠子问题、最优子结构特征的问题。

下面以斐波那契数列为例说明 DP 的概念。

斐波那契数列是一个递推数列,它的每个数字是前面两个数字的和,如 $1,1,2,3,5,8\cdots$ 计算第 n 个斐波那契数,递推公式为

$$\text{fib}(n) = \text{fib}(n-1) + \text{fib}(n-2)$$

斐波那契数列的应用场景是走楼梯问题:一次可以走一个或两个台阶,问走到第 n 个台阶时,一共有多少种走法? 走楼梯问题的数学模型是斐波那契数列。要走到第 n 级台阶,分为两种情况,一种是从 $n-1$ 级台阶走一步过来,另一种是从 $n-2$ 级台阶走两步过来。

用递归编程求斐波那契数列,代码如下。

```
1   int fib (int n){
2       if (n == 1 || n == 2)        return 1;
3       return (fib (n-1) + fib (n-2));   //递归以 2 的倍数递增
4   }
```

代码中的递归以 2 的倍数递增,复杂度为 $O(2^n)$,非常差。用 DP 可以优化复杂度。

为了解决总体问题 $\text{fib}(n)$,将其分解为两个较小的子问题,即 $\text{fib}(n-1)$ 和 $\text{fib}(n-2)$,这就是 DP 的应用场景。

一些问题具有两个特征:重叠子问题、最优子结构。用 DP 可以高效率地处理具有这两个特征的问题。

1. 重叠子问题

首先,子问题是原大问题的小版本,计算步骤完全一样;其次,计算大问题时,需要多次重复计算小问题。这就是重叠子问题。以斐波那契数列为例,递归计算 $\text{fib}(5)$,分解为如图 5.1 所示的子问题。

其中,$\text{fib}(3)$ 计算了两次,其实只计算一次就够了。

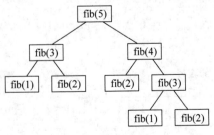

图 5.1 $\text{fib}(5)$ 分解

一个子问题的多次重复计算,耗费了大量时间。用 DP 处理重叠子问题,每个子问题只计算一次,从而避免了重复计算,这就是 DP 效率高的原因。具体的做法是首先分析得到最优子结构,然后用递推或带记忆化搜索的递归进行编程,从而实现高效的计算。

> **提示** DP 在获得时间高效率的同时,可能耗费更多的空间,即时间效率高,空间耗费大。滚动数组是优化空间效率的一个办法。

2. 最优子结构

首先,大问题的最优解包含小问题的最优解;其次,可以通过小问题的最优解推导出大问题的最优解。这就是最优子结构。在斐波那契数列问题中,把数列的计算构造成 $fib(n) = fib(n-1) + fib(n-2)$,即把原来为 n 的大问题,减小为 $n-1$ 和 $n-2$ 的小问题,这是斐波那契数列的最优子结构。

在 DP 的概念中,还常常提到"**无后效性**"。简单地说,就是"未来与过去无关"。此概念不太容易理解,下面以走楼梯问题为例进行解释。要走到第 n 级台阶,有两种方法,一种是从第 $n-1$ 级台阶走一步过来,另一种是从第 $n-2$ 级台阶走两步过来。但是,前面是如何走到第 $n-1$ 级或第 $n-2$ 级台阶,$fib(n-1)$ 和 $fib(n-2)$ 是如何计算得到的,并不需要知道,只需要它们的计算结果就行了。换句话说,只关心前面的结果,不关心前面的过程,在计算 $fib(n)$ 时,直接使用 $fib(n)$ 和 $fib(n-1)$ 的结果,不需要知道它们的计算过程,这就是无后效性。

无后效性是应用 DP 的必要条件,因为只有这样,才能降低算法的复杂度,应用 DP 才有意义。如果不满足无后效性,那么在计算 $fib(n)$ 时,还需要重新计算 $fib(n-1)$ 和 $fib(n-2)$,算法并没有优化。

从最优子结构的概念可以看出,它是满足无后效性的。

这里用斐波那契数列举例说明 DP 的概念,可能过于简单,不足以说明 DP 的特征。建议读者用后文的"0/1 背包"经典问题重新理解 DP 的特征。

5.1.2 DP 的两种编程方法

处理 DP 中的大问题和小问题,有两种思路:自顶向下(Top-Down,先大问题,再小问题)、自底向上(Bottom-Up,先小问题,再大问题)。

编码实现 DP 时,自顶向下用带记忆化搜索的递归编码,自底向上用递推编码。两种方法的复杂度是一样的,每个子问题都计算一遍,而且只计算一遍。

1. 自顶向下与记忆化

先考虑大问题,再缩小到小问题,递归很直接地体现了这种思路。为避免递归时重复计算子问题,可以在子问题得到解决时就保存结果,再次需要这个结果时,直接返回保存的结果就可以了。这种存储已经解决的子问题的结果的技术称为记忆化（Memoization[①]）。

以斐波那契数列为例，记忆化代码如下。

```
1   int memoize[N];                                    //保存结果
2   int fib (int n){
3       if (n == 1 || n == 2)  return 1;
4       if(memoize[n] != 0)     return memoize[n];     //直接返回保存的结果,不再递归
5       memoize[n] = fib (n - 1) + fib (n - 2);        //递归计算结果,并记忆
6       return memoize[n];
7   }
```

在这段代码中，一个斐波那契数列只计算一次，所以总复杂度为 $O(n)$。

2. 自底向上与制表递推

这种方法与递归的自顶向下相反，避免了用递归编程。自底向上的方法先解决子问题，再递推到大问题，通常通过填写多维表格来完成，编码时用若干 for 循环语句填表，根据表中的结果，逐步计算出大问题的解决方案。

用制表法计算斐波那契数列，维护一张一维表 dp[]，记录自底向上的计算结果，更大的数是前面两个数的和，如下所示。

dp[1]	dp[2]	dp[3]	dp[4]	dp[5]	dp[6]	dp[7]	dp[8]	…
1	1	2	3	5	8	13	21	…

代码如下。

```
1   const int N = 255;
2   int dp[N];
3   int fib (int n){
4       dp[1] = dp[2] = 1;
5       for (int i = 3;i <= n;i++)  dp[i] = dp[i-1] + dp[i-2];
6       return dp[n];
7   }
```

代码的复杂度显然也为 $O(n)$。

> **提示** 制表递推编程时，超过 4 维（dp[][][][]）的表格也是常见的，表格可以用滚动数组优化空间。

对比自顶向下和自底向上这两种方法，自顶向下的优点是能更宏观地把握问题、认识问题的实质；自底向上的优点是编码更直接。两种编码方法都很常见。

---

① 这个英文单词没有写错。https://www.diffbt.com/memoization-vs-tabulation/解释：In computing, memoization or memoisation is an optimization technique used primarily to speed up computer programs by storing the results of expensive function calls and returning the cached result when the same inputs occur again.

5.1.3　DP 的设计和实现

本节以 0/1 背包问题为例,详细解释与 DP 的设计、编程有关的内容。滚动数组也应是本节的内容,但是因为比较重要,所以后面单独用一节介绍。

背包问题在 DP 中很常见,其中 0/1 背包问题是最基础的,其他背包问题都由它衍生出来[①]。

0/1 背包问题:给定 n 种物品和一个背包,第 i 个物品的体积为 c_i,价值为 w_i,背包的总容量为 C。把物品装入背包时,第 i 种物品只有两种选择:装入背包或不装入背包,称为 0/1 背包问题。如何选择装入背包的物品,使装入背包中的物品的总价值最大?

设 x_i 表示物品 i 装入背包的情况:$x_i = 0$ 时,不装入背包;$x_i = 1$ 时,装入背包。定义:

约束条件:$\sum_{i=1}^{n} c_i x_i \leqslant C, x_i = 0, 1$

目标函数:$\max \sum_{i=1}^{n} w_i x_i$

下面给出一道 0/1 背包的模板题,以此题为例进行基本 DP 的讲解。

例 5.1　Bone collector(hdu 2602)

问题描述:骨头收集者带着体积为 C 的背包去捡骨头,已知每块骨头的体积和价值,求能装进背包的最大价值。

输入:第 1 行输入测试数量;后面每 3 行为一个测试,其中第 1 行输入骨头数量 N 和背包体积 C,第 2 行输入每块骨头的价值 w,第 3 行输入每块骨头的体积 c。

输出:最大价值。

数据范围:$N \leqslant 1000, C \leqslant 1000$。

---

1. DP 状态的设计

引入一个 $(N+1) \times (C+1)$ 的二维数组 dp[][],称为 DP 状态,dp$[i][j]$ 表示把前 i 个物品(从第 1 个到第 i 个)装入容量为 j 的背包中获得的最大价值。可以把每个 dp$[i][j]$ 都看作一个背包:背包容量为 j,装 $1 \sim i$ 这些物品。最后的 dp$[N][C]$ 就是问题的答案——把 N 个物品装进容量 C 的背包。

2. DP 转移方程

用自底向上的方法计算,假设现在递推到 dp$[i][j]$,分两种情况:

(1)第 i 个物品的体积比容量 j 还大,不能装进容量 j 的背包。那么直接继承前 $i-1$ 个物品装进容量 j 的背包的情况即可,即 dp$[i][j]$ = dp$[i-1][j]$。

[①]　崔添翼《背包问题九讲》(https://github.com/tianyicui/pack)介绍了一些背包问题。读者可以阅读这篇文章,如果有费解的地方,请对照本章节对各种背包问题的解释。

（2）第 i 个物品的体积比容量 j 小，能装进背包。又可以分为两种情况：装或不装第 i 个物品。

① 装第 i 个物品。从前 $i-1$ 个物品的情况推广而来，前 $i-1$ 个物品的价值为 $dp[i-1][j]$。第 i 个物品装进背包后，背包容量减少 $c[i]$，价值增加 $w[i]$，有 $dp[i][j]=dp[i-1][j-c[i]]+w[i]$。

② 不装第 i 个物品，有 $dp[i][j]=dp[i-1][j]$。

取两种情况中的最大值，状态转移方程为

$$dp[i][j]=\max(dp[i-1][j],dp[i-1][j-c[i]]+w[i])$$

总结上述分析，0/1 背包问题的重叠子问题是 $dp[i][j]$，最优子结构是 $dp[i][j]$ 的状态转移方程。

算法复杂度：算法需要计算二维矩阵 $dp[][]$，二维矩阵的大小为 $O(NC)$，每项计算时间为 $O(1)$，总时间复杂度为 $O(NC)$，空间复杂度为 $O(NC)$。

0/1 背包问题的**简化版**：一般物品具有体积（或重量）和价值两个属性，求满足体积约束条件下的最大价值。如果再简单一点，只有一个体积属性，求能放到背包的最多物品，那么，只要把体积看作价值，求最大体积就好了。状态转移方程变为

$$dp[i][j]=\max(dp[i-1][j],dp[i-1][j-c[i]]+c[i])$$

3. 详解 DP 的转移过程

初学者可能对上面的描述仍不太清楚，下面用一个例子详细说明。有 4 个物品，其体积分别为 $\{2,3,6,5\}$，价值分别为 $\{6,3,5,4\}$，背包的容量为 9。

填写 $dp[][]$ 表的过程，按照只装第 1 个物品，只装前 2 个物品，只装前 3 个物品…的顺序，一直到装完，这就是从小问题扩展到大问题的过程。表格横向为 j，纵向为 i，按先横向递增 j，再纵向递增 i 的顺序填表。$dp[][]$ 矩阵如图 5.2 所示。

步骤 1：只装第 1 个物品。

由于物品 1 的体积为 2，所以背包容量小于 2 的，都放不进去，即 $dp[1][0]=dp[1][1]=0$。

若物品 1 的体积等于背包容量，能放进去，背包价值等于物品 1 的价值，即 $dp[1][2]=6$。

容量大于 2 的背包，多余的容量用不到，所以价值与容量为 2 的背包一样，如图 5.3 所示。

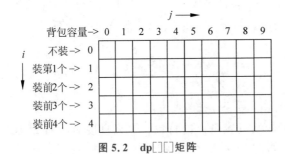

图 5.2　$dp[][]$ 矩阵　　　　图 5.3　装第 1 个物品

步骤 2：只装前 2 个物品。

如果物品 2 体积比背包容量大，那么不能装物品 2，情况与只装第 1 个物品一样。

$dp[2][0]=dp[2][1]=0, dp[2][2]=6$。

下面填写 $dp[2][3]$。物品 2 体积等于背包容量,那么可以装物品 2,也可以不装。

如果装物品 2(体积为 3,价值也为 3),那么可以变成一个更小的问题,即只把物品 1 装到容量为 $j-3$ 的背包中,如图 5.4 所示。

如果不装物品 2,那么相当于只把物品 1 装到背包中,如图 5.5 所示。

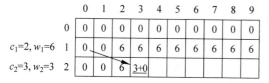

		0	1	2	3	4	5	6	7	8	9
	0	0	0	0	0	0	0	0	0	0	0
$c_1=2, w_1=6$	1	0	0	6	6	6	6	6	6	6	6
$c_2=3, w_2=3$	2	0	0	6	3+0						

图 5.4 装第 2 个物品

		0	1	2	3	4	5	6	7	8	9
	0	0	0	0	0	0	0	0	0	0	0
$c_1=2, w_1=6$	1	0	0	6	6	6	6	6	6	6	6
$c_2=3, w_2=3$	2	0	0	6	6						

图 5.5 不装第 2 个物品

取两种情况的最大值,得 $dp[2][3]=\max\{3,6\}=6$。

后续步骤:继续以上过程,最后得到如图 5.6 所示的 dp 矩阵(图中的箭头是几个例子)。

最后的答案是 $dp[4][9]$,把 4 个物品装到容量为 9 的背包,最大价值为 11。

4. 输出背包方案

现在回头看具体装了哪些物品。需要倒过来观察:

$dp[4][9]=\max\{dp[3][4]+4, dp[3][9]\}=dp[3][9]$,说明没有装物品 4,用 $x_4=0$ 表示;

$dp[3][9]=\max\{dp[2][3]+5, dp[2][9]\}=dp[2][3]+5=11$,说明装了物品 3,$x_3=1$;

$dp[2][3]=\max\{dp[1][0]+3, dp[1][3]\}=dp[1][3]$,说明没有装物品 2,$x_2=0$;

$dp[1][3]=\max\{dp[0][1]+6, dp[0][3]\}=dp[0][1]+6=6$,说明装了物品 1,$x_1=1$。

如图 5.7 所示,实线箭头标识了方案的转移路径。

		0	1	2	3	4	5	6	7	8	9
	0	0	0	0	0	0	0	0	0	0	0
$c_1=2, w_1=6$	1	0	0	6	6	6	6	6	6	6	6
$c_2=3, w_2=3$	2	0	0	6	6	6	9	9	9	9	9
$c_3=6, w_3=5$	3	0	0	6	6	6	9	9	11	11	11
$c_4=5, w_4=4$	4	0	0	6	6	6	9	10	11	11	11

图 5.6 完成 dp 矩阵

		0	1	2	3	4	5	6	7	8	9
	0	0	0	0	0	0	0	0	0	0	0
$c_1=2, w_1=6$	1	0	0	6	6	6	6	6	6	6	6
$c_2=3, w_2=3$	2	0	0	6	6	6	9	9	9	9	9
$c_3=6, w_3=5$	3	0	0	6	6	6	9	9	11	11	11
$c_4=5, w_4=4$	4	0	0	6	6	6	9	10	11	11	11

图 5.7 背包方案

5. 递推代码和记忆化代码

下面的代码分别用自底向上的递推和自顶向下的记忆化递归实现。

1) 递推代码

```
1    # include < bits/stdc++.h>
2    using namespace std;
3    const int N = 1011;
```

```
 4    int w[N], c[N];                                    // 物品的价值和体积
 5    int dp[N][N];
 6    int solve(int n, int C){
 7        for(int i = 1; i <= n; i++)
 8            for(int j = 0; j <= C; j++){
 9                if(c[i] > j)   dp[i][j] = dp[i-1][j];        //第 i 个物品比背包还大,装不了
10                else   dp[i][j] = max(dp[i-1][j],dp[i-1][j-c[i]]+w[i]);//第 i 个物品能装
11            }
12        return dp[n][C];
13    }
14    int main(){
15        int T; cin >> T;
16        while(T--){
17            int n,C;   cin >> n >> C;
18            for(int i=1;i<=n;i++) cin >> w[i];
19            for(int i=1;i<=n;i++) cin >> c[i];
20            memset(dp,0,sizeof(dp));                        //清零,置初值为 0
21            cout << solve(n, C) << endl;
22        }
23        return 0;
24    }
```

2）记忆化代码

记忆化代码只改动递推代码中的 solve() 函数。

```
1    int solve(int i, int j){                        //前 i 个物品,放进容量 j 的背包
2        if (dp[i][j] != 0) return dp[i][j];        //记忆化
3        if(i == 0) return 0;
4        int res;
5        if(c[i] > j) res =   solve(i-1,j);        //第 i 个物品比背包还大,装不了
6        else   res = max(solve(i-1,j), solve(i-1,j-c[i]) + w[i]);   //第 i 个物品可以装
7        return dp[i][j] = res;
8    }
```

提示   本节的 0/1 背包问题,物品价值都大于 0,且背包容量有最大限制。在 6.6 节"0/1 分数规划"给出的例题 Talent show G(洛谷 P4377)中,物品的价值可以为负数,且背包容量有最小限制,请思考这种背包问题并参考第 6 章的代码。

5.1.4 滚动数组

滚动数组是 DP 最常使用的空间优化技术。

DP 的状态方程常常是二维和二维以上,占用了太多空间。例如,5.1.3 节的代码使用了二维矩阵 int dp[N][C],设 $N = 10^3$,$C = 10^4$,都不算大,但 int 型占据 4B,矩阵需要的空间为 $4 \times 10^3 \times 10^4 \approx 40MB$,已经超过一般竞赛题的空间限制。

用滚动数组可以大大减少空间。它能把二维状态方程 $O(n^2)$ 的空间复杂度优化到一维的 $O(n)$,更高维的数组也可以优化后减少一维。

从状态转移方程 $dp[i][j] = \max(dp[i-1][j], dp[i-1][j-c[i]] + w[i])$ 可以看出，$dp[i][]$ 只与 $dp[i-1][]$ 有关，和前面的 $dp[i-2][]$，$dp[i-3][]$，…都没有关系。从前面的图表也可以看出，每行是通过上面一行算出来的，与更前面的行没有关系。那些用过的已经无用的 $dp[i-2][]$，$dp[i-3][]$，…多余了，那么干脆就复用这些空间，用新的一行覆盖已经无用的一行（滚动），只需要两行就够了。

下面给出滚动数组的两种实现方法[①]，两种实现方法都很常用。

1. 交替滚动

定义 $dp[2][j]$，用 $dp[0][]$ 和 $dp[1][]$ 交替滚动。这种方法的优点是逻辑清晰，编码不易出错，**建议初学者采用这种方法**。

下面的代码中，now 始终指向正在计算的最新的一行，old 指向已计算过的旧的一行。对照原递推代码，now 相当于 i，old 相当于 $i-1$。

```
1  // hdu 2602(滚动数组代码 1)
2  int dp[2][N];                         //替换 int dp[][];
3  int solve(int n, int C){
4      int now = 0, old = 1;             //now 指向当前正在计算的一行,old 指向旧的一行
5      for(int i = 1; i <= n; i++){
6          swap(old,now);                //交替滚动,now 始终指向最新的一行
7          for(int j = 0; j <= C; j++){
8              if(c[i] > j)   dp[now][j] = dp[old][j];
9              else           dp[now][j] = max(dp[old][j], dp[old][j - c[i]] + w[i]);
10         }
11     }
12     return dp[now][C];                //返回最新的行
13 }
```

注意，j 循环是 $0 \sim C$，其实**反过来也可以**。但是在下面的"自我滚动"代码中，必须反过来循环，即 $C \sim 0$。

2. 自我滚动

用两行做交替滚动在逻辑上很清晰，但是还能继续精简：一维 $dp[]$ 就够了，自己滚动自己。

```
1  // hdu 2602(滚动数组代码 2)
2  int dp[N];
3  int solve(int n, int C){
4      for(int i = 1; i <= n; i++)
5          for(int j = C; j >= c[i]; j-- )      //反过来循环
6              dp[j] = max(dp[j],dp[j - c[i]] + w[i]);
7      return dp[C];
8  }
```

注意，j 应该反过来循环，即从后向前覆盖。下面说明原因，用 $dp[j]'$ 表示旧状态，$dp[j]$

---

① "交替滚动"和"自我滚动"是本书提出的名词。

表示滚动后的新状态。

（1）j 从小到大循环是错误的。例如，$i=2$ 时，图 5.8 左侧的 dp[5]，经计算得到 dp[5]=9，把 dp[5] 更新为 9。继续计算，当计算 dp[8] 时，得 dp[8]=dp[5]'+3=9+3=12，这个答案是错的。错误的产生是由动数组重复使用同一个空间引起的。

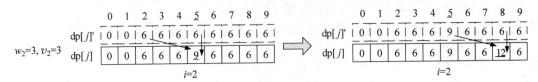

图 5.8　j 从小到大循环，是错误的

（2）j 从大到小循环是对的。例如，$i=2$ 时，首先计算最后的 dp[9]=9，它不影响前面状态的计算，如图 5.9 所示。

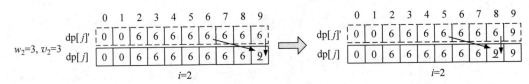

图 5.9　j 从大到小循环，是正确的

经过交替滚动或自我滚动的优化，DP 的空间复杂度从 $O(N \times C)$ 降低到 $O(C)$。

提示 滚动数组也有缺点。它覆盖了中间转移状态，只留下了最后的状态，所以损失了很多信息，导致无法输出具体的方案。

二维以上的 dp 数组也能优化。例如，求 dp[t][][]，如果它只和 dp[$t-1$][][] 有关，不需要 dp[$t-2$][][]、dp[$t-3$][][] 等，那么可以把数组缩小为 dp[2][][] 或 dp[][]。

扫一扫

视频讲解

5.2　经典线性 DP 问题

本节介绍一些经典 DP 问题，这些问题比较简单，常常出现在面试中[①]。请大量练习这种题目，熟练掌握 DP 的算法思想。

1. 分组背包

有一些物品，把物品分为 n 组，其中第 i 组第 k 个物品的体积为 $c[i][k]$，价值为 $w[i][k]$；每组内的物品冲突，每组内最多只能选出一个物品装进背包；给定一个容量为 C 的背包，问如何选物品，使装进背包的物品的总价值最大。

解题思路与 0/1 背包问题很相似。回顾 0/1 背包问题的状态定义 dp[i][j]，它表示把前 i 个物品（第 1～i 个）装入容量为 j 的背包中获得的最大价值。

---

① 更多动态规划问题可参考 https://www.geeksforgeeks.org/dynamic-programming/。

类似地，在分组背包中定义状态 $dp[i][j]$，它表示把前 i 组物品装进容量 j 的背包（每组最多选一个物品）可获得的最大价值。状态转移方程为

$$dp[i][j] = \max\{dp[i-1][j], dp[i-1][j-c[i][k]] + w[i][k]\}$$

其中，$dp[i-1][j]$ 表示第 i 组不选物品；$dp[i-1][j-c[i][k]]$ 表示第 i 组选第 k 个物品。求解方程，需要做 i、j、k 的三重循环。

如果用滚动数组实现，状态转移方程变为

$$dp[j] = \max\{dp[j], dp[j-c[i][k]] + w[i][k]\}$$

下面是一道简单例题，用来演示代码。

 例 5.2   ACboy needs your help（hdu 1712）

问题描述：ACboy 这学期可以选 N 门课，他只想学 M 天。每门课的学分不同，问这 M 天如何安排 N 门课，才能得到最多学分？

输入：有多个测试。每个测试的第 1 行输入 N 和 M。后面有 N 行，每行输入 M 个数字，表示一个矩阵 $A[i][j]$，$1 \leqslant i \leqslant N \leqslant 100$，$1 \leqslant j \leqslant M \leqslant 100$，表示第 i 门课学 j 天能得到 $A[i][j]$ 学分。若 $N = M = 0$，表示测试结束。

输出：对每个测试，输出最多学分。

以第 1 个测试为例，$N = M = 2$，第 1 门课学 1 天得 1 分，学 2 天得 2 分；第 2 门课学 1 天得 1 分，学 2 天得 3 分；ACboy 的选择是用 2 天学第 2 门课。本题可以建模为分组背包，每门课是一组。

物品分组：第 i 门课是第 i 组，天数是物品的体积，$A[i][j]$ 是第 j 个物品的价值。

背包容量：总天数 M 就是背包容量。

下面是用滚动数组实现的代码，注意它是"**自我滚动**"，所以 j 是从大到小循环的。

```
1   # include < bits/stdc++.h>
2   using namespace std;
3   const int N = 105;
4   int w[N][N],c[N][N];                      //物品的价值、体积
5   int dp[N];
6   int n,m;
7   int main(){
8       while(scanf(" % d % d",&n,&m) && n && m){//输入：n门课，即n组；m天，即容量为m
9           for(int i = 1;i <= n;i++)         //第i门课，即第i组
10              for(int k = 1;k <= m;k++){     //m也是第i组的物品个数
11                  scanf(" % d",&w[i][k]);    //第i组第k个物品的价值
12                  c[i][k] = k;               //第i组第k个物品的体积,学k天才能得分,体积就是k
13              }
14          memset(dp,0,sizeof(dp));
15          for(int i = 1;i <= n;i++)          //n门课，即n组；遍历每门课，即遍历每个组
16              for(int j = m;j >= 0;j-- )     //容量为m
17                  for(int k = 1;k <= m;k++)  //用k遍历第i组的所有物品
18                      if(j >= c[i][k])       //第k个物品能装进容量j的背包
19                          dp[j] = max(dp[j], dp[j-c[i][k]] + w[i][k]); //第i组第k个
```

```
20          printf("% d\n",dp[m]);
21      }
22  }
```

2. 多重背包

给定 n 种物品和一个背包,第 i 种物品的体积为 c_i,价值为 w_i,并且有 m_i 个,背包的总容量为 C。如何选择装入背包的物品,使装入背包中物品的总价值最大?

 例 5.3　宝物筛选(洛谷 P1776)

输入:第 1 行输入整数 n 和 C,分别表示物品种数和背包的最大容量。接下来 n 行中,每行输入 3 个整数 w_i、c_i、m_i,分别表示第 i 个物品的价值、体积、数量。

输出:输出一个整数,表示背包不超载的情况下装入物品的最大价值。

下面给出 3 种解法。

1) 简单方法

下面给出两种思路。

第 1 种思路是转换为 0/1 背包问题。把相同的 m_i 个第 i 种物品看作独立的 m_i 个物品,共有 $\sum\limits_{i=1}^{n} m_i$ 个物品,然后按 0/1 背包问题求解,复杂度为 $O(C\sum\limits_{i=1}^{n} m_i)$。

第 2 种思路是直接求解。定义状态 $dp[i][j]$ 表示把前 i 个物品装进容量 j 的背包,能装进背包的最大价值。第 i 个物品分为装或不装两种情况,得到多重背包的状态转移方程为

$$dp[i][j] = \max\{dp[i-1][j], dp[i-1][j-k\cdot c[i]] + k\cdot w[i]\},$$
$$1 \leqslant k \leqslant \min\{m[i], j/c[i]\}$$

直接写 i、j、k 三重循环,复杂度与第 1 种思路一样。下面用滚动数组编码,提交判题后会超时。

```
1  //洛谷 P1776: 滚动数组版本的多重背包(超时)
2  # include < bits/stdc++.h >
3  using namespace std;
4  const int N = 100010;
5  int n,C,dp[N];
6  int w[N],c[N],m[N];                          //物品i的价值、体积、数量
7  int main(){
8      cin >> n >> C;                           //物品数量,背包容量
9      for(int i = 1;i <= n;i++) cin >> w[i] >> c[i] >> m[i];
10 //以下是滚动数组版本的多重背包
11     for(int i = 1;i <= n;i++)                //枚举物品
12         for(int j = C;j >= c[i];j-- )        //枚举背包容量
13             for(int k = 1; k <= m[i] && k * c[i] <= j; k++)
```

```
14                    dp[j] = max(dp[j],dp[j - k * c[i]] + k * w[i]);
15        cout << dp[C] << endl;
16        return 0;
17    }
```

2）二进制拆分优化

这是一种简单而有效的技巧。在上述简单方法的基础上加入这个优化，能显著改善复杂度。原理很简单，例如，第 i 种物品有 $m_i = 25$ 个，这 25 个物品放进背包的组合有 $0 \sim 25$ 的 26 种情况。不过，要组合成 26 种情况，其实并不需要 25 个物品。根据二进制的计算原理，任何一个十进制整数 X 都可以用 1,2,4,8 等 2 的倍数相加得到，如 $25 = 16 + 8 + 1$，这些 2 的倍数只有 $\log_2 X$ 个。题目中第 i 种物品有 m_i 个，用 $\log_2 m_i$ 个数就能组合出 $0 \sim m_i$ 种情况。总复杂度从 $O(C\sum_{i=1}^{n} m_i)$ 优化到 $O(C\sum_{i=1}^{n} \log_2 m_i)$。

注意拆分的具体实现，不能全部拆成 2 的倍数，而是先按 2 的倍数从小到大拆，最后是一个小于或等于最大倍数的余数。对 m_i 这样拆分非常有必要，能够保证拆出的数相加在 $[1, m_i]$ 范围内，不会大于 m_i。例如，$m_i = 25$，把它拆成 $1 + 2 + 4 + 8 + 10$，最后是余数 10，$10 < 16 = 2^4$，读者可以验证用这 5 个数能组合成 $1 \sim 25$ 的所有数字，不会超过 25。

```
1    //洛谷 P1776：二进制拆分 + 滚动数组
2    # include < bits/stdc++.h>
3    using namespace std;
4    const int N = 100010;
5    int n,C,dp[N];
6    int w[N],c[N],m[N];
7    int new_n;                                //二进制拆分后的新物品总数量
8    int new_w[N],new_c[N],new_m[N];           //二进制拆分后的新物品
9    int main(){
10       cin >> n >> C;
11       for(int i = 1;i <= n;i++)   cin >> w[i]>> c[i]>> m[i];
12   //以下是二进制拆分
13       int new_n = 0;
14       for(int i = 1;i <= n;i++){
15           for(int j = 1;j <= m[i];j <<= 1) {   //二进制枚举：1,2,4,...
16               m[i] -= j;                        //减去已拆分的
17               new_c[++new_n] = j * c[i];        //新物品
18               new_w[new_n]   = j * w[i];
19           }
20           if(m[i]){                             //最后一个是余数
21               new_c[++new_n] = m[i] * c[i];
22               new_w[new_n]   = m[i] * w[i];
23           }
24       }
25   //以下是滚动数组版本的 0/1 背包
26       for(int i = 1;i <= new_n;i++)            //枚举物品
27           for(int j = C;j >= new_c[i];j-- )    //枚举背包容量
28               dp[j] = max(dp[j],dp[j - new_c[i]] + new_w[i]);
29       cout << dp[C] << endl;
30       return 0;
31   }
```

这种解法可以看作多重背包问题的标准解法,不过,还有更优的解法——单调队列优化。

3)单调队列优化

这种方法的复杂度为 $O(nC)$,是最优的解法。详情见 5.8 节。

洛谷 P2347"砝码称重"是一道类似的多重背包问题,请读者练习用二进制拆分优化解决。

3. 最长公共子序列(Longest Common Subsequence,LCS)

一个给定序列的子序列,是在该序列中删去若干元素后得到的序列。例如,$X=\{A,B,C,B,D,A,B\}$,它的子序列有 $\{A,B,C,B,A\}$、$\{A,B,D\}$、$\{B,C,D,B\}$ 等。子序列和子串是不同的概念,子串的元素在原序列中是连续的。

给定两个序列 X 和 Y,当另一序列 Z 既是 X 的子序列,又是 Y 的子序列时,称 Z 是序列 X 和 Y 的公共子序列。最长公共子序列是长度最长的公共子序列。

问题描述:给定两个序列 X 和 Y,找出 X 和 Y 的一个最长公共子序列。

用暴力法找最长公共子序列,需要先找出 X 的所有子序列,然后一一验证是否为 Y 的子序列。如果 X 有 m 个元素,那么 X 有 2^m 个子序列;Y 有 n 个元素;总复杂度大于 $O(n2^m)$。

用动态规划求 LCS,复杂度为 $O(nm)$。用 $dp[i][j]$ 表示序列 X_i(表示 $x_1,x_2,\cdots,x_i$ 这个序列,即 X 的前 i 个元素组成的序列;这里用小写的 x 表示元素,用大写的 X 表示序列)和 Y_j(表示 $y_1,y_2,\cdots,y_j$ 这个序列,即 Y 的前 j 个元素组成的序列)的最长公共子序列的长度。$dp[n][m]$ 就是答案。

分解为以下两种情况。

(1)当 $x_i=y_j$ 时,已求得 X_{i-1} 和 Y_{j-1} 的最长公共子序列,在其尾部加上 x_i 或 y_j,即可得到 X_i 和 Y_j 的最长公共子序列。状态转移方程为 $dp[i][j]=dp[i-1][j-1]+1$。

(2)当 $x_i \neq y_j$ 时,求解两个子问题:X_{i-1} 和 Y_j 的最长公共子序列、X_i 和 Y_{j-1} 的最长公共子序列。取其中的最大值,状态转移方程为 $dp[i][j]=\max\{dp[i][j-1],dp[i-1][j]\}$。

习题:hdu 1159(Common subsequence)。

4. 最长递增子序列(Longest Increasing Subsequence,LIS)

问题描述:给定一个长度为 n 的数组,找出一个最长的单调递增子序列。

例如,一个长度为 7 的序列 $A=\{5,6,7,4,2,8,3\}$,它最长的单调递增子序列为 $\{5,6,7,8\}$,长度为 4。

定义状态 $dp[i]$ 表示以第 i 个数为结尾的最长递增子序列的长度,那么有

$$dp[i]=\max\{dp[j]\}+1, \quad 0<j<i,A_j<A_i$$

最终答案是 $\max\{dp[i]\}$。

复杂度分析:j 在 $0\sim i$ 滑动,复杂度为 $O(n)$;i 的变化范围也为 $O(n)$;总复杂度为 $O(n^2)$。

> **提示**　DP 并不是 LIS 问题的最优解法,有复杂度为 $O(n\log_2 n)$ 的非 DP 解法[①]。

习题:hdu 1257(最少拦截系统)。

5. 编辑距离(Edit Distance)

问题描述:给定两个单词 word1 和 word2,计算出将 word1 转换为 word2 所需的最小操作数。一个单词允许进行 3 种操作:①插入一个字符;②删除一个字符;③替换一个字符。

为方便理解,把长度为 m 的 word1 存储在数组 word1[1]~word1[m],把长度为 n 的 word2 存储在数组 word2[1]~word2[n],不使用 word1[0] 和 word2[0]。

定义二维数组 dp,dp[i][j] 表示从 word1 的前 i 个字符转换到 word2 的前 j 个字符所需要的操作步骤,dp[m][n] 就是答案。图 5.10 所示为 word1="abcf",word2="bcfe" 的 dp 转移矩阵。

若 word1[i]=word2[j],则 dp[i][j]=dp[$i-1$][$j-1$],如图 5.10 中 dp[2][1] 处的箭头所示。

其他情况,dp[i][j]=min{dp[$i-1$][$j-1$],dp[$i-1$][j],dp[i][$j-1$]}+1,如图 5.10 中 dp[4][2] 处的箭头所示。dp[i][j] 是它左侧、左上、上方的 3 个值中的最小值加 1,分别对应以下 3 种操作:

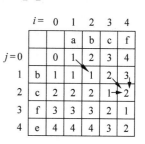

图 5.10　编辑距离的 dp 转换矩阵

(1) dp[$i-1$][j]+1,删除,将 word1 的最后字符删除;

(2) dp[i][$j-1$]+1,插入,在 word2 的最后插入 word1 的最后字符;

(3) dp[$i-1$][$j-1$]+1,替换,将 word2 的最后一个字符替换为 word1 的最后一个字符。

算法复杂度为 $O(mn)$。

习题:洛谷 P2758。

6. 最小划分(Minimum Partition)

问题描述:给出一个正整数数组,把它分成 S_1 和 S_2 两部分,使 S_1 的数字和与 S_2 的数字和的差的绝对值最小。最小划分的特例是 S_1 和 S_2 的数字和相等,即差为 0。

例如,数组[1,6,11,5],最小划分是 S_1=[1,5,6],S_2=[11];S_1 的数字和减去 S_2 的数字和,绝对值为 $|11-12|=1$。

最小划分问题可以转化为 0/1 背包问题。求出数组的和 sum,把问题转换为:背包的容量为 sum/2,把数组中的每个数字看作物品的体积,求出背包最多可以放 res 体积的物品,返回结果 $|$res$-($sum$-$res$)|$。

---

① 参考《算法竞赛入门到进阶》7.1.4 节"最长递增子序列"的详细讲解。

习题：lintcode 724(Minimum partition)[①]。

7. 行走问题(Ways to Cover a Distance)

问题描述：给定一个整数 n，表示距离的步骤，一个人每次能走 1～3 步，问要走到 n，有多少种走法？例如，$n=3$，有 4 种走法：{1,1,1}、{1,2}、{2,1}、{3}。

这个问题和爬楼梯问题差不多。爬楼梯问题是每次能走 1 级或 2 级台阶，问走到第 n 级有多少种走法。爬楼梯问题的解实际上是一个斐波那契数列。

定义行走问题的状态 $dp[i]$ 为走到第 i 步的走法数量，那么有

$$dp[0]=1, dp[1]=1, dp[2]=2$$
$$dp[i]=dp[i-1]+dp[i-2]+dp[i-3], \quad i>2$$

8. 矩阵最长递增路径(Longest Path in Matrix)

问题描述：给定一个矩阵，找一条最长路径，要求路径上的数字递增。矩阵的每个点可以向上、下、左、右 4 个方向移动，不能沿对角线方向移动。

例如，矩阵 $\begin{bmatrix} 9 & 9 & 3 \\ 7 & 5 & 7 \\ 3 & 1 & 1 \end{bmatrix}$ 的一个最长递增路径为 1-3-7-9，长度为 4。

下面给出两种解法。

(1) 暴力 DFS。设矩阵有 $m \times n$ 个点，以每个点为起点做 DFS，搜索递增路径，在所有递增路径中找出最长的路径。每个 DFS 都是指数级时间复杂度的，复杂度非常高。

(2) 记忆化搜索。在暴力 DFS 的基础上，用记忆化进行优化。把每个点用 DFS 得到的最长递增路径记下来，后面再搜索到这个点时，直接返回结果。由于每个点只计算一次，每条边也只计算一次，虽然做了 $m \times n$ 次 DFS，但是总复杂度仍然为 $O(V+E)=O(mn)$，其中 V 为点数，E 为边数。这也算是动态规划的方法。

习题：leetcode 329(矩阵中的最长递增路径)[②]。

9. 子集和问题(Subset Sum Problem)

问题描述：给定一个非负整数的集合 S，一个值 M，问 S 中是否有一个子集，其子集和等于 M。

例如，$S=\{6,2,9,8,3,7\}$，$M=5$，存在一个子集 $\{2,3\}$，子集和等于 5。

用暴力法求解，即检查所有的子集。共有 2^n 个子集，为什么？用二进制辅助理解：若一个元素被选中，标记为 1；若没有选中，标记为 0；空集是 n 个 0，所有元素都被选中是 n 个 1，从 n 个 0 到 n 个 1，共有 2^n 个。

用 DP 求解，定义二维数组 dp。当 $dp[i][j]=1$ 时，表示 S 的前 i 个元素存在一个子集和等于 j。问题的答案就是 $dp[n][M]$。

用 $S[1]$～$S[n]$ 记录集合 S 的 n 个元素。

---

① https://www.lintcode.com/problem/minimum-partition/description

② https://leetcode-cn.com/problems/longest-increasing-path-in-a-matrix/

分析状态转移方程,分为两种情况。

(1) 若 $S[i] > j$,则 $S[i]$ 不能放在子集中,有 $dp[i][j] = dp[i-1][j]$。

(2) 若 $S[i] \leqslant j$,有两种选择:不把 $S[i]$ 放在子集中,则 $dp[i][j] = dp[i-1][j]$;把 $S[i]$ 放在子集中,则 $dp[i][j] = dp[i-1][j-S[i]]$。

这两种情况,只要其中一个为 1,那么 $dp[i][j]$ 就为 1。

读者可以用图 5.11 的例子进行验证。

如果已经确定问题有解,即 $dp[n][M] = 1$,如何输出子集内的元素?按推导状态转移方程的思路,从 $dp[n][M]$ 开始,沿着 dp 矩阵倒推回去即可。

$i =$	0	1	2	3	4	5	6
$S[] \rightarrow$		6	2	9	8	3	7
$j = 0$	1	1	1	1	1	1	1
1	0	0	0	0	0	0	0
2	0	0	1	1	1	1	1
3	0	0	1	1	1	1	1
4	0	0	1	1	1	1	1
5	0	0	0	1	1	1	1

图 5.11　子集和问题的 dp 矩阵

10. 最优游戏策略(Optimal Strategy for a Game)

问题描述[①]:有 n 堆硬币排成一行,它们的价值分别是 $v_1, v_2, \cdots, v_n$,n 为偶数;两人交替拿硬币,每次只能在剩下的硬币中拿走第 1 堆或最后一堆。如果你是先手,你能拿到的最大价值是多少?

例如,$v = \{8, 15, 3, 7\}$,先手这样拿可以获胜:先手拿 7;对手拿 8;先手再拿 15;对手再拿 3,结束。先手拿到的最大价值为 $7 + 15 = 22$。

本题不能用贪心法。例如,在样例中,如果先手第 1 次拿 8,那么对手接下来肯定拿 15,先手失败。

定义二维数组 dp,$dp[i][j]$ 表示从第 i 堆到第 j 堆硬币区间内,先手能拿到的最大值。在硬币区间 $[i,j]$,先手有以下两个选择。

(1) 拿 i。接着对手也有两个选择:拿 $i+1$,剩下 $[i+2,j]$;或拿 j,剩下 $[i+1,j-1]$。在这两个选择中,对手必然选择对先手不利的拿法。

(2) 拿 j。接着对手也有两个选择:拿 i,剩下 $[i+1,j-1]$;拿 $j-1$,剩下 $[i,j-2]$。

得到 dp 转移方程[②]如下。

$$dp[i][j] = \max\{V[i] + \min(dp[i+2][j], dp[i+1][j-1]),$$
$$V[j] + \min(dp[i+1][j-1], dp[i][j-2])\}$$
$$dp[i][j] = V[i], \quad j = i$$
$$dp[i][j] = \max(V[i], V[j]), \quad j = i+1$$

11. 矩阵链乘法(Matrix Chain Multiplication)

先了解背景知识。

(1) 矩阵乘法。如果矩阵 $\boldsymbol{A}$ 和 $\boldsymbol{B}$ 能相乘,那么 $\boldsymbol{A}$ 的列数等于 $\boldsymbol{B}$ 的行数。设 $\boldsymbol{A}$ 为 m 行 n 列(记为 $m \times n$),$\boldsymbol{B}$ 为 $n \times u$,那么乘积 $\boldsymbol{AB}$ 的尺寸为 $m \times u$,矩阵乘法 $\boldsymbol{AB}$ 需要做 $m \times n \times u$ 次乘法运算。

(2) 矩阵乘法的结合律:$(\boldsymbol{AB})\boldsymbol{C} = \boldsymbol{A}(\boldsymbol{BC})$。括号体现了计算的先后顺序。

---

① 问题和样例来自 https://www.geeksforgeeks.org/optimal-strategy-for-a-game-dp-31/。

② 还有一种 DP 方案,参考 https://www.geeksforgeeks.org/optimal-strategy-for-a-game-set-2/。

（3）括号位置不同,矩阵乘法需要的乘法操作次数不同。以矩阵 A、B、C 的乘法为例,设 A 的尺寸为 $m \times n$,B 的尺寸为 $n \times u$,C 的尺寸为 $u \times v$,以下两种计算方法,需要的乘法次数分别为

$(AB)C$,乘法次数是 $m \times n \times u + m \times u \times v$

$A(BC)$,乘法次数是 $m \times n \times v + n \times u \times v$

两者的差是 $|m \times n \times (u-v) + u \times v \times (m-n)|$,它可能是一个巨大的值。如果能知道哪个括号方案是最优的,就能够大大减少计算量。

下面给出**矩阵链乘法问题**的定义:给定一个数组 $p[]$,其中 $p[i-1] \times p[i]$ 表示矩阵 A_i 的尺寸,输出最少的乘法次数,并输出此时的括号方案。

例如,$p[] = \{40, 20, 30, 10, 30\}$,它表示 4 个矩阵,尺寸分别为 40×20, 20×30, 30×10, 10×30。4 个矩阵相乘,当括号方案为 $(A(BC))D$ 时,有最少乘法次数(26000)。

如果读者学过区间 DP,就会发现这是一个典型的区间 DP 问题。设链乘的矩阵为 $A_i A_{i+1} \cdots A_j$,即区间 $[i,j]$,那么按结合率,可以把它分成两个子区间 $[i,k]$ 和 $[k+1,j]$,分别链乘,有

$$A_i A_{i+1} \cdots A_j = (A_i \cdots A_k)(A_{k+1} \cdots A_j)$$

必定有一个 k,使乘法次数最少,记这个 k 为 $k_{i,j}$。并且记 $A_{i,j}$ 为此时 $A_i A_{i+1} \cdots A_j$ 通过加括号后得到的一个最优方案,它被 $k_{i,j}$ 分开。

那么子链 $A_i A_{i+1} \cdots A_k$ 的方案 $A_{i,k}$、子链 $A_{k+1} A_{k+2} \cdots A_j$ 的方案 $A_{k+1,j}$ 也都是最优括号子方案。

这样就形成了递推关系,即

$$A_{i,j} = \min\{A_{i,k} + A_{k+1,j} + p_{i-1} p_k p_j\}$$

用二维矩阵 $dp[i][j]$ 表示 $A_{i,j}$,得到转移方程为

$$dp[i][j] = \begin{cases} 0, & i=j \\ \min\{dp[i][k] + dp[k+1][j] + p_{i-1} p_k p_j\}, & i \leqslant k < j \end{cases}$$

$dp[1][n]$ 就是答案,即最少乘法次数。

$dp[i][j]$ 的编码实现,可以套用区间 DP 模板,遍历 i、j、k,复杂度为 $O(n^3)$。

> **提示** 区间 DP 常常可以用四边形不等式优化,但是本题不可以,因为它不符合四边形不等式优化所需的单调性条件。

习题:poj 1651(Multiplication puzzle)。

12. 布尔括号问题(Boolean Parenthesization Problem)

问题描述[1]:布尔变量有两种取值:T(true)和 F(false)。定义 3 种布尔逻辑操作:&(与)、|(或)、^(异或)。现在输入:n 个取值符号,$n-1$ 个逻辑操作。加上括号可以改变执行顺序。要使结果是 T,共有多少种括号方案?

---

[1] https://www.geeksforgeeks.org/boolean-parenthesization-problem-dp-37/

输入样例：symbol[]＝{T,F,T},operator[]＝{^,&}

输出样例：2

提示：两种方案为((T ^ F) & T)和(T ^(F & T))。

13. 最短公共超序列（Shortest Common Supersequence）

问题描述[1]：给定两个字符串 str1 和 str2，找一个最短的字符串，使 str1 和 str2 是它的子序列。

例如，str1＝"AGGTAB",str2＝"GXTXAYB",输出"AGXGTXAYB"。

【习题】

(1) 洛谷 P1216/P1020/P1091/P1095/P1541/P1868/P2679/P2501/P3336/P3558/P4158/P5301。

(2) poj 1015/3176/1163/1080/1159/1837/1276/1014。

扫一扫

视频讲解

5.3 数位统计 DP

数位统计 DP 用于数字的数位统计，是一种比较简单的 DP 套路题。

一个数字的数位有个位、十位、百位，等等，如果题目和数位统计有关，那么可以用 DP 思想，把低位的统计结果记录下来，在高位计算时直接使用低位的结果，从而提高效率。

用下面一道例题详解数位统计 DP 的建模和两种实现：递推、记忆化搜索。

数位统计有关的题目，基本内容是处理"前导 0"和"数位限制"。

例 5.4 数字计数（洛谷 P2602,poj 2282）

问题描述：给定两个正整数 a 和 b，求在[a,b]的所有整数中，每个数码(digit)各出现了多少次。

输入：输入两个整数 a 和 b。

输出：输出 10 个整数，分别表示 0～9 在[a,b]中出现了多少次。

数据范围：$1 \leqslant a \leqslant b \leqslant 10^{12}$。

首先转换一下题目的要求。区间[a,b]等于[1,$a-1$]与[1,b]的差分，把问题转换为在区间[1,x]内，统计数字 0～9 各出现了多少次。

由于 a 和 b 的值太大，用暴力法直接统计[a,b]内的每个整数显然会超时，需要设计一个复杂度约为 $O(\log_2 n)$ 的算法。如何加快统计？容易想到 DP——把对低位数的统计结果用于高位数的统计。例如，统计出三位数之后，继续统计一个四位数时，对这个四位数的后 3 位的统计直接引用前面的结果。以统计[0,324]内数位 2 出现了多少次为例，搜索过程如

---

① https://www.geeksforgeeks.org/shortest-common-supersequence/

图 5.12 所示。其中,下画线的数字区间是前面已经计算过的,记录在状态 dp[] 中,不用再重算;符号 ∗ 表示区间中有数位 2,需要特殊处理。

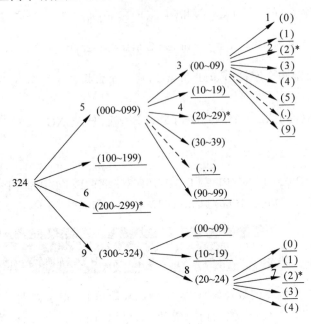

图 5.12　统计 [0,324] 内数位 2 出现的次数

把 [0,324] 区间分解为 4 个区间:000～099、100～199、200～299、300～324。其中,000～099、100～199、200～299 能够沿用 00～99 的计算结果。至于 300～324,最高位 3 不是要找的数位 2,等价于计算 00～24。

称数字前面的 0 为“前导 0”,如 000～099 中的 0。称每位的数字为“数位限制”,如 324 中最高位的 3、次高位的 2、最低位的 4。计数统计时需要特判前导 0 和数位限制,后面有详细解释。

下面分别用递推和记忆化搜索两种编码方法实现。

5.3.1　数位统计 DP 的递推实现

定义状态 dp[],dp[i] 为 i 位数的每种数字有多少个,说明如下。

(1) 一位数 0～9,每种数字有 dp[1]＝1 个。

(2) 二位数 00～99,每种数字有 dp[2]＝20 个。注意,这里是 00～99,不是 0～99。如果是 0～99,0 只出现了 10 次。这里把 0 和其他数字一样看待,但编程时需要特殊处理,因为按照习惯写法,数字前面的 0 应该去掉,如 043 应该写成 43。前导 0 在 0～9、00～99、000～999 等所有情况下都需要特殊处理。

(3) 三位数 000～999,每种数字有 dp[3]＝300 个。

(4) 四位数 0000～9999,每种数字有 dp[4]＝4000 个,依此类推。

dp[] 有两种计算方法。

(1) dp[i]＝dp[$i-1$]×10+10^{i-1},这是从递推的角度分析得到的。以数字 2 为例,计算 dp[2] 时,2 在个位上出现了 dp[$i-1$]×10＝dp[1]×10＝10 次,即 2,12,22,…,92;在十

位上出现了 $10^{i-1}=10^{2-1}=10$ 次,即 $20,21,22,\cdots,29$。计算 dp[3] 时,2 在个位和十位上出现了 dp[2]×10=200 次,在百位上出现了 $10^{3-1}=100$ 次。

(2)dp[i]=$i×10^i/10$,这是按排列组合的思路得到的。因为从 i 个 0 递增到 i 个 9,所有的字符共出现了 $i×10^i$ 次,0~9 每个数字出现了 $i×10^i/10$ 次。

下面考虑如何编程。以 [0,324] 为例,先从 324 的最高位开始,每种数字的出现次数 cnt 计算如下。

(1)普通情况。例如,00~99 共出现了 3 次,分别出现在 000~099、100~199、200~299 的后两位上,每个数字在后两位上共出现 dp[$i-1$]×num[i]=dp[2]×3=60 次。对应代码第 23 行。

(2)特判当前的最高位,即"数位限制"。第 3 位上的数字有 0、1、2、3,3 是最高位的数位限制。数字 0、1、2 分别在 000~099、100~199、200~299 的最高位上出现了 100 次,对应代码第 24 行;数字 3 在 300~324 中出现了 25 次,对应代码第 25~27 行。

(3)特判前导 0。在前面的计算中,都把 0 和其他数字一样看待,但前导 0 应该去掉。对应代码第 28 行。

```
1   //改写自 https://www.luogu.com.cn/blog/mak2333/solution-p2602
2   #include<bits/stdc++.h>
3   using namespace std;
4   typedef long long ll;
5   const int N = 15;
6   ll ten[N],dp[N];
7   ll cnta[N],cntb[N];              //cnt[i],统计数字 i 出现了多少次
8   int num[N];
9   void init(){                     //预计算 dp[]
10      ten[0] = 1;                  //ten[i]: 10 的 i 次方
11      for(int i = 1;i <= N;i++){
12          dp[i]  = i * ten[i-1];   //或者写成 dp[i]  = dp[i-1] * 10 + ten[i-1];
13          ten[i] = 10 * ten[i-1];
14      }
15  }
16  void solve(ll x, ll * cnt){
17      int len = 0;                 //数字 x 有多少位
18      while(x){                    //分解 x,num[i]为 x 的第 i 位数字
19          num[++len] = x % 10;
20          x = x/10;
21      }
22      for(int i = len;i >= 1;i--){        //从高到低处理 x 的每位
23          for(int j = 0;j <= 9;j++)       cnt[j] += dp[i-1] * num[i];
24          for(int j = 0;j < num[i];j++)   cnt[j] += ten[i-1]; //特判最高位比 num[i]小的数字
25          ll num2 = 0;
26          for(int j = i-1;j >= 1;j--)     num2 = num2 * 10 + num[j];
27          cnt[num[i]] += num2 + 1;        //特判最高位的数字 num[i]
28          cnt[0] -= ten[i-1];             //特判前导 0
29      }
30  }
31  int main(){
```

```
32        init();
33        ll a,b;   cin >> a >> b;
34        solve(a - 1, cnta), solve(b, cntb);
35        for(int i = 0;i <= 9;i++)   cout << cntb[i] - cnta[i] <<" ";
36   }
```

分析代码的复杂度,solve()函数有两层 for 循环,只循环了 $10 \times len$ 次。

5.3.2　数位统计 DP 的记忆化搜索实现

回顾记忆化搜索,其思路是在递归函数 dfs() 中搜索所有可能的情况,遇到已经计算过的记录在 dp 中的结果,就直接使用,不再重复计算。

用递归函数 dfs() 实现上述记忆化搜索,执行过程如下。如图 5.12 所示,以 $[0,324]$ 为例,从输入 324 开始,一直递归到最深处的 (0),然后逐步回退,图中用箭头上的数字标识了回退的顺序。

记忆化搜索极大地减少了搜索次数。例如,统计 $000 \sim 099$ 中 2 的个数,因为用 dp[] 进行记忆化搜索,计算 5 次即可;如果去掉记忆化部分,需要检查每个数字,共 100 次。

下面设计 dp 状态。和前面递推的编码类似,记忆化搜索的代码中也需要处理前导 0 和每位的最高位。编码时,每次统计 $0 \sim 9$ 中的一个数字,代码中用变量 now 表示这个数字。下面的解释都以 now = 2 为例。

定义状态 dp[][],用来记录 $0 \sim 9$、$00 \sim 99$、$000 \sim 999$ 这样的无数位限制情况下 2 的个数,以及 $20 \sim 29$、$200 \sim 299$、$220 \sim 229$、$2200 \sim 2299$ 这种前面带有 2 的情况下 2 的个数。

dp[pos][sum] 表示最后 pos 位范围是 $[\underbrace{0\cdots0}_{pos个},\underbrace{99\cdots9}_{pos个}]$,前面 2 的个数为 sum 时,数字 2 的总个数。例如,dp[1][0] = 1 表示 $00 \sim 09$,$10 \sim 19$,$30 \sim 39$,$\cdots$ 区间内 2 的个数为 1;dp[1][1] = 11 表示 $20 \sim 29$ 区间内 2 的个数为 11;dp[1][2] = 21 表示 $220 \sim 229$ 区间内 2 的个数为 21;dp[1][3] = 31 表示 $2220 \sim 2229$ 区间内 2 的个数为 31;dp[2][0] = 20 表示 $000 \sim 099$,$100 \sim 199$,$300 \sim 399$,$400 \sim 499$,$\cdots$ 区间内 2 的个数为 20;dp[2][1] = 120 表示 $200 \sim 299$ 区间内 2 的个数为 120;dp[2][2] = 220 表示 $2200 \sim 2299$ 区间内 2 的个数为 220;等等。

用 lead 标识是否有前导 0,lead = false 表示有前导 0,lead = true 表示无前导 0。

用 limit 标识当前最高位的情况,即"数位限制"的情况。如果是 $0 \sim 9$,limit = false;否则 limit = true。例如 $[0,324]$,计算 324 的最高位时,范围是 $0 \sim 3$,此时 limit = true。再如,从最高位数字 1 递归到下一位时,下一位的范围是 $0 \sim 9$,此时 limit = false。如果不太理解,请对比前面递推实现的解释。

```
1    # include < bits/stdc++.h>
2    using namespace std;
3    typedef long long ll;
4    const int N = 15;
5    ll dp[N][N];
6    int num[N],now;                              //now: 当前统计 0~9 的哪一个数字
```

```
7    ll dfs(int pos,int sum,bool lead, bool limit){        //pos: 当前处理到第 pos 位
8        ll ans = 0;
9        if(pos == 0) return sum;                           //递归到 0 位数,结束,返回
10       if(!lead && !limit && dp[pos][sum]!= -1)  return dp[pos][sum]; //记忆化搜索
11       int up = (limit ? num[pos] : 9);      //这一位的最大值,如 324 的第 3 位是 up = 3
12       for(int i = 0;i <= up;i++){                        //下面以 now = 2 为例
13           if(i == 0 && lead)  ans += dfs(pos -1, sum,   true, limit&&i == up);
14                                                          //计算 000~099
15           else if(i == now) ans += dfs(pos -1, sum +1,false,limit&&i == up);
16                                                          //计算 200~299
17           else if(i != now) ans += dfs(pos -1, sum,   false,limit&&i == up);
18                                                          //计算 100~199
19       }
20       if(!lead && !limit) dp[pos][sum] = ans;            //状态记录: 有前导 0,无数位限制
21       return ans;
22   }
23   ll solve(ll x){
24       int len = 0;                                       //数字 x 有多少位
25       while(x){
26           num[++len] = x % 10;
27           x /= 10;
28       }
29       memset(dp, -1,sizeof(dp));
30       return dfs(len,0,true,true);
31   }
32   int main(){
33       ll a,b;    cin >> a >> b;
34       for(int i = 0;i < 10;i++)   now = i, cout << solve(b) - solve(a -1)<<" ";
35       return 0;
36   }
```

> **提示**
>
> 代码中的 dp[pos][sum],有队员习惯把 limit 和 lead 也加进去,定义为 dp[pos][sum][lead][limit]。
>
> 具体实现见下面的代码。

```
1    //用下面的代码替换上面的部分代码。只有 3 行不同
2    ll dp[N][N][2][2];                                                //这一行不同
3    ll dfs(int pos, int sum, bool lead, bool limit){
4        ll ans = 0;
5        if (pos == 0) return sum;
6        if (dp[pos][sum][limit][lead] != -1) return dp[pos][sum][limit][lead]; //这一行不同
7        int up = (limit ? num[pos] : 9);
8        for(int i = 0;i <= up;i++){
9            if(i == 0 && lead)  ans += dfs(pos -1, sum,   true, limit&&i == up);
10           else if(i == now) ans += dfs(pos -1, sum +1,false,limit&&i == up);
11           else if(i != now) ans += dfs(pos -1, sum,   false,limit&&i == up);
12       }
13       dp[pos][sum][limit][lead] = ans;                             //这一行不同
14       return ans;
15   }
```

记忆化搜索代码的复杂度和递推代码一样。

本题是数位统计 DP 的套路题,记忆化搜索的代码可以当作模板,下面的几道题套用了模板,关键是处理前导 0 和数位限制。

5.3.3 数位统计 DP 例题

下面用两道例题巩固对数位统计 DP 的理解。

1. 洛谷 P2657

例 5.5　Windy 数(洛谷 P2657)

问题描述:不含前导 0 且相邻两位数字之差至少为 2 的正整数称为 Windy 数。问在 a 和 b 之间(包括 a 和 b),总共有多少个 Windy 数?(特例:把一位数 0~9 看成 Windy 数)

输入:输入两个整数 a 和 b,$1 \leqslant a \leqslant b \leqslant 2 \times 10^9$。

输出:输出一个整数,表示答案。

输入样例:	输出样例:
25 50	20

在输入样例 $[25,50]$ 区间中,32、33、34、43、44、45 不是 Windy 数,如数字 32,$3-2=1<2$。

求区间 $[a,b]$ 内的 Windy 数,可以转换为分别求 $[1,a-1]$ 和 $[1,b]$ 区间。问题转换为给定一个数 x,求 $[0,x]$ 内有多少个 Windy 数。

这是一道明显的数位统计 DP 题。检查一个很大的数时,对高位部分的检查可以沿用低位部分的检查结果。例如,计算 0~342 的 Windy 数,分为统计 000~099、100~199、200~299、300~342 内的 Windy 数。这与前面的洛谷 P2602 模板题的思路一样。

定义状态 dp[pos][last],表示数字长度为 pos 位,前一位是 last 的情况下(包括前导 0)的无数位限制的 Windy 数总数。

例如,dp[1][0]=8 表示 00~09 区间内 Windy 数有 8 个,数字长度 pos=1,前一位 last=1。注意此时前导 0 也是合法的,其中 00 和 01 不是 Windy 数,02~09 是 Windy 数,共 8 个。如果不算前导 0,0~9 内应该有 10 个 Windy 数。

dp[1][1]=7 表示 10~19 区间内 Windy 数有 7 个;dp[1][2]=7 表示 20~29 区间内 Windy 数有 7 个;dp[2][0]=57 表示 000~099 区间内 Windy 数有 57 个,此时前导 0 也是合法的,如果不算前导 0,0~99 区间内应该有 74 个 Windy 数;dp[2][1]=50 表示 100~199 区间内 Windy 数有 50 个;dp[2][2]=51 表示 200~299 区间内 Windy 数有 51 个;dp[2][3]=51 表示 300~399 区间内 Windy 数有 51 个;dp[3][1]=362 表示 1000~1999 区间内 Windy 数有 362 个。

本题的代码与洛谷 P2602 模板题相似。其中,lead 和 limit 变量的含义也相同,分别标识前导 0 和数位限制。

```
1  #include<bits/stdc++.h>
2  using namespace std;
```

```
3     int dp[15][15], num[15];
4     int dfs(int pos, int last, bool lead, bool limit){
5         int ans = 0;
6         if(pos == 0) return 1;
7         if(!lead && !limit && dp[pos][last]!= -1) return dp[pos][last];
8         int up = (limit?num[pos]:9);
9         for(int i = 0;i <= up;i++){
10            if(abs(i-last)<2)  continue;    //不是Windy数
11            if(lead && i==0)   ans += dfs(pos-1, -2,true, limit&&i == up);
12            else               ans += dfs(pos-1,i,false, limit&&i == up);
13        }
14        if(!limit && !lead)  dp[pos][last] = ans;
15        return ans;
16    }
17    int solve(int x){
18        int len = 0;
19        while(x) { num[++len] = x % 10; x/ = 10;}
20        memset(dp, -1, sizeof(dp));
21        return dfs(len, -2,true,true);
22    }
23    int main(){
24        int a,b; cin >> a >> b;
25        cout << solve(b) - solve(a-1);
26        return 0;
27    }
```

2. 洛谷 P4124

 例5.6 手机号码（洛谷 **P4124**）

问题描述：选手机号码，号码必须同时包含两个特征：手机号码中至少要出现3个相邻的相同数字；号码中不能同时出现8和4。例如，满足条件的号码有13000988721、23333333333、14444101000；而不满足条件的号码有1015400080、10010012022。手机号码一定是11位数，不含前导0。给出两个数 a 和 b，统计出 $[a,b]$ 区间内所有满足条件的号码数量。a 和 b 也是11位的手机号码。

输入：两个整数 a 和 b，$10^{10} \leqslant a \leqslant b \leqslant 10^{11}$。

输出：输出一个整数表示答案。

输入样例：	输出样例[①]：
12121284000 12121285550	5

本题也是数位统计DP的套路题。

本题可以回避前导0。因为号码是11位的，最高位为1~9，只要限定最高位不为0即可。

---

① 样例解释：满足条件的号码有12121285000、12121285111、12121285222、12121285333、12121285550。

定义状态 dp[pos][u][v][state][n8][n4]，其中 pos 表示当前数字长度，u 表示前一位数字，v 表示再前一位数字，state 标识是否出现 3 个连续相同数字，n8 标识是否出现 8，n4 标识是否出现 4。

其他代码和前面模板题相似。

```
1   //改写自 www.luogu.com.cn/blog/yushuotong-std/solution--4124
2   # include < bits/stdc++.h >
3   using namespace std;
4   typedef long long ll;
5   ll dp[15][11][11][2][2][2];
6   int num[15];
7   ll dfs(int pos, int u, int v, bool state, bool n8, bool n4, bool limit){
8       ll ans = 0;
9       if(n8 && n4) return 0;                      //8 和 4 不能同时出现
10      if(!pos) return state;
11      if(!limit && dp[pos][u][v][state][n8][n4]!= -1) return dp[pos][u][v][state][n8][n4];
12      int up = (limit?num[pos]:9);
13      for(int i = 0; i <= up; i++)
14          ans += dfs(pos-1, i, u, state||(i == u&&i == v), n8||(i == 8), n4||(i == 4),
            limit&&(i == up));
15      if(!limit)   dp[pos][u][v][state][n8][n4] = ans;
16      return ans;
17  }
18  ll solve(ll x){
19      int len = 0;
20      while(x){num[++len] = x % 10; x/ = 10;}
21      if(len!= 11) return 0;
22      memset(&dp, -1, sizeof(dp));
23      ll ans = 0;
24      for(int i = 1; i <= num[len]; i++)          //最高位 1~9,避开前导 0 问题
25          ans += dfs(len-1, i, 0, 0, i == 8, i == 4, i == num[len]);
26      return ans;
27  }
28  int main(){
29      ll a,b;   cin >> a >> b;
30      cout << solve(b) - solve(a-1);
31  }
```

【习题】

(1) 洛谷 P4798/P3281/P2518/P3286/P4999。

(2) poj 3252。

扫一扫

视频讲解

5.4 状态压缩 DP

状态压缩是 DP[①] 的一个小技巧，一般应用在集合问题中。当 DP 状态是集合时，把集

---

① "状态压缩 DP、区间 DP、树形 DP"这些名词可能是中国算法竞赛选手创造的,英文可以翻译为：DP on Subsets (状态压缩 DP)；DP over Intervals(区间 DP)；DP on Trees(树形 DP)。

合的组合或排列用一个二进制数表示,这个二进制数的 0/1 组合表示集合的一个子集,从而把对 DP 状态的处理转换为二进制的位操作,让代码变得简洁易写,同时提高算法效率。从二进制操作简化集合处理的角度看,状态压缩也是一种 DP 优化方法。

5.4.1   引子

1. Hamilton 问题

状态压缩 DP 常常用 Hamilton(旅行商)问题作为引子。

> **例 5.7   最短 Hamilton 路径[1]**
>
> 问题描述:给定一个有权无向图,包括 n 个点,标记为 $0\sim n-1$,以及连接 n 个点的边,求从起点 0 到终点 $n-1$ 的最短路径。要求必须经过所有点,而且只经过一次。$1\leqslant n\leqslant 20$。
>
> 输入:第 1 行输入整数 n。接下来 n 行中,每行输入 n 个整数,其中第 i 行第 j 个整数表示点 i 到 j 的距离,记为 $a[i,j]$。$0\leqslant a[i,j]\leqslant 10^7$。
>
> 对于任意 x,y,z,数据保证 $a[x,x]=0,a[x,y]=a[y,x]$ 且 $a[x,y]+a[y,z]\geqslant a[x,z]$。
>
> 输出:输出一个整数,表示最短 Hamilton 路径的长度。
>
> 时间限制:3s。

Hamilton 问题是 NP 问题,没有多项式复杂度的解法。

先尝试暴力解法,枚举 n 个点的全排列。共有 $n!$ 个全排列,一个全排列就是一条路径,计算每个全排列的路径长度,需要做 n 次加法。在所有路径中找最短的路径,总复杂度为 $O(n\times n!)$。

2. DP 求解 Hamilton 问题

如果用状态压缩 DP 求解,能把复杂度降低到 $O(n^2\times 2^n)$。当 $n=20$ 时,$O(n^2\times 2^n)\approx 4$ 亿,比暴力法好很多。下面介绍状态压缩 DP 的做法。

首先定义 dp 状态。设 S 为图的一个子集,用 dp$[S][j]$ 表示集合 S 内的最短 Hamilton 路径,即从起点 0 出发经过 S 中的所有点,到达终点 j 时的最短路径(集合 S 中包括 j 点)。然后根据 DP 的思路,让 S 从最小的子集逐步扩展到整个图,最后得到的 dp$[N][n-1]$ 就是答案,N 表示包含图上所有点的集合。

如何求 dp$[S][j]$?可以从小问题 $S-j$ 递推到大问题 S。其中,$S-j$ 表示从集合 S 中去掉 j,即不包含 j 点的集合。

如何从 $S-j$ 递推到 S?设 k 为 $S-j$ 中的一个点,把 $0\sim j$ 的路径分为两部分:0-1-$\cdots$-k 和 k-$(k+1)$-$\cdots$-j。以 k 为变量枚举 $S-j$ 中所有点,找出最短的路径,状态转移方

---

[1]   https://www.acwing.com/problem/content/description/93/

程为

$$dp[S][j] = \min\{dp[S-j][k] + \text{dist}(k,j)\}, \quad k \in S-j$$

集合 S 初始时只包含起点 0,然后逐步将图中的点包含进来,直到最后包含所有点。这个过程用状态转移方程实现。

用图 5.13 可解释上述原理。读者可以体会为什么用 DP 遍历路径比用暴力法遍历路径更有效率。其关键在于已经遍历过的点的顺序对以后的决策没有影响,这体现了 DP 的无后效性。

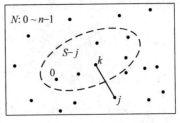

图 5.13 枚举集合 $S-j$ 中所有点

3. 用状态压缩 DP 编码

以上是 dp 状态设计,接下来是编程实现,最重要的是如何操作集合 S。这就是状态压缩 DP 的技巧:用一个二进制数表示集合 S,把 S"压缩"到一个二进制数中。这个二进制数的每一位表示图上的一个点,等于 0 表示 S 不包含这个点,等于 1 表示包含。例如,$S=0011\ 0101$,其中有 4 个 1,表示集合中包含 5、4、2、0 共 4 个点。本题最多有 20 个点,那么就定义一个 20 位的二进制数表示集合 S。

下面给出代码,第 1 个 for 循环有 2^n 次,加上后面两个各 n 次的 for 循环,总复杂度为 $O(n^2 \times 2^n)$。

第 1 个 for 循环实现了从最小的集合扩展到整个集合。最小的集合为 $S=1$,它的二进制数只有最后一位是 1,即包含起点 0;最大的集合是 $S=(1 \ll n)-1$,它的二进制数中有 n 个 1,包含了所有点。

算法最关键的部分是"枚举集合 $S-j$ 中所有点",是通过代码中的两个 if 语句实现的:

if((S >> j) & 1),判断当前的集合 S 中是否含有 j 点;

if((S^(1 << j)) >> k & 1),其中 S^(1 << j) 的作用是从集合中去掉 j 点,得到集合 $S-j$,然后 >> k & 1 表示用 k 遍历集合中的 1,这些 1 就是 $S-j$ 中的点,这样就实现了"枚举集合 $S-j$ 中所有的点"。注意,S^(1 << j) 也可以写为 S-(1 << j)。

这两个语句可以写在一起:if(((S >> j) & 1) && ((S^(1 << j)) >> k & 1)),不过分开写效率更高。

```
1   # include < bits/stdc++.h >
2   using namespace std;
3   int n, dp[1 << 20][21];
4   int dist[21][21];
5   int main(){
6       memset(dp,0x3f,sizeof(dp));          //初始化最大值
7       cin >> n;
8       for(int i = 0; i < n; i++)            //输入图
9           for(int j = 0; j < n; j++)
10              cin >> dist[i][j];            //输入点之间的距离
11      dp[1][0] = 0;                         //开始:集合中只有点 0,起点和终点都是 0
12      for(int S = 1; S < (1 << n); S++)     //从小集合扩展到大集合,集合用 S 的二进制表示
```

```
13          for(int j = 0; j < n; j++)                    //枚举点 j
14              if((S >> j) & 1)                           //(1)这个判断与下面的(2)同时起作用
15                  for(int k = 0; k < n; k++)             //枚举到达 j 的点 k,k 属于集合 S - j
16                      if((S^(1 << j)) >> k & 1)          //(2)k 属于集合 S - j,S - j 用(1)保证
17                      //把(1)和(2)写在一起,更容易理解,但是效率低一点
18                      //if( ((S >> j) & 1) && ((S^(1 << j)) >> k & 1) )
19                          dp[S][j] = min(dp[S][j],dp[S^(1 << j)][k] + dist[k][j]);
20       cout << dp[(1 << n) - 1][n - 1];                  //输出:路径包含了所有的点,终点是 n - 1
21       return 0;
22   }
```

上述 Hamilton 问题指定了起点和终点,类似的题目有洛谷 P1433。这一题略有不同,它指定了起点 0,但是没有指定终点,把上面的代码略加修改即可。在上面的代码中,最后求得 $dp[(1 << n) - 1][j]$,表示起点为 0,终点为 j,经过所有点的最短路径。查询所有 $dp[(1 << n) - 1][j]$ 中的最小值,就是洛谷 P1433 的答案。

5.4.2   状态压缩 DP 的原理

从 5.4.1 节可知,状态压缩 DP 的应用背景是以集合为状态,且集合一般用二进制表示,用二进制的位运算处理,所以又可以称为"集合 DP[①]"。

集合问题一般是指数复杂度的(NP 问题),例如:①子集问题,设 n 个元素无先后关系,那么共有 2^n 个子集;②排列问题,对所有 n 个元素进行全排列,共有 $n!$ 个全排列。

可以这样概况状态压缩 DP 的思想:如果用二进制表示集合的状态(子集或排列),并用二进制的位运算遍历和操作,又简单又快。当然,由于集合问题是 NP 问题,所以状态压缩 DP 的复杂度仍然是指数级的,只能用于小规模问题的求解。

> **提示**　一个问题能用状态压缩 DP 求解,时间复杂度主要取决于 DP 算法,与是否使用状态压缩关系不大。状态压缩只是 DP 处理集合的工具,也可以用其他工具处理集合,只是不太方便,时间复杂度也差一点。

C 语言的位运算符有 &、|、^、<<、>> 等,下面给出一些例子。虽然数字是用十进制表示的,但位运算是按二进制处理的。

```
1   # include < bits/stdc++.h >
2   int main(){
3       int a = 213, b = 21;                  // a = 1101 0101, b = 0001 0101
4       printf("a & b = %d\n",a & b);         // AND   =   17, 二进制 0001 0001
5       printf("a | b = %d\n",a | b);         // OR    =  221, 二进制 1101 1101
6       printf("a ^ b = %d\n",a ^ b);         // XOR   =  204, 二进制 1100 1100
7       printf("a << 2 = %d\n",a << 2);       // a * 4 = 852, 二进制 0011 0101 0100
8       printf("a >> 2 = %d\n",a >> 2);       // a/4   =   53, 二进制 0011 0101
9       int i = 5;                            //a 的第 i 位是否为 1
```

---

① 所以,一般把状态压缩 DP 翻译为 DP on Subsets,即"子集上的 DP"。

```
10    if((1 << (i-1)) & a)  printf("a[ %d] = %d\n",i,1);    //a的第i位是1
11    else                   printf("a[ %d] = %d\n",i,0);    //a的第i位是0
12    a = 43, i = 5;                    //把a的第i位改成1,a = 0010 1011
13    printf("a= %d\n",a | (1<<(i-1))); //a=59, 二进制 0011 1011
14    a = 242;                          //把a最后的1去掉,a = 1111 0010
15    printf("a= %d\n", a & (a-1));     //去掉最后的1,a = 240, 二进制 1111 0000
16    return 0;
17  }
```

用位运算可以简便地对**集合进行操作**,表 5.1 给出了几个操作,在上面的代码中已有演示。

表 5.1 用位运算对集合进行操作

说　　明	操　　作
判断 a 的第 i 位(从最低位开始数)是否等于1	$1 \ll (i-1)) \ \& \ a$
把 a 的第 i 位改成1	$a \mid (1 \ll (i-1))$
把 a 的第 i 位改成0	$a \ \& \ (\sim(1 \ll i))$
把 a 的最后一个1去掉	$a \ \& \ (a-1)$

在具体题目中需要灵活使用位运算。后面的例题给出了位运算操作集合的实际应用的例子,帮助读者更好地掌握。

5.4.3 状态压缩 DP 例题

1. poj 2411

本题是状态压缩 DP 的经典例题,其特点是"轮廓线[①]"。

例 5.8　Mondriaan's dream(poj 2411)

问题描述:给定 n 行 m 列的矩形,用 1×2 的砖块填充,有多少种填充方案?例如,$n \times m = 2 \times 4$ 时,有5种方案;$n \times m = 2 \times 3$ 时,有3种方案,如图 5.14 所示。

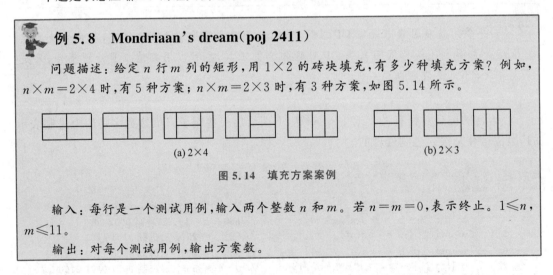

(a) 2×4   (b) 2×3

图 5.14　填充方案案例

输入:每行是一个测试用例,输入两个整数 n 和 m。若 $n = m = 0$,表示终止。$1 \leqslant n$,$m \leqslant 11$。

输出:对每个测试用例,输出方案数。

摆放砖块的操作步骤,可以从第1行第1列开始,从左向右、从上向下依次摆放。横砖只占一行,不影响下一行的摆放;竖砖占两行,会影响下一行。同一行内,前列的摆放决定

---

① 在"插头 DP"中大量使用了轮廓线的概念。

后列的摆放。例如,第 1 列放横砖,那么第 2 列就是横砖的后半部分;第 1 列放竖砖,那么就不影响第 2 列。上、下两行是相关的,如果上一行是横砖,则不影响下一行;如果上一行是竖砖,那么下一行的同一列是竖砖的后半部分。

读者可以先对比暴力搜索的方法。使用 BFS,从第 1 行第 1 列开始扩展到全局,每个格子的砖块有横放、竖放 2 种摆法,共 $m \times n$ 个格子,复杂度大约为 $O(2^{m \times n})$。

下面用 DP 求解。DP 的思想是从小问题扩展到大问题,本题中,是否能从第 1 行开始,逐步扩展,直到最后一行?本题的复杂性在于一个砖块可能影响连续的两行,而不是一行,必须考虑连续两行的情况。

如图 5.15 所示,用一条虚线把矩形分为两部分,上半部分已经填充完毕,下半部分未完成。把这条划分矩形的虚线称为轮廓线。

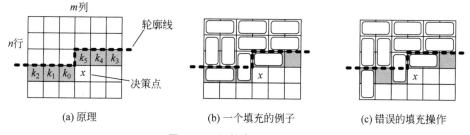

(a) 原理   (b) 一个填充的例子   (c) 错误的填充操作

图 5.15 用轮廓线划分矩形

轮廓线下面的 6 个阴影方格 $k_5 k_4 k_3 k_2 k_1 k_0$ 表示当前的砖块状态,它跨越了两行。从它们推广到下一个方格 x,即递推到新状态 $k_4 k_3 k_2 k_1 k_0 x$。

$k_5 k_4 k_3 k_2 k_1 k_0$ 有各种情况,用 0 表示没有填充砖块,用 1 表示填充了砖块,共有 $000000 \sim 111111$ 共 2^6 种情况。图 5.15(b) 是一个例子,其中 k_3 未填充,$k_5 k_4 k_3 k_2 k_1 k_0 = 110111$。用二进制表示状态,这就是状态压缩的技术。

注意,根据 DP 递推的操作步骤,递推到阴影方格时,砖块只能填充到阴影格本身和上面的部分,不能填到下面。在图 5.15(c) 中,把 k_2 填充到下面是错误的。

这 2^6 种情况中有些是非法的,应该去掉。在扩展到 x 时,分析 2^6 种情况和 x 的对应关系,根据 x 是否填充砖块,有 3 种情况。

(1) $x = 0$(x 不放砖块)。如果 $k_5 = 0$(k_5 上没有砖块),由于 k_5 只剩下和 x 一起填充的机会,现在失去了这一机会,所以这个情况是非法的;如果 $k_5 = 1$,则 $x = 0$ 可以成立,递推到 $k_4 k_3 k_2 k_1 k_0 x = k_4 k_3 k_2 k_1 k_0 0$。

(2) $x = 1$(x 放竖砖)。x 只能和 k_5 一起放竖砖,要求 $k_5 = 0$,递推到 $k_4 k_3 k_2 k_1 k_0 x = k_4 k_3 k_2 k_1 k_0 1$。

(3) $x = 1$(x 放横砖)。x 只能和 k_0 一起放横转,要求 $k_0 = 0$,另外还应有 $k_5 = 1$,递推到 $k_4 k_3 k_2 k_1 k_0 x = k_4 k_3 k_2 k_1 11$。

经过上述讨论,对 $n \times m$ 的矩阵,可以得到状态定义和状态转移方程。

1) 状态定义

定义 DP 状态为 $dp[i][j][k]$,它表示递推到第 i 行第 j 列,且轮廓线处填充为 k 时的方案总数。

其中,k 是用 m 位二进制表示的连续 m 个方格,这 m 个方格中的最后一个方格就是

第 i 行第 j 列的方格。k 中的 0 表示方格不填充,1 表示填充。m 个方格前面的所有方格 (轮廓线以上的部分)都已经填充为 1。$dp[n-1][m-1][(1 \ll m)-1]$ 就是答案,它表示递推到最后一行,最后一列,k 的二进制是 m 个 1(表示最后一行全填充)。时间复杂度为 $O(m \times n \times 2^m)$。

后面给出的代码用到了滚动数组,把二维 $[i][j]$ 改为一维,状态定义变为 $dp[2][k]$。

2)状态转移

根据前面分析的 3 种情况,分别转移到新的状态。

(1)$x=0, k_5=1$。从 $k=k_5 k_4 k_3 k_2 k_1 k_0 = 1 k_4 k_3 k_2 k_1 k_0$ 转移到 $k=k_4 k_3 k_2 k_1 k_0 0$。转移代码为

$$dp[now][(k \ll 1) \ \& \ (\sim(1 \ll m))] \ += dp[old][k];$$

其中,$\sim(1 \ll m)$ 表示原来的 $k_5=1$ 移到了第 $m+1$ 位,超出了 k 的范围,需要把它置 0。

(2)$x=1, k_5=0$。从 $k=k_5 k_4 k_3 k_2 k_1 k_0 = 0 k_4 k_3 k_2 k_1 k_0$ 转移到 $k=k_4 k_3 k_2 k_1 k_0 1$。转移代码为

$$dp[now][(k \ll 1) \verb|^| 1] \ += dp[old][k];$$

(3)$x=1, k_0=0, k_5=1$。从 $k=k_5 k_4 k_3 k_2 k_1 k_0 = k_5 k_4 k_3 k_2 k_1 1$ 转移到 $k=k_4 k_3 k_2 k_1 11$。转移代码为

$$dp[now][((k \ll 1) \mid 3) \ \& \ (\sim(1 \ll m))] \ += dp[old][k];$$

其中,$(k \ll 1)\mid 3$ 表示末尾置 11;$\sim(1 \ll m)$ 表示原来的 $k_5=1$ 移到了第 $m+1$ 位,把它置 0。

下面是 poj 2411 的代码。

```
1   # include < iostream >
2   # include < cstring >
3   using namespace std;
4   long long dp[2][1 << 11];
5   int now,old;                          //滚动数组,now指向新的一行,old指向旧的一行
6   int main(){
7       int n,m;
8       while( cin >> n >> m && n ){
9           if(m > n)    swap(n,m);       //复杂度为O(nm * 2^m), m 较小有利
10          memset(dp,0,sizeof(dp));
11          now = 0, old = 1;             //滚动数组
12          dp[now][(1 << m) - 1] = 1;
13          for(int i = 0;i < n;i++)      //n 行
14              for(int j = 0;j < m;j++){ //m 列
15                  swap(now,old);        //滚动数组,now 始终指向最新的一行
16                  memset(dp[now],0,sizeof(dp[now]));
17                  for(int k = 0;k <(1 << m);k++){          //k 为轮廓线上的 m 格
18                      if(k & 1 <<(m-1))                    //情况(1):要求 k5 = 1
19                          dp[now][(k << 1) & (~(1 << m))] += dp[old][k];
20                                                          //原来的 k5 = 1 移到了第 m+1 位,置 0
21                      if(i && !(k & 1 <<(m-1) ) )         //情况(2)
22                                                          //i 不等于 0,即 i 不是第 1 行,另外要求 k5 = 0
23                          dp[now][(k << 1)^1] += dp[old][k];
24                      if(j && (!(k&1)) && (k & 1 <<(m-1)) )     //情况(3)
```

```
25                                //j不等于0,即j不是第1列,另外要求k0 = 0, k5 = 1
26                                dp[now][((k << 1) | 3) & (~(1 << m))] += dp[old][k];
27                                //k末尾置为11,且原来的k5移到了第m + 1位,置0
28                            }
29                        }
30                    cout << dp[now][(1 << m) - 1] << endl;
31                }
32        return 0;
33    }
```

2. hdu 4539

 例 5.9   排兵布阵(hdu 4539)

问题描述:团长带兵来到 $n \times m$ 的平原作战。每个士兵可以攻击到并且只能攻击到与其曼哈顿距离为 2 的位置以及士兵本身所在的位置。当然,一个士兵不能站在另外一个士兵所能攻击到的位置;同时,因为地形,平原上也不是每个位置都可以安排士兵。现在,已知 n、m($n \leqslant 100, m \leqslant 10$)以及平原阵地的具体地形,请你帮助团长计算该阵地最多能安排多少士兵。

输入:包含多组测试数据。每组测试的第 1 行输入两个整数 n 和 m;接下来的 n 行中,每行输入 m 个数,表示 $n \times m$ 的矩形阵地,其中 1 表示该位置可以安排士兵,0 表示该地形不允许安排士兵。

输出:对每组测试,输出最多能安排的士兵数量。

输入样例:	输出样例:
6 6	2
0 0 0 0 0 0	
0 0 0 0 0 0	
0 0 1 1 0 0	
0 0 0 0 0 0	
0 0 0 0 0 0	
0 0 0 0 0 0	

图 5.16 的例子是一个合理的安排,图中的 1 表示一个站立的士兵,×表示曼哈顿距离为 2 的攻击点,不能安排其他士兵。

本题的思路比较容易。

首先考虑暴力法。对一种站立安排,如果任意两个士兵都没有站在曼哈顿距离为 2 的位置上,就是一个合法的安排。但是一共有 $2^{n \times m}$ 种站立安排,显然不能用暴力法判断。

下面考虑 DP 的思路。从第 1 行开始,一行一行地放士兵,在每行都判断合法性,直到最后一行。假设递推到了第 i 行,只需要看它和第 $i-1$、$i-2$ 行的情况即可。

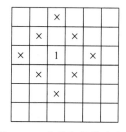

图 5.16   士兵和他的攻击点

（1）判断第 i 行自身的合法性。这一行站立的士兵,不能站在曼哈顿距离为 2 的位置上。例如,$m=6$ 时,合法的士兵站立情况有 000010、000011、0000110、100011、110011 等。

（2）判断第 i 行和第 $i-1$ 行的合法性。第 i 行任何一个士兵与第 $i-1$ 行士兵的曼哈顿距离不能为 2。

（3）判断第 i 行和第 $i-2$ 行的合法性。

（4）判断第 $i-1$ 行和第 $i-2$ 行的合法性。

定义 DP 状态 $dp[i][j][k]$ 表示递推到第 i 行时的最多士兵安排数量,此时第 i 行的士兵站立情况为 j,第 $i-1$ 行的士兵站立情况为 k。在 j 和 k 的二进制表示中,0 表示有士兵,1 表示无士兵。

从第 $i-1$ 行递推到第 i 行,状态转移方程为

$$dp[i][j][k] = \max(dp[i-1][k][p]) + count\_line(i, sta[j])$$

其中,$count\_line(i, sta[j])$ 计算第 i 行在合法的 j 状态下的士兵数量;用 p 遍历第 $i-2$ 行的合法情况。

下面给出代码。代码中有 4 个 for 循环,复杂度为 $O(nM^3)$。M 是预计算出的一行的合法情况数量,当 $m=10$ 时,$M=169$。用 init_line() 函数预计算一行的合法情况。

```
1   //代码改写自 https://blog.csdn.net/jzmzy/article/details/20950205
2   # include < bits/stdc++.h>
3   using namespace std;
4   int mp[105][12];                 //地图
5   int dp[105][200][200];
6   int n,m;
7   int sta[200];                    //预计算一行的合法情况,m = 10 时只有 169 种合法情况
8   int init_line(int n){            //预计算出一行的合法情况
9       int M = 0;
10      for(int i = 0; i < n; i ++)
11          if((i&(i>>2)) == 0 && (i&(i<<2)) == 0)   //左右间隔2的位置没人,就是合法的
12              sta[M++] = i;
13      return M;                    //返回合法情况有多少种
14  }
15  int count_line(int i, int x){    //计算第 i 行的士兵数量
16      int sum = 0;
17      for(int j = m - 1; j >= 0; j-- ) {   //x是预计算过的合法安排
18          if(x&1) sum += mp[i][j];         //把 x 与地形匹配
19          x >>= 1;
20      }
21      return sum;
22  }
23  int main(){
24      while(~scanf("% d % d",&n,&m)) {
25          int M = init_line(1 << m);       //预计算一行的合法情况,有 M 种
26          for(int i = 0; i < n; i ++)
27              for(int j = 0; j < m; j ++)
28                  scanf("% d",&mp[i][j]);  //输入地图
29          int ans = 0;
30          memset(dp, 0, sizeof(dp));
31          for(int i = 0; i < n; i ++)      //第 i 行
32              for(int j = 0; j < M; j ++)  //枚举第 i 行的合法安排
```

```
33                        for(int k = 0; k < M; k ++) {          //枚举第 i-1 行的合法安排
34                            if(i == 0) {                        //计算第 1 行
35                                dp[i][j][k] = count_line(i, sta[j]);
36                                ans = max(ans, dp[i][j][k]);
37                                continue;
38                            }
39                            if((sta[j]&(sta[k]>>1)) || (sta[j]&(sta[k]<<1)))
40                                continue;                       //第 i 行和第 i-1 行冲突
41                            int tmp = 0;
42                            for(int p = 0; p < M; p ++){        //枚举第 i-2 行合法状态
43                                if((sta[p]&(sta[k]>>1)) || (sta[p]&(sta[k]<<1))) continue;
44                                                                //第 i-1 行和第 i-2 行冲突
45                                if(sta[j]&sta[p]) continue;      //第 i 行和第 i-2 行冲突
46                                tmp = max(tmp, dp[i-1][k][p]); //从第 i-1 行递推到第 i 行
47                            }
48                            dp[i][j][k] = tmp + count_line(i, sta[j]);
49                                                                //加上第 i 行的士兵数量
50                            ans = max(ans, dp[i][j][k]);
51                        }
52            printf(" % d\n",ans);
53        }
54    return 0;
55 }
```

5.4.4　三进制状态压缩 DP

前面的状态压缩 DP 都利用了二进制运算,除了用二进制做状态压缩,也可以用其他进制,如三进制。用下面的例题说明三进制状态压缩 DP。

 例 5.10　hdu 3001

问题描述:Acmer 先生决定访问 n 座城市。他可以空降到任意城市,然后开始访问,要求访问到所有城市,任何一座城市访问的次数不少于一次,不多于两次。n 座城市间有 m 条道路,每条道路都有路费。求 Acmer 先生完成旅行需要花费的最小费用。

输入:第 1 行输入 n 和 m,$1 \leqslant n \leqslant 10$。后面 m 行中,输入 3 个整数 a、b、c,表示城市 a 和 b 之间的路费为 c。

输出:最少花费,如果不能完成旅行,则输出 -1。

本题中 $n \leqslant 10$,数据很小,但是由于每座城市可以走两遍,可能的路线就有 $(2n)$! 条,所以不能用暴力法。

本题是旅行商问题的变形,编程方法和 Hamilton 路径问题非常相似。阅读下面的题解时,请与 5.4.1 节的解释对照。

在普通路径问题中,一座城市只有两种情况:访问和不访问,分别用 1 和 0 表示,可以用二进制进行状态压缩。但是本题有 3 种情况:不访问、访问一次、访问两次,所以用三进制进行状态压缩分别用 0、1、2 表示。

当 $n=10$ 时,路径有 3^{10} 条,每种路径用三进制表示。例如,第 14 条路径,十进制 14 的三进制为 112_3,它的意思是:第 3 座城市走一次,第 2 座城市走一次,第 1 座城市走两次。

用 tri[i][j] 定义路径,它表示第 i 条路径上的城市 j 的状态。在上面的例子中,tri[14][3]=1,tri[14][2]=1,tri[14][1]=2。make_trb() 函数完成初始化计算,它把十进制 14 转换为三进制 112_3,并赋值给 tri[i][j]。

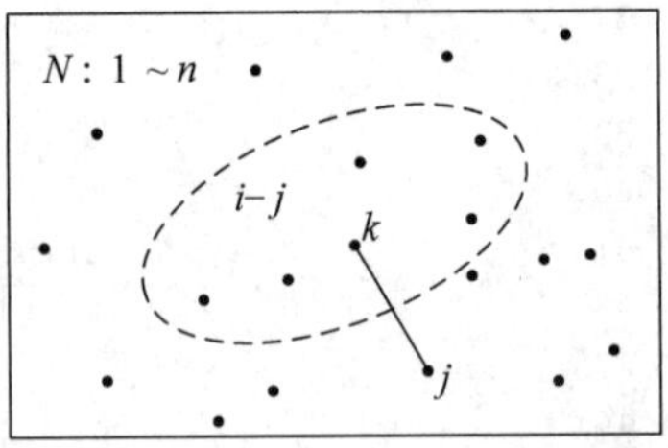

定义 DP 状态 dp[j][i] 表示从城市 j 出发,按路径 i 访问 i 中所有城市的最小费用。

枚举路径 $i-j$ 中所有点,如图 5.17 所示。

图 5.17 中,$i-j$ 表示从路径 i 中去掉城市 j。从城市 j 开始访问路径 i,等于先走完路径 $i-j$,再走到城市 j。用 k 遍历 $i-j$ 中的所有城市,找到最少费用,状态转移方程为

$$dp[j][i] = \min(dp[j][i], dp[k][l] + graph[k][j])$$

其中,$l=i-\text{bit}[j]$,它涉及本题的**关键操作**:从路径 i 中去掉城市 j。这是三进制状态压缩的关键问题,如何从集合中去掉某个元素?

回顾 5.4.1 节的二进制状态压缩,是这样从集合 S 中去掉点 j 的:$S\,\hat{}\,(1\ll j)$,它等价于 $S-(1\ll j)$。类似地,在三进制中,从 i 中去掉 j 的代码写为 $i-\text{bit}[j]$,其中 bit[j] 是三进制第 j 位的权值。

下面给出代码。comp_dp() 函数中有 3 个 for 循环,第 1 个 for 循环 3^n 次,后两个分别循环 n 次,总复杂度为 $O(3^n n^2)$,当 $n=10$ 时,正好通过 OJ 测试。

图 5.17 枚举路径 $i-j$ 中所有点

```
1    # include< bits/stdc++.h>
2    const int INF = 0x3f3f3f3f;
3    using namespace std;
4    int n,m;
5    int bit[12] = {0,1,3,9,27,81,243,729,2187,6561,19683,59049};
6            //三进制每位的权值.与二进制的 0, 1, 2, 4, 8…对照理解
7    int tri[60000][11];
8    int dp[11][60000];
9    int graph[11][11];                    //存图
10   void make_trb(){                      //初始化,求所有可能的路径
11       for(int i = 0;i < 59050;++i){     //共 3^10 = 59050 种路径状态
12           int t = i;
13           for(int j = 1; j <= 10; ++j){ tri[i][j] = t%3;  t/ = 3; }
14       }
15   }
16   int comp_dp(){
17           int ans = INF;
18           memset(dp, INF, sizeof(dp));
19           for(int j = 0;j <= n;j++)
20               dp[j][bit[j]] = 0;        //初始化:从第 j 座城市出发,只访问 j,费用为 0
21           for(int i = 0;i < bit[n+1];i++){ //遍历所有路径,每个 i 是一条路径
22               int flag = 1;             //所有城市都遍历过一次以上
23               for(int j = 1;j <= n;j++){ //遍历城市,以 j 为起点
24                   if(tri[i][j] == 0){   //是否有一座城市访问次数为 0
```

```
25                  flag = 0;                     //还没有经过所有点
26                  continue;
27              }
28              for(int k = 1; k <= n; k++){      //遍历路径 i-j 的所有城市
29                  int l = i - bit[j];           //从路径 i 中去掉第 j 座城市
30                  dp[j][i] = min(dp[j][i],dp[k][l] + graph[k][j]);

31              }
32          }
33          if(flag)                              //找最小费用
34              for(int j = 1; j <= n; j++)
35                  ans = min(ans,dp[j][i]);      //路径 i 上最小的总费用
36      }
37      return ans;
38 }
39 int main(){
40      make_trb();
41      while(cin >> n >> m){
42          memset(graph, INF, sizeof(graph));
43          while(m -- ){
44              int a,b,c;      cin >> a >> b >> c;
45              if(c < graph[a][b])   graph[a][b] = graph[b][a] = c;
46          }
47          int ans = comp_dp();
48          if(ans == INF) cout <<" - 1"<< endl;
49          else           cout << ans << endl;
50      }
51      return 0;
52 }
```

【习题】

洛谷 P1433/P2831/P2704/P1879/P1896/P3092/P3694/P4925/P2157/P2167/P2396/
P4363/P5005/P2150。

5.5　区　间　DP

扫一扫

视频讲解

　　区间 DP 是常见的 DP 应用场景。区间 DP 也是线性 DP,它把区间当成 DP 的阶段,用区间的两个端点描述状态和处理状态的转移。区间 DP 的主要思想是先在小区间进行 DP 得到最优解,然后再合并小区间的最优解求得大区间的最优解。解题时,先解决小区间问题,然后合并小区间,得到更大的区间,直到解决最后的大区间问题。合并的操作一般是把左右两个相邻的子区间合并。

　　区间 DP 的计算量比较大。一个长度为 n 的区间,编程时,区间 DP 至少需要两层 for 循环,第 1 层的 i 从区间的首部或尾部开始;第 2 层的 j 从 i 开始到结束,i 和 j 一起枚举出所有的子区间。所以,区间 DP 的复杂度大于 $O(n^2)$,一般为 $O(n^3)$。

很多区间 DP 问题可以用四边形不等式优化,把复杂度降为 $O(n^2)$。

5.5.1　石子合并问题和两种模板代码

区间 DP 的经典例子是石子合并问题,下面用这个例子解释区间 DP 的概念,并给出模板代码。

 例 5.11　石子合并

问题描述:有 n 堆石子排成一排,每堆石子有一定的数量。将 n 堆石子合并成一堆,每次只能合并相邻的两堆石子,合并的花费为这两堆石子的总数。经过 $n-1$ 次合并后成为一堆,求最小总花费。

输入:第 1 行输入整数 n,表示有 n 堆石子。第 2 行输入 n 个数,分别表示这 n 堆石子的数目。

输出:最小总花费。

输入样例:	输出样例:
3	17
2 4 5	

 样例的计算过程是第 1 次合并 2+4=6;第 2 次合并 6+5=11;总花费为 6+11=17。

本题不能用贪心法求解,下面指出原因。先回顾贪心法,它的应用场景是能从局部最优扩展到全局最优。

(1) 如果石子堆没有顺序,可以任意合并,用贪心法每次选择最小的两堆合并。

(2) 本题要求只能合并相邻的两堆,不能用贪心法。贪心操作是每次合并时找石子数相加最少的两堆相邻石子。例如,环形石子堆,初始是{2,4,7,5,4,3},用贪心法得到最小花费 64,但是另一种方法的结果为 63,如表 5.2 所示。

表 5.2　贪心法对比

步骤	贪心法(方法 1)		方法 2	
	花费	剩余石子堆	花费	剩余石子堆
初始	—	2,4,7,5,4,3	—	2,4,7,5,4,3
1	5	5,4,7,5,4	6	6,7,5,4,3
2	9	9,7,5,4	13	13,5,4,3
3	9	9,7,9	7	13,5,7
4	16	16,9	12	13,12
5	25	25	25	25
总花费	64		63	

下面用 DP 求解。

定义 dp[i][j] 为合并第 i 堆到第 j 堆的最小花费。

状态转移方程为

$$dp[i][j] = \min\{dp[i][k] + dp[k+1][j] + w[i][j]\}, \quad i \leq k < j$$

dp[1][n] 就是答案。方程中的 $w[i][j]$ 表示从第 i 堆到第 j 堆的石子总数。

按自顶向下的思路分析状态转移方程,很容易理解。计算大区间 $[i,j]$ 的最优值时,合并它的两个子区间 $[i,k]$ 和 $[k+1,j]$,对所有可能的合并($i \leq k < j$,即 k 在 i 和 j 之间滑动),采用最优的合并。子区间再分解为更小的区间,最小的区间 $[i,i+1]$ 只包含两堆石子。

编程用自底向上递推的方法,先在小区间进行 DP 得到最优解,然后再逐步合并小区间为大区间。下面给出求 dp[i][j] 的代码,其中包含 i、j、k 的 3 层循环,时间复杂度为 $O(n^3)$。第 1 个循环 j 是区间终点,第 2 个循环 i 是区间起点,第 3 个循环 k 在区间内滑动。注意,起点 i 应该从 $j-1$ 开始递减,也就是从最小的区间 $[j-1,j]$ 开始,逐步扩大区间。i 不能从 1 开始递增,那样就是从大区间到小区间了。

```
1   for(int i=1; i<=n; i++)   dp[i][i] = 0;//n为石子堆数.初始化
2   for(int j=2; j<=n; j++)              // 区间[i,j]的终点j,i<j<=n
3       for(int i=j-1;i>=1;i--) {        // 区间[i,j]的起点i
4           dp[i][j] = INF;              //初始化为极大值
5           for(int k=i;k<j;k++)         //大区间[i,j]从小区间[i,k]和[k+1,j]转移而来
6               dp[i][j] = min(dp[i][j], dp[i][k] + dp[k+1][j] + w[i][j]);
7       }
```

下面给出另一种写法,它的 i、j、k 都是递增的,更容易理解,推荐使用这种写法。代码中用了一个辅助变量 len,它等于当前处理的区间 $[i,j]$ 的长度。dp[i][j] 是大区间,它需要从小区间 dp[i][k] 和 dp[$k+1$][j] 转移而来,所以应该先计算出小区间,才能根据小区间计算出大区间。len 就起到了这个作用,从最小的区间 len$=2$ 开始,此时区间 $[i,j]$ 为 $[i,i+1]$;最后是最大区间 len$=n$,此时区间 $[i,j]$ 为 $[1,n]$。

```
1   for(int i=1; i<=n; i++)   dp[i][i] = 0;
2   for(int len=2; len<=n; len++)           //len为区间[i,j]的长度,从小区间扩展到大区间
3       for(int i=1; i<=n-len+1; i++){      // 区间起点i
4           int j = i + len - 1;            // 区间终点j,i<j<=n
5           dp[i][j] = INF;
6           for(int k=i; k<j; k++)
7               dp[i][j] = min(dp[i][j], dp[i][k] + dp[k+1][j] + w[i][j]);
8       }
```

上述代码的复杂度为 $O(n^3)$,不太好。区间 DP 常常可以用四边形不等式进行优化,把复杂度性能提升到 $O(n^2)$,详见 5.10 节。经典例题"石子合并"也在 5.10 节进行了更多讲解。当然,不是所有的区间 DP 都能做四边形不等式优化。

5.5.2 区间 DP 例题

下面给出几道经典区间 DP 例题。请读者在看题解之前,自己思考并写出代码,一定会大有收获。

1. hdu 2476

 例 5.12 String painter(hdu 2476)

问题描述：给定两个长度相等的字符串 A、B，由小写字母组成。一次操作，允许把 A 中的一个连续子串(区间)都转换为某个字符(就像用刷子刷成一样的字符)。要把 A 转换为 B，问最少操作数是多少？

输入：第 1 行输入字符串 A，第 2 行输入字符串 B。两个字符串的长度不大于 100。

输出：一个表示答案的整数。

输入样例：	输出样例：
zzzzzfzzzzz	6
abcdefedcba	

  第 1 次把 zzzzzfzzzzz 转换为 aaaaaaaaaaa，第 2 次转换为 abbbbbbbbba，第 3 次转换为 abccccccccba…

这道经典例题能帮助读者深入理解区间 DP 是如何构造和编码的。

1) 从空白串转换到 B

先考虑一个简单的问题：从空白串转换到 B。为方便阅读代码，把字符串存储为 $B[1]\sim B[n]$，不用 $B[0]\sim B[n-1]$，编码时这样输入：scanf("%s%s",A+1,B+1)。

如何定义 DP 状态？可以定义 $dp[i]$ 表示在区间 $[1,i]$ 内转换为 B 的最少操作次数。或者更进一步，定义 $dp[i][j]$ 表示在区间 $[i,j]$ 内从空白串转换到 B 时的最少操作次数。重点是区间 $[i,j]$ 两端的字符 $B[i]$ 和 $B[j]$，分析以下两种情况。

(1) $B[i]=B[j]$。第 1 次用 $B[i]$ 把区间 $[i,j]$ 刷一遍，这个刷法肯定是最优的。如果分别去掉两个端点，得到两个区间 $[i+1,j]$ 和 $[i,j-1]$，这两个区间的最少操作次数相等，也等于原区间 $[i,j]$ 的最少操作次数。例如，$B=$ "abbba"，先用 "a" 全部刷一遍，再刷一次 "bbb"，共刷两次。如果去掉第 1 个 "a"，剩下的 "bbba" 也是刷两次。

(2) $B[i]\neq B[j]$。因为两个端点不同，至少要各刷一次。用标准的区间操作，把区间分成 $[i,k]$ 和 $[k+1,j]$ 两部分，枚举最少操作次数。

2) 从 A 转换到 B

如何求 $dp[1][j]$？观察 A 和 B 相同位置的字符，分析以下两种情况。

(1) $A[j]=B[j]$。这个字符不用转换，有 $dp[1][j]=dp[1][j-1]$。

(2) $A[j]\neq B[j]$。仍然用标准的区间 DP，把区间分成 $[1,k]$ 和 $[k+1,j]$ 两部分，枚举最少操作次数。这里利用了从空白串转换到 B 的结果，当区间 $[k+1,j]$ 内 A 和 B 的字符不同时，从 A 转换到 B 与从空白串转换到 B 是等价的。

下面给出 hdu 2476 的代码，其中，从空白串转换到 B 的代码完全套用了石子合并问题的编码。

```
1   #include<bits/stdc++.h>
2   using namespace std;
3   char A[105],B[105];
4   int dp[105][105];
5   const int INF = 0x3f3f3f3f;
6   int main() {
7       while(~scanf("%s%s", A + 1, B + 1)){
8           int n = strlen(A + 1);                      //输入 A, B
9           for(int i = 1; i <= n; i++)   dp[i][i] = 1;//初始化
10  //先从空白串转换到 B
11          for(int len = 2; len <= n; len++)
12              for(int i = 1; i <= n - len + 1; i++){
13                  int j = i + len - 1;
14                  dp[i][j] = INF;
15                  if(B[i] == B[j])                    //区间[i, j]两端的字符相同,B[i] = B[j]
16                      dp[i][j] = dp[i+1][j];   //或者 dp[i][j] = dp[i][j-1]
17                  else                            //区间[i, j]两端的字符不同 B[i] ≠ B[j]
18                      for(int k = i; k < j; k++)
19                          dp[i][j] = min(dp[i][j], dp[i][k] + dp[k+1][j]);
20              }
21  //下面从 A 转换到 B
22          for(int j = 1; j <= n; ++j){
23              if(A[j] == B[j])   dp[1][j] = dp[1][j-1];     //字符相同,不用转换
24              else
25                  for(int k = 1; k < j; ++k)
26                      dp[1][j] = min(dp[1][j], dp[1][k] + dp[k+1][j]);
27          }
28          printf("%d\n",dp[1][n]);
29      }
30      return 0;
31  }
```

2. hdu 4283

 例 5.13　You are the one(hdu 4283)

问题描述: n 个男孩去相亲,排成一队上场。大家都不想等,排队越靠后越愤怒。每人的耐心不同,用 D 表示火气,设男孩 i 的火气为 D_i,他排在第 k 个时,愤怒值为 $(k-1)D_i$。

主持人不想看到会场气氛紧张。他安排了一间黑屋,可以调整这排男孩上场的顺序,屋子很狭长,先进去的男孩最后出来(相当于一个**堆栈**)。例如,当男孩 A 排到时,如果他后面的男孩 B 火气更大,就把 A 送进黑屋,让 B 先上场。一般情况下,那些火气小的男孩要多等等,让火气大的占便宜。不过,零脾气的你也不一定吃亏,如果你原本排在倒数第 2 个,而最后一个男孩脾气最坏,主持人为了让这个坏家伙第 1 个上场,把其他人全赶进了黑屋,结果你就排在了黑屋的第 1 名,将第 2 个上场。

注意,每个男孩都要进出黑屋。

对所有男孩的愤怒值求和,求所有可能情况的最小总愤怒值。

输入：第 1 行输入一个整数 T，即测试用例的数量。对于每种情况，第 1 行输入 $n(0<n\leqslant 100)$，后面 n 行中，输入整数 $D_1\sim D_n$ 表示男孩的火气($0\leqslant D_i\leqslant 100$)。

输出：对每个用例，输出最小总愤怒值之和。

读者可以试试用栈来模拟，这几乎是不可能的。这是一道区间 DP 例题，巧妙地利用了栈的特性。

定义 dp$[i][j]$ 表示从第 i 个人到第 j 个人，即区间 $[i,j]$ 的最小总愤怒值。

由于栈的存在，本题的区间 $[i,j]$ 的分割点 k 比较特殊。分割时，总是用区间 $[i,j]$ 的第 1 个元素 i 把区间分成两部分，让第 k 个从黑屋出来上场，即第 k 个出栈。根据栈的特性，若第 1 个元素 i 第 k 个出栈，则第 $2\sim k-1$ 个元素肯定在第 1 个元素之前出栈，第 $k+1\sim j$ 个元素肯定在第 k 个之后出栈[1]。

例如，5 个人的排队序号是 1，2，3，4，5。如果第 1($i=1$)个人要第 3($k=3$)个出场，那么栈的操作是这样：1 号进栈→2 号进栈→3 号进栈→3 号出栈→2 号出栈→1 号出栈。2 号和 3 号在 1 号之前出栈，1 号第 3 个出栈，4 号和 5 号在 1 号后面出栈。

分割点 $k(1\leqslant k\leqslant j-i+1)$ 把区间划分成两段，即 dp$[i+1][i+k-1]$ 和 dp$[i+k][j]$。dp$[i][j]$ 的计算分为以下 3 部分。

(1) dp$[i+1][i+k-1]$。原来 i 后面的 $k-1$ 个人现在排到 i 前面了。

(2) $D[i](k-1)$。第 i 个人往后挪了 $k-1$ 个位置，愤怒值增加 $D[i](k-1)$。

(3) dp$[i+k][j]+k(\text{sum}[j]-\text{sum}[i+k-1])$。第 k 个位置后面的人，即区间 $[i+k,j]$ 的人，由于都在前 k 个人之后，相当于从区间的第 1 个位置往后挪了 k 个位置，所以整体愤怒值要加上 $k(\text{sum}[j]-\text{sum}[i+k-1])$。其中，$\text{sum}[j]=\sum_{i=1}^{j}D_i$ 为 $1\sim j$ 所有人火气值的和，$\text{sum}[j]-\text{sum}[i+k-1]$ 是区间 $[i+k,j]$ 内人的火气值的和。

代码完全套用石子合并的模板。其中，DP 方程给出了两种写法，对照看更清晰。

```
1   for( int len = 2; len < = n; len++)
2       for(i = 1;i < = n - len + 1;i++) {
3           j = len + i - 1;
4           dp[i][j] = INF;
5           for(int k = 1;k < = j - i + 1;k++)       //k: i往后挪了k位,这样写容易理解
6               dp[i][j] = min(dp[i][j], dp[i+1][i+k-1] + D[i]*(k-1)
7                               + dp[i+k][j] + k*(sum[j]-sum[i+k-1]));  //DP方程
8       //for(int k = i;k < = j;k++)               //或者这样写,k为整个队伍的绝对位置
9       //    dp[i][j] = min(dp[i][j], dp[i+1][k] + D[i]*(k-i)
10      //                    + dp[k+1][j] + (k-i+1)*(sum[j]-sum[k]));
11      }
```

5.5.3　二维区间 DP

前面例子中的区间 $[i,j]$ 可以看作在一条直线上移动，即一维 DP。下面给出一道二维区间 DP 的例题，它的区间同时在两个方向移动。

---

[1]　https://blog.csdn.net/weixin_41707869/article/details/99686868

例 5.14　Rectangle painting 1(CF1199F)[①]

问题描述：有一个 $n \times n$ 大小的方格图，某些方格初始为黑色，其余为白色。一次操作，可以选定一个 $h \times w$ 的矩形，把其中所有方格涂成白色，代价是 $\max(h, w)$。要求用最小的代价把所有方格涂成白色。

输入：第 1 行输入整数 n，表示方格的大小。后面有 n 行，每行输入长度为 n 的串，包含符号'.'和'#'，'.'表示白色，'#'表示黑色。第 x 行第 y 列的坐标是 (x, y)。$n \leqslant 50$。

输出：打印一个整数，表示把所有方格涂成白色的最小代价。

输入样例：	输出样例：
5	5
#...#	
#.#.	
......	
.#...	
#....	

设矩形区域从左下角坐标 (x_1, y_1) 到右上角坐标 (x_2, y_2)。定义状态 $dp[x_1][y_1][x_2][y_2]$ 表示把这个区域涂成白色的最小代价。

这个区域可以分别按 x 轴或按 y 轴分割成两个矩形，遍历所有可能的分割，求最小代价。从 x 方向看，是一个区间 DP；从 y 方向看，也是一个区间 DP。

代码可以完全套用一维 DP 的模板，分别在两个方向上操作。

(1) x 方向，把区间分为 $[x_1, k]$ 和 $[k+1, x_2]$。状态转移方程为

$$dp[x_1][\,][x_2][\,] = \min(dp[x_1][\,][x_2][\,], dp[x_1][\,][k][\,] + dp[k+1][\,][x_2][\,])$$

(2) y 方向，把区间分为 $[y_1, k]$ 和 $[k+1, y_2]$。状态转移方程为

$$dp[\,][y_1][\,][y_2] = \min(dp[\,][y_1][\,][y_2], dp[\,][y_1][\,][k] + dp[\,][k+1][\,][y_2])$$

下面给出代码，有 5 层循环，时间复杂度为 $O(n^5)$。对比一维区间 DP，有 3 层循环，复杂度为 $O(n^3)$。

```
1   //代码改写自 https://www.cnblogs.com/zsben991126/p/11643832.html
2   #include<bits/stdc++.h>
3   using namespace std;
4   #define N 55
5   int dp[N][N][N][N];
6   char mp[N][N];                                    //方格图
7   int main(){
8       int n;  cin>>n;
9       for(int i=1;i<=n;i++)
10          for(int j=1;j<=n;j++)   cin>>mp[i][j];
```

① https://codeforces.com/contest/1199/problem/F，如果 CodeForces 很慢，用代理提交(https://vjudge.net/problem/CodeForces-1199F)。

```
11        for(int i = 1;i <= n;i++)
12            for(int j = 1;j <= n;j++)
13                if(mp[i][j] == '.')  dp[i][j][i][j] = 0;    //白格不用涂
14                else dp[i][j][i][j] = 1;                     //黑格(i,j)涂成白色,需一次
15        for(int lenx = 1;lenx <= n;lenx++)     //len 从 1 开始,不是 2,因为有 x 和 y 两个方向
16            for(int leny = 1;leny <= n;leny++)
17                for(int x1 = 1;x1 <= n - lenx + 1;x1++)
18                    for(int y1 = 1;y1 <= n - leny + 1;y1++){
19                        int x2 = x1 + lenx - 1;            //x1 为 x 轴起点,x2 为 x 轴终点
20                        int y2 = y1 + leny - 1;            //y1 为 y 轴起点,y2 为 y 轴终点
21                        if(x1 == x2 && y1 == y2) continue; //lenx = 1 且 leny = 1 的情况
22                        dp[x1][y1][x2][y2] = max(abs(x1 - x2),abs(y1 - y2)) + 1; //初始值
23                        for(int k = x1;k < x2;k++) //枚举 x 方向,y 不变,区间[x1,k] + [k+1,x2]
24                            dp[x1][y1][x2][y2] = min(dp[x1][y1][x2][y2],
25                                             dp[x1][y1][k][y2] + dp[k+1][y1][x2][y2]);
26                        for(int k = y1;k < y2;k++) //枚举 y 方向,x 不变,区间[y1,k] + [k+1,y2]
27                            dp[x1][y1][x2][y2] = min(dp[x1][y1][x2][y2],
28                                             dp[x1][y1][x2][k] + dp[x1][k+1][x2][y2]);
29                    }
30        cout << dp[1][1][n][n];
31    }
```

【习题】

(1) 力扣:https://leetcode-cn.com/circle/article/NfHhXD/。

(2) 区间 DP(kuangbin 带你飞):https://vjudge.net/contest/77874。

(3) 洛谷 P1880/P3146/P1063/P1005/P4170/P4302/P2466。

扫一扫

视频讲解

5.6   树 形 DP

在树这种数据结构上做 DP 很常见:给出一棵树,要求以最少代价(或最大收益)完成给定的操作。在树上做 DP 显得非常自然,因为树本身有"子结构"性质(树和子树),具有递归性,符合 5.1.2 节提到的"记忆化递归"的思路,所以树形 DP 一般就这样编程。

基于树的解题步骤一般是先把树转换为有根树(如果是几棵互不连通的树,就加一个虚拟根,它连接所有孤立的树),然后在树上做 DFS,递归到最底层的叶子节点,再一层层返回信息更新至根节点。显然,树上 DP 所操作的就是这一层层返回的信息。不同的题目需要灵活设计不同的 DP 状态和转移方程。

树需要用数据结构来存储。关于树的存储方式,请提前阅读本书 10.1 节"图的存储"。

5.6.1   树形 DP 的基本操作

先看一道简单的入门题,了解树的存储以及如何在树上设计 DP 和进行状态转移。请读者特别注意 DP 设计时的两种处理方法:二叉树、多叉树。

例 5.15 二叉苹果树(洛谷 **P2015**)

问题描述:有一棵苹果树,如果树枝有分叉,一定是分两叉。这棵树共有 n 个节点,编号为 $1 \sim n$,树根编号为 1。用一根树枝两端连接的节点的编号描述一根树枝的位置,下面是一棵有 4 根树枝的树:

```
2   5
 \ /
 3   4
  \ /
   1
```

这棵树的枝条太多了,需要剪枝。但是一些树枝上长有苹果,最好别剪。给定需要保留的树枝数量,求出最多能留住多少个苹果。

输入:第 1 行输入两个数 n 和 q($1 \leqslant q \leqslant n, 1 < n \leqslant 100$),$n$ 表示树的节点数,q 表示要保留的树枝数量。接下来 $n-1$ 行描述树枝的信息。每行输入 3 个整数,前两个数是它连接的节点的编号,第 3 个数是这根树枝上苹果的数量。每根树枝上的苹果不超过 30000 个。

输出:最多能留住的苹果的数量。

首先是树的存储,在计算之前需要先存储这棵树。树是图的一种特殊情况,树的存储和图的存储相似:一种方法是邻接表,用 vector 实现又简单又快;另一种方法是链式前向星,对空间要求很高时可以使用,编码也不算复杂。本题给出的代码用 vector 存储树。

本题的求解从根开始自顶向下,是典型的 DP 思路。

1. DP 状态和 DP 状态转移方程

定义状态 dp[u][j] 表示以节点 u 为根的子树上留 j 条边时的最多苹果数量。dp[1][q] 就是答案。

状态转移方程如何设计?下面给出两种思路:二叉树方法、多叉树(一般性)方法。

1)二叉树

根据二叉树的特征,考虑 u 的左右子树,如果左儿子 lson 留 k 条边,右儿子 rson 就留 $j-k$ 条边,用 k 在 $[0, j]$ 内遍历不同的分割。读者可以尝试用这种思路写出记忆化搜索的代码,主要步骤参考下面的代码。

```
int dfs(int u, int j){                       //以 u 为根的子树,保留 j 个树枝时的最多苹果
    if(dp[u][j] >= 0)  return dp[u][j];      //记忆化,如果已计算过,就返回
    for(int k = 0; k < j; k++)               //用 k 遍历
        dp[u][j] = max(dp[u][j], dfs(u.lson,k) + dfs(u.rson, j-k)); //左右儿子合起来
    return dp[u][j];
}
```

2)多叉树

由于局限于二叉树这种结构,下面用多叉树实现,这是**一般性**的方法。把状态转移方程写成如下形式。

```
       for(int j = sum[u]; j >= 0; j-- )          //sum[u]为以 u 为根的子树上的总边数
          for(int k = 0; k <= j - 1; k++)          //用 k 遍历不同的分割
              dp[u][j] = max(dp[u][j], dp[u][j-k-1] + dp[v][k] + w); //状态转移方程
```

其中,v 是 u 的一个子节点。$\text{dp}[u][j]$ 的计算分为以下两部分。

(1) $\text{dp}[v][k]$:在 v 上留 k 条边。

(2) $\text{dp}[u][j-k-1]$:除了 v 上的 k 条边,以及 $[u,v]$ 边,那么以 u 为根的这棵树上还有 $j-k-1$ 条边,它们在 u 的其他子节点上。

下面给出代码。

```
1   //洛谷 P2015 的代码(邻接表存树)
2   #include <bits/stdc++.h>
3   using namespace std;
4   const int N = 200;
5   struct node{
6       int v, w;                                    //v 是子节点,w 是边[u,v]的值
7       node(int v = 0, int w = 0) : v(v), w(w) {}
8   };
9   vector <node> edge[N];
10  int dp[N][N], sum[N];                            //sum[i]记录以 i 为根的子树的总边数
11  int n, q;
12  void dfs(int u, int father){
13      for(int i = 0; i < edge[u].size(); i++) {   //用 i 遍历 u 的所有子节点
14          int v = edge[u][i].v, w =  edge[u][i].w;
15          if(v == father) continue;                //不回头搜索父亲,避免循环
16          dfs(v, u);                               //递归到最深的叶子节点,然后返回
17          sum[u] += sum[v] + 1;                    //子树上的总边数
18      //for(int j = sum[u];j >= 0;j-- )
19      //    for(int k = 0;k <= j-1;k++)            //两个 for 优化为以下代码,不优化也可以
20          for(int j = min(q, sum[u]); j >= 0; j--)
21              for(int k = 0; k <= min(sum[v], j - 1); k++)
22                  dp[u][j] = max(dp[u][j], dp[u][j-k-1] + dp[v][k] + w);
23      }
24  }
25  int main(){
26      scanf("%d%d", &n, &q);                       //n 个点,留 q 根树枝
27      for(int i = 1; i < n; i++){
28          int u, v, w;  scanf("%d%d%d", &u, &v, &w);
29          edge[u].push_back(node(v,w));            //把边[u,v]存到 u 的邻接表中
30          edge[v].push_back(node(u,w));            //无向边
31      }
32      dfs(1, 0);                                   //从根节点开始做记忆化搜索
33      printf("%d\n", dp[1][q]);
34      return 0;
35  }
```

2. 二叉树和多叉树的讨论

本题是二叉树应用,但是上面的代码是按多叉树处理的。代码中用 v 遍历了 u 的所有子树,并未限定是二叉树。状态方程计算 $\text{dp}[u][j]$ 时包含两部分:$\text{dp}[u][j-k-1]$ 和

$dp[v][k]$，其中 $dp[v][k]$ 是 u 的一棵子树 v，$dp[u][j-k-1]$ 是 u 的其他所有子树。

上面代码中最关键的是 dfs() 函数中 j 的循环方向，它应该从 $sum[u]$ 开始递减，而不是从 0 开始递增。例如，计算 $dp[u][5]$，它用到了 $dp[u][4]$、$dp[u][3]$ 等，它们可能是有值的，原值等于以前用 u 的另一棵子树计算得到的结果，也就是排除当前的 v 这个子树时计算的结果。

（1）让 j 递减循环是正确的。例如，先计算 $j=5$，$dp[u][5]$ 用到了 $dp[u][4]$、$dp[u][3]$ 等，它们都是正确的原值；下一步计算 $j=4$ 时，新的 $dp[u][4]$ 会覆盖原值，但是不会影响到对 $dp[u][5]$ 的计算。

（2）让 j 递增循环是错误的。例如，先计算 $j=4$，得到新的 $dp[u][4]$；再计算 $dp[u][5]$，这时需要用到 $dp[u][4]$，而此时的 $dp[u][4]$ 已经不再是正确的原值了。

读者可以联想 5.1.4 节的"自我滚动"编程，它的循环也是从大到小递减的。两者的原理一样，即新值覆盖原值的问题。

k 的循环顺序则无所谓，它是 $[0, j-1]$ 区间的分割，从 0 开始递增或从 $j-1$ 开始递减都可以。

两个 for 循环还可以做一些小优化，详情见代码。

复杂度分析：dfs() 函数递归到每个节点，每个节点有两个 for 循环，总复杂度小于 $O(n^3)$。

3. 树形 DP 例题

> #### 例 5.16　没有上司的舞会（洛谷 P1352）
>
> 问题描述：某单位有 n 个职员，编号为 $1 \sim n$。他们之间有从属关系，也就是说他们的关系就像一棵以老板为根的树，父节点就是子节点的直接上司。现在有一个周年庆宴会，宴会每邀请来一个职员都会增加一定的快乐指数 r_i，但是如果某个职员的直接上司来参加舞会，那么这个职员就无论如何也不肯来参加舞会了。编程计算邀请哪些职员可以使快乐指数最大，求最大的快乐指数。
>
> 输入：第 1 行输入一个整数 n。第 $2 \sim n+1$ 行中，每行输入一个整数，第 $i+1$ 行的整数表示职员 i 的快乐指数 r_i。第 $n+2 \sim 2n$ 行中，每行输入两个整数 l 和 k，代表 k 是 l 的直接上司。
>
> 输出：输出一行一个整数代表最大的快乐指数。

这也是一道经典题。一个节点表示一个职员，如果一个节点代表的职员参加宴会，那么他的子节点就不能参加宴会；如果不参加宴会，他的子节点参不参加都行。根据 DP 的解题思路，定义状态：$dp[i][0]$ 表示不选择当前节点（不参加宴会）的最优解；$dp[i][1]$ 表示选择当前节点（参加宴会）的最优解。

状态转移方程有两种情况。

（1）不选择当前节点，那么它的子节点可选可不选，取其中的最大值，即

$$dp[u][0] += \max(dp[v][0], dp[v][1])$$

（2）选择当前节点，那么它的子节点不能选，即

$$dp[u][1] += dp[v][0]$$

代码包含 3 部分：①建树，用 STL vector 生成邻接表，建立关系树；②树的遍历，用 DFS 从根节点开始进行记忆化搜索；③DP。

复杂度分析：遍历每个节点，总复杂度为 $O(n)$。

```cpp
1    # include < bits/stdc++.h>
2    using namespace std;
3    const int N = 6005;
4    int val[N], dp[N][2], father[N];
5    vector < int > G[N];
6    void addedge( int from, int to){
7        G[from]. push_back(to);          //用邻接表建树
8        father[to] = from;               //父子关系
9    }
10   void dfs(int u){
11       dp[u][0] = 0;                     //赋初值：不参加宴会
12       dp[u][1] = val[u];               //赋初值：参加宴会
13   //for(int i = 0;i < G[u]. size();i++){  //遍历 u 的邻居 v,逐一处理这个父节点的每个子节点
14   //    int v = G[u][i];
15       for(int v : G[u]){               //这一行和上面两行的作用一样
16           dfs(v);                       //DFS 子节点
17           dp[u][1] += dp[v][0];         //父节点选择,子节点不选
18           dp[u][0] += max(dp[v][0], dp[v][1]);  //父节点不选,子节点可选可不选
19       }
20   }
21   int main(){
22       int n; scanf(" % d",&n);
23       for(int i = 1;i <= n;i++) scanf(" % d",&val[i]);   //输入快乐指数
24       for(int i = 1;i < n;i++){
25           int u,v;   scanf(" % d % d",&u,&v);
26           addedge(v,u);
27       }
28       int t = 1;
29       while(father[t]) t = father[t];   //查找树的根节点
30       dfs(t);                           //从根节点开始,用 DFS 遍历整棵树
31       printf(" % d\n", max(dp[t][0], dp[t][1]));
32       return 0;
33   }
```

5.6.2 背包与树形 DP

有一些树形 DP 问题可以抽象为背包问题，称为"树形依赖的背包问题"。例如，5.6.1 节的"二叉苹果树"问题，可以建模为"分组背包"（注意与普通分组背包的区别，这里的每个组可以选多个物品，而不是一个），具体如下。

(1) 分组。根节点 u 的每个子树是一个分组。

(2) 背包的容量。把以 u 为根的整棵树上的树枝数看作背包容量。

(3) 物品。把每个树枝看作一个物品，体积为 1，树枝上的苹果数量看作物品的价值。

(4) 背包目标。能放入背包的物品的总价值最大，就是留在树枝上的苹果数最多。

如果做个对比，会发现分组背包的代码和"二叉苹果树"的代码很像，下面给出两段代码

作为对比。

（1）分组背包的代码。参考 5.2 节分组背包例题 hdu 1712。

```
1    for(int i = 1; i <= n; i++)                    //遍历每个组
2      for(int j = C; j>= 0; j--)                   //背包总容量 C
3        for(int k = 1; k <= m; k++)                //用 k 遍历第 i 组的所有物品
4          if(j>= c[i][k])                          //第 k 个物品能装进容量 j 的背包
5            dp[j] = max(dp[j], dp[j-c[i][k]] + w[i][k]);   //第 i 组第 k 个
```

（2）树形 DP 代码。下面是洛谷 P2015 部分代码。

```
1    for(int i = 0; i < edge[u].size(); i++) {     //把 u 的每个子树看作一个组
2      ...
3      for(int j = sum[u]; j>= 0; j--)             //把 u 的树枝总数看成背包容量
4        for(int k = 0; k <= j - 1; k++)           //用 k 遍历每个子树的每个树枝
5          dp[u][j] = max(dp[u][j], dp[u][j-k-1] + dp[v][k] + w);
```

注意代码（1）和代码（2）的 j 循环都是从大到小，因为用到了"自我滚动"数组，在对应的章节中有详细解释。

树形背包问题的状态定义，一般用 $dp[u][j]$ 表示以点 u 为根的子树中选择 j 个点（或 j 条边）的最优情况。

下面给出一道经典题，请读者自己分析和编码。

 例 5.17   有线电视网（洛谷 P1273，poj 1155）

问题描述：某收费有线电视网计划转播一场足球比赛。他们的转播网和用户终端构成一个树状结构，这棵树的根节点位于足球比赛的现场，叶子节点为各个用户终端，其他中转站为该树的内部节点。从转播站到转播站以及从转播站到所有用户终端的信号传输费用都是已知的，一场转播的总费用等于传输信号的费用总和。现在每个用户都准备了一笔费用用于观看这场精彩的足球比赛，有线电视网有权决定给哪些用户提供信号，不给哪些用户提供信号。写一个程序，找出一个方案，使有线电视网在不亏本的情况下使观看转播的用户尽可能多。

输入：第 1 行输入两个用空格隔开的整数 N 和 M，其中 $2 \leqslant N \leqslant 3000, 1 \leqslant M \leqslant N-1$，N 为整个有线电视网的节点总数，M 为用户终端的数量。第 1 个转播站即树的根节点，编号为 1，其他转播站编号为 $2 \sim N-M$，用户终端编号为 $N-M+1 \sim N$。接下来的 $N-M$ 行中，每行的输入表示一个转播站的数据，第 $i+1$ 行表示第 i 个转播站的数据，其格式为

$$k \ A_1 \ C_1 \ A_2 \ C_2 \ \cdots \ A_k \ C_k$$

其中，k 表示该转播站下接 k 个节点（转播站或用户），每个节点对应一对整数 A 与 C，A 表示节点编号，C 表示从当前转播站传输信号到节点 A 的费用。最后一行输入所有用户为观看比赛而准备支付的钱数。

输出：输出一个整数，表示符合条件的最大用户数。

本题与洛谷 P2015 类似。

定义 $dp[u][j]$ 表示以 u 为根的子树上有 j 个用户时的最小费用。计算结束后,使 $dp[1][j] \leqslant 0$ 的最大 j 就是答案。

状态转移方程为 $dp[u][j] = \max(dp[u][j], dp[u][j-k] + dp[v][k] + w)$,与洛谷 P2015 的状态转移方程几乎一样。

【习题】

本节用几道简单例题介绍了树形 DP 的基本操作。树形 DP 的题目往往较难,请读者多练习。

(1) 经典题:hdu 1520、hdu 2196(在《算法竞赛入门到进阶》中有详细讲解)。

(2) 树形背包:poj 1947/2486,hdu 1011/1561/4003。

(3) 洛谷 P4322/P1352/P1040/P1122/P1273/P2014/P2585/P3047/P3698/P5658/P2607/P3177/P4395/P4516。

扫一扫

视频讲解

5.7　一般优化

DP 是一种非常优秀的算法思想,它通过"重叠子问题、最优子结构、无后效性"实现了高效的算法。DP 的效率取决于 3 方面:①状态总数;②每个状态的决策数;③状态转移计算量。这 3 方面都可以进行优化。

(1) 状态总数的优化。相当于搜索的各种剪枝,去除无效状态;使用降维,设计 DP 状态时尽量用低维的 DP。

(2) 减少决策数量,即状态转移方程的优化,如四边形不等式优化、斜率优化。

(3) 状态转移计算量的优化,如用预处理减少递推时间;用 Hash 表、单调队列、线段树减少枚举时间等。

本节先介绍几种简单优化方法,后面几节再介绍几种高级优化方法。

1. 倍增优化

动态规划是多阶段递推,可以用倍增法将阶段性的线性增长加快为成倍增长。2.5 节的 ST 算法就是倍增优化的 DP。5.2 节中多重背包的二进制拆分优化也是典型的倍增优化。

2. 树状数组优化

如果题目与简单的区间操作有关,如区间查询、区间修改等,区间操作可以用树状数组或线段树来处理,把区间操作复杂度优化到 $O(\log_2 n)$,从而降低总复杂度。这种题目的基本思路是先定义 DP 状态和状态转移方程,然后思考如何对方程进行优化。

下面给出一道树状数组优化的例题。

例 5.18　方伯伯的玉米田(洛谷 P3287)

问题描述:有一个包含 n 个正整数的序列,做 $0 \sim k$ 次操作,每次任选一个区间,把区间内的所有数加 1。最后任意去掉一些数字。问最多能剩下多少数字,构成一个单调不下降序列?

输入:第一行输入两个整数 n 和 k,分别表示数字的数目和最多操作次数。第 2 行输入 n 个整数 $a_i(i=1,2,\cdots,n)$,表示序列中的 n 个数字。

输出:一个整数,表示最多剩下多少数字。

数据范围:$1<n<10000,1<k\leqslant500,1\leqslant a_i\leqslant5000$。

最长单调不下降序列是一个典型的 DP 问题,和 5.2 节中的最长递增子序列(LIS)相似。本题加上了区间操作,可以用高级数据结构提高区间操作的效率。

设序列存储于 $a[1]\sim a[n]$。区间操作可以进行简化:在区间 $[L,R]$ 内加 1 的操作,应该把右端点 R 设置成最后一个位置 n,也就是说,每次操作的区间是 $[L,n]$。因为:①如果 R 不是最后位置,对区间 $[L,R]$ 加 1,会导致 R 后面的数相对变小,不利于形成更长的单调不下降序列;②如果 R 是最后位置,至少不会影响整个序列的单调不下降状态。

先回顾最长递增子序列(LIS)问题,定义状态 $dp[i]$ 表示以第 i 个数为结尾的最长递增子序列的长度,状态转移方程为 $dp[i]=\max\{dp[j]\}+1,0<j<i,a[j]<a[i]$,答案是 $\max\{dp[i]\}$。

本题结合了区间操作,定义 $dp[i][j]$ 表示做过 j 次区间操作,每次操作的起点都不超过 i,且以 i 为结尾的 LIS 的长度。状态转移方程为

$$dp[i][j]=\max\{dp[x][y]+1\} \quad x<i,y\leqslant j,a[x]+y\leqslant a[i]+j$$

这是一个二维区间问题,直接计算需要 i、j 二重循环。回顾 4.2.3 节二维树状数组例题对二维区间的处理,发现本题类似。树状数组可以把区间查询和更新复杂度优化到 $O(\log_2 n)$。

下面给出代码,是二维树状数组和 LIS 的结合。分析时间复杂度,在 main() 函数中有 n、k 两个循环,循环内用树状数组执行 query() 和 update(),总复杂度约为 $O(nk\log_2 k\log_2 n)$。

```
1   //代码改写自 www.luogu.com.cn/blog/361308/solution-p3287
2   # include < bits/stdc++.h >
3   using namespace std;
4   # define lowbit(x)  ((x) & -(x))
5   int a[10005], dp[10005][505], t[505][5505], n, k;
6   void update(int x, int y, int d) {        //更新区间
7       for (int i = x; i <= k + 1; i += lowbit(i))
8           for (int j = y; j <= 5500; j += lowbit(j))
9               t[i][j] = max(t[i][j], d);
10  }
11  int query(int x, int y) {                 //查区间最大值
12      int ans = 0;
13      for (int i = x; i > 0; i -= lowbit(i))
14          for (int j = y; j > 0; j -= lowbit(j))
15              ans = max(ans, t[i][j]);
16      return ans;
17  }
18  int main() {
```

```
19    scanf("%d%d", &n, &k);
20    for (int i = 1; i <= n; i++) scanf("%d", &a[i]);
21    for (int i = 1; i <= n; i++)
22        for (int j = k; j >= 0; j-- ){
23            dp[i][j] = query(j + 1, a[i] + j) + 1;
24            update(j + 1, a[i] + j, dp[i][j]);
25        }
26    printf("%d", query(k + 1, 5500));
27    return 0;
28 }
```

3. 线段树优化

用下面的例题说明线段树 DP 优化的做法。

 例 5.19　基站选址(洛谷 P2605)

问题描述：有 n 个村庄位于一条直线上，第 i 个村庄距离第 1 个村庄的距离为 D_i。要在这 n 个村庄中建不超过 k 个基站，在第 i 个村庄建立基站的费用为 C_i。如果在距离第 i 个村庄不超过 S_i 的范围内建立了一个基站，那么村庄就被基站覆盖。如果第 i 个村庄没有被覆盖，需要补偿 W_i。请选择基站位置，使总费用最少。

输入：第 1 行输入两个整数 n 和 k。第 2 行输入 $n-1$ 个整数，分别表示 $D_2, D_3, \cdots, D_n$。第 3 行输入 n 个整数，分别表示 $C_1, C_2, \cdots, C_n$。第 4 行输入 n 个整数，分别表示 $S_1, S_2, \cdots, S_n$。第 5 行输入 n 个整数，分别表示 $W_1, W_2, \cdots, W_n$。

输出：最少总费用。

数据范围：$k \leqslant n, k \leqslant 100, n \leqslant 20000, D_i \leqslant 10^9, C_i \leqslant 10000, S_i \leqslant 10^9, W_i \leqslant 10000$。

定义状态 $dp[i][j]$ 表示前 i 个村庄内第 j 个基站建在 i 处的最小费用。

状态转移方程为

$$dp[i][j] = \min\{dp[k][j-1] + pay[k][i]\}, \quad j-1 \leqslant k < i$$

其中，$pay[k][i]$ 表示区间 $[k, i]$ 内没有被基站 i、k 覆盖的村庄的赔偿费用。

如果直接计算这个状态转移方程，需要做 i、j、k 三重循环，复杂度为 $O(n^3)$。如何优化？

(1) 滚动数组。发现状态转移方程中的 j 只与 $j-1$ 有关，那么可以用滚动数组优化 j，把复杂度降低为 $O(n^2)$。优化后的状态转移方程为

$$dp[i] = \min\{dp[k] + pay[k][i]\}, \quad 1 \leqslant k < i$$

(2) 区间操作的优化。方程中的 $pay[][]$ 计算 $[k, i]$ 区间内的赔偿费用，是一个区间求和问题，用线段树维护。

本题的线段树代码很长，请读者自己完成。

5.8 单调队列优化

单调队列是常见的 DP 优化技术,本节讲解基本的思路和方法。在 5.9 节中,单调队列也有关键的应用。

5.8.1 单调队列优化的原理

先回顾单调队列的概念,它具有以下特征。

(1) 单调队列的实现。用双端队列实现,队头和队尾都能插入和弹出。手写双端队列很简单。

(2) 单调队列的单调性。队列内的元素具有单调性,从小到大,或者从大到小。

(3) 单调队列的维护。每个新元素都能进入队列,它从队尾进入队列时,为维护队列的单调性,应该与队尾比较,把破坏单调性的队尾弹出。例如,一个从小到大的单调队列,如果要入队的新元素 a 比原队尾 v 小,那么把 v 弹走,然后 a 继续与新的队尾比较,直到 a 比队尾大为止,最后 a 进入队尾。

单调队列在 DP 优化中的基本应用,是对这样一类 DP 状态转移方程进行优化:

$$\mathrm{dp}[i] = \min\{\mathrm{dp}[j] + a[i] + b[j]\}, \quad L(i) \leqslant j \leqslant R(i)$$

方程中的 min 也可以是 max。方程的特点是其中关于 i 的项 $a[i]$ 和关于 j 的项 $b[j]$ 是独立的。j 被限制在窗口 $[L(i), R(i)]$ 内,常见的如给定一个窗口值 $k, i-k \leqslant j \leqslant i$。这个 DP 状态转移方程的编程实现,如果简单地对 i 做外层循环,对 j 做内层循环,复杂度为 $O(n^2)$。如果用单调队列优化,复杂度可提高到 $O(n)$。

为什么单调队列能优化这个 DP 状态转移方程?

概括地说,单调队列优化算法能把内、外两层循环精简到一层循环。其本质原因是外层 i 变化时,不同的 i 所对应的内层 j 的窗口有重叠。如图 5.18 所示,$i = i_1$ 时,对应的 j_1 的滑动窗口(窗口内处理 DP 决策)范围是上方的阴影部分;$i = i_2$ 时,对应的 j_2 处理的滑动窗口范围是下方的阴影部分;两部分有重叠。当 i 从 i_1

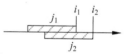

图 5.18 外层 i 和内层 j 的循环

增加到 i_2 时,这些重叠部分被重复计算,如果减少这些重复,就得到了优化。如果把所有重叠的部分都优化掉,那么所有 j 加起来只从头到尾遍历了一次,此时 j 的遍历实际上就是 i 的遍历了。

在窗口内处理的这些决策,有以下两种情况。

(1) 被排除的不合格决策。内层循环 j 排除的不合格决策,在外层循环 i 增大时,需要重复排除。

(2) 未被排除的决策。内层循环 j 未排除的决策,在外层循环 i 增大时,仍然能按原来的顺序被用到。

那么可以用单调队列统一处理这些决策,从而精简到只用一个循环,得到优化。下面详细介绍单调队列的操作。

(1) 求一个 $\mathrm{dp}[i]$。i 是外层循环,j 是内层循环,在做内层循环时,可以把外层的 i 看

作一个定值。此时，$a[i]$可以看作常量，把j看作窗口$[L(i),R(i)]$内的变量，DP状态转移方程等价于

$$dp[i] = \min\{dp[j] + b[j]\} + a[i]$$

问题转化为求窗口$[L(i),R(i)]$内的最优值$\min\{dp[j]+b[j]\}$。记$ds[j] = dp[j] + b[j]$，在窗口内，用单调队列处理$ds[j]$，排除不合格的决策，最后求得区间内的最优值，最优值即队首。得到窗口内的最优值后，就可以求得$dp[i]$。另外，队列中留下的决策，在i变化后仍然有用。

请注意，队列处理的决策$ds[j]$只与j有关，与i无关，这是本优化方法的关键。如果既与i有关，又与j有关，它就不能在下一步求所有$dp[i]$时得到应用。具体来说：①如果$ds[j]$只与j有关，那么一个较小的i_1操作的某个策略$ds[j]$与一个较大的i_2操作的某个策略$ds[j]$是相等的，从而产生了重复性，可以优化；②如果$ds[]$与i、j都有关，那么就没有重复性，无法优化。请结合后面的例题深入理解。

（2）求所有$dp[i]$。考虑外层循环i变化时的优化方法。一个较小的i_1所排除的$ds[j]$，在处理一个较大的i_2时，也会被排除，重复排除其实没有必要；一个较小的i_1所得到的决策，仍能用于一个较大的i_2。统一用一个单调队列处理所有i，每个$ds[j]$（提示：此时j不再局限于窗口$[L(i),R(i)]$，而是整个区间$1 \leqslant j \leqslant n$，那么$ds[j]$实际上就是$ds[i]$了）都进入队列一次，并且只进入队列一次，总复杂度为$O(n)$。此时，内外层循环i、j精简为一个循环i。

5.8.2 单调队列优化例题

1. 洛谷 P2627

例 5.20　Mowing the lawn（洛谷 P2627）

问题描述：有一个包括n个正整数的序列，第i个整数为E_i，给定一个整数k，找这样的子序列，子序列中的数在原序列连续不能超过k个。对子序列求和，问所有子序列中最大的和是多少？$1 \leqslant n \leqslant 100000, 0 \leqslant E_i \leqslant 1000000000, 1 \leqslant k \leqslant n$。

例如，$n=5$，原序列为$\{7,2,3,4,5\}$，$k=2$，子序列$\{7,2,4,5\}$有最大和18，其中的连续部分为$\{7,2\}$、$\{4,5\}$，长度都不超过$k=2$。

由于n较大，算法的复杂度应该小于$O(n^2)$，否则会超时。

用DP求解，定义$dp[i]$为前i个整数的最大子序列和，状态转移方程为

$$dp[i] = \max\{dp[j-1] + sum[i] - sum[j]\}, \quad i-k \leqslant j \leqslant i$$

其中，$sum[i]$为前缀和，即从E_1加到E_i。

方程符合单调队列优化的标准方程：$dp[i] = \min\{dp[j] + b[j]\} + a[i]$。下面用这个例子详细讲解单调优化队列的操作过程。

把i看作定值，上述方程等价于

$$dp[i] = \max\{dp[j-1] - sum[j]\} + sum[i], \quad i-k \leqslant j \leqslant i$$

求 $dp[i]$,就是找到一个决策 j,$i-k \leqslant j \leqslant i$,使 $dp[j-1]-sum[j]$ 最大。

对这个方程编程求解,如果简单地做 i、j 循环,复杂度为 $O(nk)$,约为 $O(n^2)$。

如何优化?回顾单调队列优化的实质:外层 i 变化时,不同的 i 所对应的内层 j 的窗口有重叠。

内层 j 所处理的决策 $dp[j-1]-sum[j]$,在 i 变化时,确实发生了重叠。下面推理如何使用单调队列。

首先,对于一个固定的 i,用一个**递减**的单调队列求最大的 $dp[j-1]-sum[j]$。记 $ds[j]=dp[j-1]-sum[j]$,并记这个 i 对应的最大值为 $dsmax[i]=\max\{ds[j]\}$。用单调队列求 $dsmax[i]$ 的步骤如下。

(1) 设从 $j=1$ 开始,首先让 $ds[1]$ 进入队列。此时窗口内的最大值 $dsmax[i]=ds[1]$。

(2) $j=2$,$ds[2]$ 进入队列,讨论两种情况。

若 $ds[2] \geqslant ds[1]$,说明 $ds[2]$ 更优,弹走 $ds[1]$,$ds[2]$ 进入队列成为新队头,更新 $dsmax[i]=ds[2]$。这一步排除了不好的决策,留下更好的决策。

若 $ds[2] < ds[1]$,$ds[2]$ 进入队列。队头仍然是 $ds[1]$,保持 $dsmax[i]=ds[1]$。

这两种情况下 $ds[2]$ 都进入队列,是因为 $ds[2]$ 比 $ds[1]$ 更晚于离开窗口范围 k,即存活时间更长。

(3) 继续以上操作,让窗口内的每个 $j(i-k \leqslant j \leqslant i)$ 都有机会进入队列,并保持队列是**从大到小的单调队列**。

经过以上步骤,求得了固定一个 i 时的最大值 $dsmax[i]$。

当 i 变化时,统一用一个单调队列处理,因为一个较小的 i_1 所排除的 $ds[j]$,在处理后面较大的 i_2 时,也会被排除,没有必要再重新排除一次;而且较小的 i_1 所得到的队列,后面较大的 i_2 也仍然有用。这样,每个 $ds[j](1 \leqslant j \leqslant n)$ 都有机会进入队列一次,并且只进入队列一次,总复杂度为 $O(n)$。

如果对上述解释仍有疑问,请仔细分析洛谷 P2627 的代码。注意一个小技巧:虽然理论上在队列中处理的决策是 $dp[j-1]-sum[j]$,但是在编码时不用这么麻烦,队列只需要记录 j,然后在判断时用 $dp[j-1]-sum[j]$ 进行计算即可。

> **提示** 代码中去头和去尾的两个 while 语句是单调队列的常用写法,可以看作单调队列的特征。

```
1    //代码改写自 https://www.luogu.com.cn/blog/user21293/solution-p2627
2    #include <bits/stdc++.h>
3    using namespace std;
4    const int N = 100005;
5    long long n,k,e[N],sum[N],dp[N];
6    long long ds[N];                                      //ds[j] = dp[j-1] - sum[j]
7    int q[N],head = 0,tail = 1;                           //递减的单调队列,队头最大
8    long long que_max(int j){
9        ds[j] = dp[j-1] - sum[j];
10       while(head <= tail && ds[q[tail]] < ds[j])   tail--;    //去掉不合格的队尾
11       q[++tail] = j;                                          //j进入队尾
```

```
12        while(head <= tail && q[head] < j - k)   head++;        //去掉超过窗口k的队头
13        return ds[q[head]];                                      //返回队头，即最大的 dp[j-1] - sum[j]
14    }
15    int main(){
16        cin >> n >> k;   sum[0] = 0;
17        for(int i = 1; i <= n; i++){
18            cin >> e[i];   sum[i] = sum[i-1] + e[i];              //计算前缀和
19        }
20        for(int i = 1; i <= n; i++)   dp[i] = que_max(i) + sum[i];  //状态转移方程
21        cout << dp[n];
22    }
```

2. 多重背包

下面给出多重背包单调队列优化的解法，这是最优的方法。

多重背包问题：给定 n 种物品和一个背包，第 i 种物品的体积为 c_i，价值为 w_i，并且有 m_i 个，背包的总容量为 C。如何选择装入背包的物品，使装入背包的物品的总价值最大？

回顾用滚动数组实现的多重背包代码。

```
//洛谷 P1776,提交判题后返回 TLE
    for(int i = 1; i <= n; i++)                              //枚举每个物品
        for(int j = C; j >= c[i]; j--)                       //枚举背包容量
            for(int k = 1; k <= m[i] && k * c[i] <= j; k++)
                dp[j] = max(dp[j],dp[j - k * c[i]] + k * w[i]);
```

状态转移方程为 $dp[j] = \max\{dp[j - kc_i] + kw_i\}, 1 \leq k \leq \min\{m_i, j/c_i\}$。

代码是 i、j、k 三重循环。其中，循环 i、j 互相独立，没有关系，不能优化；循环 j、k 是相关的，k 在 j 上有滑动窗口，所以目标是优化 j、k 这两层循环，此时可以把与 i 有关的部分看作定值。

对比单调队列的标准状态转移方程：$dp[i] = \max\{dp[j] + a[i] + b[j]\}, L(i) \leq j \leq R(i)$，相差太大，似乎并不能应用单调队列。

回顾单调队列优化的实质，外层 i 变化时，不同的 i 所对应的内层 j 的窗口有重叠。状态转移方程 $dp[j] = \max\{dp[j - kc_i] + kw_i\}$ 的外层循环是 j，内层循环是 k，k 的滑动窗口是否重叠？下面观察 $j - kc_i$ 的变化情况。首先对比外层 j 和 $j+1$，让 k 从 1 递增，它们的 $j - kc_i$ 如下。

j：　　$j - 3c_i$　　　　　　　$j - 2c_i$　　　　　　　$j - c_i$

$j+1$：　　　$j + 1 - 3c_i$　　　　　$j + 1 - 2c_i$　　　　　$j + 1 - c_i$

可以看出，没有发生重叠。但是如果对比 j 和 $j + c_i$，发生了重叠。

j：　　$j - 3c_i$　　　　　　　$j - 2c_i$　　　　　　　$j - c_i$

$j + c_i$：$j + c_i - 4c_i$　　　　　$j + c_i - 3c_i$　　　　　$j + c_i - 2c_i$

可以推理出,当 $j=j,j+c_i,j+2c_i,\cdots$ 时有重叠;进一步推理出,当 j 除以 c_i 的余数相等时,这些 j 对应的内层 k 发生重叠。那么,如果把外层 j 的循环改为按 j 除以 c_i 的余数相等的值进行循环,就能利用单调队列优化了。

下面把原状态转移方程变换为可以应用单调队列的标准方程。原方程为

$$\mathrm{dp}[j]=\max\{\mathrm{dp}[j-kc_i]+kw_i\},\quad 1\leqslant k\leqslant \min\{m_i,j/c_i\}$$

令 $j=b+yc_i$,其中,$b=j\%c_i$,b 为 j 除以 c_i 得到的余数;$y=j/c_i$,y 为 j 整除 c_i 的结果。

把 j 代入原方程,得①

$$\mathrm{dp}[b+yc_i]=\max\{\mathrm{dp}[b+(y-k)c_i]+kw_i\},\quad 1\leqslant k\leqslant \min\{m_i,y\}$$

令 $x=y-k$,代入得

$$\mathrm{dp}[b+yc_i]=\max\{\mathrm{dp}[b+xc_i]-xv_i+yw_i\},\quad y-\min(m_i,y)\leqslant x\leqslant y$$

与标准方程 $\mathrm{dp}[i]=\min\{\mathrm{dp}[j]+a[i]+b[j]\}$ 对比,几乎一样。

用单调队列处理决策 $\mathrm{dp}[b+xc_i]-xv_i$,下面给出代码,上述推理过程的原理详见代码中的注释。

```
1   //洛谷 P1776: 单调队列优化多重背包
2   # include < bits/stdc++.h >
3   using namespace std;
4   const int N = 100010;
5   int n,C;
6   int dp[N],q[N],num[N];
7   int w,c,m;                              //物品的价值 w,体积 c,数量 m
8   int main(){
9       cin >> n >> C;                      //物品数量 n,背包容量 C
10      memset(dp,0,sizeof(dp));
11      for(int i = 1;i < = n;i++){
12          cin >> w >> c >> m;
13          if(m > C/c) m = C/c;            //计算 min{m, j/c}
14          for(int b = 0;b < c;b++){       //按余数 b 进行循环
15              int head = 1, tail = 1;
16              for(int y = 0;y < = (C-b)/c;y++){   //y = j/c
17                  int tmp = dp[b+y*c] - y*w;      //用队列处理 tmp = dp[b + xc] - xw
18                  while(head < tail && q[tail-1] < = tmp)  tail -- ;
19                  q[tail] = tmp;
20                  num[tail++] = y;
21                  while(head < tail && y - num[head]> m)   head++;
22                                              //约束条件 y - min(mi,y)≤x≤y
23                  dp[b+y*c] = max(dp[b+y*c],q[head] + y*w); //计算新的 dp[]
24              }
25          }
26      }
27      cout << dp[C] << endl;
28      return 0;
29  }
```

复杂度分析:外层 i 循环 n 次,内层的 b 和 y 循环总次数为 $c\times(C-b)/c\approx C$,且每次

① https://blog.csdn.net/qq_40679299/article/details/81978770

只进出队列一次,所以总复杂度为 $O(nC)$。

【习题】

(1) 洛谷 P1725/P3957/P1776/P3089/P3572/P3522/P4544/P5665/P1973/P2569/P4852。

(2) poj 1821/2373/3017/3926。

(3) hdu 3401/3514/5945。

扫一扫

视频讲解

5.9 斜率优化/凸壳优化

有一类 DP 状态方程:

$$dp[i] = \min\{dp[j] - a[i]d[j]\}, \quad 0 \leqslant j < i, d[j] \leqslant d[j+1], a[i] \leqslant a[i+1]$$

它的特征是存在一个既有 i 又有 j 的项 $a[i]d[j]$,编程时,如果简单地对外层 i 和内层 j 循环,复杂度为 $O(n^2)$。

这里能用单调队列优化吗?单调队列所处理的策略,要求只能与内层 j 有关,与外层 i 无关,但是这个状态方程无法简单地得到只与 j 有关的部分。

用斜率(凸壳)模型,能够将方程转化,得到一个只与 j 有关的部分,即"斜率",从而能够使用单调队列优化。这个算法称为斜率优化/凸壳优化(Convex Hull Trick),总时间复杂度为 $O(n)$,斜率优化的核心技术是斜率(凸壳)模型和单调队列。

斜率优化的数学建模在理解上有点困难,为方便读者理解,本节将详细论述算法的思想,然后用例题巩固理解,最后总结和扩展算法知识。

5.9.1 把状态转移方程变换为平面的斜率问题

观察 DP 状态转移方程,可以把 i 看作不变的常量,把关于 i 的部分(除了 $dp[i]$ 以外)看作常量,把 j 看作变量,目标是求 j 变化时 $dp[i]$ 的最优值。这里难以理解的是为什么要把 $dp[i]$ 看作变化的,请读完本节后再回头思考,$dp[i]$ 的变化对应了变化的直线截距。

去掉 min,状态转移方程转换为

$$dp[j] = a[i]d[j] + dp[i]$$

为方便观察,令 $y = dp[j]$,$x = d[j]$,$k = a[i]$,$b = dp[i]$,状态转移方程变为

$$y = kx + b$$

斜率优化的数学模型,就是把状态转移方程转换为平面坐标系直线的形式 $y = kx + b$。

(1) 变量 x、y 与 j 有关,并且只有 y 中包含 $dp[j]$。点 (x, y) 是题目中可能的决策。

(2) 斜率 k、截距 b 与 i 有关,并且只有 b 中包含 $dp[i]$。最小的 b 包含最小的 $dp[i]$,也就是状态转移方程的解。

两点 (x_1, y_1)、(x_2, y_2) 连成的直线的斜率为 $(y_2 - y_1)/(x_2 - x_1)$,它们只与 j 有关,这就是可以用单调队列处理的策略。

> **提示** 应用斜率优化的条件为 x 和 k 是单调增加的,即 x 随着 j 递增而递增,k 随着 i 递增而递增。

5.9.2　求一个 dp[i]

先考虑固定 i 的情况下求 dp[i]。由于 i 是定值,那么斜率 $k=a[i]$ 可以看作常数。当 j 在 $0 \leqslant j < i$ 变化时,对于某个 j_r,产生一个点 $v_r=(x_r,y_r)$,这个点在一条直线 $y=kx+b_r$ 上,b_r 为截距,如图 5.19 所示。

对于 $0 \leqslant j < i$ 中所有的 j,把它们对应的点都画在平面上,这些点对应的直线的斜率 $k=a[i]$ 都相同,只有截距 b 不同。在所有这些点中,有一个点 v' 所在的直线有最小截距 b',计算出 b',由于 b' 中包含 dp[i],那么就算出了最优的 dp[i],如图 5.20 所示。

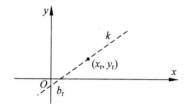

图 5.19　经过点 (x_r,y_r) 的直线

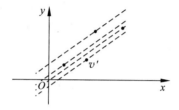

图 5.20　经过最优点 v' 的直线

如何找最优点 v'? 利用"下凸壳"。

前面提到,x 是单调增加的,即 x 随着 j 递增而递增。图 5.21(a)中给出了 4 个点,它们的 x 坐标是递增的。

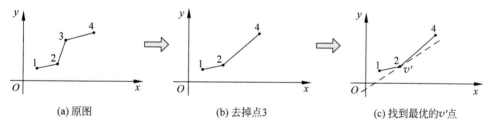

(a)原图　　　　　　(b)去掉点3　　　　　(c)找到最优的 v' 点

图 5.21　用下凸壳找最优点

图 5.21(a)中的点 1、2、3 构成了下凸壳,下凸壳的特征是线段 12 的斜率小于线段 23 的斜率。点 2、3、4 构成了上凸壳。经过上凸壳中间点 3 的直线,其截距 b 肯定小于经过点 2 或点 4 的有相同斜率的直线的截距,所以点 3 肯定不是最优点,去掉它。

去掉上凸壳后,得到图 5.21(b),留下的点都满足下凸壳关系。最优点就在下凸壳上。例如,在图 5.21(c)中,用斜率为 k 的直线来切这些点,设线段 12 的斜率小于 k,线段 24 的斜率大于 k,那么点 2 就是下凸壳的最优点。

以上操作用单调队列编程很方便。

(1) 入队操作,队列处理的数据为斜率 $(y_2-y_1)/(x_2-x_1)$。在队列内对这些斜率维护一个下凸壳,即每两个连续点连成的直线,其斜率是**单调**上升的。新的点进入队列时,确保它能与队列中的点一起仍然能够组成下凸壳。例如,队列尾部的两个点是 3 和 4,准备进入队列的新的点是 5。比较点 3、4、5,看线段 34 和线段 45 的斜率是否递增,如果斜率递增,那么点 3、4、5 形成了下凸壳;如果不递增,说明点 4 不对,从队尾弹走它;然后继续比较队列尾部的点 2、3 和 5;重复以上操作,直到 5 能进入队列为止。经过以上操作,队列内的点组成了一个大的下凸壳,每两个连续点连成的直线斜率递增,队列保持为单调队列,如图 5.22 所示。

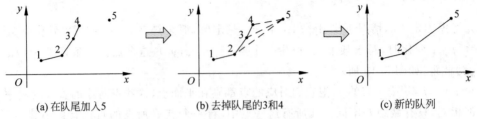

(a) 在队尾加入5   (b) 去掉队尾的3和4   (c) 新的队列

图 5.22　维护单调队列中的下凸壳

(2) 出队列,找到最优点。设队头的两个点是 v_1 和 v_2,如果线段 v_1v_2 的斜率比 k 小,说明 v_1 不是最优点,弹走它,继续比较队头新的两个点,一直到斜率大于 k 为止,此时队头的点就是最优点 v'。

5.9.3　求所有 dp[i]

5.9.2 节求得了一个 dp[i],复杂度为 $O(n)$。如果对于所有 i 都这样求 dp[i],总复杂度仍然为 $O(n^2)$,并没有改变计算的复杂度。有优化的方法吗?

一个较小的 i_1,它对应的点是 $\{v_0, v_1, \cdots, v_{i1}\}$;一个较大的 i_2,对应了更多的点 $\{v_0, v_1, \cdots, v_{i1}, \cdots, v_{i2}\}$,其中包含了 i_1 的所有点。寻找 i_1 的最优点时,需要检查 $\{v_0, v_1, \cdots, v_{i1}\}$;寻找 i_2 的最优点时,需要检查 $\{v_0, v_1, \cdots, v_{i1}, \cdots, v_{i2}\}$。这里做了重复的检查,并且这些重复是可以避免的。这就是能优化的地方,仍然用下凸壳进行优化。

(1) 每个 i 所对应的斜率 $k_i = a[i]$ 是不同的,根据约束条件 $a[i] \leqslant a[i+1]$,当 i 增大时,斜率递增,如图 5.23 所示。

(2) 前面已经提到,对一个 i_1 找它的最优点时,可以去掉一些点,即那些斜率比 k_{i1} 小的点。这些被去掉的点,在后面更大的 i_2 时,由于斜率 k_{i2} 也更大,肯定也要被去掉。

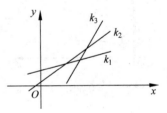

图 5.23　多个 i 对应的直线

根据上面的讨论,优化方法是对所有的 i,统一用一个单调队列处理所有点;被较小的 i_1 去掉的点被单调队列弹走,后面更大的 i_2 不再处理它们。

因为每个点只进入单调队列一次,总复杂度为 $O(n)$。

下面的代码演示了以上操作。

```
1    //q[]是单调队列,head 指向队首,tail 指向队尾
2    //队列中的元素是斜率,用 slope()函数计算两点组成的直线的斜率
3    for(int i = 1;i <= n;i++){
4        while(head < tail && slope(q[head],q[head + 1]) < k)     //队头的两点线段斜率小于 k
5            head++;                                               //不合格,从队头弹出
6        int j = q[head];                                          //队头是最优点
7        dp[i] = ...;                                              //计算 dp[i]
8        while(head < tail && slope(i,q[tail - 1]) < slope(q[tail - 1],q[tail]))   //入队操作
9            tail -- ;                                             //弹走队尾不合格的点
10       q[++tail] = i;                                            //新的点进入队列
11   }
```

为加深对上述代码的理解,考虑一个特例:进入队列的点都符合下凸壳特征,且这些点连成的直线的斜率大于所有斜率 k_i,那么结果是队头不会被弹出,入队的点也不会被弹出,队头被重复使用 n 次,如图 5.24 所示。

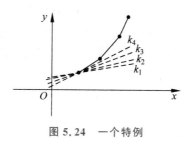

图 5.24 一个特例

5.9.4 例题

下面用一道例题给出典型代码。

 例 5.21 Print article(hdu 3507)

问题描述:打印一篇包含 N 个单词的文章,第 i 个单词的打印成本为 C_i。在一行中打印 k 个单词的花费为 $\left(\sum\limits_{i=1}^{k} C_i\right)^2 + M$,$M$ 为一个常数。如何安排文章,才能最小化费用?

输入:有很多测试用例。对于每个测试用例,第 1 行输入两个数字 N 和 $M(0 \leqslant N \leqslant 500000, 0 \leqslant M \leqslant 1000)$。在接下来的第 2~N+1 行中,输入 N 个数字。输入 EOF 终止。

输出:打印文章的最低费用。

题目的意思是有 N 个数和一个常数 M,把这 N 个数分成若干部分,每部分的计算值为这部分数的和的平方加上 M,总计算值为各部分计算值之和,求最小的总计算值。由于 N 很大,$O(N^2)$ 的算法超时。

设 $dp[i]$ 表示输出前 i 个单词的最小费用,DP 状态转移方程为
$$dp[i] = \min\{dp[j] + (sum[i] - sum[j])^2 + M\}, \quad 0 < j < i$$
其中,$sum[i]$ 表示前 i 个数字和。

看到这个转移方程,读者能想到它可以用斜率优化吗?虽然不可能一眼看出来,但是在阅读下面内容之前可以试试,看能不能套用 $y = kx + b$ 这种斜率优化 DP 的标准形式,也就是把状态转移方程转换为常数 k、b,以及变量 x、y。

下面把 DP 状态转移方程改写为 $y = kx + b$ 的形式。首先展开方程,得
$$dp[i] = dp[j] + sum[i]sum[i] + sum[j]sum[j] - 2sum[i]sum[j] + M$$
移项得
$$dp[j] + sum[j]sum[j] = 2sum[i]sum[j] + dp[i] - sum[i]sum[i] - M$$
对照 $y = kx + b$,有

$y = \mathrm{dp}[j] + \mathrm{sum}[j]\mathrm{sum}[j]$，$y$ 只与 j 有关；

$x = 2\mathrm{sum}[j]$，x 只与 j 有关，且随着 j 递增而递增；

$k = \mathrm{sum}[i]$，k 只与 i 有关，且随着 i 递增而递增；

$b = \mathrm{dp}[i] - \mathrm{sum}[i]\mathrm{sum}[i] - M$，$b$ 只与 i 有关，且包含 $\mathrm{dp}[i]$。

下面给出代码。注意一个小技巧：虽然在理论上单调队列处理的是斜率 $(y(a) - y(b))/(x(a) - x(b))$，但是编码时不用这样算，队列只记录 a 和 b，判断时用 $(y(a) - y(b))/(x(a) - x(b))$ 进行计算即可。细节详见代码。

```
1   # include < bits/stdc++ . h >
2   using namespace std;
3   const int N = 500010;
4   int dp[N];
5   int q[N];                                              //单调队列
6   int sum[N];
7   int X( int x){ return 2 * sum[x]; }
8   int Y( int x){ return dp[x] + sum[x] * sum[x]; }
9   //double slope(int a,int b){return (Y(a) - Y(b))/(X(a) - X(b));}  //除法不好,改为下面的乘法
10  int slope_up   (int a,int b) { return Y(a) - Y(b);}    //斜率的分子部分
11  int slope_down(int a,int b) { return X(a) - X(b);}     //斜率的分母部分
12  int main(){
13      int n,m;
14      while(~scanf(" % d % d",&n,&m)){
15          for( int i = 1;i <= n;i++)   scanf(" % d",&sum[i]);
16          sum[0] = dp[0] = 0;
17          for( int i = 1;i <= n;i++)   sum[i] += sum[i - 1];
18          int head = 1,tail = 1;                         //队头/队尾
19          q[tail] = 0;
20          for( int i = 1;i <= n;i++){
21              while(head < tail &&
22                  slope_up(q[head + 1],q[head])<= sum[i] * slope_down(q[head + 1],
                         q[head]))
23                  head++;                                //斜率小于 k,从队头弹走
24              int j = q[head];                           //队头是最优点
25              dp[i] = dp[j] + m + (sum[i] - sum[j]) * (sum[i] - sum[j]);   //计算 dp[i]
26              while(head < tail &&
                         slope_up(i,q[tail]) * slope_down(q[tail],q[tail - 1])
                      <= slope_up(q[tail],q[tail - 1]) * slope_down(i,q[tail]))
27                  tail -- ;                              //弹走队尾不合格的点
28              q[++tail] = i;                             //新的点进队尾
29          }
30          printf(" % d\n",dp[n]);
31      }
32      return 0;
33  }
```

【习题】

(1) kuangbing 带你飞"专题二十斜率 DP"(https://vjudge.net/article/55)。

(2) 洛谷 P2900/P3628/P3648/P4360/P5468/P2305。

(3) 洛谷 P3195(玩具装箱)：DP 状态转移方程为 $dp[i]=\min\{dp[j]+(\text{sum}[i]+i-\text{sum}[j]-j-L-1)^2\}$。

(4) 洛谷 P4072(征途)：二维斜率优化，DP 状态转移方程为 $dp[i][p]=\min\{dp[j][p-1]+(s[i]-s[j])^2\}$。

5.10 四边形不等式优化

扫一扫

视频讲解

将四边形不等式(Quadrangle Inequality)应用于 DP 优化，起源于 1971 年 Knuth 的一篇论文[1]，用来解决最优二叉搜索树问题。1980 年，储枫(F. Frances Yao，姚期智的夫人)做了深入研究[2]，扩展为一般性的 DP 优化方法，把一些 DP 问题复杂度从 $O(n^3)$ 优化到 $O(n^2)$。所以，这个方法又称为 Knuth-Yao DP Speedup Theorem。

四边形不等式应用于 DP 优化的证明比较复杂，如果先给出定义和证明，会让人迷惑，所以本节按这样的顺序讲解：先用应用场合引导出四边形不等式的概念，再进行定义和证明，最后用例题巩固。四边形不等式优化虽然理论复杂，但是**编码很简单**。

5.10.1 应用场合

有一些常见的 DP 问题，通常是区间 DP 问题，它的状态转移方程为
$$dp[i][j]=\min\{dp[i][k]+dp[k+1][j]+w[i][j]\}$$
其中，$i\leqslant k<j$，初始值 $dp[i][i]$ 已知。$\min()$ 也可以是 $\max()$。

方程的含义如下。

(1) $dp[i][j]$ 表示从状态 i 到状态 j 的最小花费。题目一般是求 $dp[1][n]$，即从起点 1 到终点 n 的最小花费。

(2) $dp[i][k]+dp[k+1][j]$ 体现了递推关系。k 在 i 和 j 之间滑动，k 有一个最优值，使 $dp[i][j]$ 最小。

(3) $w[i][j]$ 的性质非常重要。$w[i][j]$ 是与题目有关的费用，如果它满足四边形不等式和单调性，那么计算时就能进行四边形不等式优化。

这类问题的经典的例子是"石子合并"[3]，在 5.5 节有介绍，它的状态定义就是上面的 $dp[i][j]$，表示区间 $[i,j]$ 上的最优值，$w[i][j]$ 是从第 i 堆石子合并到第 j 堆石子的总数量。

在阅读后面的讲解时，读者可以对照"石子合并"这个例子来理解。注意，石子合并有多种情况和解法，详情见本节例题洛谷 P1880。

重新回顾 5.5 节求 $dp[i][j]$ 的代码，作为后面优化代码的对照。代码中有三重循环，复杂度为 $O(n^3)$。

[1] Knuth D E. Optimum Binary Search Trees[J]. Acta Informatica,1971,1：14-25.
[2] Yao F F. Efficient Dynamic Programming Using Quadrangle Inequalities[C]//Proceedings of the 12th Annual ACM Symposium on Theory of Computing,1980. http://www.cs.ust.hk/mjg_lib/bibs/DPSu/DPSu.Files/p429-yao.pdf.
[3] 参考《算法竞赛入门到进阶》7.3 节"区间 DP"中的石子合并问题。

```
1    for(int i = 1; i <= n; i++)  dp[i][i] = 0;          //初始值
2    for(int len = 2; len <= n; len++)      //len为区间[i,j]的长度.从小区间扩展到大区间
3       for(int i = 1; i <= n-len+1; i++){          // 区间起点 i
4          int j = i + len - 1;                     // 区间终点 j,i<=j<=n
5          for(int k = i; k < j; k++)    //大区间[i,j]从小区间[i,k]和[k+1,j]转移而来
6             dp[i][j] = min(dp[i][j], dp[i][k] + dp[k + 1][j] + w[i][j]);
7    }
```

5.10.2 四边形不等式优化操作

只需一个简单的优化操作,就能把上面代码的时间复杂度降为 $O(n^2)$。这个操作就是把循环 $i \leqslant k < j$ 改为 $s[i][j-1] \leqslant k \leqslant s[i+1][j]$。$s[i][j]$ 记录 $i \sim j$ 的最优分割点,在计算 $dp[i][j]$ 的最小值时得到区间 $[i,j]$ 的分割点 k,记录在 $s[i][j]$ 中,用于下一次循环。

这个优化称为**四边形不等式优化**。下面给出优化后的代码,优化见**加粗部分**。

```
1    for(i = 1;i <= n;i++){
2        dp[i][i] = 0;
3        s[i][i] = i;                               //s[][]的初始值
4    }
5    for(int len = 2; len <= n; len++)
6        for(int i = 1; i <= n-len+1; i++){
7            int j = i + len - 1;
8            for(k = s[i][j - 1]; k <= s[i + 1][j]; k++){   //缩小循环范围
9                if(dp[i][j] > dp[i][k] + dp[k + 1][j] + w[i][j]){   //是否更优
10                   dp[i][j] = dp[i][k] + dp[k + 1][j] + w[i][j];
11                   s[i][j] = k;                      //更新最佳分割点
12               }
13           }
14   }
```

代码的**复杂度**如何?

代码中 i 和 k 这两个循环,优化前复杂度为 $O(n^2)$。优化后,每个 i 内部的 k 的循环次数为 $s[i+1][j] - s[i][j-1]$,其中 $j = i + \text{len} - 1$。那么:

$i = 1$ 时,k 循环 $s[2][\text{len}] - s[1][\text{len}-1]$ 次;

$i = 2$ 时,k 循环 $s[3][\text{len}+1] - s[2][\text{len}]$ 次;

$\cdots$

$i = n - \text{len} + 1$ 时,k 循环 $s[n-\text{len}+2][n] - s[n-\text{len}+1][n+1]$ 次。

将上述次数相加,总次数为

$$s[2][\text{len}] - s[1, \text{len}-1] + s[3][\text{len}+1] - s[2, \text{len}] + \cdots + s[n+1, n] - s[n][n]$$
$$= s[n-\text{len}+2][n] - s[1][\text{len}-1] < n$$

i 和 k 循环的时间复杂度优化到了 $O(n)$,总复杂度从 $O(n^3)$ 优化到了 $O(n^2)$。

在后面的四边形不等式定理证明中,将更严谨地证明复杂度。

图 5.25 所示为四边形不等式优化效果,s_1 是区间 $[i,j-1]$ 的最优分割点,s_2 是区间 $[i+1,j]$ 的最优分割点。

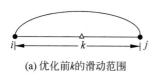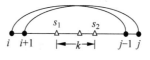

(a) 优化前 k 的滑动范围   (b) 优化后 k 的滑动范围

图 5.25   四边形不等式优化效果

读者对代码可能有两个疑问：

(1) 为什么能够把 $i \leqslant k < j$ 缩小到 $s[i][j-1] \leqslant k \leqslant s[i+1][j]$？

(2) $s[i][j-1] \leqslant s[i+1][j]$ 成立吗？

下面给出四边形不等式优化的正确性和复杂度的严谨证明，会解答这两个问题。

5.10.3   四边形不等式定义和单调性定义

在四边形不等式 DP 优化中，对于费用 w，有两个关键内容：四边形不等式定义和单调性。

(1) **四边形不等式定义 1**：设 w 是定义在整数集合上的二元函数，对于任意整数 $i \leqslant i' \leqslant j \leqslant j'$，如果有 $w(i,j) + w(i',j') \leqslant w(i,j') + w(i',j)$，则称 w 满足四边形不等式。

四边形不等式可以概况为：两个交错区间的 w 的和小于或等于小区间与大区间的 w 的和。

为什么称为"四边形"？如图 5.26 所示，把它变成一个几何图，画成平行四边形 $i'ijj'$。图中对角线长度和 $ij + i'j'$ 大于平行线长度和 $ij' + i'j$，这与四边形不等式的几何性质是相反的，所以可以理解成**反四边形不等式**。请读者注意，这个"四边形"只是一个帮助理解的示意图，并没有严谨的意义。图 5.26 这种四边形是储枫论文中的画法，也有其他的四边形画法。当中间两点 $i' = j$ 时（两点重合），四边形变成了三角形。

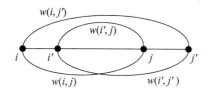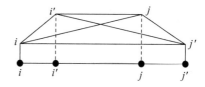

图 5.26   四边形不等式 $w(i,j) + w(i',j') \leqslant w(i,j') + w(i',j)$

定义 1 的特例是定义 2。

(2) **四边形不等式定义 2**：对于整数 $i < i+1 \leqslant j < j+1$，如果有 $w(i,j) + w(i+1, j+1) \leqslant w(i,j+1) + w(i+1,j)$，则称 w 满足四边形不等式。

定义 1 和定义 2 实际上等价，它们可以互相推导，请读者尝试证明。

(3) **单调性**：设 w 是定义在整数集合上的二元函数，如果对任意整数 $i \leqslant i' \leqslant j \leqslant j'$，有 $w(i,j') \geqslant w(i',j)$，称 w 具有单调性。

单调性可以形象地理解为：如果大区间包含小区间，那么大区间的 w 值大于或等于小区间的 w 值，如图 5.27 所示。

在石子合并问题中，令 $w[i][j]$ 等于从第 i 堆石子合并到

图 5.27 w 的单调性

第 j 堆石子的石子总数,它满足四边形不等式的定义、单调性。

(1) $w[i][j]+w[i'][j']=w[i][j']+w[i'][j]$,满足四边形不等式定义。

(2) $w[i][j']\geqslant w[i'][j]$,满足单调性。

利用 w 的四边形不等式、单调性的性质,可以推导出四边形不等式定理,用于 DP 优化。

5.10.4 四边形不等式定理

在储枫的论文中,提出并证明了四边形不等式定理[①]。

四边形不等式定理 如果 $w(i,j)$ 满足四边形不等式和单调性,则用 DP 计算 dp[][] 的时间复杂度为 $O(n^2)$。

这个定理可以通过下面两个更详细的引理证明。

引理 1 状态转移方程 $dp[i][j]=\min(dp[i][k]+dp[k+1][j]+w[i][j])$,如果 $w[i][j]$ 满足四边形不等式和单调性,那么 $dp[i][j]$ 也满足四边形不等式。

引理 2 记 $s[i][j]=k$ 为 $dp[i][j]$ 取得最优值时的 k,如果 $dp[i][j]$ 满足四边形不等式,那么有 $s[i][j-1]\leqslant s[i][j]\leqslant s[i+1][j]$,即 $s[i][j-1]\leqslant k\leqslant s[i+1][j]$。

引理 2 直接用于 DP 优化,复杂度为 $O(n^2)$。

下面证明引理 1、引理 2、四边形不等式定理,部分内容翻译自储枫论文中对引理 1 和引理 2 的证明,并加上本书作者的解释。

定义方程:

$$\begin{cases} c(i,i)=0 \\ c(i,j)=w(i,j)+\min\{c(i,k-1)+c(k,j)\}, & i<k\leqslant j \end{cases} \tag{5.1}$$

前面例子中的 dp[i][j] 和这里的 $c(i,j)$ 略有不同,$dp[i][j]=\min\{dp[i][k]+dp[k+1][j]+w[i][j]\}$,其中 $w[i][j]$ 在 min() 内部。证明过程是一样的。

式(5.1)中的 w 要求满足四边形不等式和单调性,即

$$\begin{cases} w(i,j)+w(i',j')\leqslant w(i',j)+w(i,j'), & i\leqslant i'\leqslant j\leqslant j' \\ w(i',j)\leqslant w(i,j'), & [i',j]\subseteq[i,j'] \end{cases} \tag{5.2}$$

1. 证明引理 1

如果 $w(i,j)$ 满足四边形不等式和单调性,那么 $c(i,j)$ 也满足四边形不等式,即

$$c(i,j)+c(i',j')\leqslant c(i',j)+c(i,j'), \quad i\leqslant i'\leqslant j\leqslant j' \tag{5.3}$$

下面证明式(5.3)。

当 $i=i'$ 或 $j=j'$ 时,式(5.3)显然成立,下面考虑另外两个情况:$i<i'=j<j'$;$i<i'<j<j'$。

1) $i<i'=j<j'$

代入式(5.3),得到一个"反三角形不等式",如图 5.28 所示的三角形 ijj',两边的和小于第 3 边。

$$c(i,j)+c(j,j')\leqslant c(i,j'), \quad i<j<j' \tag{5.4}$$

---

① 又称为 Knuth-Yao DP Speedup Theorem,DP 加速定理。

现在证明式(5.4)。

假设 $c(i,j')$ 在 $k=z$ 处有最小值，即 $c(i,j')=c_z(i,j')$。这里定义 $c_k(i,j)=w(i,j)+c(i,k-1)+c(k,j)$。

有两个对称情况：$z \leqslant j$；$z \geqslant j$。

$z \leqslant j$ 时，z 为 (i,j') 区间的最优点，不是 (i,j) 区间的最优点，所以有

$$c(i,j) \leqslant c_z(i,j)=w(i,j)+c(i,z-1)+c(z,j)$$

在两边加上 $c(j,j')$，有

$$c(i,j)+c(j,j') \leqslant w(i,j)+c(i,z-1)+c(z,j)+c(j,j')$$
$$\leqslant w(i,j')+c(i,z-1)+c(z,j')$$
$$=c(i,j')$$

上面的推导利用了：

(1) w 的单调性，有 $w(i,j) \leqslant w(i,j')$；

(2) 式(5.4)的归纳假设：假设 $z \leqslant j \leqslant j'$ 时成立，递推出 $i < j < j'$ 时式(5.4)也成立。观察图 5.28，有 $c(z,j)+c(j,j') \leqslant c(z,j')$，它满足**反**三角形不等式。

$z \geqslant j$ 是上述 $z \leqslant j$ 的对称情况。

2) $i < i' < j < j'$

假设式(5.3)右边的小区间 $c(i',j)$ 和大区间 $c(i,j')$ 分别在 $k=y$ 和 $k=z$ 处有最小值，记为

$$c(i',j)=c_y(i',j)$$
$$c(i,j')=c_z(i,j')$$

同样有两个对称情况：$z \leqslant y$；$z \geqslant y$。

$z \leqslant y$ 时，有

$$c(i',j') \leqslant c_y(i',j')$$
$$c(i,j) \leqslant c_z(i,j)$$

将两式相加，得

$$c(i,j)+c(i',j')$$
$$\leqslant c_z(i,j)+c_y(i',j')$$
$$=w(i,j)+w(i',j')+c(i,z-1)+c(z,j)+c(i',y-1)+c(y,j') \quad (5.5)$$

式(5.5)的进一步推导利用了：

(1) 根据 w 的四边形不等式，有 $w(i,j)+w(i',j') \leqslant w(i',j)+w(i,j')$；

(2) 根据式(5.3)的归纳假设，即假设 $z \leqslant y < j < j'$ 时成立。观察图 5.29，有 $c(z,j)+c(y,j') \leqslant c(y,j)+c(z,j')$，满足反四边形不等式。

则式(5.5)变为

$$c(i,j)+c(i',j')$$
$$\leqslant w(i',j)+w(i,j')+c(i,z-1)+c(i',y-1)+c(y,j)+c(z,j')$$

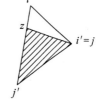

图 5.28　引理 1 证明 $(z \leqslant j)$[①]

① 图 5.28 和图 5.29 引自储枫论文。

$$\leqslant c_y(i',j) + c_z(i,j')$$
$$= c(i',j) + c(i,j')$$

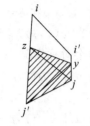

图 5.29　引理 1 的证明
$(z \leqslant y)$

$z \geqslant y$ 是 $z \leqslant y$ 的对称情况。

引理 1 证毕。

2．证明引理 2

用 $K_c(i,j)$ 表示 $\max\{k \mid c_k(i,j) = c(i,j)\}$，也就是使 $c(i,j)$ 得到最小值的那些 k 中，最大的那个是 $K_c(i,j)$。定义 $K_c(i,i) = i$。$K_c(i,j)$ 就是前面例子中的 $s[i][j]$。

引理 2 可表述为

$$K_c(i,j) \leqslant K_c(i,j+1) \leqslant K_c(i+1,j+1) \tag{5.6}$$

下面证明引理 2。

$i = j$ 时，显然成立。下面假设 $i < j$。

先证明式(5.6)的第 1 部分 $K_c(i,j) \leqslant K_c(i,j+1)$。这等价于证明对于 $i < k \leqslant k' \leqslant j$，有

$$c_{k'}(i,j) \leqslant c_k(i,j) \Rightarrow c_{k'}(i,j+1) \leqslant c_k(i,j+1) \tag{5.7}$$

式(5.7)的意思是如果 $c_{k'}(i,j) \leqslant c_k(i,j)$ 成立，那么 $c_{k'}(i,j+1) \leqslant c_k(i,j+1)$ 也成立。$c_{k'}(i,j) \leqslant c_k(i,j)$ 的含义是在 $[i,j]$ 区间，k' 是比 k 更好的分割点，可以把 k' 看作 $[i,j]$ 的最优分割点。扩展到区间 $[i,j+1]$ 时，有 $c_{k'}(i,j+1) \leqslant c_k(i,j+1)$，即 k' 仍然是比 k 更好的分割点。也就是说，区间 $[i,j+1]$ 的最优分割点肯定大于或等于 k'。

下面证明式(5.7)。

根据四边形不等式，$k \leqslant k' \leqslant j < j+1$ 时，有

$$c(k,j) + c(k',j+1) \leqslant c(k',j) + c(k,j+1)$$

两边加上 $w(i,j) + w(i,j+1) + c(i,k-1) + c(i,k'-1)$，得

$$c_k(i,j) + c_{k'}(i,j+1) \leqslant c_{k'}(i,j) + c_k(i,j+1)$$

移项，得

$$c_{k'}(i,j+1) \leqslant c_{k'}(i,j) + c_k(i,j+1) - c_k(i,j) \tag{5.8}$$

把式(5.7)中 $c_{k'}(i,j) \leqslant c_k(i,j)$ 的两边加上 $c_k(i,j+1)$，得

$$c_{k'}(i,j) + c_k(i,j+1) \leqslant c_k(i,j) + c_k(i,j+1)$$
$$c_{k'}(i,j) + c_k(i,j+1) - c_k(i,j) \leqslant c_k(i,j+1)$$

结合式(5.8)，得 $c_{k'}(i,j+1) \leqslant c_k(i,j+1)$，式(5.7)成立。

同样可以证明，式(5.6)的右半部分 $K_c(i,j+1) \leqslant K_c(i+1,j+1)$，在 $i < i+1 \leqslant k \leqslant k'$ 时成立。

引理 2 说明当 i、j 增大时，$K_c(i,j)$ 是非递减的。

3．证明四边形不等式定理

利用引理 2，可推论出四边形不等式定理，即用 DP 计算所有的 $c(i,j)$ 的时间复杂度为 $O(n^2)$。下面对这一结论进行说明。

用 DP 计算 $c(i,j)$ 时，是按 $\delta = j - i = 0,1,2,\cdots,n-1$ 的间距逐步增加进行递推计算

的。具体过程请回顾5.10.1节中求 $\mathrm{dp}[i][j]$ 的代码。从 $c(i,j)$ 递推到 $c(i,j+1)$ 时,只需要 $K_c(i+1,j+1)-K_c(i,j)$ 次最少限度的操作就够了。总次数是多少呢?对于一个固定的 δ,计算所有的 $c(i,j)$,$1 \leqslant i \leqslant n-\delta$,$j=i+\delta$。

$i=1$ 时,$K_c(1+1,1+\delta+1)-K_c(1,\delta+1)=K_c(2,\delta+2)-K_c(1,\delta+1)$;

$i=2$ 时,$K_c(2+1,2+\delta+1)-K_c(2,\delta+2)=K_c(3,\delta+3)-K_c(2,\delta+2)$;

$i=3$ 时,$K_c(3+1,3+\delta+1)-K_c(3,\delta+3)=K_c(4,\delta+4)-K_c(3,\delta+3)$;

...

$i=n-\delta$ 时,$K_c(n-\delta+1,n-\delta+\delta+1)-K_c(n-\delta,\delta+n-\delta)=K_c(n-\delta+1,n+1)-K_c(n-\delta,n)$。

将以上式子相加,总次数为 $K_c(n-\delta+1,n+1)-K_c(1,\delta+1)<n$。

对于一个 δ,计算次数为 $O(n)$;有 n 个 δ,总计算复杂度为 $O(n^2)$。

以上证明了四边形不等式定理。

4. min() 和 max()

前面讨论的都是 min(),如果是 max(),也可以进行四边形不等式优化。此时四边形不等式是"反"的,即

$$w(i,j)+w(i',j') \geqslant w(i',j)+w(i,j'), \quad i \leqslant i' \leqslant j \leqslant j'$$

定义

$$c(i,j)=w(i,j)+\max(a(i,k)+b(k,j)), \quad i \leqslant k \leqslant j$$

引理 3 若 w、a、b 都满足反四边形不等式,那么 c 也满足反四边形不等式。

引理 4 如果 a 和 b 满足反四边形不等式,那么

$$K_c(i,j) \leqslant K_c(i,j+1) \leqslant K_c(i+1,j+1), \quad i \leqslant j$$

引理3和引理4的证明与引理1和引理2的证明类似。

5.10.5 例题

拿到题目后,先判断 w 是否单调、是否满足四边形不等式,再使用四边形不等式优化DP。下面给出两道经典题。

1. 石子合并

 例 5.22 洛谷 P1880

问题描述:在一个圆形操场的四周摆放 N 堆石子,现要将石子有次序地合并成一堆。规定每次只能选相邻的两堆合并成新的一堆,并将新的一堆的石子数记为该次合并的得分。

试设计一个算法,计算出将 N 堆石子合并成一堆的最小得分和最大得分。

输入:第1行输入正整数 N,表示有 N 堆石子。第2行输入 N 个整数,第 i 个整数 a_i 表示第 i 堆石子的个数。

输出:共输出两行,第1行为最小得分,第2行为最大得分。

在 5.5 节中，已经指出石子合并不能用贪心法，需要用 DP。状态转移矩阵 dp[i][j] 前文已有说明，这里不再赘述。

用四边形优化 DP 求解石子合并的最小值，复杂度为 $O(n^2)$。最小值用四边形不等式优化 DP 求解，w 在四边形不等式中取等号：$w[i][j]+w[i'][j']=w[i][j']+w[i'][j]$。

本题的石子堆是环状的，转换为线形更方便处理。复制和原来一样的数据，头尾接起来，使长度为 n 的数列转换为长度为 $2n$ 的数列，变成线性的，这是一个**重要的技巧**。

本题除了求石子合并的最小值，还要求最大值。虽然最大值也用 DP 求解，但是它不满足**反**四边形不等式的单调性要求，不能优化。而且也没有必要优化，可以用简单的推理得到：区间 $[i,j]$ 石子合并的最大值等于区间 $[i,j-1]$ 和 $[i+1,j]$ 中的石子合并最大值加 $w(i,j)$。

> **提示** 石子合并问题的最优解是 Garsia-Wachs 算法，复杂度为 $O(n\log_2 n)$。参考洛谷 P5569，本题 $N\leqslant 40000$，用 DP 会超时。

2. 最优二叉搜索树

最优二叉搜索树是 Knuth 提出的经典问题，是四边形不等式优化的起源。

> **例 5.23 Optimal binary search tree(uva10304[①])**
>
> 问题描述：给定有 n 个不同元素的集合 $S=(e_1,e_2,\cdots,e_n)$，有 $e_1<e_2<\cdots<e_n$，用 S 的元素建一棵二叉搜索树，希望查询频率越高的元素离根越近。访问树中元素 e_i 的成本 $\mathrm{cost}(e_i)$ 等于从根到该元素节点的路径数。给定元素的查询频率 $f(e_1),f(e_2),\cdots,f(e_n)$，定义一棵树的总成本为
>
> $$f(e_1)\mathrm{cost}(e_1)+f(e_2)\mathrm{cost}(e_2)+\cdots+f(e_n)\mathrm{cost}(e_n)$$
>
> 总成本最低的树就是最优二叉搜索树。
>
> 输入：输入包含多个实例，每行一个。每行以输入 $1\leqslant n\leqslant 250$ 开头，表示 S 的大小。在 n 之后输入 n 个非负整数，表示元素的查询频率 $f(e_i)$，$0\leqslant f(e_i)\leqslant 100$。
>
> 输出：对于输入的每个实例，打印最优二叉搜索树的总成本。

输入样例：	输出样例：
1 5	0
3 10 10 10	20
3 5 10 20	20

---

① https://vjudge.net/problem/UVA-10304

二叉搜索树(BST)的特点是每个节点的值比它的左子树上所有节点的值大,比右子树上所有节点的值小。二叉搜索树的中序遍历是从小到大的排列。

上述第 3 个样例的最优二叉搜索树的形状如图 5.30 所示,它的总成本为 $5 \times 2 + 10 \times 1 = 20$。

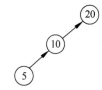

题目给的元素已经按照从小到大排列,可以方便地组成一棵 BST。

图 5.30 二叉搜索树

设 dp[i][j] 是区间 $[i,j]$ 的元素组成的 BST 的最小值。把区间 $[i,j]$ 分成两部分:$[i,k-1]$ 和 $[k+1,j]$,k 在 i 和 j 之间滑动。在区间 $[i,j]$ 建立的二叉树,k 是根节点。这是典型的区间 DP,状态转移方程为

$$\mathrm{dp}[i][j] = \min\{\mathrm{dp}[i][k-1] + \mathrm{dp}[k+1][j] + w(i,j) - e[k]\}$$

其中,$w(i,j)$ 为区间和,$w(i,j) = f(e_i) + f(e_{i+1}) + \cdots + f(e_j)$。当把左、右子树连在根节点上时,本身的深度增加 1,所以每个元素都多计算一次,这样就解决了 $\mathrm{cost}(e_i)$ 的计算。最后,因为根节点 k 的层数是 0,所以减去根节点的值 $e[k]$。

$w(i,j)$ 符合四边形不等式优化的条件,所以 dp[i][j] 可以用四边形不等式优化,算法的复杂度为 $O(n^2)$。

 最优二叉搜索树问题的最优解也是 Garsia-Wachs 算法,复杂度为 $O(n\log_2 n)$。

【习题】

很多区间 DP 问题都能用四边形不等式优化。

(1) hdu 3516/2829/3506/3480。

(2) 洛谷 P1912/P4767/P4072。

 小　结

DP 是典型的体现计算思维的知识点,与搜索一样,是算法竞赛最常见的考点之一,每次竞赛都会出 DP 类型题。

本章介绍了 DP 的一部分常用内容,还有一些内容请读者自己了解,如:

(1) DP 优化:带权二分优化、哈希表优化、分治优化等;

(2) DP 应用:概率 DP、DP 套 DP、动态 DP、插头 DP 等。

"插头 DP[1]"这个名词在中国算法竞赛选手中的流行,源于 2008 年信息学国家集训队陈丹琦[2]的论文《基于连通性状态压缩的动态规划问题》[3]。这篇文章的关键词有状态压缩、连通性、括号表示法、轮廓线、插头、棋盘模型,都与插头 DP 相关,参考模板题洛谷 P5056。

---

① 插头 DP,陈丹琦将其翻译为 Plug-like Dynamic Programming。

② https://www.cs.princeton.edu/~danqic/

③ https://www.cs.princeton.edu/~danqic/misc/dynamic-programming.pdf